U0433151

普通高等教育智能制造系列教材

多轴数控机床与加工技术

主　编　陶　林　刘　冲　张丽丽

副主编　赵科学　宋　飞　郑　智

主　审　李康举　公丕国

参　编　程　娜　李　想　李进冬

北京理工大学出版社

BEIJING INSTITUTE OF TECHNOLOGY PRESS

内 容 简 介

本书从多轴数控加工基础讲起，详细介绍了多轴数控机床加工与编程的基础知识，并对不同的多轴加工工艺与编程进行分析讲解，内容涵盖了多轴数控机床加工零件时的 UG NX 软件编程，多轴加工中心的具体操作方法和加工步骤等内容，这里的多轴主要是针对目前制造业四轴、五轴加工中心而言的。同时，书中通过六个典型案例来进一步阐述多轴数控加工的编程与操作技术，并按照多轴零件的实际加工过程，实现了从零件图分析、工艺过程制定、机床操作、编程、加工仿真，到机床加工的流程安排。

编者曾多年从事数控加工编程的教学工作，有着丰富的多轴数控加工操作与编程经验。本书可作为多轴数控加工企业相关人员的培训教材，也适合从事多轴数控机床加工与编程的人员阅读参考。

图书在版编目（CIP）数据

多轴数控机床与加工技术 / 陶林，刘冲，张丽丽主编. —北京：北京理工大学出版社，2020. 7（2024. 7 重印）

ISBN 978-7-5682-8718-0

Ⅰ. ①多…　Ⅱ. ①陶…②刘…③张…　Ⅲ. ①数控机床-加工-高等学校-教材　Ⅳ. ①TG659

中国版本图书馆 CIP 数据核字（2020）第 126285 号

出版发行 / 北京理工大学出版社有限责任公司
社　　址 / 北京市海淀区中关村南大街 5 号
邮　　编 / 100081
电　　话 /（010）68914775（总编室）
　　　　　（010）82562903（教材售后服务热线）
　　　　　（010）68948351（其他图书服务热线）
网　　址 / http：//www. bitpress. com. cn
经　　销 / 全国各地新华书店
印　　刷 / 涿州市新华印刷有限公司
开　　本 / 787 毫米×1092 毫米　1/16
印　　张 / 19
字　　数 / 446 千字
版　　次 / 2020 年 7 月第 1 版　2024 年 7 月第 3 次印刷
定　　价 / 50. 00 元

责任编辑 / 王玲玲
文案编辑 / 赵　轩
责任校对 / 刘亚男
责任印制 / 李志强

前　言

多轴数控机床加工与编程正在我国逐渐普及，中华人民共和国教育部，中华人民共和国人力资源和社会保障部，高端冷加工制造技术需求的企业，以及相关院校都对其给予了高度重视。由于多轴数控机床应用技术的短板，导致了我国的多轴数控机床利用率普遍不高，造成了不必要的功能闲置和浪费，因此，本书通过介绍多轴加工与编程的基础知识，对不同的多轴加工工艺与编程进行分析讲解，利用 UG NX 软件进行虚拟仿真编程，展示零件从毛坯到成品的整个加工与编程，改善这一现象。

本书主要讲解了以下内容：

（1）模块一：多轴数控加工技术认知；

（2）模块二：石油钻头的多轴编程与数控加工；

（3）模块三：变半径螺旋槽的多轴编程与数控加工；

（4）模块四：维纳斯人体的多轴编程与数控加工；

（5）模块五：大力神杯的多轴编程与数控加工；

（6）模块六：涡轮式叶轮的多轴编程与数控加工；

（7）模块七：叶轮多轴编程与加工中插补矢量的应用。

本书的编写分工如下：模块一、模块五、模块六由沈阳工学院陶林，沈阳机床股份有限公司程娜编写；模块二由沈阳工学院刘冲、中国科学院沈阳自动化研究所李想编写；模块三和模块四由沈阳工学院张丽丽、赵科学编写；模块七由沈阳工学院宋飞、郑智，以及沈阳机床股份有限公司李进冬编写。

本书由沈阳机床股份有限公司刘春时，东北大学朱立达教授，沈阳圣凯龙机械有限公司韩洪权，沈阳理工大学史安娜教授，沈阳工学院李康举教授、公丕国教授精心审阅，他们提出了许多宝贵意见，在此表示衷心感谢。

由于本书为多轴数控机床加工与编程教程，所以编者希望读者在阅读本书前，最好具备熟练 UG NX 软件建模技能与基础数控编程技能。当然，读者对相应的工艺知识最好也要有所了解。本书在编写过程中，参考了国内外部分教材、手册、期刊等相关内容，并得到了编写单位很多教师和学生的热情帮助，在此表示诚挚的感谢！对于书中存在的缺点与不足之处，敬请读者批评指正。

编　者

目录

模块一　多轴数控加工技术认知

模块二　石油钻头的多轴编程与数控加工

模块三　变半径螺旋槽的多轴编程与数控加工

模块四　维纳斯人体的多轴编程与数控加工

模块五　大力神杯的多轴编程与数控加工

模块六　涡轮式叶轮的多轴编程与数控加工

模块七　叶轮多轴编程与加工中插补矢量的应用

模块一

多轴数控加工技术认知

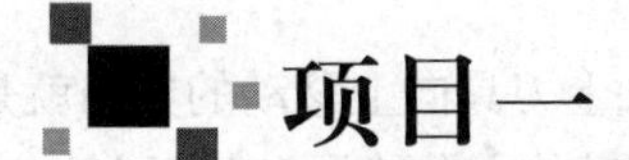

项目一 多轴数控机床结构认知

项目目标

了解多轴数控加工特点；
了解多轴数控机床结构；
了解什么是车铣复合机床。

任务列表

学习任务	知识点	能力要求
任务一　多轴数控加工的特点分析	多轴坐标的定义	能够独立完成多轴数控加工工艺分析
	多轴数控加工的特点	
任务二　多轴数控机床认识	多轴数控机床结构	能够独立说明多轴数控机床的结构特点
	多轴数控机床的常用类型	
任务三　车铣复合加工机床认识	车铣复合机床的特点	能够独立说明车铣复合机床的结构特点

任务一　多轴数控加工的特点分析

任务导入

多轴数控机床是在传统的三轴机床已经具备的 X、Y、Z 三个线性轴基础之上再增加了至少一个绕线性轴旋转的轴（如 A 轴、B 轴或者 C 轴）的数控机床。有了第四轴的机床称为四轴机床，有第四轴和第五轴的机床称为五轴机床，这两种类型机床统称为多轴数控机床。

知识链接

根据ISO标准，数控机床坐标系统采用右手直角笛卡儿坐标系进行定义，直角坐标系中的线性轴用 *X*、*Y*、*Z* 表示，其正方向根据右手定则来判定；用 *A*、*B*、*C* 分别表示绕 *X*、*Y*、*Z* 的旋转轴，其方向根据右螺旋法则来判定。

通俗地讲，对于立式机床来说，观察者面向机床而站，则主轴上刀具向上移动的方向就是 *Z* 轴正方向，向右移动的方向就是 *X* 轴正方向，离开观察者向里移动的方向就是 *Y* 轴正方向。

用右手握住 *X* 轴，大拇指指向 *X* 轴正方向，则四指环绕的方向就是 *A* 轴正方向。用右手握住 *Y* 轴，大拇指指向 *Y* 正方向，则四指环绕的方向就是 *B* 轴正方向。用右手握住 *Z* 轴，大拇指指向 *Z* 轴正方向，则四指环绕的方向就是 *C* 轴正方向。

对于双转台五轴联动机床来说，刀具方向始终是互相平行的，工作台实际旋转的正方向与此规定正好相反。沿着 *X* 轴正向朝负方向看，顺时针旋转方向就是 *A* 轴正方向；沿着 *Y* 轴正向朝负方向看，顺时针旋动方向就是 *B* 轴正方向；沿着 *Z* 轴正向朝负方向看，顺时针旋转方向就是 *C* 轴正方向。

多轴数控加工准确地说应该是多坐标联动加工。当前大多数数控加工设备最多可以实现五坐标联动，这类设备的种类很多，结构、类型和控制系统都各不相同。

采用多轴数控加工，具有如下几个特点。

（1）基准转换少，加工精度高

多轴数控加工的工序集成化不仅提高了工艺的有效性，而且由于零件在整个加工过程中只需装夹一次，使加工精度更容易得到保证。

（2）工装夹具数量少，占地面积小

尽管多轴数控加工中心的单台设备价格较高，但由于过程链的缩短和设备数量的减少，工装夹具数量、车间占地面积和设备维护费用也随之减少。

（3）生产过程链短，生产管理简化

多轴数控机床的完整加工大大缩短了生产过程链，由于只把加工任务交给一个工作岗位，不仅使生产管理和计划调度简化，而且透明度也得到明显提高。工件越复杂，它相对传统工序分散的生产方法的优势就越明显。同时由于生产过程链的缩短，在制品数量必然减少，这简化了生产管理，从而降低了成本。

（4）新产品研发周期短

航空航天、汽车等领域企业的一些新产品零件及成型模具形状很复杂，精度要求也很高，传统数控加工已不适用。而具备高柔性、高精度、高集成性和完整加工能力的多轴数控加工中心可以很好地解决新产品研发过程中复杂零件加工的精度和周期问题，大大缩短研发周期，并提高新产品的成功率。

任务实施

机床坐标系是怎么确定的？

知识拓展

了解数控机床的种类。

任务二　多轴数控机床认识

任务导入

自从美国麻省理工学院于20世纪50年代研制出世界第一台试验性数控机床以来，数控机床的发展已经有60多年的历史了。这种设备解决了机械加工中的很多难题，人们利用它可以制造出很多结构复杂的产品，而人类生产需求的日益增长，又进一步促进了数控机床技术的发展。

知识链接

数控机床根据数控机床系统同时控制联动轴的个数可以分为以下几种。

（1）二轴半联动机床

二轴半联动机床可以同时控制两个轴，它使用的数控程序特征是：其中一段数控程序的*X*、*Y*、*Z*三个数值不能同时出现。至今有些数控编程系统软件（如Cimatron、Mastercam等）里的刀轨类型仍有这个功能。粗加工时，由于机床不能执行螺旋下刀命令，需要事先在毛坯上钻孔，刀具再从这个进刀孔下刀进行分层铣削。目前，这种机床已经停产。

（2）三轴联动机床

三轴联动机床可以同时控制三个轴，这是目前普遍使用的数控机床。这种机床使用的数控程序特征是：在一段程序里可以同时出现*X*、*Y*、*Z*三个数值。粗加工时可以顺利地执行螺旋下刀指令，而不必在毛坯上钻孔。

（3）四轴联动机床

四轴联动机床可以同时控制四个轴，它使用的数控程序特征是：在一段数控程序里可以同时出现如*X*、*Y*、*Z*、*A*这样的指令。工作情况一般是：工件在绕*X*轴旋转（即沿*A*旋转轴旋转）的同时，刀具可以沿着*X*、*Y*、*Z*三个线性轴移动。这种机床结构特点是：在三轴联动机床的工作台上另外安装了一个旋转工作台（当然还可以是XYZB型）。图1.1.1和图1.1.2分别为四轴加工中心外观和旋转工作台。

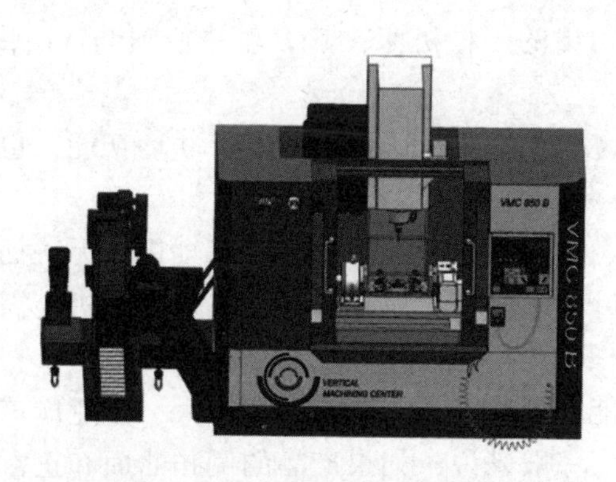

图1.1.1　四轴加工中心外观

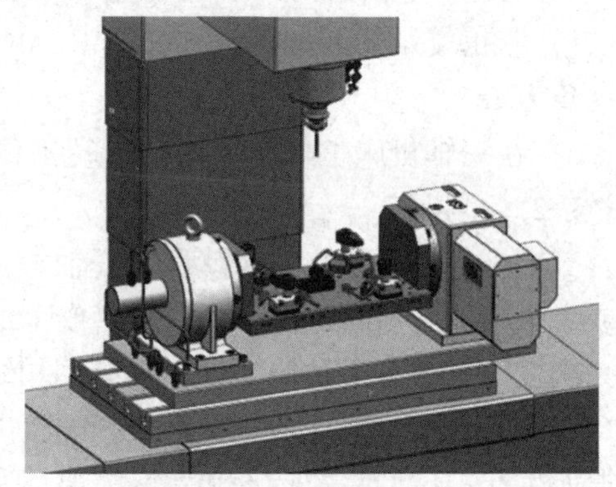
图1.1.2　旋转工作台

（4）五轴联动机床

五轴联动机床可以同时控制五个轴，它使用的数控程序特征是：在一段数控程序里，除了可以同时出现 *X*、*Y*、*Z* 三个数值外，另外还可以出现 *A*、*B*、*C* 三个中的两个旋转指令。

常见典型的结构是双转台型五轴联动数控铣床，其结构特点是：在三轴联动机床的工作台上，另外安装了一个摇篮式双转旋转工作台。有些就用摇篮式双转旋转工作台替代三轴机床工作台。这种机床工作情况一般是：工件在绕 *X* 轴（即沿 *A* 旋转轴旋转）和 *Z* 轴旋转（即沿 *C* 旋转轴旋转）的同时，刀具可以沿着 *X*、*Y*、*Z* 三个线性轴移动。

随着科学技术的发展，五轴以上的虚轴机床也已经出现，这种机床一般是通过连杆运动实现了主轴的多自由度运动。图 1.1.3 和图 1.1.4 分别为五轴加工中心外观和五轴加工中心示意。

图 1.1.3　五轴加工中心外观

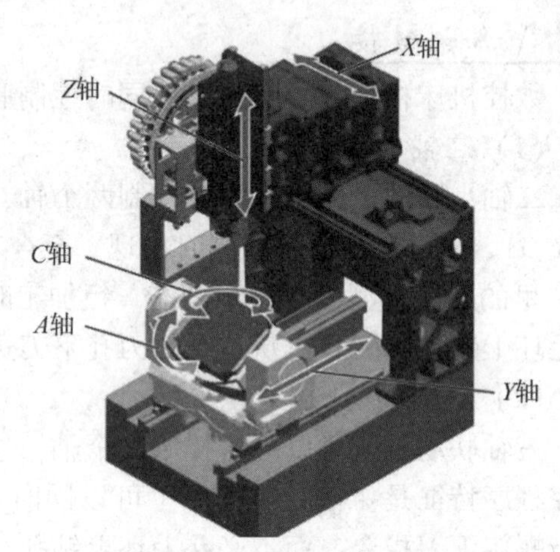

图 1.1.4　五轴加工中心示意

五轴联动机床根据其结构特点，可以分为以下类型：

1）双转台型五轴机床，如 XYZAC 型机床；

2）一转台和一摆臂型五轴机床，如 XYZBC 型机床；

3）双摆臂型五轴机床，如 XYZAB 型机床。

其他类型的多轴数控机床还有：

1）非正交结构五轴机床，如 DMG MORI 公司出的一种机床，其 *B* 轴中心线与 *XY* 平面夹角为 45°；

2）在三轴机床工作台上附加旋转工作台成为五轴机床。这种机床没有联动功能，也称“3+2”型机床。

五轴机床如果装有刀库就称为五轴加工中心，可以轻松地加工出一些三轴机床无法加工或者很难加工出的零件，如：核潜艇上的整体叶轮、发动机涡轮叶片，飞机发动机上需要一次性加工的复杂结构零件，具有倒扣结构的模具类零件。

机床是否具有联动功能将直接影响机床的性能和价格，其差异有时会很大，企业应该根据所生产零件产品的特点和实际需要慎重选购。一般来说，如果产品的倒扣曲面和正常曲面之间的过渡要求很精确地连接，则只有五轴联动机床才能达到满意的加工效果，若选用非联动机床（如“3+2”型机床）效果就会差一些。当然，不管哪种类型的机床都需要企业定期进行精度调整和校正，使其时时刻刻处于“健康”状态。只有这样才能真正精确加工出合格的产品，发挥机床的效能。

任务实施

多轴数控机床的种类有哪些？

知识拓展

了解摇篮式与龙门式多轴数控机床的应用场合。

任务三　车铣复合加工机床认识

任务导入

复合加工是机械加工领域目前国际上最流行的加工工艺之一，它是一种把几种不同的加工工艺在同一台机床上实现的先进制造技术。其中应用最广泛、难度最大的就是车铣复合加工。车铣复合加工中心相当于一台数控车床和一台加工中心的复合。

目前，大多数的车铣复合加工都在车削中心上完成，而一般的车削中心只是把数控车床的普通转塔刀架换成带动力刀具的转塔刀架，主轴增加 *C* 轴功能。由于转塔刀架结构、外形尺寸的限制，以及动力头的功率小、转速不高等原因，故其不能安装较大的刀具，于是这样的车削中心以车为主，铣、钻功能只是做一些辅助加工。另外，动力刀架的昂贵造价，使车削中心的成本居高不下，国产的售价一般超过 10 万，进口产品售价超过 20 万，一般用户承受不起。经济型车铣复合加工中心大多都包含 *XZC* 轴 ，也就是在卡盘上增加了一个旋转的 *C* 轴 ，实现基本的铣削功能。

知识链接

与常规数控加工工艺相比，车铣复合加工具有的突出优势主要表现在以下几个方面：

1）缩短产品制造工艺链，提高生产效率。车铣复合加工可以实现一次装夹完成全部或者大部分加工工序，从而大大缩短产品制造工艺链。这样一方面减少了由于装夹改变导致的生产辅助时间，同时也减少了工装夹具制造周期和等待时间，能够显著提高生产效率。

2）减少装夹次数，提高加工精度。装夹次数的减少避免了由于定位基准转化而导致的误差积累。同时，目前的车铣复合加工机床大都具有在线检测的功能，可以实现制造过程关键数据的在位检测和精度控制，从而提高产品的加工精度。

3）减少占地面积，降低生产成本。虽然车铣复合加工机床的单台价格比较高，但由于制造工艺链的缩短和产品所需设备的减少，以及工装夹具数量、车间占地面积和设备维护费用的减少，能够有效降低总体固定资产的投资、生产运作和管理的成本。车铣复合加工中心如图 1.1.5 所示。

图 1.1.5　车铣复合加工中心

任务实施

车铣复合加工机床的种类有哪些？

知识拓展

了解车铣复合加工机床的应用场合。

项目二

多轴数控加工工艺分析

项目目标

了解多轴数控加工工艺；

了解多轴数控加工实施步骤。

任务列表

学习任务	知识点	能力要求
任务一　多轴数控加工工艺的基本原则认知	多轴数控加工工艺的基本原则	能够独立分析多轴数控加工工艺
任务二　多轴数控加工工艺的实施步骤分析	多轴数控加工工艺的实施步骤	掌握多轴数控加工实施步骤

任务一　多轴数控加工工艺的基本原则认知

任务导入

多轴数控加工工艺就是将原材料或半成品装夹在多轴数控机床的工作台上，通过铣削或者钻削等加工，使之成为预期产品的方法和技术。多轴加工工艺服务于零件的整体加工工艺，是整体加工工艺的一部分，其最终目的是高效地加工出合格产品。

知识链接

由于多轴机床价格昂贵、维护成本高、工时成本高，所以编排多轴加工工艺时，一定要在确保产品质量、生产安全的前提下，尽可能节约多轴数控加工工时，降低产品制造成本。具体来说，能用三轴完成的工作尽量用三轴加工，如果用三轴不能完成或者完成有困难的工作，才用多轴加工。这样可以最大限度地保护旋转台的精度，提高设备利用效率。

但是在以下几种情况中应该考虑使用多轴加工工艺。

1）如果用三轴加工会存在严重的缺陷，例如加工长深零件底部时，由于装刀很长，刀具容易发生弹性变形，导致加工时切削量不能太大，加工工时也随之变长。但使用多轴加工，则只需要将刀轴线沿着周边倾斜一个角度，使刀具的装刀长度缩短，在加大切削参数的同时，加工工时也随之缩短，加工效果会大大改善。

2）双斜面加工。对于双斜面的加工，三轴加工会选用球头刀进行很密的多行距加工，表面粗糙度难以达到图纸要求，而且工时很长。多轴加工工艺将刀具旋转使刀轴线垂直于加工平面，这样就可以使用平底刀定位加工，只需要像三轴加工铣削水平面一样，加工双斜面在缩短加工工时的同时，提高加工效率。

3）倒扣零件加工。对于倒扣零件的加工，三轴加工需要多次翻转装夹，甚至倾斜装夹，这对操作员技术水平要求较高，而且多次装夹误差大，操作复杂，出错率高，产品质量很难保证。而用多轴加工只需一次装夹，自动翻转加工不同方向的面，以消除对刀校正误差。

4）用球头刀加工接近水平的平缓曲面。由于球头刀底部的切削速度接近于零，导致使用三轴加工时球头刀底部的切削效果很差。如果用多轴加工则只需要将刀具倾斜一个角度，使用刀具的侧刃进行切削，加工效果得到大大改善。另外，还可以用平底刀或者锥度刀的侧刃对直纹面进行加工，这两种刀具增大了刀具和工件的切削接触面积，即使设置较大的步距也可以达到很好的效果，缩短工时。

5）对于整体涡轮、整体叶轮、飞机机翼等航空零件的加工。此时三轴加工几乎不能实现，多轴加工就成为唯一的选择。

工序是由工步组成的，数控程序就是加工工步。如果某个零件整体加工工艺已经确定用多轴加工，那么就需要从以下几方面考虑如何编排多轴加工。

1）多轴数控加工工艺总体原则：尽可能保护机床、减少机床故障率和停机时间；尽可能减少多轴加工的切削工作量、尽可能减少旋转轴担任切削工作、避免旋转轴担任重切削工作。

2）尽量用车、铣、刨、磨、钳等传统切削方式来加工初始毛坯。

3）尽可能采用固定轴的定向方式进行粗加工及半精加工。不到万不得已不用联动方式粗加工。如果必须采取联动方式进行粗加工，切削量不能太大。

4）倒扣曲面与周围曲面之间要求过渡自然，如果要求精度较高，精加工就要考虑使用联动方式。例如，对整体涡轮的叶片进行精加工时，如果不采取五轴联动而采取多次定向加工，叶片的叶盆和叶背曲面就很难保证自然过渡连接。

5）多轴数控加工时要确保加工安全，特别要预防回刀时刀具撞坏旋转工件及工作台。

6）多轴加工的加工效果一定要满足零件的整体装配需要，不但切削时间要短，而且精度要达到图纸公差要求。

任务实施

相对于通用数控机床，多轴数控机床的加工优势有哪些？

知识拓展

FANUC 多轴数控系统的种类有哪些？

任务二 多轴数控加工工艺的实施步骤分析

任务导入

人们早已认识到多轴加工工艺的优越性和重要性，但到目前为止，多轴加工工艺的应用仍然局限于少数资金雄厚的部门，并且存在尚未解决的难题。由于干涉和刀具在加工空间的位置控制，多轴加工工艺涉及的数控编程、数控系统和机床结构较为复杂。

知识链接

多轴数控加工工艺实施的基本步骤概括起来有以下要点：

（1）根据 2D 图纸绘制 3D 模型，即建立 CAD/CAM 模型

读懂图纸，严格依据图纸绘制 3D 模型。绘制好模型后，必须将 2D 图纸中的全部尺寸进行检查，建立尺寸检查记录表。如果已经预备好 3D 模型，则这一步可以省略。但是必须对接收的 3D 模型进行全面的检查，检查内容有：

1）3D 模型的单位是英制还是公制，如果是英制，则需要转化为公制，但图形实际大小不能改变；

2）如果原 3D 模型是在其他软件中绘制的，尽可能采用 IGS、XT 或者 STP 格式转化，确保图形的特征完整，必要时把中间绘制的曲面和曲线也一起转化，有时会给编程做辅助线带来方便；

3）分析是否存在掉面或者模型中有破孔等情况，如果存在这些缺陷，就必须补全 3D 模型。

（2）图纸分析、工艺分析

制定整个零件的加工工艺，明确多轴加工工艺承担的加工内容及要求。

在大型正规企业，零件加工的整体工艺是由专职工艺员制定的。工艺员所制定的加工工艺必须符合本企业的实际情况，充分利用现有的人力、物力和财力。本企业不具备条件时，才考虑与其他企业合作，进行外发加工。

作为多轴加工数控编程工程师，需要了解零件的整体加工工艺，尤其需要了解数控加工工序的任务，更要能准确绘制出 CNC（数控）加工时初始毛坯的 3D 模型。他还要检查 CNC 加工所需要的基准是否齐备，如果基准不全就需要和工艺员沟通协商确定这些基准到底由哪个工序加工。另外，必须对加工材料的牌号和硬度十分清楚，以便确定合理的切削参数。

(3) 确定多轴数控加工的装夹方案

对于多轴数控加工，这一步十分重要。根据 CNC 加工的加工内容结合零件形状预先制定合理的装夹方案。一般来说需要 *C* 轴旋转的、类似旋转零件的可以考虑用自定心卡盘。超出自定心卡盘范围的，可以考虑在圆柱毛坯上车出凹槽后用 *C* 轴旋转台上的压板装夹。必要时要专门设计出专用夹具，用专用夹具来装夹。

不管采取哪一种装夹方案，必须在编程图形里绘制出相应夹具的 3D 模型，再转化 2D 图。2D 图发给相关部门加工，3D 模型转化为 STL 格式的文件以便在 VERICUT 仿真时调用。绘制夹具 3D 模型的目的是确定刀具偏摆的极限位置，防止刀具运动时超出极限位置而碰伤夹具和工作台。

(4) 编制数控程序及制定加工工步（即数控程序文件）

编制数控程序及制定加工工步是数控编程的核心内容，即在正式编程前，事先初步规划需要哪几个数控程序，给每个数控程序安排其加工内容和加工目的、所用刀具及夹具的规格、加工余量等粗略步骤。多轴加工和三轴加工类似，也应该遵守粗加工、清角、半精加工、精加工的编程步骤。

以上四个步骤完成以后再进行数控编程就会胸有成竹。

(5) 定义几何体、刀具及夹具

进入 UG 软件的加工模块，切换到几何视图，先定义加工坐标系，这时需注意：如果采用 XYZAC 型机床加工，编程用的加工坐标系的原点应该与机床的 *A*、*C* 旋转轴的轴线交点重合；再定义加工零件体、毛坯体；最后切换到机床视图，初步定义编程所用的刀具和夹具。

(6) 定义程序组

创建各个刀轨的轨迹线条，必要时在编程图形里创建辅助面、辅助线，恰当选用加工策略，编制各个刀轨。

尽可能采取固定轴定向加工的方式进行大切削量的粗加工、清角、半精加工、精加工才采用联动的方式加工。要时刻确保不要使旋转工作台在旋转时承担过大的重切削工作。

(7) UG 软件的内部刀轨模拟仿真

多轴加工的刀轨由于刀具沿着空间偏摆运动复杂，数控编程工程师要力争在编程阶段排除刀具、夹具与周围的曲面产生的过切或者干涉现象。为此，编程时要特别重视对刀轨进行检查，发现问题及时纠正，初步进行处理后生成加工代码 NC 文件。

(8) 填写数控程序 CNC 工艺单

数控程序 CNC 工艺单是数控编程工程师的成果性文件，在其中必须清楚地告诉操作员以下内容：预定的装夹方案、零点位置、对刀方法；数控程序的名称、所用的刀具及夹具规格、装刀长度等。操作员必须严格执行。

(9) VERICUT 刀轨仿真

对于多轴加工编程来说，最大的困惑就是，在 UG 软件的环境里检查刀轨并未发现错误，而实际切削时可能会出现一些意想不到的错误。这是由于 UG 软件模拟的刀轨里 G00 指令和实际机床加工有差别，以及各个操作刀轨之间的过渡和机床实际运行有差别，导致 UG 软件的仿真与实际有差别。这一点应该引起特别注意。

而 VERICUT 刀路仿真可以依据数控编程 NC 文件里的 G 代码指令、刀具模型和事先定义的机床模型、夹具模型、零件模型进行很逼真的仿真，最后分析出加工结果模型和零件模型的差别。有无过切和干涉，一目了然。

（10）在机床上安装零件

操作员按照 CNC 工艺单实施有困难，需要变更装夹方案或者装刀方案时，要及时反馈给数控编程工程师，不能自行处理，否则可能会导致重大的加工事故。

操作员根据 CNC 工艺单，在机床上建立加工坐标系，记录零件的编程旋转中心相对于机床的 *A* 轴及 *C* 轴旋转中心的偏移数值，并将这些数值反馈给数控编程工程师。

（11）加工现场信息处理

数控编程工程师根据操作员的反馈信息，检查或者修改数控程序，设置后处理参数进行后处理，将最终的 NC 文件及 CNC 工艺单正式分发给操作员进行加工。

（12）现场加工

操作员正式执行数控程序加工零件时，其主要职责是正确装夹工件和刀具，安全运行数控程序，避免操作时出现加工事故。

操作员先要浏览数控程序，从字符文字方面检查有无不合理的机床代码；其次要适当修改程序开头的下刀指令和程序结尾的回刀指令，使刀具在开始时从安全位置缓慢接近工件，加工完成时在合理的位置提刀到安全位置。五轴联动加工时的提刀要确保正确。

一般情况下，应该先快速运行所有的数控程序并观察主轴及旋转台运动，没有问题以后就可以正式切削零件，加工时适当调整转速和进给速度倍率开关，完成后先初步测量，若没有错误就可以拆下，然后准备下一件的加工。

任务实施

多轴加工工艺的一般步骤。

知识拓展

多轴数控加工编程的程序验证有哪些手段？

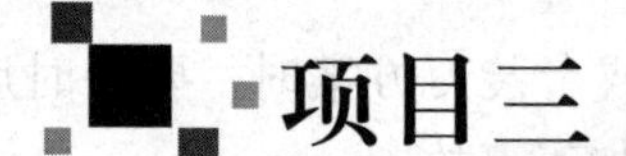

项目三

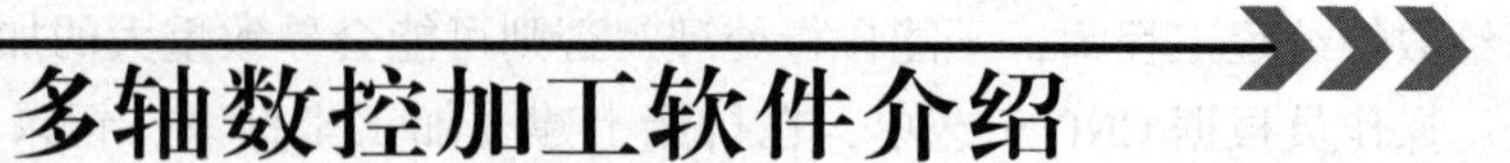

多轴数控加工软件介绍

项目目标

了解 UG 多轴数控加工仿真软件；

了解 VERICUT 软件。

任务列表

学习任务	知识点	能力要求
任务一　UG 多轴数控加工仿真软件	UG 软件的加工仿真功能	能够独立操作 UG 多轴数控加工仿真软件
任务二　VERICUT 软件介绍	VERICUT 软件的加工仿真功能	能够独立操作 VERICUT 仿真软件

任务一　UG 多轴数控加工仿真软件

任务导入

UG 多轴数控加工仿真软件（UG 软件）是指西门子公司研发的 UG NX（Unigraphics NX）软件，通过它可进行数控机床的程序编制；它为用户的产品设计及加工过程提供了数字化造型和验证手段，针对用户的虚拟产品设计和工艺设计的需求，该软件提供了经过实践验证的解决方案。本任务介绍的 UG 软件是 UG NX 8.0。

知识链接

UG NX 8.0 在多轴加工方面有很多成熟的编程功能，概括起来有以下几种。

（1）多轴铣定位加工

多轴铣定位加工是通过重新定义刀轴方向而进行的固定轴铣削，其包括所有传统的三轴编程方法，如平面铣、面铣、钻孔、型腔铣、等高铣，以及固定轴曲面轮廓铣。与传统三轴加工方式不同的是：多轴铣定位加工要专门定义刀轴线的方向。

刀轴线的正方向是指从刀尖出发指向刀具末端的连线的矢量方向。传统三轴加工的默认刀轴方向是+ZM，而采用多轴铣定位加工时，要先分析出不倒扣的方位，根据视角平面创建基准平面，然后依据这个平面的垂直方向（也称法向）来定义刀轴的方向。为了保护机床，应尽可能采取这种加工方式来加工零件的倒扣位置。

（2）变轴曲面轮廓铣

变轴曲面轮廓铣（包括流线铣和侧刃铣）是通过灵活控制刀轴及设置驱动方法而进行的，其使用要点是：先确定驱动方法及投影矢量，以便能顺利地将驱动面上的刀位点投影到加工零件上；然后根据不产生倒扣的原则定义刀轴矢量；最后依据这些条件生成多轴加工刀轨。这是 UG 软件的主要多轴加工功能，也是学习的重点。

（3）变轴等高铣

变轴等高铣和普通三轴等高铣的不同之处在于，其可以定义刀轴沿着加工路线进行侧向倾斜，以便防止刀柄对工件产生过切或者碰撞。变轴等高铣仍然是平面的等高铣，只适合用球头刀进行铣削。

（4）顺序铣

顺序铣可以对角落进行手动清角，用户可以分步控制刀轨。

（5）顺序铣涡轮专用模块

对于涡轮这样复杂且有着共同相似结构的零件，可以使用涡轮专用模块进行数控编程。编程时要事先绘制叶片的包裹曲面，然后可以先在几何视图里定义轮毂曲面、包裹曲面、其中一个叶片曲面的侧曲面和圆角曲面，如果有分流叶片，再另外定义分流叶片的侧曲面和圆角曲面。

通过后续模块具体的实例编程训练，可以体会和理解到 UG 软件的多轴加工编程功能，实现最优化的加工工艺。最优化的加工工艺的衡量指标是：能充分发挥和利用现有五轴机床（本书以 XYZAC 型机床为例）的性能，安全、高效、完整地加工出实例零件，力争用最少的刀具损耗、最短的加工时间加工出符合用户要求的零件产品。

任务实施

简述 UG 软件在多轴数控加工方面常用的几种方法。

知识拓展

常用的多轴数控加工仿真软件有哪些？

任务二 VERICUT 软件介绍

任务导入

VERICUT 软件是全世界数控验证软件的领导者，它能在产品实际加工之前模拟 NC 加工过程，以检测刀具路径中可能存在的错误，并可用于验证 G 代码和 CAM 软件输出结果。VERICUT 软件可在 UNIX、Windows NT/95/98/2000 系统下运行，它有三大主要功能：常规工作模拟、验证与分析，刀具路径最佳化，工具机与控制器系统模拟。

知识链接

VERICUT 软件用于交互模拟 2 ~5 根轴的铣、钻、车削加工，并在铣/车加工操作时易于识别和更正使零件碰撞、破坏夹具或折断刀具的错误，VERICUT 软件模拟过程中可执行过切侦测。

VERICUT 软件可将切削零件与设计原型进行比较以识别差异，保证加工后的零件满足设计要求，使用者可以在 VERICUT 软件中建构任何工具、夹具或刀杆形状。

任务实施

VERICUT 软件的常用功能有哪些?

知识拓展

常用的数控验证软件有哪些?

模块二

石油钻头的多轴编程与数控加工

项目一

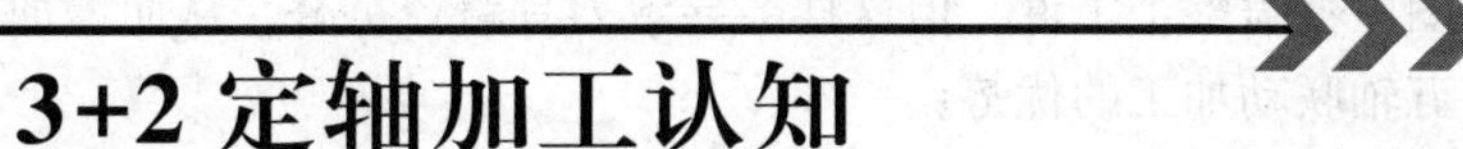

3+2 定轴加工认知

项目目标

了解3+2 定轴加工方法。

任务列表

学习任务	知识点	能力要求
任务　3+2 定轴加工与五轴联动加工的区别认知	3+2 定轴加工和五轴联动加工的区别	能够灵活使用3+2 定轴加工和五轴联动加工

任务　3+2 定轴加工与五轴联动加工的区别认知

任务导入

“3+2”型机床在执行一个三轴加工程序时，使用五轴其中的两个旋转轴将切削刀具固定在一个倾斜的位置，因此其也叫作定位五轴机床，因为第四个轴和第五个轴是用来确定在固定位置上刀具的方向，而不是在加工过程中连续不断地变化。

知识链接

3+2 定轴加工的原理实质上就是三轴功能在特定角度（即“定位”）上的实现，就是当机床转了角度以后，还是以普通三轴的方式进行加工。3+2 定轴加工与五轴联动加工的区别在于：3+2 定轴加工与五轴联动加工适用的行业对象不同，3+2 定轴加工适合于平面加工，五轴联动加工适合曲面加工。

3+2 定轴加工的优势：

1）可以使用更短的，刚性更高的切削刀具；

2）刀具可以与待加工表面形成一定的角度，主轴头可以伸得更低，离工件更近；

3）刀具移动距离更短，程序代码更少。

3+2 定轴加工的局限性：

3+2 定轴加工通常被认为是设置一个对主轴的常量角度。复杂工件可能要求许多个倾斜视图以覆盖整个工件，但这样会导致刀具路径重叠，从而增加了加工时间。

五轴联动加工的优势：

1）加工时无须特殊夹具，降低了夹具的成本；

2）减少夹具的使用数量；

3）避免多次装夹，提高了模具加工精度；

4）在加工中能增加刀具的有效切削刃长度，减小切削力，提高刀具使用寿命，降低成本。

五轴联动加工的局限性：

1）相比 3+2 定轴，其主轴刚性要差一些；

2）有些情况不宜采用五轴联动加工，比如刀具太短或刀柄太大，使任何倾斜角的工况下都不能避免振动；

3）相比 3+2 定轴加工，加工精度低。

举例说明 3+2 定轴加工与五轴联动加工的应用，范例模型如图 2. 1. 1 所示。

3+2 定轴加工程序的设置与编程。首先确定“加工环境”，可以选择默认的“mill_planer”作为加工方式。图 2. 1. 2 为设置“加工环境”对话框。

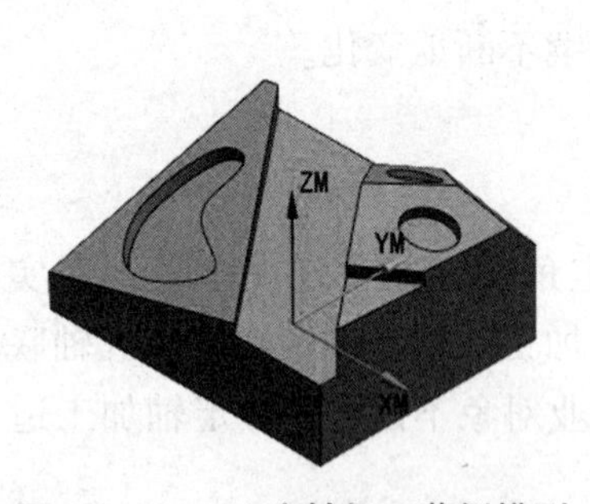

图 2. 1. 1　3+2 定轴加工范例模型

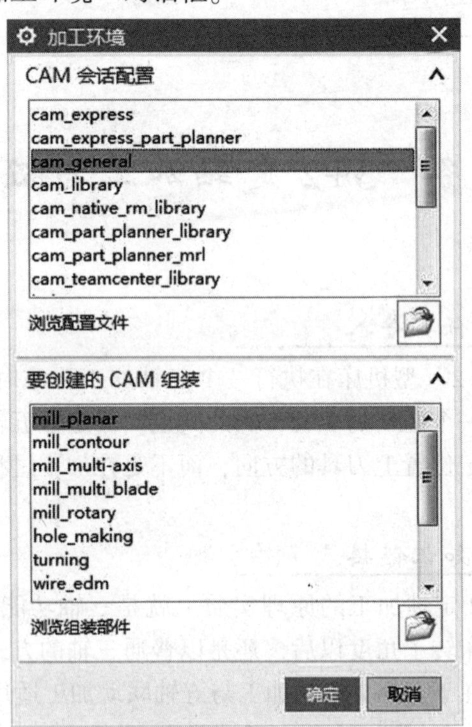

图 2. 1. 2　设置“加工环境”对话框

单击“创建刀具”图标选择合适的刀具。图 2.1.3 和图 2.1.4 分别为设置“创建刀具”对话框和设置“铣刀-5 参数”对话框。

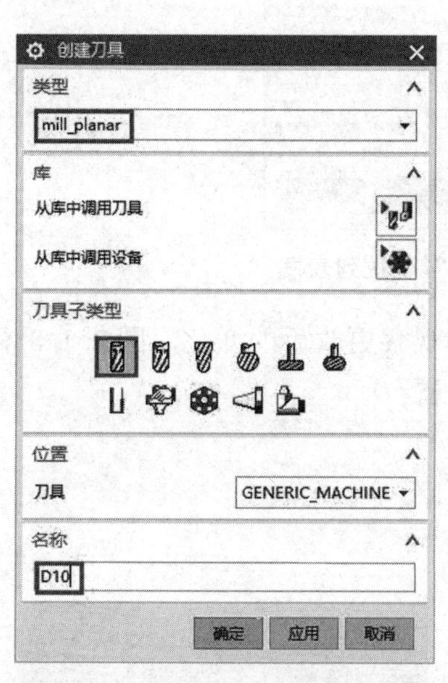

图 2.1.3 设置“创建刀具”对话框

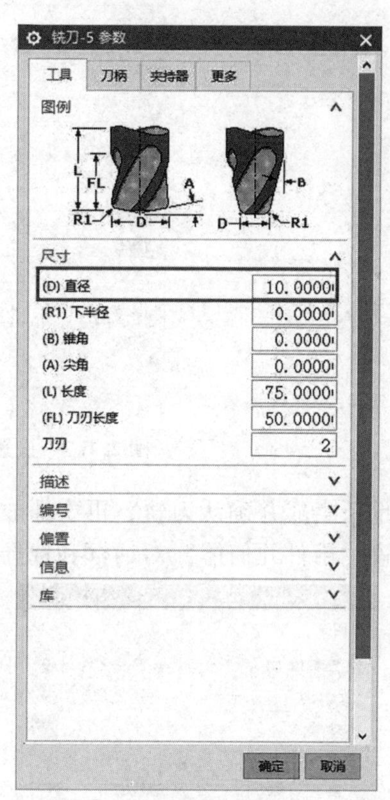

图 2.1.4 设置“铣刀-5 参数”对话框

接着更改“指定切削区底面”为“面1”和“面2”；“刀轴”方式更改为“垂直于第一个面”即可。图 2.1.5～2.1.7 分别为设置“底壁加工”对话框、选择切削面示意和设置“刀轴”下拉列表框。

图 2.1.5 设置“底壁加工”对话框

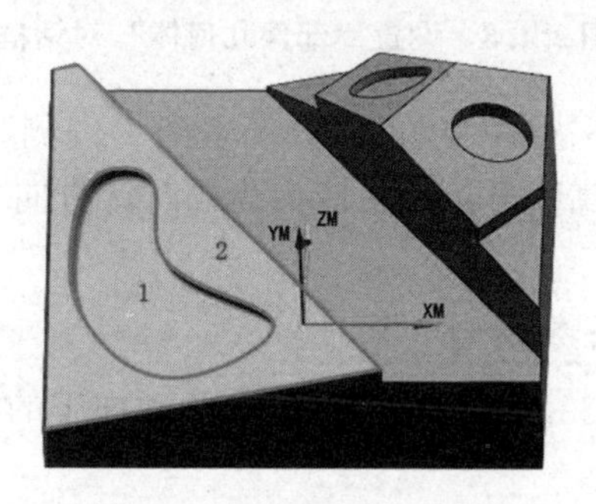

图 2.1.6 选择切削面示意

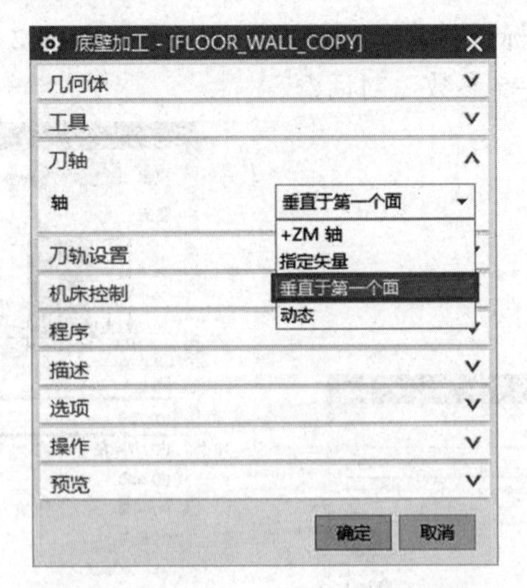

图 2.1.7　设置“刀轴”下拉列表框

最后重新生成并确认刀轨，再次播放动画来观察更改后的变化。图 2.1.8 和图 2.1.9 分别为设置“部件几何体”对话框和选择部件示意。

图 2.1.8　设置“部件几何体”对话框

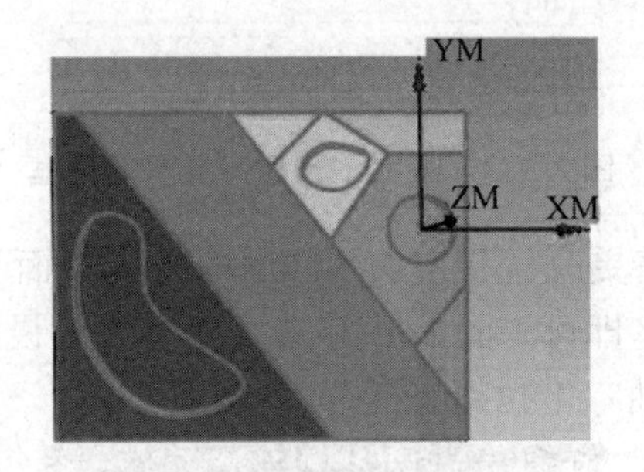

图 2.1.9　选择部件示意

“毛坯边界”中的刀具设置为“内侧”，“刨”选择为“自动”，即可在视图窗口看到圆形边界高亮显示，且箭头为顺时针方向。

任务实施

练习 3+2 定轴加工与五轴联动加工的实例。

知识拓展

思考 3+2 定轴加工及五轴联动加工各自适合使用的加工场合。

项目二 石油钻头的多轴数控加工工艺分析与编程

项目目标

了解石油钻头的加工工艺；

了解石油钻头的UG多轴编程和加工。

任务列表

学习任务	知识点	能力要求
任务一　石油钻头的多轴数控加工工艺	石油钻头具体的加工工艺过程	能够独立分析并编制石油钻头的加工工艺
任务二　石油钻头的UG多轴编程与加工	石油钻头的UG多轴编程与加工	能够独立编制石油钻头的多轴加工程序，并加工

任务一　石油钻头的多轴数控加工工艺

任务导入

石油钻头的五条切削刃根部都有轻微的拔模角，使用三轴机床一次装夹无法加工到位，而且从上到下的深度较深，刀具悬长特别大，切削效率低下，因此五条切削刃可以通过五轴机床进行加工，或者在四轴加工中装夹两次，实现立卧转换加工，镶嵌金刚石刀片的盲孔必须使用五轴机床才能加工到位。

知识链接

粗加工石油钻头切削刃时，也会对盲孔进行切削，导致每个盲孔精加工时的余量都不相同，对精加工的编程以及切削参数的设置造成了很大的困难。因此我们特别对零件的粗加工模型进行工艺性修改，确保盲孔精加工时的余量均匀。立铣加工切削刃上部和卧铣加工切削刃下部时，利用找正销子作为定位基准，确保两次加工的一致性，克服零件结构无基准的缺陷，保证零件的加工精度。

基本操作过程如下：

首先使用“d30r5”的刀具对钻头毛坯进行粗加工，加工方法可以使用“mill_contour”，“刀具子类型”选择“MILL”。然后使用“d16r0.8”的刀具对钻头整体进行半精加工，加工方法还可以用“mill_contour”，“刀具子类型”选择“MILL”，然后在B12的刀具下插入一个新工序，加工方法采用“drill”，“工序子类型”选择“啄钻”，可以采用“标准钻，深孔…”模式加工孔系。

任务实施

复习巩固石油钻头的多轴数控加工工艺。

知识拓展

尝试分析并编制图 2.2.1 中石油钻头的工艺。

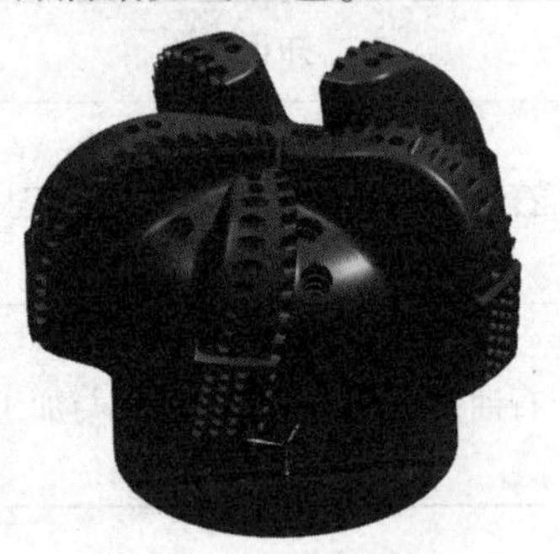

图 2.2.1　石油钻头

任务二　石油钻头的 UG 多轴编程与加工

任务导入

本任务是对石油钻头进行具体的多轴编程与加工。

知识链接

石油钻头模型如图 2. 2. 2 所示，该钻头有五个空间方位的切削刃，每个切削刃上的工作部分有很多镶嵌金刚石刀片的盲孔，钻头工作时就是依靠金刚石刀片进行切削。

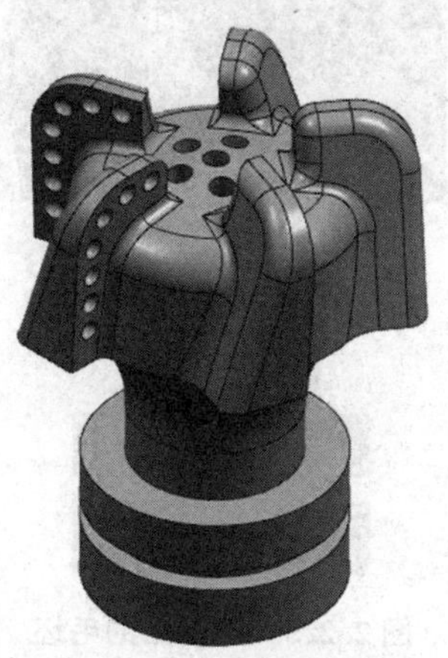

图 2. 2. 2　石油钻头模型

正式加工前需要对模型进行一个简单的处理。首先需要将钻头切削刃上方的孔系填补起来，如图 2. 2. 3 所示。

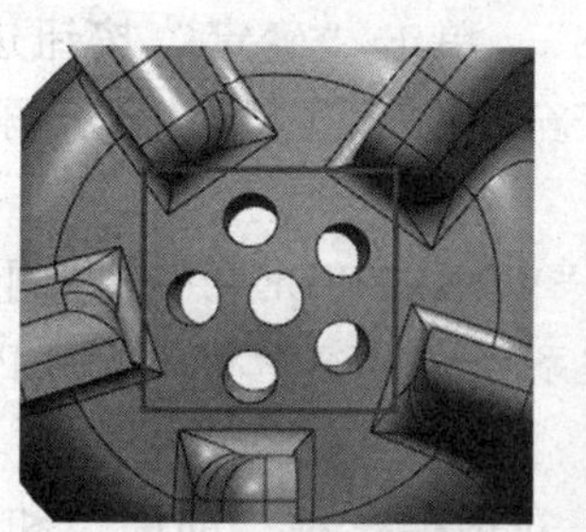
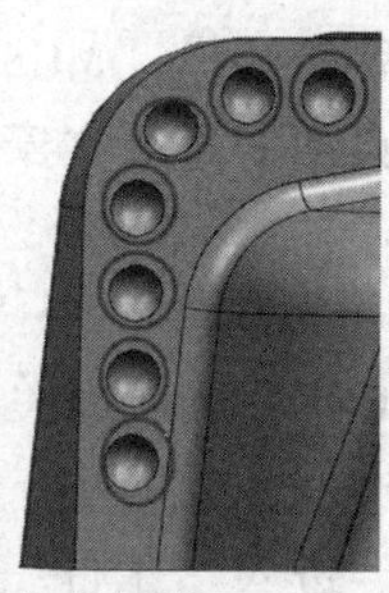

图 2. 2. 3　填补切削刃上方的孔系

单击工具条上的“同步建模”命令行的“删除面”命令删除孔面。孔系填补后还需要单击“旋转命令”旋转建立一个毛坯，选择切削刃的边线进行旋转。毛坯预览效果如图 2. 2. 4 所示。

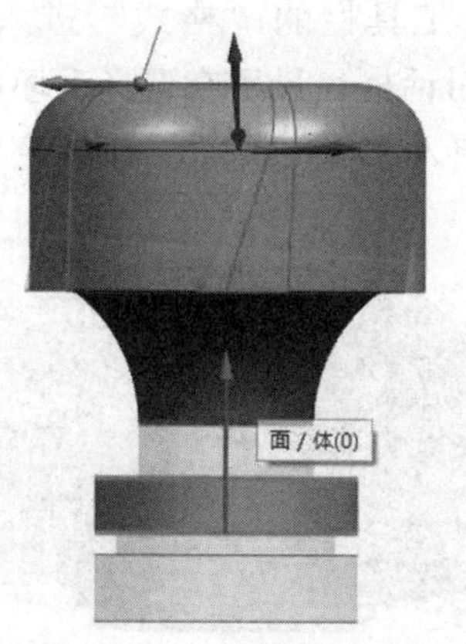

图 2. 2. 4　毛坯预览效果

发现旋转出的毛坯并没有完全覆盖模型，因为钻头存在轻微的拔模角，所以需要给予毛坯一定的拔模角，以便于毛坯完全覆盖原模型。图 2. 2. 5 为旋转后的毛坯。

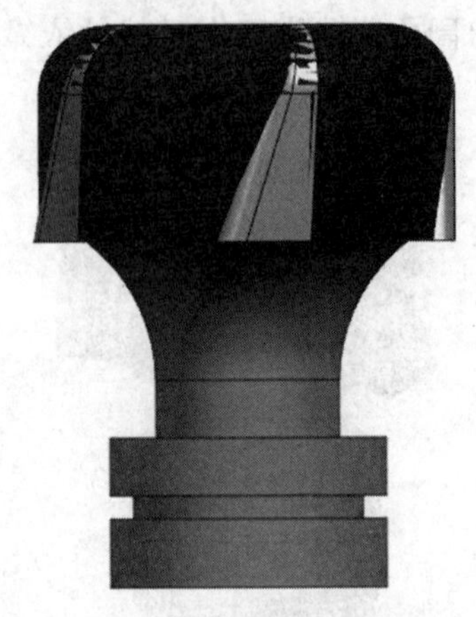

图 2. 2. 5　旋转后的毛坯

单击工具条上的“拔模”图标进入“拔模”对话框，“拔模类型”选择“从边”，“指定矢量”选择上表面“法向”，“拔模角度”键入“5. 5”，适当比模型大一圈即可。

此时启动加工模块。单击“几何视图”进入“创建几何体”对话框，类型选择“mill_contour”，几何体“子类型”选择“MCS”，单击“确定”按钮进入 MCS 对话框，其中“安全设置”选项选择“自动平面”，“安全距离”键入“10”，再次单击“确定”按钮结束设置。

然后在“MCS”基础上再建立一个“WORKPIECE”，在左侧“工序导航器”可以看到“MCS”和“WORKPIECE”的所属关系（“MCS”和“WORPIECE”属于父子关系才正确）。

双击“WORKPIECE”进入“工件”对话框，对“部件”和“毛坯”进行指定。首先单击“指定部件”进入“部件几何体”对话框，选择原始模型作为部件，其次单击“指定毛坯”进入“毛坯几何体”对话框，选择创建带有拔模角的回转体。

毛坯和部件都选择好了单击“确定”按钮即可。为了方便管理和操作，我们把毛坯单独移动到另一个图层。同样单击工具栏的“格式”进入“格式”子菜单，在其中选择“移动到图层”打开“类选择”对话框，最后在选择毛坯后单击“确定”按钮进入“图层移动”对话框，“目标图层”键入“2”，单击“确定”按钮后毛坯进入第二图层。图 2. 2. 6 为选择毛坯示意。

图 2. 2. 6　选择毛坯示意

为了选择合适直径的刀具需要测量两切削刃的距离，此时两切削刃的距离显示为“42.9”，因此我们可以选择直径“30”的刀具。图 2.2.7 为测量两切削刃距离的状态。

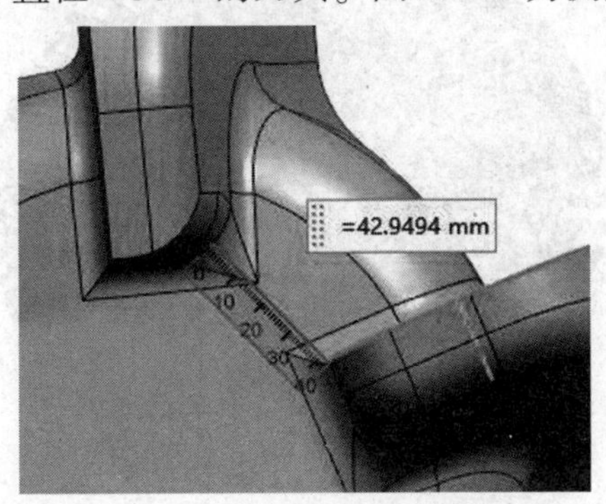

图 2.2.7　测量两切削刃距离的状态

然后单击创建好的刀具，单击“插入工序”进入“创建工序”对话框，“类型”选择“mill_contour”，“工序子类型”选择“型腔铣”，“几何体”选择“WORKPIECE”，单击“确定”按钮进入“型腔铣”对话框。由于毛坯、部件我们上面已经指定好了，这一步只需要将几何体切换为“WORKPIECE”即可。

“刀轨设置”选项的“切削模式”选择“跟随周边”，“步距”选择“刀具平直百分比”，“平直直径百分比”键入“65”，“公共每刀切屑深度”选择“恒定”，“最大距离”键入“6”，重要的是进行“切削层”的设置，单击右侧图标进入“切削层”对话框。接着单击“切削参数”进入“切削参数”对话框，不勾选“使底面余量与侧面余量一致”选项。“部件侧面余量”键入“0.2”，“部件底面余量”键入“0.1”，单击“确定”按钮。设置“型腔铣”对话框和设置“切削参数”对话框分别如图 2.2.8 和图 2.2.9 所示。

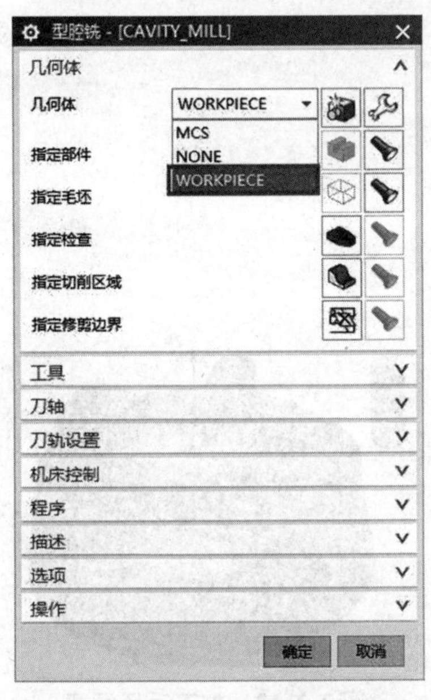

图 2.2.8　设置“型腔铣”对话框

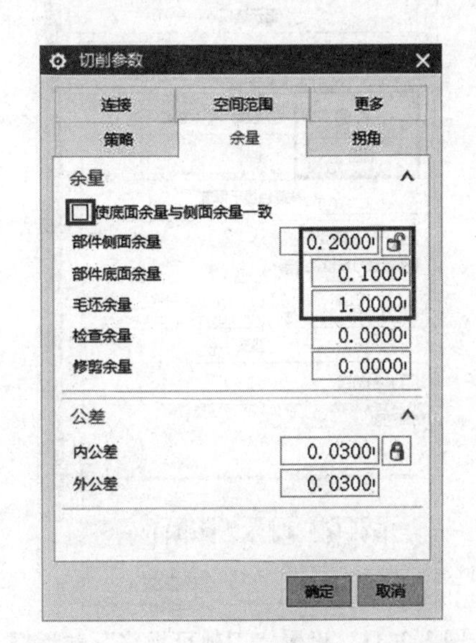

图 2.2.9　设置“切削参数”对话框

最后单击“操作”选项下的“生成刀轨”。刀轨显示状态俯视图如图 2.2.10 所示。

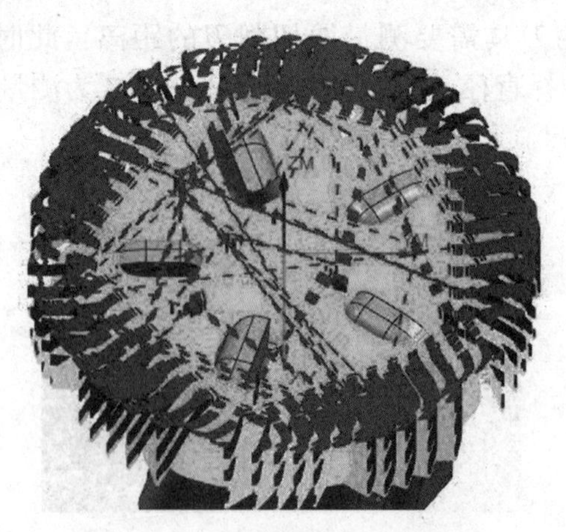

图 2.2.10　刀轨显示状态俯视图

然后单击“确认刀轨”进入“刀轨可视化”对话框，播放生成的动画，观看模拟加工过程。

此时也可以切换到“3D 动态”选项卡，其中“刀具显示”选择“刀具”，“刀轨”选择“无”，“IPW 分辨率”选择“中等”，再次单击“播放”按钮生成 3D 过程毛坯，清晰明了地模拟加工状态。值得注意的是 3D 状态下的模拟过程时间比较久，这时可以将“动画速度”适当调高些。待加工结束后，单击“小平面化实体”下边的 IPM 单选按钮并创建，最后单击“确定”按钮。主要流程如图 2.2.11 ~ 2.2.13 所示。

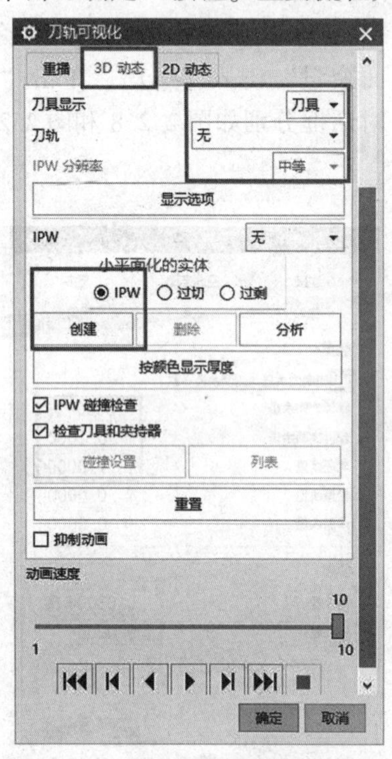

图 2.2.11　设置“刀轨可视化”对话框

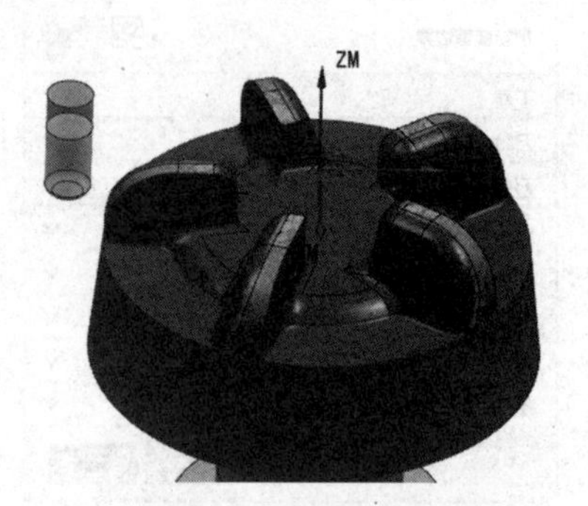

图 2.2.12　加工毛坯示意

图 2.2.13　过程毛坯

下面我们继续进行另一个部位的粗加工。待加工部位如图 2.2.14 所示。

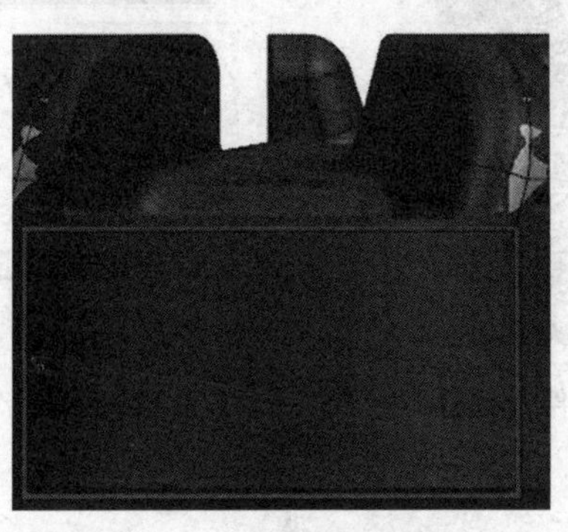

图 2.2.14　待加工部位

那么为了加工该部位，我们需要返回建模模块新建一个基准平面，建基准平面是为了接下来更加方便快捷地确定待加工部位的刀轴矢量。返回建模模块后，单击“插入”→“基准/点”→“基准平面”进入“基准平面”对话框，单击“基准平面”子菜单选择“视图平面”。

最好视图平面能够同时显示两个石油钻头的切削刃以及它们之间的待加工部位，视图平面不合理时，单击“视图”窗口左下角的坐标系 Z 轴，在“角度”对话框中键入数值或者操作鼠标，这样就可以让模型只绕 Z 轴旋转，同时选择我们想要的视角来建基准平面，在选定的视角下建好后则返回加工模块。

在加工模块中单击左侧“工序导航器”的“MCS”→“插入”→“创建几何体”，“类型”选择“mill_contour”，“几何体子类型”选择“WORKPIECE”，“位置几何体”选择子菜单的“GEOMETRY”，单击“确定”按钮即可；或者你也可以直接创建一个新的“WORKPIECE”，再把它拖到“MCS”里边，总的来说需要满足两个“WORKPIECE”是“并列”关系，并同属于一个“MCS”下。图 2.2.15 为设置“工序导航器”。

图 2.2.15　设置“工序导航器”

双击新建好的 WORKPIECE_1 进入“工件”对话框，第一步进行“指定部件”，选择原模型实体为部件，第二步的“指定毛坯”选择之前 3D 模拟加工后生成并创建的过程毛坯，如图 2.2.16～2.2.18 所示。

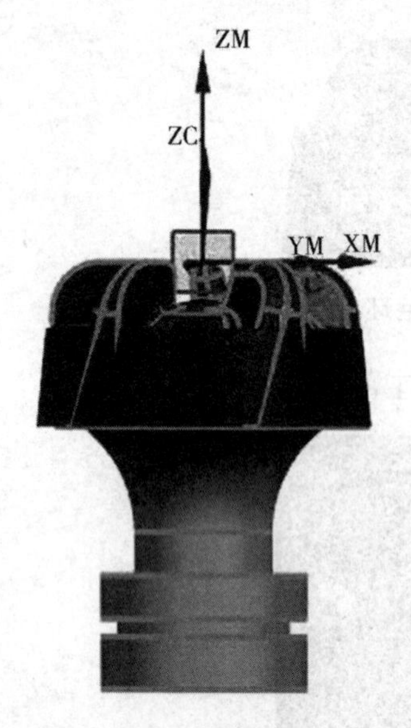

图 2.2.16　新部件几何体

图 2.2.17　设置“毛坯几何体”对话框

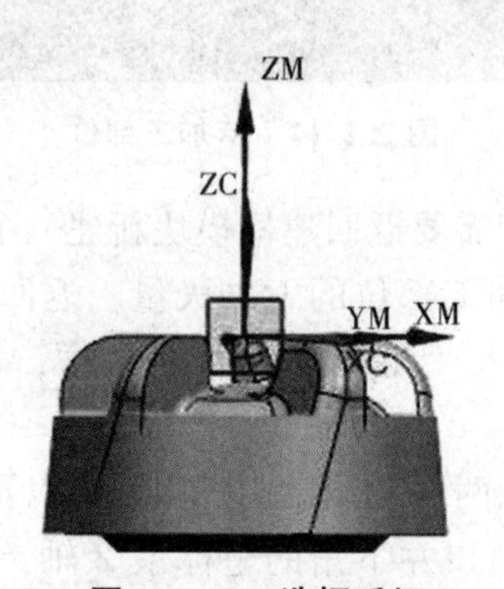

图 2.2.18　选择毛坯

部件和毛坯都指定结束后，单击“创建刀具”图标进入“创建刀具”对话框，“类型”选择“mill_contour”，“刀具子类型”选择“MILL”，名称另起一个，或者默认即可，因为“d30r5”这个名称上次用过了。最后单击“确定”按钮进入具体的“刀具参数”对话框，“直径”键入“30”，“下半径”键入“5”，再次单击“确定”按钮。

然后单击创建的刀具，单击选择“插入工序”进入“创建工序”对话框。“类型”选择“mill_contour”，“工序子类型”选择“型腔铣”，“几何体”选择“WORKPIECE_1”。单击“确定”按钮进入“型腔铣”对话框。因为两次用的刀具一样，所以可以将原工序复制，并在此基础上更改，当然可以创建一个新的工序。这里我们以新工序为例，单击“确定”按钮进入“型腔铣”对话框。图 2.2.19 为设置“创建工序”对话框。

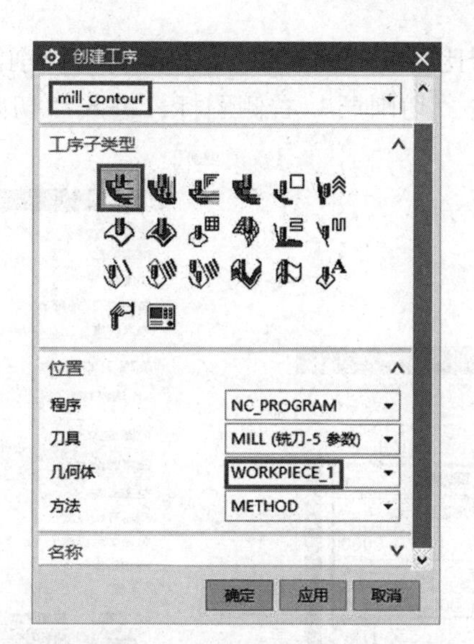

图 2. 2. 19　设置“创建工序”对话框

因为“部件”和“毛坯”在上边步骤中已经指定过了，所以在“型腔铣”对话框中直接单击“指定修剪边界”，在“指定修剪边界”前一步需要进行“CSYS”的重新制定，在 CSYS 对话框中选择子菜单的“自动判断”，在“视图”上选择之前创建好的基准平面，然后返回“修剪边界”对话框。图 2. 2. 20 为设置“修剪边界”对话框，图 2. 2. 21 为修剪边界图示。

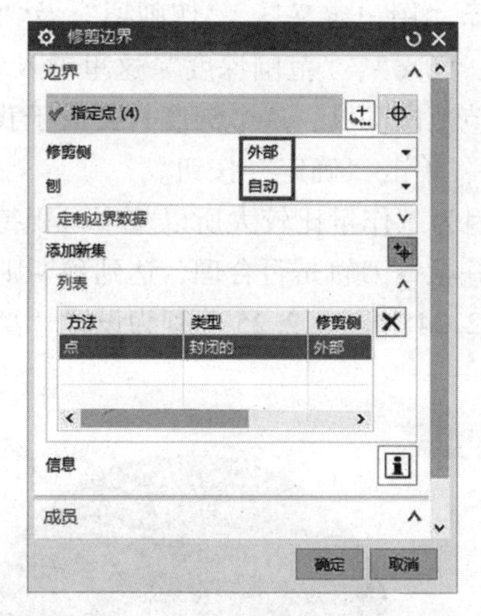

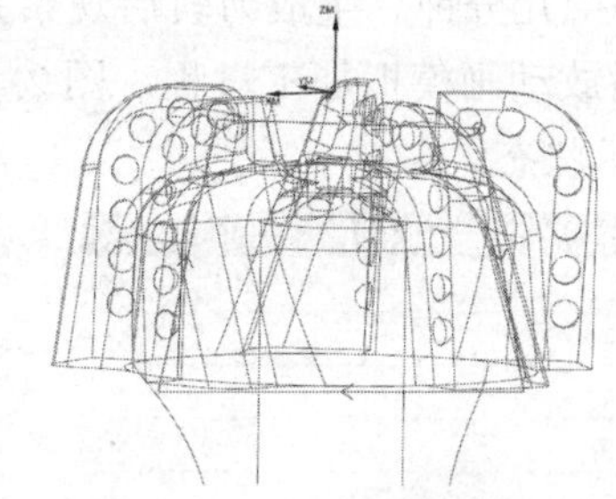

图 2. 2. 20　设置“修剪边界”对话框　　图 2. 2. 21　修剪边界图示

“指定点”选择图 2. 2. 21 中标记的点，不过这个是裁剪的大概范围，所以裁剪点的位置可以是不同的，不过也是在当前点位置轻微浮动，因为这个范围得大于我们接下来粗加工的范围才可以。“修剪侧”选择“外部”，“刨”选择“自动”，单击“确定”按钮即可。

修剪边界指定结束后，返回“型腔铣”对话框，“刀轴”选择子菜单的“指定矢量”，指定矢量可以利用“自动判断”选择，同样选择之前创建好的基准平面。然后进入“刀轨设置”，首先进行基本设置，“切削模式”选择“跟随周边”，“步距”选择“刀具平直百分比”且“平面直径百分比”键入“60”，“公共每刀切削深度”选择“恒定”，“最大距离”键入“6”，其次单击“切削层”右侧图标，进入“切削层”对话框，如图 2.2.22 和图 2.2.23 所示。

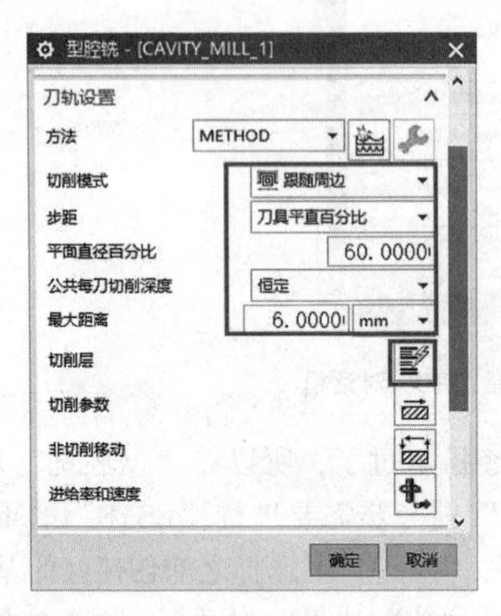

图 2.2.22　设置“型腔铣”对话框-1

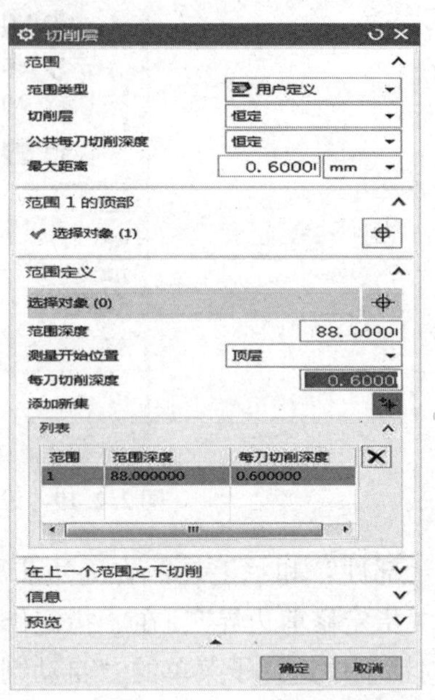

图 2.2.23　设置“切削层”对话框

“切削层”对话框下的“范围类型”选择“用户定义”，“切削层”及“公共每刀切削深度”都选择“恒定”，“最大距离”键入“0.6”，“范围深度”这里键入“88”，也可以用鼠标拖动高亮显示的面的法向箭头来调节范围深度，这个深度只要大于我们要粗加工的厚度即可，“测量开始位置”选择“顶层”，单击“确定”按钮。

最后单击“操作”下的“生成刀轨”，因为工作量比较大所以整个过程持续得稍微久点，需要耐心等待几分钟。生成刀轨后观察并检查刀轨是否合理，达到预期则单击“确认刀轨”按钮，播放动画模拟加工过程。图 2.2.24 和图 2.2.25 分别为设置“型腔铣”对话框-2 和刀轨显示状态。

图 2.2.24　设置“型腔铣”对话框-2

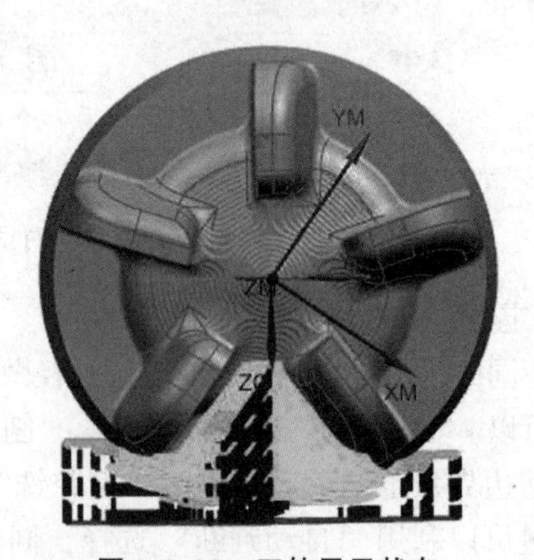

图 2.2.25　刀轨显示状态

由于钻头上的五个特征呈相等夹角环绕分布，因此可以将设置完成的加工程序复制应用到其他部位上，便可加工出整个钻头。具体可以通过单击选择“工序导航器”→“对象”→“变换”，打开“变换”对话框来复制编好的程序。其中“直线方法”选择“点和矢量”，“指定点”选择部件“圆心”，“指定矢量”选择“+Z”轴方向，如图 2. 2. 26 所示。复制变换后的效果如图 2. 2. 27 所示。

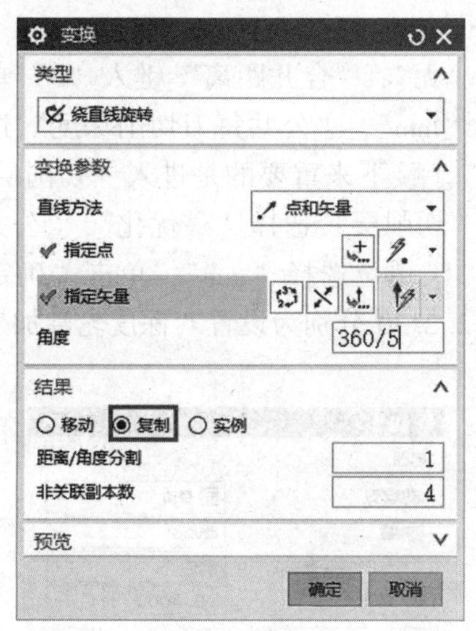

图 2. 2. 26　设置“变换”对话框

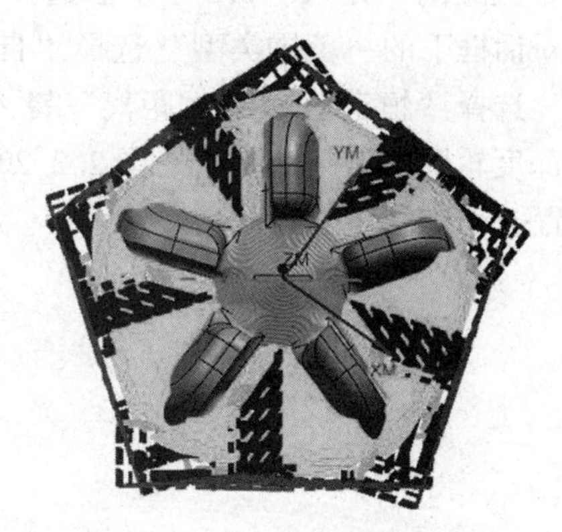

图 2. 2. 27　复制变换后的效果

由于此次加工部位不规则，生成的刀轨过于复杂，所以需要进行“过切检查”。选中左侧“工序导航器”中创建好的原程序以及后复制的四个子程序后，单击“工具栏”上方的“过切检查”图标进行检查，同样时间比较久，稍加等待几分钟即可。具体设置则只需要将“过切检查余量”更改为“用户定义”，此时“余量”可以键入“0. 03”，最后单击“确定”按钮即可。

如果生成的过切检查信息显示没有过切情况，那么这个程序可以说符合加工要求，不过以上只是进行了粗加工，接下来需要将标记的这类细节部位进行半精加工处理。需要半精加工的区域如图 2. 2. 28 所示。

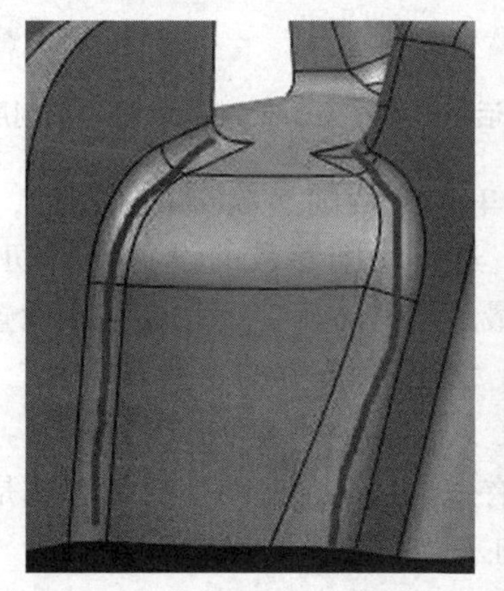

图 2. 2. 28　需要半精加工的区域

单击“创建刀具”图标进入“创建刀具”对话框，“类型”选择“mill_contour”，“刀具子类型”选择“MILL”，命名为“d16r0.8”。单击“确定”按钮进入具体的“刀具参数”对话框，直径键入“16”，下半径键入“0.8”，再次单击“确定”按钮。

然后单击创建好的刀具，单击“插入工序”进入“创建工序”对话框。其中“类型”选择“mill_contour”，“工序子类型”选择“型腔铣”，“几何体”选择“WORKPIECE”。单击“确定”按钮进入“深度轮廓加工”对话框。

选择“切削区域”，“陡峭空间范围”选择“无”，“合并距离”键入“3”单位选择“mm”，“最小切削长度”键入“1”单位选择“mm”，“公共每刀切削深度”选择“恒定”，“最大距离”键入“0.3”单位选择“mm”。接下来重要的是进入“切削层”，“切削层”对话框下的“范围类型”选择“自动”，“切削层”选择“最优化”，“公共每刀切削深度”选择“恒定”，“最大距离”键入“0.3”单位选择“mm”，单击“确定”按钮返回“深度轮廓加工”对话框。图 2.2.29 和图 2.2.30 分别为设置“深度轮廓加工”对话框和设置“切削层”对话框。

图 2.2.29　设置“深度轮廓加工”对话框

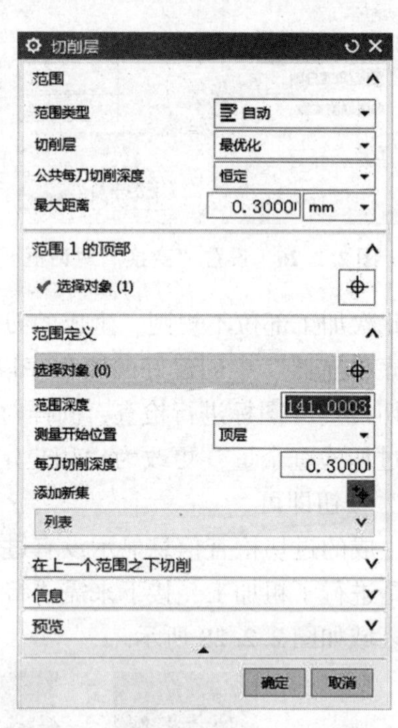

图 2.2.30　设置“切削层”对话框

然后在“深度轮廓加工”对话框中单击“切削参数”右侧图标，进入详细的参数设置，其中单击“更多”下边的“策略”进行切削参数的设置，“切削方向”选择“混合”，“切削顺序”选择“深度优化”。最后单击“确定”按钮结束设置。

在“深度轮廓加工”对话框中单击“操作”下方的“生成刀轨”→“确认刀轨”→播放动画并模拟加工过程。

如果生成的过切检查信息显示，没有过切情况，说明生成的刀轨是比较合理的；那么继续清理加工另一侧的区域，另一侧加工面如图 2.2.31 所示。

图 2. 2. 31　另一侧加工面

同样使用之前的“d16r0. 8”刀具重新插入一个新工序，在“创建工序”对话框中“类型”选择“mill_contour”，“工序子类型”依然是“深度轮廓加工 ”，“几何体”注意选择“WORKPIECE”，单击“确定”按钮。

这次的“刀轴”设置需要更改为“指定矢量”，选择子菜单中的“自动判断”选项，矢量选择“$-Y$”轴方向，单击“确定”按钮。

接下来的“陡峭空间范围”选择“无”，“合并距离”键入“3”，“最小切削长度”键入“1”，“公共每刀切削深度”选择“恒定”，“最大距离”键入“0. 3”。

最后单击“操作”下方的“生成刀轨”→“确认刀轨”播放动画并模拟加工过程。图 2. 2. 32 和图 2. 2. 33 分别为刀轨显示状态和模拟加工状态。

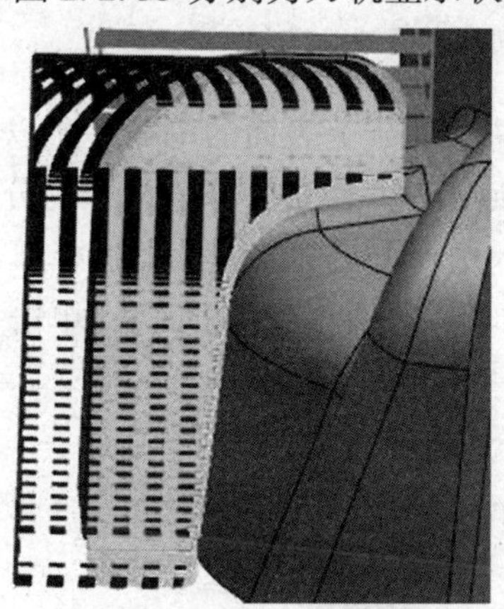

图 2. 2. 32　刀轨显示状态

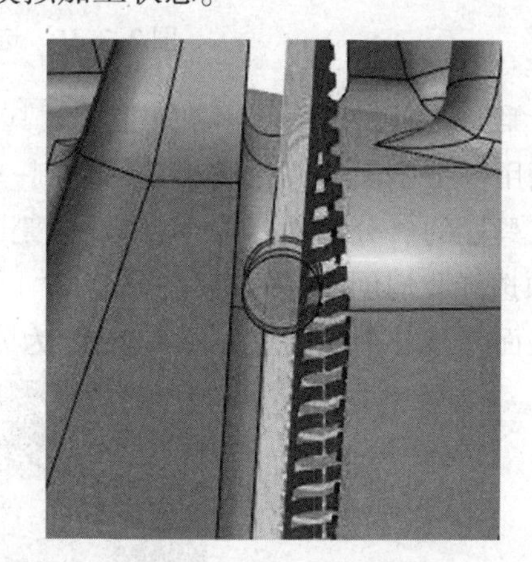

图 2. 2. 33　模拟加工状态

再次通过选择“工序导航器”→“对象”→“变换”，打开“变换”对话框来复制编好的两个程序，“直线方法”选择“点和矢量”，“指定点”选择部件“圆心”，“指定矢量”选择“$+Z$”轴方向，“结果”选择“复制”，“非关联副本数”也就是需要复制的份数，键入“4”即可，单击“确定”按钮。图 2. 2. 34 为选择回转圆心矢量。

图 2.2.34　选择回转圆心和矢量

复制变换后在“工序导航器”可以看到“d16r0.8”刀具下拥有十组并列程序，并且“视图”中通过复制变换后的刀轨也已经布满模型一周。

接下来加工待半精加工区域（即两个切削刃之间的区域）。加工之前需要进行三步工作，第一步：分割面（为了选择切削区域）；第二步：动态分析最小半径（为了选择刀具）；第三步：建立基准平面（为了方便选刀轴矢量）。图 2.2.35 为选择半精加工区域。

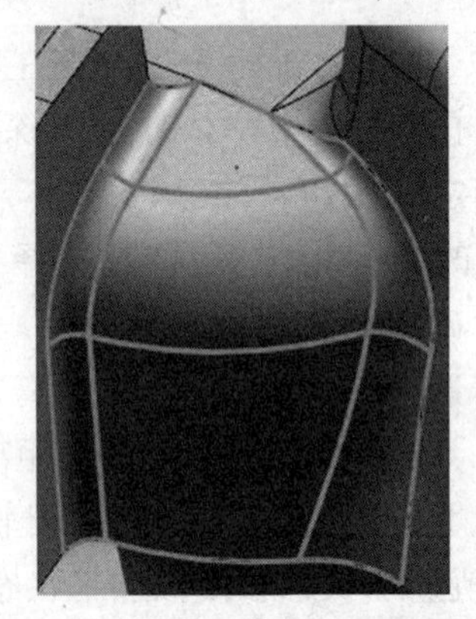

图 2.2.35　选择半精加工区域

进行第一步时，由于待半精加工区域其中一块面属于上表面的范畴，所以需要返回建模模块利用“分割面”命令将上表面分割一次。连接两点形成一条直线作为分割工具，然后单击工具栏的“分割面”命令，“要分割的面”选择上表面（过滤器选择单个面），“工具”选项选择我们创建好的直线，注意“投影方向”选择“垂直于面”，单击“确定”按钮，上表面就被分割成两块。图 2.2.36 为分割面完成。

图 2.2.36　分割面完成

分割面完成后，在接下来加工时的“切削区域”就可以选择分割出的那块面了。

第二步单击菜单栏下方的“几何属性”，选择“曲面上的点”，“动态分析”发现最小半径为“7.5”，所以可以选择一把直径为 12 mm 的刀具。

第三步将模型转到适当的视角后单击“插入”→“基准/点”→“基准平面”进入“基准平面”对话框，“类型”选择“视图平面”，然后单击“确定”按钮即可。图 2.2.37 和图 2.2.38 分别为设置“基准平面”对话框和基准平面显示状态。

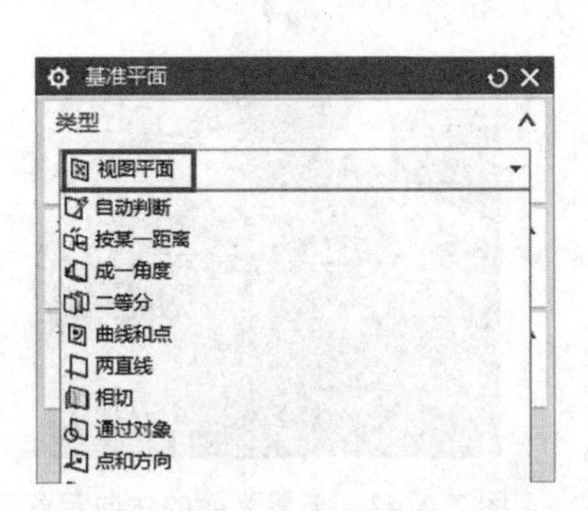

图 2.2.37　设置“基准平面”对话框

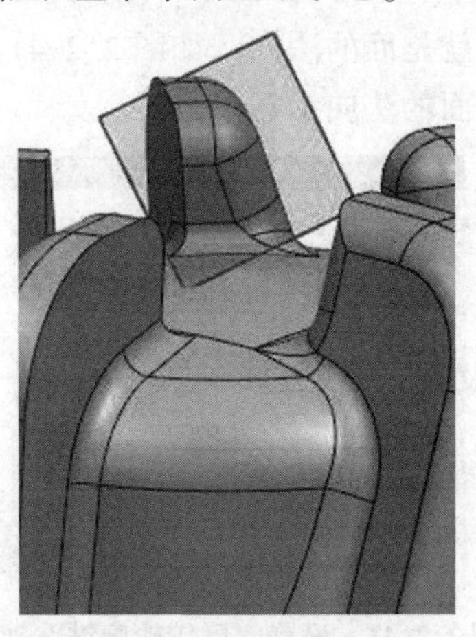

图 2.2.38　基准平面显示状态

经过这三步准备工作后就可以正式进行加工了。启动加工模块，单击“创建刀具”图标进入“创建刀具”对话框，“类型”选择“mill_ contour”，“刀具子类型”选择“BALL_ MILL”，“名称”可以起作“B12”，然后单击“确定”按钮进入具体的“刀具参数”对话框，直径键入“12”，再次单击“确定”按钮即可。

下面需要对“B12”刀具插入工序，在“创建工序”对话框中“类型”选择“mill_ contour”，“工序子类型”选择“区域轮廓铣”，“几何体”需要更改成“MCS”，单击“确定”按钮进入“区域轮廓铣”对话框。第一步为指定部件，选择整个实体为部件，设置“切削区域”对话框如图 2.2.39 所示；第二步为指定切削区域，选择图 2.2.40 所示的切削区域。

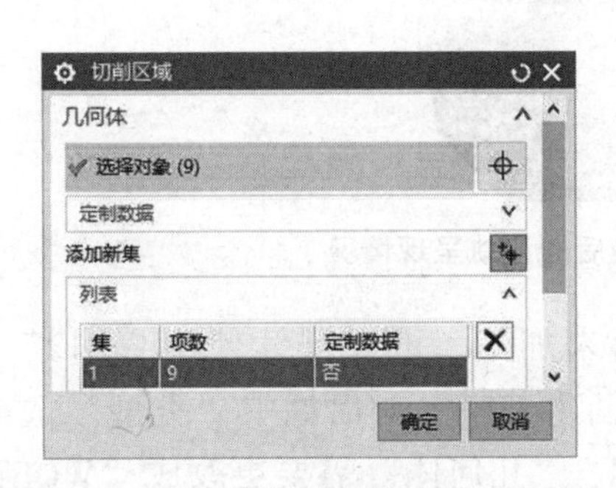

图 2.2.39　设置“切削区域”对话框

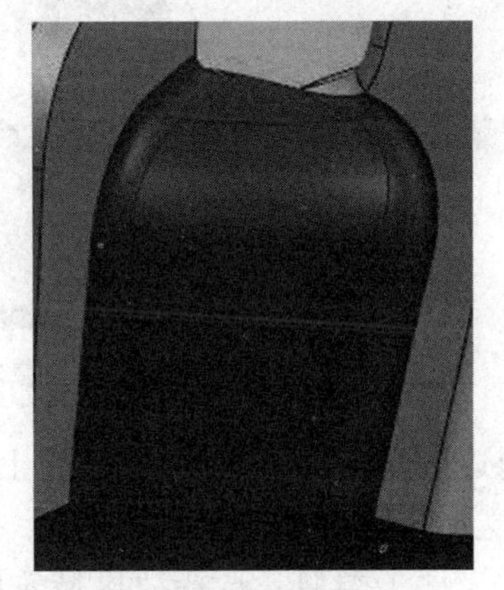

图 2.2.40　切削区域

重要的设置是“驱动方法”选择“区域切削”，然后单击“切削区域”图标进入“区域轮廓铣”对话框，“方法”选择“无”，“非陡峭切削模式”选择“往复”，“切削方向”为“顺铣”，“步距”为“恒定”，“最大距离”键入“0.2”，“步距已应用”选择“在平面上”，“剖切角”选择“自动”，“陡峭切削模式”选择“深度加工往复”，“深度切削层”依然选择“恒定”，“深度加工每刀切削深度”键入“0.2”。下面的“刀轴”选择“指定矢量”，选择子菜单的“自动判断”，就可以选择之前创建好的“基准平面”，这时的矢量其实就是面的法向。如图 2.2.41 和图 2.2.42 所示分别为设置“区域轮廓铣”对话框和矢量为面的法向示意。

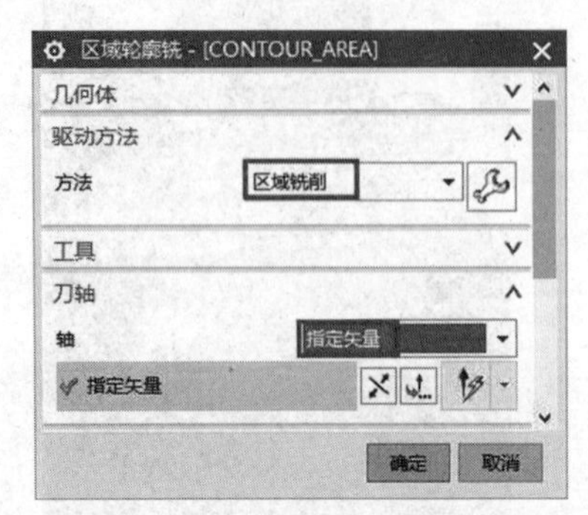

图 2.2.41　设置“区域轮廓铣”对话框

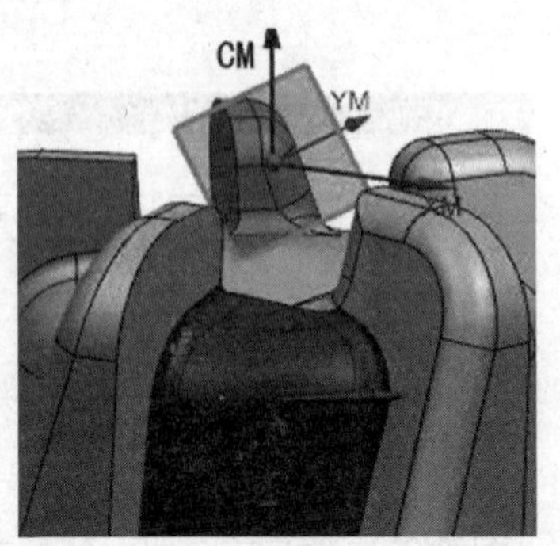

图 2.2.42　矢量为面的法向示意

然后返回“区域轮廓铣”对话框，单击“操作”下方的“生成刀轨”→“确认刀轨”→播放动画并模拟加工过程。接着和之前一样，需要在此道工序中选择“工序导航器”→“对象”→“变换”，打开“变换”对话框来复制编好的程序，“直线方法”选择“点和矢量”，“指定点”选择部件“圆心”，“矢量”选择“+*Z*”轴方向，“结果”选择“复制”，“非关联副本数”也就是需要复制的份数键入“4”即可，单击“确定”按钮。

视图中可以看到程序复制后的刀轨在整个模型上呈现的情况，如图 2.2.43 所示。

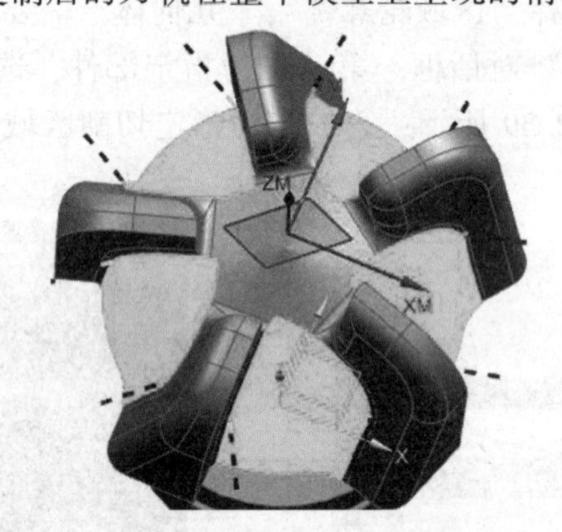

图 2.2.43　复制变换后的刀轨呈现情况

经过前边的步骤，石油钻头还剩上表面未加工。可以继续使用“B12”刀具，在“B12”刀具上重新插入一个新的工序。在“创建工序”对话框中“类型”选择“mill_contour”，“工序子类型”选择“区域轮廓铣”，“几何体”需要更改成“WORKPIECE”，单击“确定”按钮进入“区域轮廓铣”对话框。

几何体依然选择“WORKPIECE”，指定切削区域选择上表面及其周围的小面。图

2. 2. 44 和图 2. 2. 45 分别为设置“切削区域”对话框和被选择的区域。

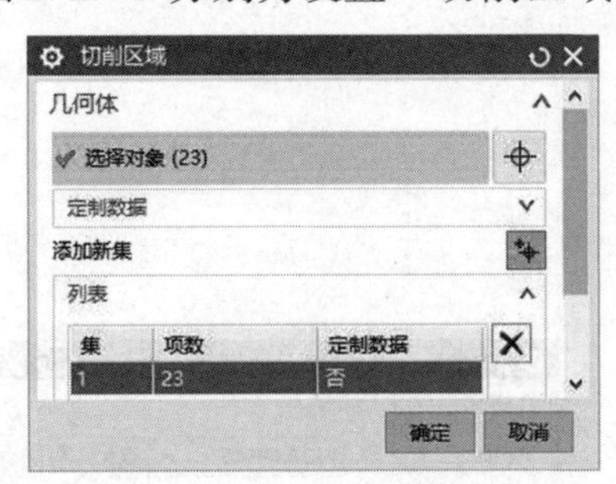

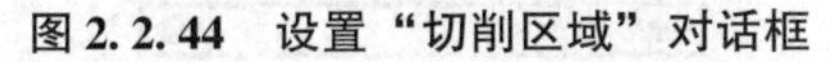
图 2. 2. 44 设置“切削区域”对话框

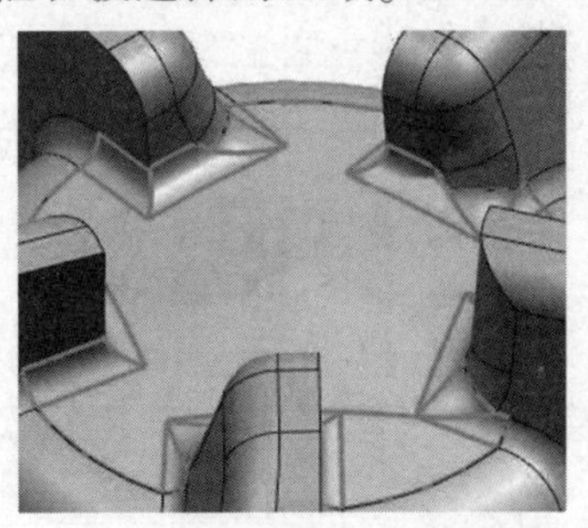

图 2. 2. 45 被选择的区域

确定之后返回“区域轮廓铣”对话框，接着“驱动方法”选择“区域切削”，然后单击“切削区域”图标进入“切削区域”对话框，其中“方法”选择“无”，“非陡峭切削模式”选择“往复”，“切削方向”为“顺铣”，“步距”为“恒定”，“最大距离”键入“0. 2”，“步距已应用”选择“在平面上”，“剖切角”选择“自动”，“陡峭切削模式”选择“深度加工往复”，“深度切削层”依然选择“恒定”，“深度加工每刀切削深度”键入“0. 2”，下面的“刀轴”选择“+*Z*”轴即可。然后返回“区域轮廓铣”对话框，单击“操作”下方的“生成刀轨”→“确认刀轨”播放动画并模拟加工过程。设置“刀轨可视化”对话框如图 2. 2. 46 所示，此次加工区域上生成的刀轨如图 2. 2. 47 所示，还是比较理想的。

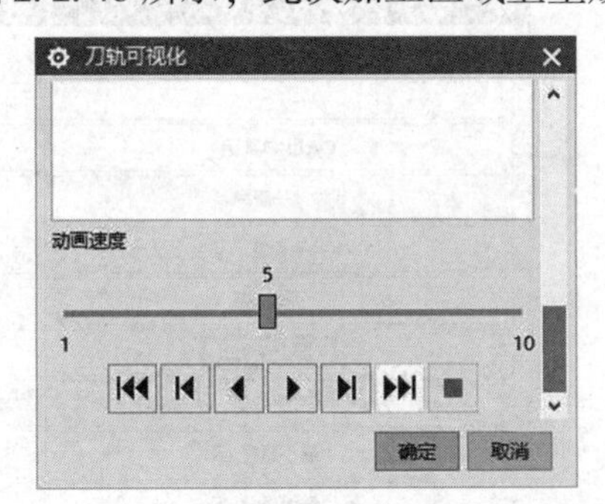

图 2. 2. 46 设置“刀轨可视化”对话框

图 2. 2. 47 加工区域上生成的刀轨

这个区域加工后，那么整个石油钻头表面的加工就完全结束了，不过大家别忘了在原始模型上钻头还有一部分孔系，下面简单地把孔加工一下。此时打开图层设置把原始模型图层设置为工作图层，这个原始模型之前复制在第 10 层。

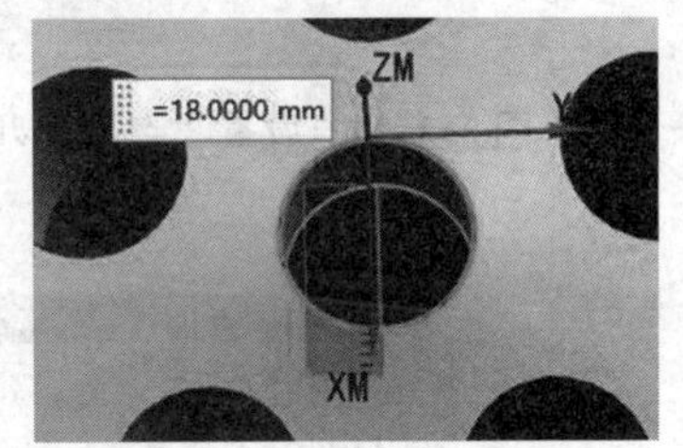

图 2. 2. 48 测量孔直径

单击菜单栏的“分析”→“测量”→“简单直径”，测得两个孔的直径分别为“15 mm”和“18 mm”，如图 2. 2. 48 所示，则加工这些孔系可以使用直径“12 mm”的刀具。

仍然在“B12”刀具下插入一个新工序，在“创建工序”对话框中“类型”选择“drill”，“工序子类型”选择“啄钻”，“几何体”需要更改成“WORKPIECE”，单击“确定”按钮进入“啄钻”对话框，如图 2. 2. 49 和图 2. 2. 50 所示。

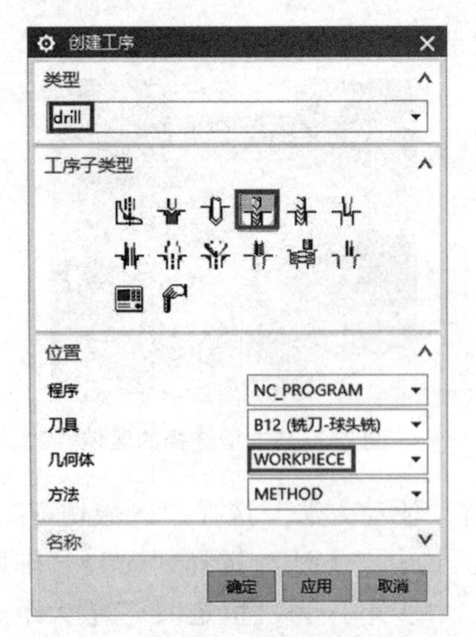

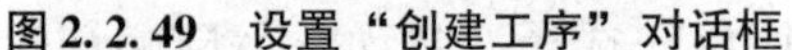

图 2.2.49　设置“创建工序”对话框

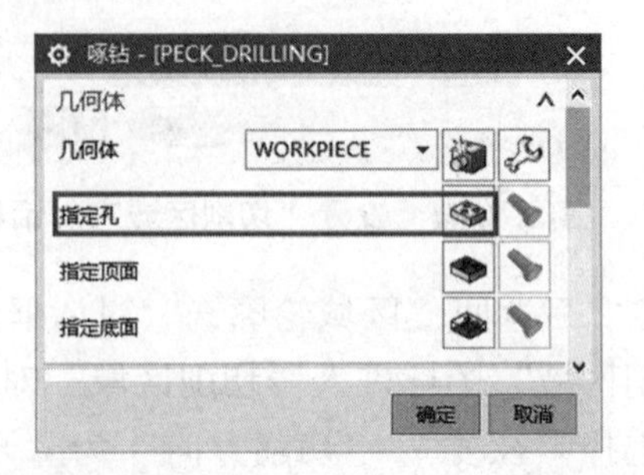

图 2.2.50　设置“啄钻”对话框

第一步，单击“指定孔”图标进入“点到几何体”对话框，再单击“选择”→“面上所有孔”，如图 2.2.51 ~2.2.54 所示。其中，图 2.2.52、图 2.2.53 中的“名称”一栏可以不予填写，单击“确定”按钮即可。

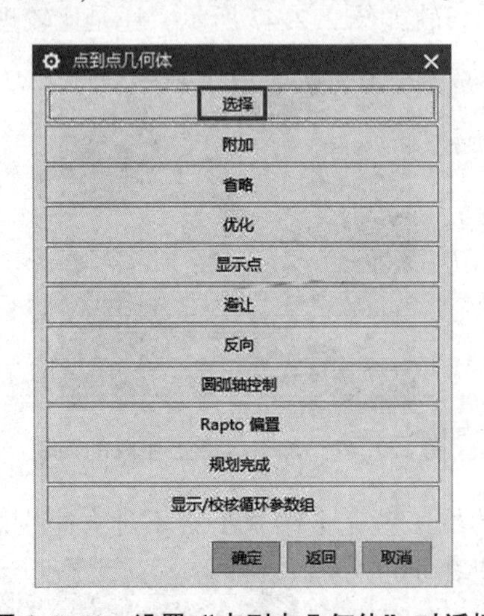

图 2.2.51　设置“点到点几何体”对话框

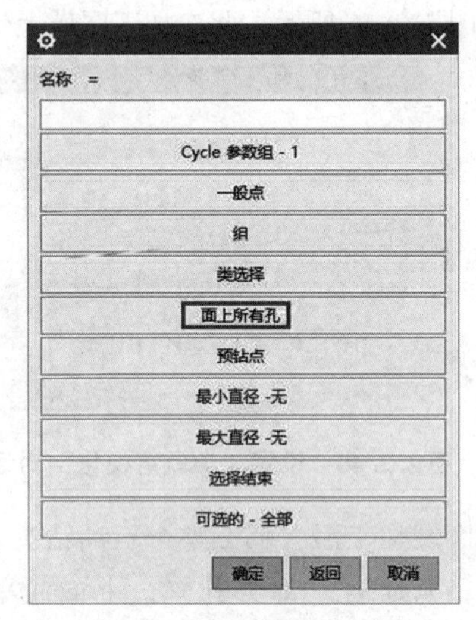

图 2.2.52　选择“面上所有孔”

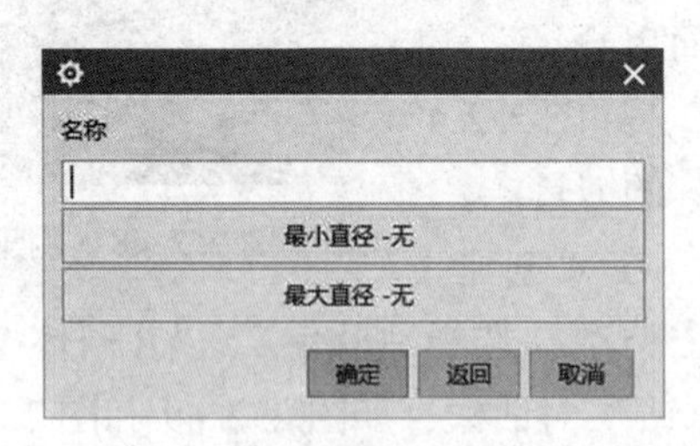

图 2.2.53　键入“名称”

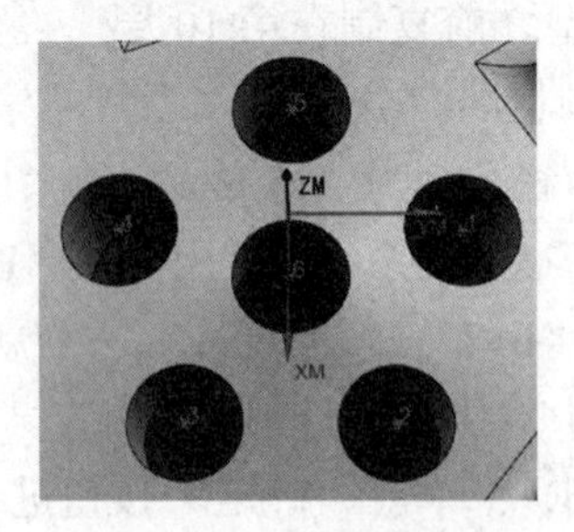

图 2.2.54　被选择的孔系

返回“啄钻”对话框，“刀轴”选择“垂直于部件表面”，注意勾选“用圆弧的轴”复选按钮，下面的“循环类型”选择“标准钻，深孔...”，重点是单击“标准钻，深孔...”右侧的图标进入“指定参数组”对话框，直接单击“确定”按钮进入“Cycle 参数”对话框，其中单击“Rtrcto-无”，这个是控制退刀的功能，单击“确定”按钮后单击“自动”，再次单击“确定”按钮，如图 2.2.55 ~2.2.59 所示。

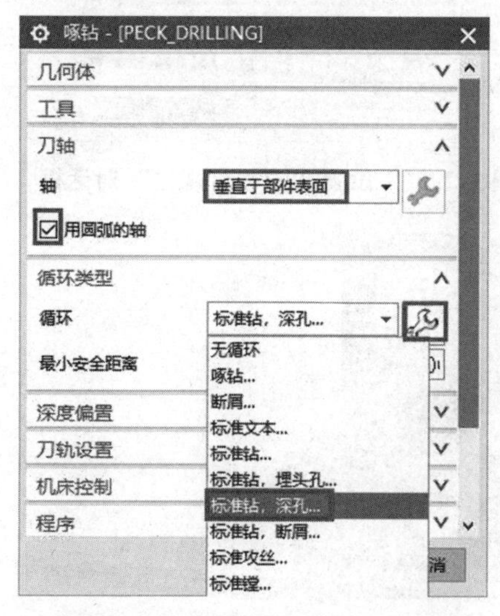

图 2.2.55 设置“啄钻”对话框

图 2.2.56 设置“指定参数组”对话框

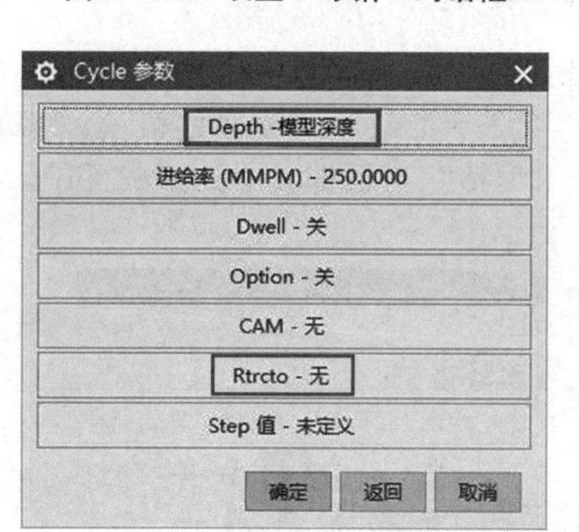

图 2.2.57 设置“Cycle 参数”对话框

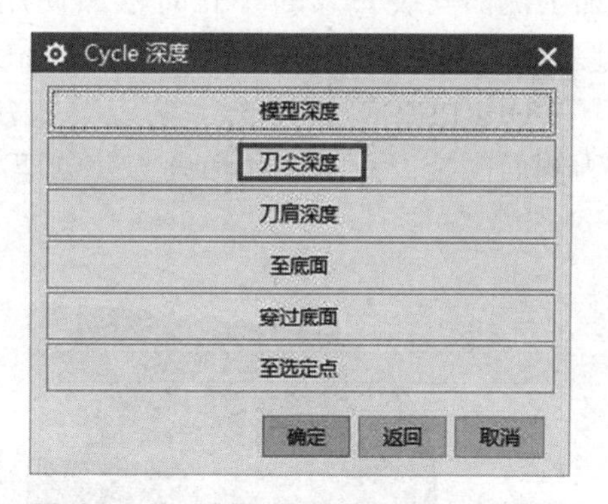

图 2.2.58 设置“Cycle 深度”对话框

图 2.2.59 设置“深度”文本框

返回“啄钻”对话框，单击“操作”下的“生成刀轨”→“确认刀轨”播放生成的动画模拟加工过程，如图 2.2.60 ~2.2.62 所示。

图 2.2.60　设置“啄钻”对话框

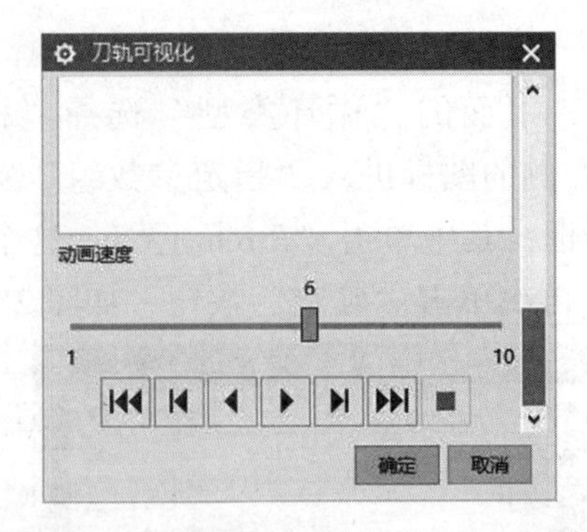

图 2.2.61　设置“刀轨可视化”对话框

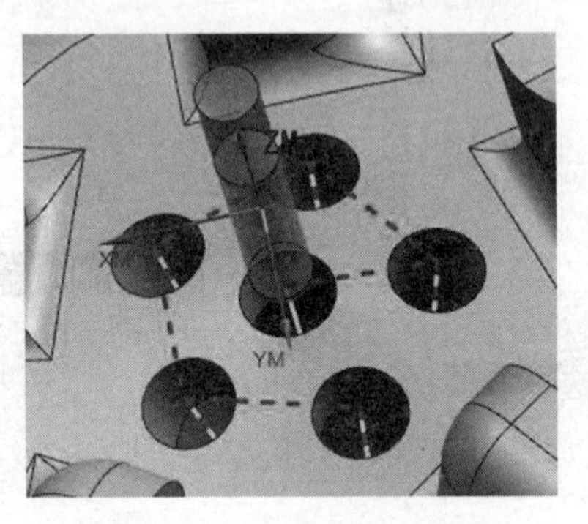

图 2.2.62　模拟加工状态

加工侧面安装刀片的小孔时依然使用在“B12”刀具下插入一个新工序的方法。在“创建工序”对话框中“类型”选择“drill”，“工序子类型”选择“啄钻”，“几何体”选择“WORKPIECE”，单击“确定”按钮进入“啄钻”对话框。图 2.2.63 和图 2.2.64 所示为侧面安装刀片的小孔和设置“创建工序”对话框。

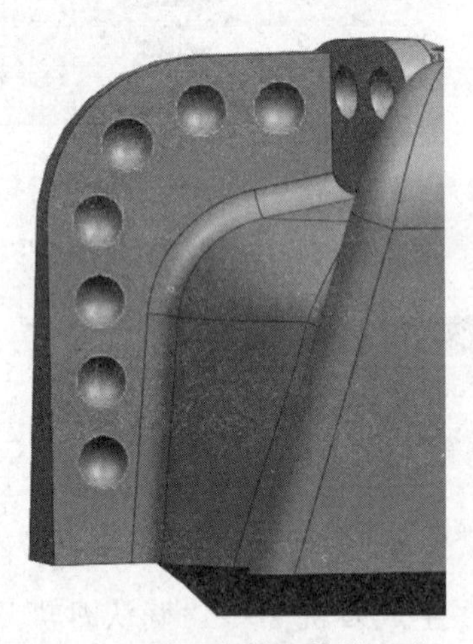

图 2.2.63　侧面安装刀片的小孔

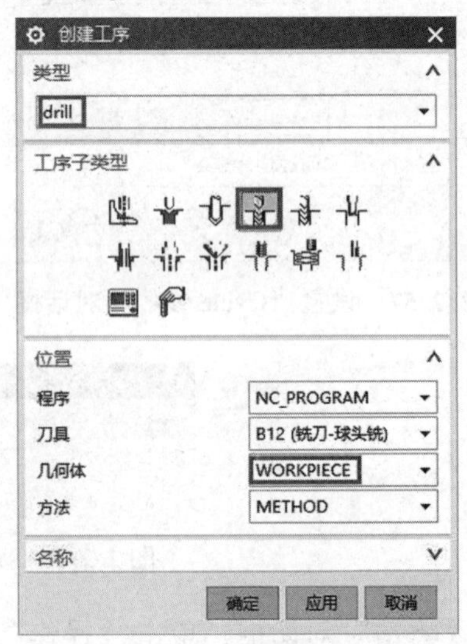

图 2.2.64　设置“创建工序”对话框

第一步，单击“指定孔”图标进入“点到几何体”对话框，再单击“选择”→“面上所有孔”，如图 2.2.65 ~ 2.2.69 所示。其中，图 2.2.67 中的“名称”一栏可以不予填写，单击“确定”按钮即可。

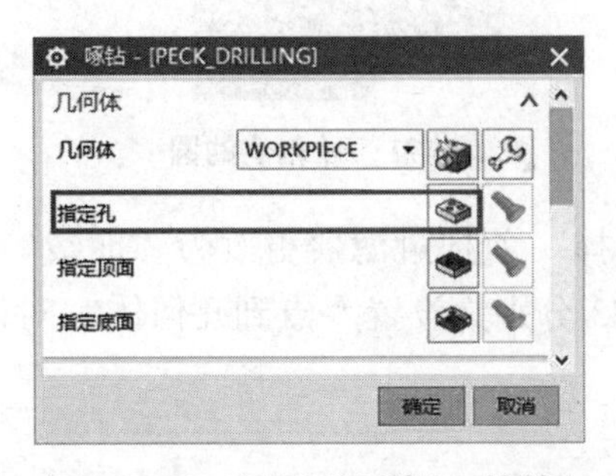

图 2. 2. 65　设置“啄钻”对话框

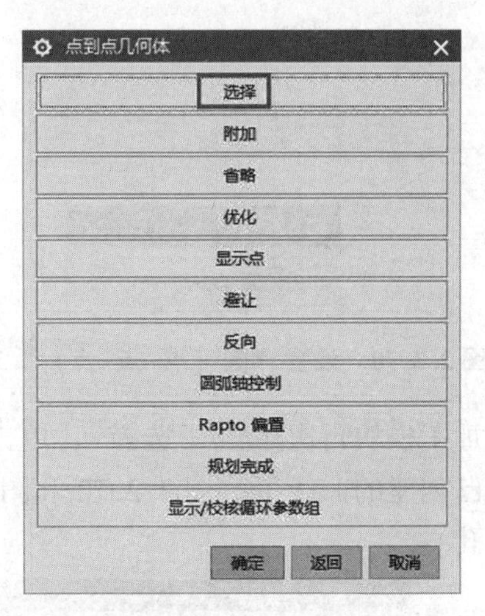

图 2. 2. 66　设置“点到点几何体”对话框

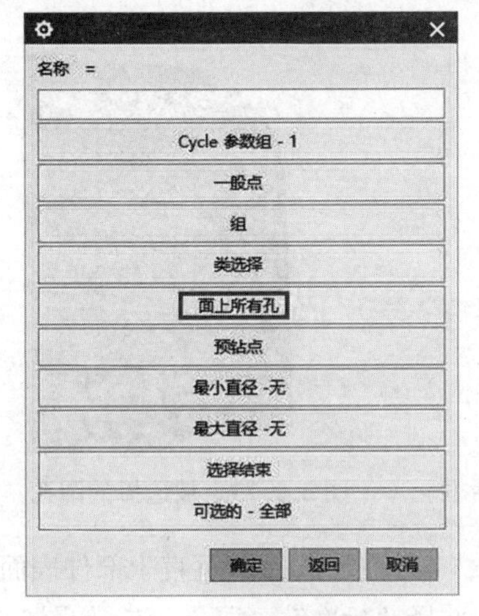

图 2. 2. 67　选择“面上所有孔”

图 2. 2. 68　被选面

图 2. 2. 69　消息对话框

如图 2. 2. 69 所示，我们发现这次使用“面上所有孔”选择被选面（见图 2. 2. 68）会弹出对话框显示“该面上无有效的孔”，经过其他选项也不让选择该侧面上的孔，这时可以返回建模模块单击“插入”→“曲线”→“直线和圆弧”→“圆（点-点-点）”。三点建圆时注意过滤器选择“圆弧上的三点”。图 2. 2. 70 和图 2. 2. 71 分别为设置“圆（点-点-点）”对话框和被创建的圆。

图 2.2.70　设置“圆（点–点–点）”对话框

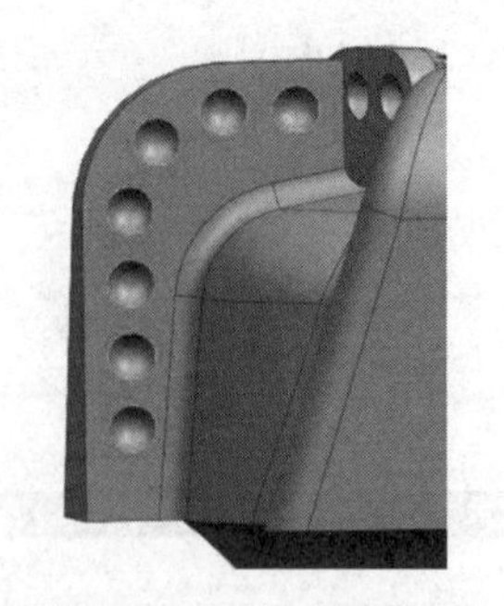

图 2.2.71　被创建的圆

返回加工模块再次单击“选择”，单击“选择”前把过滤器更改为“曲线”，此时就能选择自己创建的曲线了。图 2.2.72 和图 2.2.73 分别为设置“点到几何体”对话框和被选择的圆孔。

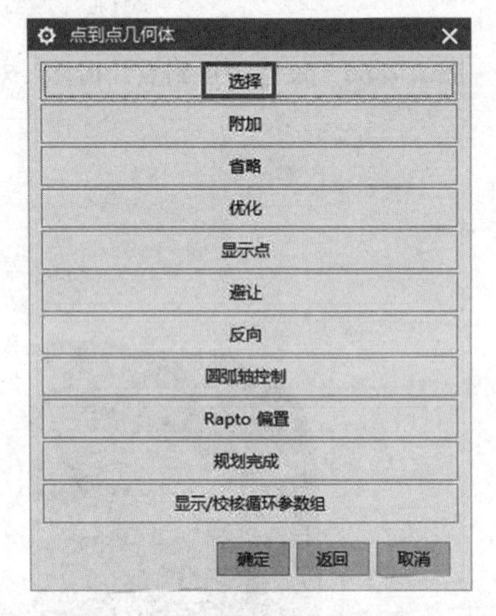

图 2.2.72　设置“点到点几何体”对话框

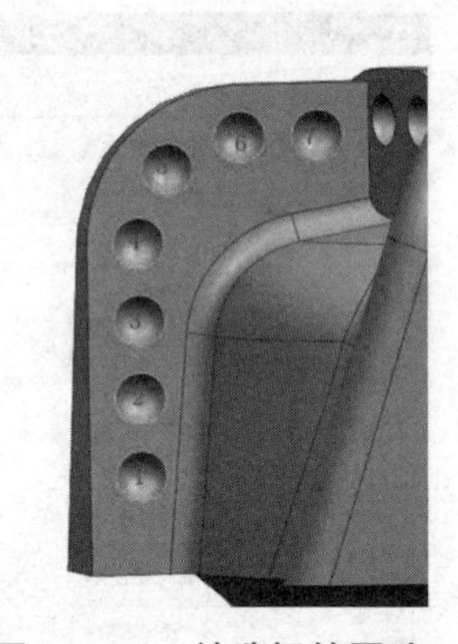

图 2.2.73　被选择的圆孔

单击“确定”按钮后返回“啄钻”对话框，“刀轴”选择“垂直于部件表面”，注意勾选“用圆弧的轴”复选按钮，下面的“循环类型”选择“标准钻，深孔…”，如图 2.2.74 所示。

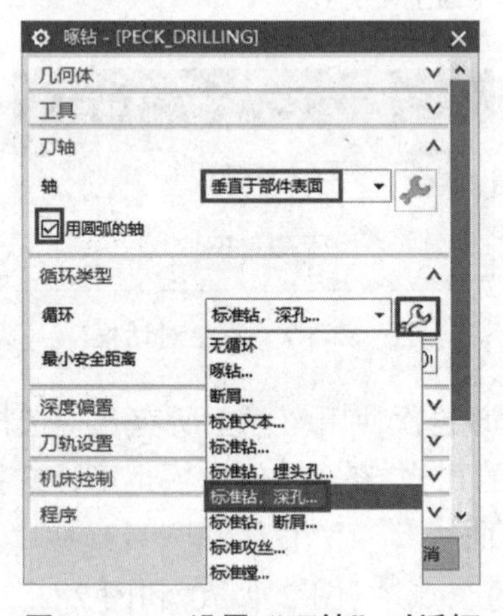

图 2.2.74　设置“啄钻”对话框

设置完成之后先暂时观察生成刀轨的状态，发现刀具在孔系的另一方向上，此时需要更改设置。图 2. 2. 75 为刀具显示状态。

图 2. 2. 75 刀具显示状态

再次单击“标准钻，深孔…”右侧的扳手图标进入“指定参数组”对话框，单击“确定”按钮进入“Cycle 参数”对话框，单击“Rtrcto-无”（控制退刀的功能）→“确定”→“设置为空”→“确定”，如图 2. 2. 76 ~2. 2. 78 所示。

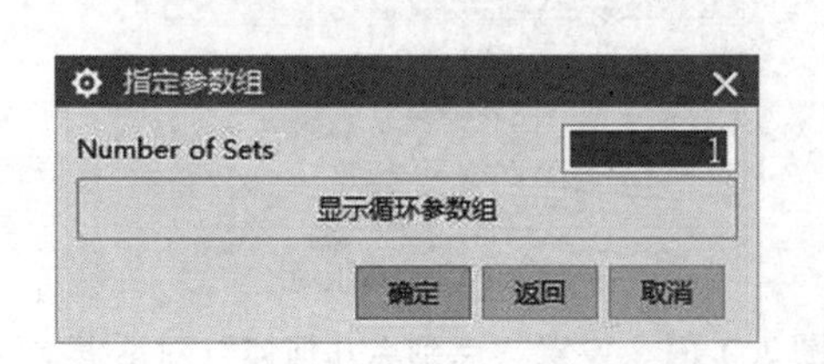

图 2. 2. 76 设置“指定参数组”对话框

图 2. 2. 77 设置“Cycle 参数”对话框

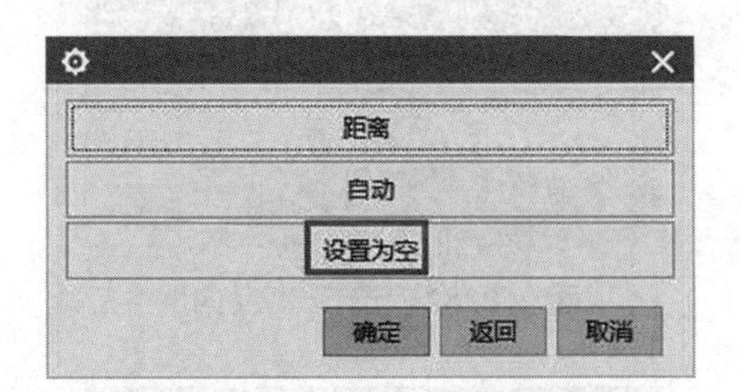

图 2. 2. 78 选择“设置为空”

再次生成刀轨，发现刀具还是在孔系的另一方向上，说明还需要更改设置。图 2. 2. 79 为更改后的刀具状态。

图 2. 2. 79　更改后的刀具状态

返回“啄钻”对话框，单击“指定孔”选择“圆弧轴控制”→“反向”→“全体”，如图 2. 2. 80 ~2. 2. 83 所示。

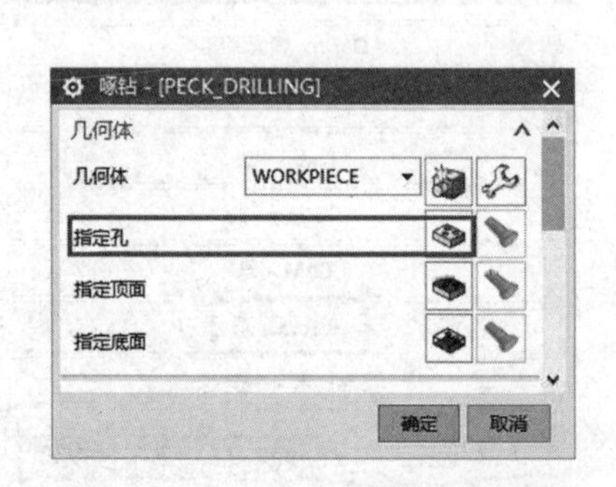

图 2. 2. 80　设置“啄钻”对话框

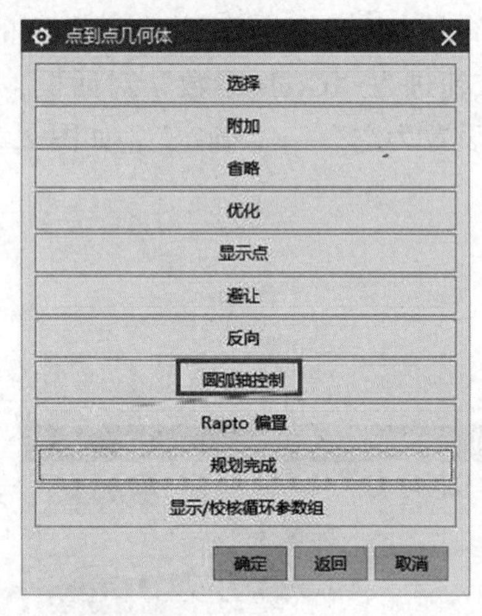

图 2. 2. 81　设置“点到点几何体”对话框

图 2. 2. 82　选择“反向”

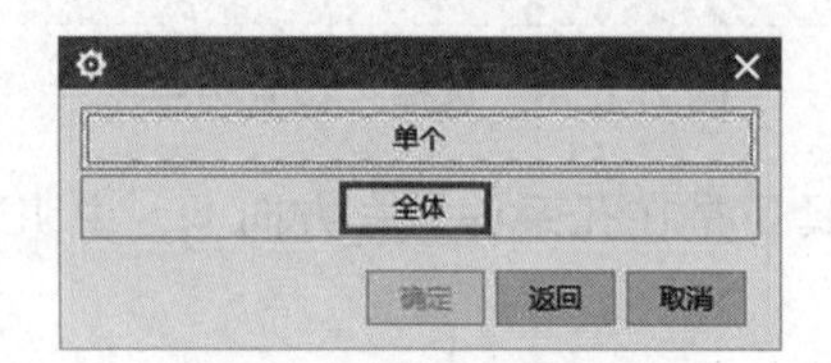

图 2. 2. 83　选择“全体”

返回“啄钻”对话框单击“避让”右侧图标，选择“clearance Plane-活动”，在“安全平面”对话框中选择“指定”，打开“刨”对话框其中“类型”选择“自动判断”，“距离”键入“40”，返回重新生成刀轨。发现这次更改后，刀具回到了正确的方位，那么这些孔就可以顺利加工出来了，如图 2. 2. 84 ~2. 2. 89 所示。

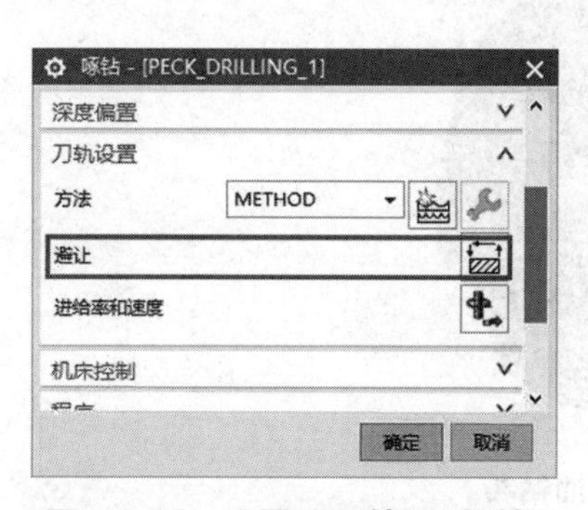

图 2. 2. 84　设置“啄钻”对话框

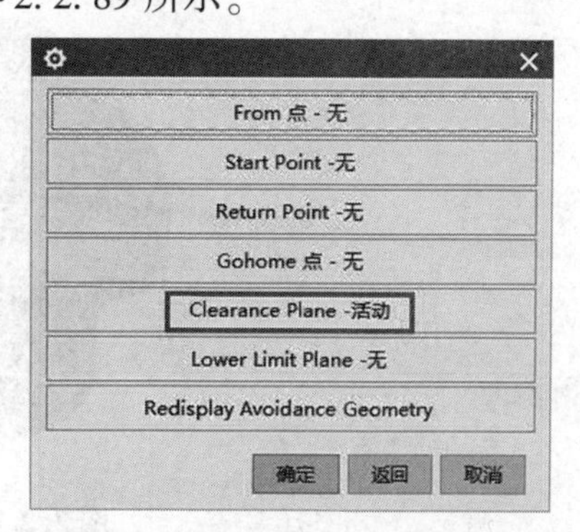

图 2. 2. 85　选择“Clearance Plane-活动”

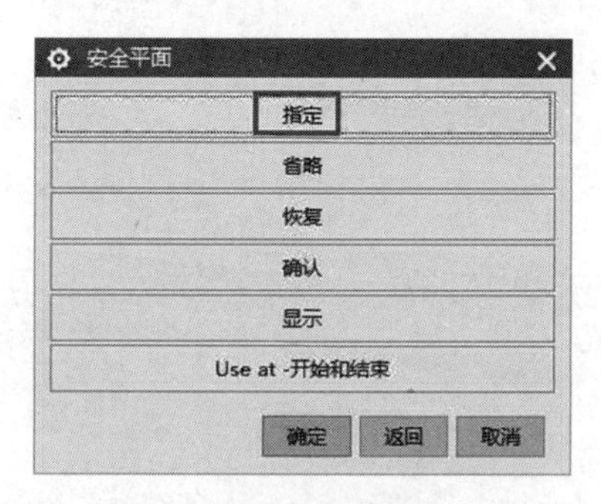

图 2. 2. 86　设置“安全平面”对话框

图 2. 2. 87　设置“刨”对话框

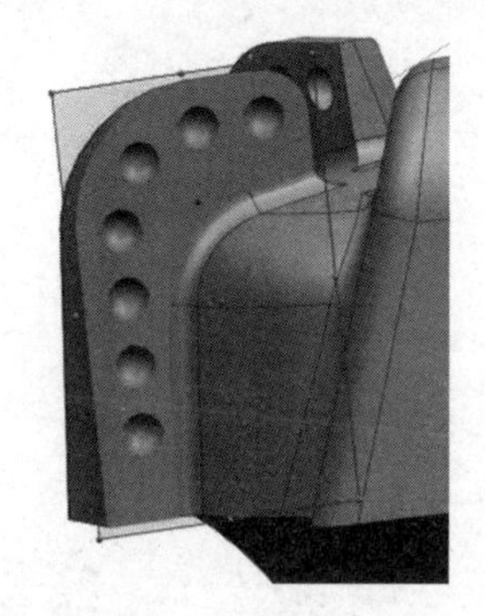

图 2. 2. 88　生成安全平面

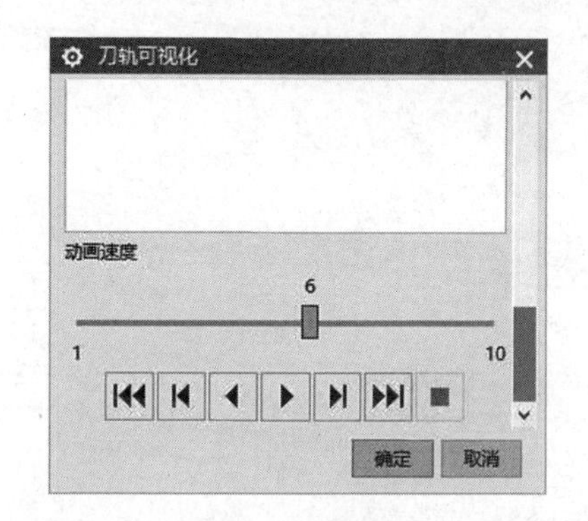

图 2. 2. 89　设置“刀轨可视化”对话框

经过上述所有工序，我们的石油钻头就完全加工结束了。

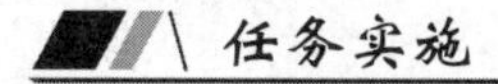

任务实施

独立编制石油钻头的整个加工程序。

知识拓展

尝试编制图 2. 2. 90 所示石油钻头的加工程序。

图 2. 2. 90　石油钻头

项目三

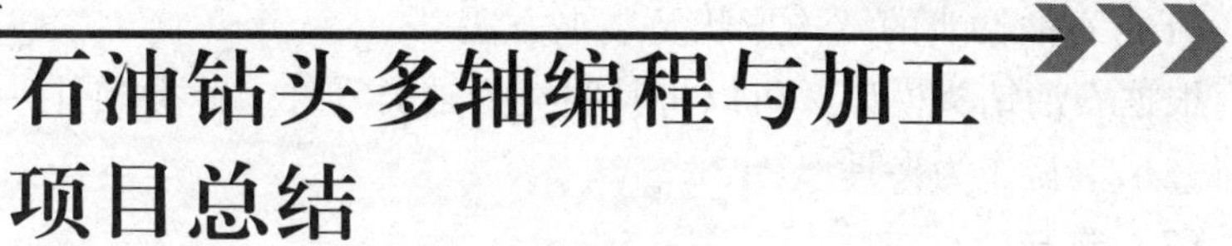

石油钻头多轴编程与加工项目总结

项目目标

回顾石油钻头的加工工艺及 UG 多轴编程加工。

任务列表

学习任务	知识点	能力要求
任务　回顾石油钻头的加工工艺及 UG 多轴编程加工	石油钻头、加工工艺、UG 编程	掌握石油钻头的工艺过程及 UG 编程

任务　回顾石油钻头的加工工艺及 UG 多轴编程加工

任务导入

复习回顾石油钻头的加工工艺及 UG 编程过程。

知识链接

石油钻头的工艺的简单回顾如下：

1）使用“d30r5”刀具对钻头毛坯进行粗加工，加工方法可以使用“mill_contour”，“刀具子类型”选择“MILL”，使用型腔铣；

2）使用“d16r0.8”刀具对钻头整体进行半精加工，加工方法还可以用“mill_contour”，“刀具子类型”选择“MILL”；

3）在“B12”刀具下插入一个新工序，加工方法采用“drill”，“工序子类型”选择“啄钻”，可以采用“标准钻，深孔…”模式加工孔系，首先对毛坯切削刃上半部分进行粗加工，接着对过程毛坯中切削刃之间的剩余毛坯再次粗加工，然后对整个钻头的余量特别是切削刃的根部余量进行半精加工及对完整的钻头外表面区域进行精加工，最后加工方法可以再次考虑采用“drill”，“工序子类型”选择“啄钻”，采用“标准钻，深孔…”模式加工钻头表面及切削刃上分布的孔系。

1. 石油钻头的编程过程

(1) 石油钻头的结构形状及装夹方法

根据石油钻头模型，可以将其归类为轴类零件。此类零件一般选用常规夹具，这里我们将三爪卡盘作为夹具。

(2) 选材

由于石油钻头一般都用于发掘重要矿产的场合，所以对其刚性、硬度、耐磨性、抗疲劳强度（特别是在高温下的工作性能）有着较高的要求。石油钻头的毛坯一般都选用回转体棒料，并根据用途的不同选用掺加不同元素的合金材料，在加工过后还可以对成型的钻头通过涂覆防磨涂料或表面喷焊来增加其耐磨性；通过喷涂耐腐层来增加其耐腐蚀性。在根据钻头的应用场合来选定毛坯的同时也要考虑其可切削性，切削性好的材料可以减少编程和加工时的困难，让我们在编出更好、更合理的刀轨的同时，也让表面的质量变得更好，从而提高钻头的工作效率。

(3) 铣削装夹前对毛坯材料的处理

为了减少铣削加工量及在铣削时便于装夹，我们可以先将毛坯材料车削加工成叶轮回转体基本形状。

注意：在用车床把棒料车削成钻头毛坯时，一定要保证好钻头毛坯一些部位的尺寸精度及位置精度，以便于后续在加工中心上装夹、找正。

(4) 钻头加工难点及对应的加工方案

1) 因整体式钻头为复杂的曲面零件，普通数控机床难以实现其加工需求，所以最好选用五轴机床（简单对称的钻头也可以选用四轴机床加工）。加工时采用五轴联动加工，而非 3+2 定轴加工。

2) 钻头毛坯的形状通常比较复杂且难以加工，所以要选用硬度和精度都合适的刀具。在钻头粗加工时尽可能选用大直径的铣刀，这样加工效率比较高，钻头精加工时选用带锥度（一般 3°～5°）的球头铣刀，以增加刀具的刚性，避免刀具因刚性问题而折断，同时也应合理选择切削用量。

3) 由于钻头镶嵌刀齿的切屑刃位置刚性较其他部位薄弱，易变形，所以要选择好刀具的类型，选择好切削方法，同时也要考虑好装夹类型和夹紧方式。

4) 钻头切削刃部位扭曲较大，相邻刀刃间的空间较小，因此在加工曲面时刀具不仅易与被加工的曲面发生干涉，同时也易与相邻刀齿发生干涉，所以在创建操作时要定义检查几何体，正确安排刀具轨迹。

2. 石油钻头的粗加工

型腔铣是我们平时常用（尤其在三轴加工中最常用）的粗加工方法，先用大刀对工件进行一粗，去除工件大部分的余量；再用小刀对工件进行二粗，去除大刀切削残留的余量。不过相比于 Cimatron、PowerMill 等编程软件，UG 在对工件进行粗加工特别是在二粗时抬刀会比较多，可以通过添加干涉面、合理设置工件区域之间和区域内的传递类型（有些工件形状或结构比较复杂，局部形状、尺寸突变较大，设置时须谨慎，以避免因设置不恰当而导致加工时刀具碰撞工件）来相应减少一些抬刀。

（1）切削刃上半部分毛坯粗加工

对切削刃上半部分毛坯进行粗加工选用型腔铣方式，具体操作如下。

“几何体”选择“WORKPIECE”创建 MCS（机床坐标系），从刀库调刀，创建“操作”，选择型腔铣。其中“刀轴”选择“+ZM”，“切削模式”选择“跟随周边”，“步距”选择“刀具平直百分比”，“平直直径百分比”键入“65”，“公共每刀切削深度”选择“恒定”，“最大距离”键入“6”。单击“切削层”右侧图标进入“切削层”对话框，“范围类型”选择“用户定义”，“切削层”及“公共每刀切削深度”都选择“恒定”，“最大距离”键入“0.6”。“范围深度”这里键入“57.3”，这个深度多少波动一些也是可以的，“测量开始位置”选择“顶层”，单击“确定”按钮。返回“型腔铣”对话框，生成并确认刀轨。

（2）切削刃下半部分毛坯粗加工

对切削刃下半部分毛坯进行粗加工同样使用型腔铣方式，具体操作如下。

“类型”选择“mill_contour”，“几何体”选择“WORKPIECE_1”，单击“确定”按钮进入“型腔铣”对话框，然后进入“刀轨设置”，首先进行基本设置，“切削模式”选择“跟随周边”，“步距”选择“刀具平直百分比”且“平面直径百分比”键入“60”，“公共每刀切削深度”选择“恒定”，“最大距离”键入“6”。进入“切削层”对话框后，“类型”下的“范围类型”更改为“用户定义”，“切削层”及“公共每刀切削深度”都选择“恒定”，“最大距离”键入“0.6”，“范围深度”这里键入“88”，也可以用鼠标拖动高亮显示的面的法向箭头来调节范围深度，这个深度多少波动一些也是可以的，只要大于我们要粗加工的厚度即可，“测量开始位置”选择“顶层”，最后生成并确认刀轨。

（3）切削刃之间的残留余量粗加工

对于切削刃之间的残留余量可以用较小直径的刀具进行粗加工，采用区域轮廓铣的方式，具体操作如下。

“类型”选择“mill_contour”，“几何体”需要更改成“MCS”，进入“区域轮廓铣”对话框。“指定部件”选择为整个实体，“驱动方法”选择“区域切削”，“方法”选择“无”，“非陡峭切削模式”选择“往复”，“切削方向”选择“顺铣”，“步距”选择“恒定”，“最大距离”键入“0.2”，“步距已应用”选择“在平面上”，“剖切角”选择“自动”，“陡峭切削模式”选择“深度加工往复”，“深度切削层”选择“恒定”，“深度加工每刀切削深度”键入“0.2”，“刀轴”选择“指定矢量”，选择“基准平面”，矢量其实就是面的法向，最后生成并确认刀轨。

（4）对各个切削刃整体再次加工

加工整个切削刃可以采用型腔铣的深度轮廓加工，具体操作如下。

进入“创建工序”对话框，“类型”选择“mill_contour”，“工序子类型”选择“型腔铣”，“几何体”选择“WORKPIECE”，最后单击“确定”按钮进入“深度轮廓加工”对话框。在“深度轮廓加工”对话框中首先设置“切削区域”，“陡峭空间范围”选择

"无"，"合并距离"键入"3"，"最小切削长度"键入"1"，"公共每刀切削深度"选择"恒定"，"最大距离"键入"0.3"。"切削层"对话框下的"范围类型"选择"自动"，"切削层"选择"最优化"，"公共每刀切削深度"选择"恒定"，"最大距离"键入"0.3"，单击"更多"下边的"策略"进入设置"切削参数"对话框，其中"切削方向"选择"混合"，"切削顺序"选择"深度优化"，最后单击"操作"下方的"生成刀轨"→"确认刀轨"。

(5) 对石油钻头表面及切削刃上的孔系加工

对石油钻头表面及切削刃上的孔系进行加工的具体操作如下。

进入"创建工序"对话框，"类型"选择"drill"，"工序子类型"选择"啄钻"，"几何体"需要更改成"WORKPIECE"，单击"确定"按钮进入"啄钻"对话框。在"啄钻"对话框中单击"指定孔"图标进入"点到几何体"对话框，单击"选择"→"面上所有孔"，单击"确定"按钮即可。返回"啄钻"对话框，"刀轴"选择"垂直于部件表面"，注意勾选"用圆弧的轴"复选选项，下面的"循环类型"选择"标准钻，深孔…"，单击"标准钻，深孔…"右侧的图标进入"指定参数组"对话框，单击"确定"按钮进入"Cycle 参数"对话框，单击"Rtrcto-关"（控制退刀的功能）确定后单击"自动"，返回"啄钻"对话框，单击"操作"下的"生成刀轨"→"确认刀轨"播放生成的动画模拟加工过程。

任务实施

根据课程内容写出石油钻头加工的主要内容。

知识拓展

怎么在 VERICUT 软件中模拟石油钻头的整个加工过程？

模块三

变半径螺旋槽的多轴编程与数控加工

项目一

加工变半径螺旋槽的刀轴控制

项目目标

了解控制刀轴的原因；

了解不同方式的刀轴；

能够在不同的场合熟练使用不同的刀轴方式。

任务列表

学习任务		知识点	能力要求
任务一	RTCP 功能认识	RTCP 功能的工作特点	学会使用 RTCP 功能
任务二	刀轴控制之远离、朝向点操作	刀轴控制远离、朝向点操作的命令	学会设置并使用远离、朝向点命令
任务三	刀轴控制之远离、朝向直线操作	刀轴控制远离、朝向直线操作的命令	学会设置并使用远离、朝向直线命令
任务四	刀轴控制之相对于矢量操作	刀轴控制之相对于矢量操作的命令	学会设置并使用刀轴控制之相对于矢量命令
任务五	前倾角与侧倾角的认知	前倾角与侧倾角的定义	能够认识并区分前倾角和侧倾角

任务一　RTCP 功能认识

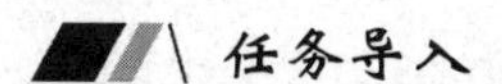

任务导入

RTCP（Rotated Tool Center Point），也就是在高档五轴数控系统里我们常说的刀尖点跟随。开启 RTCP 功能后，控制器会由原本控制刀座端面改成控制刀尖点，此时下达的指令皆会以刀尖点所在坐标来进行控制；并且 RTCP 功能可以直接在机床上针对双摆铣头和双转台管理刀具的空间长度进行补偿。这样一来，五轴加工的刀轨编程就可以不必在数控程序生成之前就考虑该如何在刀轨中体现数控机床的刀具、工作台的轴心及它们的偏差。

知识链接

在五轴加工中，追踪刀尖点轨迹及刀具与工件间的姿态时，由于回转运动产生的刀尖点的附加运动，导致数控系统控制点往往与刀尖点不重合，因此数控系统要自动修正控制点，以保证刀尖点按指令既定轨迹运动。业内也有将此技术称为 TCPM 功能、TCPC 功能或者 RPCP 功能等。其实这些称呼的功能定义都与 RTCP 功能类似，严格意义上来说，RTCP 功能是用在双摆头结构上利用摆头旋转中心点来进行补偿。而 RPCP 功能主要是应用在双转台形式的机床上，补偿的是由于工件旋转所造成的直线轴坐标的变化。其实这些功能殊途同归，都是为了保持刀具中心点和刀具与工件表面的实际接触点重合。所以为了表述方便，本文统一此类技术为 RTCP 技术。

RTCP 功能具有以下特点：

1）针对刀具的实际切削点执行进给控制；

2）针对五轴的前瞻控制；

3）可处理垂直、倾斜和存在偏心的铣头；

4）“虚拟主轴”将某个轴定向到刀轴线上执行钻削和回退操作；

5）针对五轴的坐标旋转和（或）坐标变换；

6）参考坐标系的旋转：应用于加工程序，以及那些来自 JOG 或手轮的运动。

任务实施

结合图 3.1.1 理解 RTCP 的含义。

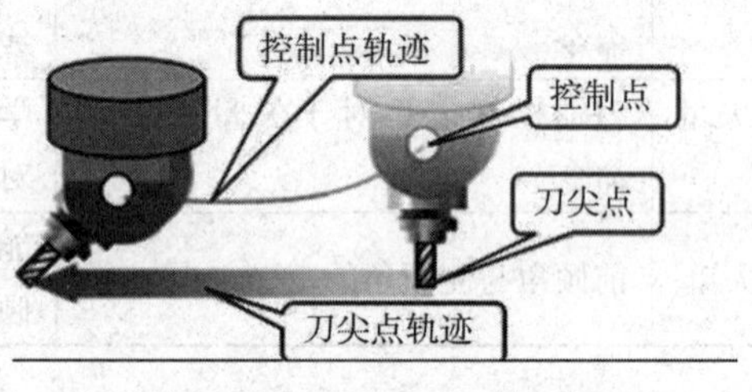

图 3.1.1　RTCP 示意图

知识拓展

尝试使用 VERICUT 软件模拟 RTCP 功能并学习使用 RTCP 功能。

任务二　刀轴控制之远离、朝向点操作

任务导入

远离点：刀轴矢量是从指定的焦点出发，指向刀柄。这种现象就是无论刀具移动到何处，刀尖永远指向我们设置的焦点。远离点主要用于工件外表面的五轴加工，刀柄以远离所指定的焦点方向加工工件表面，所指定的焦点位于加工材料侧（去除材料侧）的反侧。图 3. 1. 2 为远离点示意。

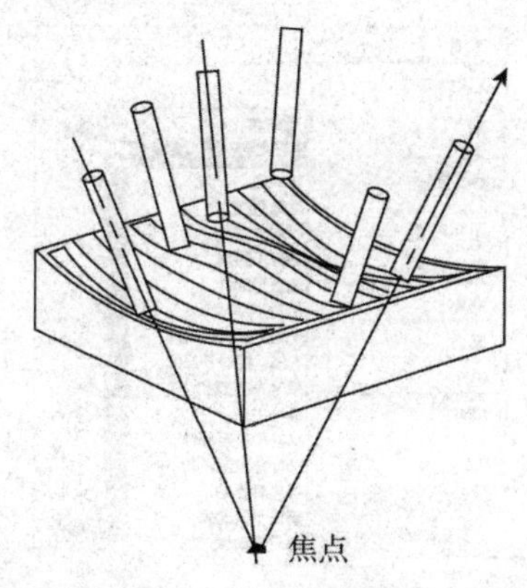

图 3. 1. 2　远离点示意

朝向点：刀轴矢量是从刀尖出发，指向指定的焦点。这种现象就是无论刀具移动到何处，刀柄永远指向我们设置的焦点。朝向点主要用于工件内表面的五轴加工，刀柄以朝向该指定的焦点方向加工工件表面，所指定的焦点位于加工材料侧（去除材料侧）的同一侧。图 3. 1. 3 为朝向点示意。

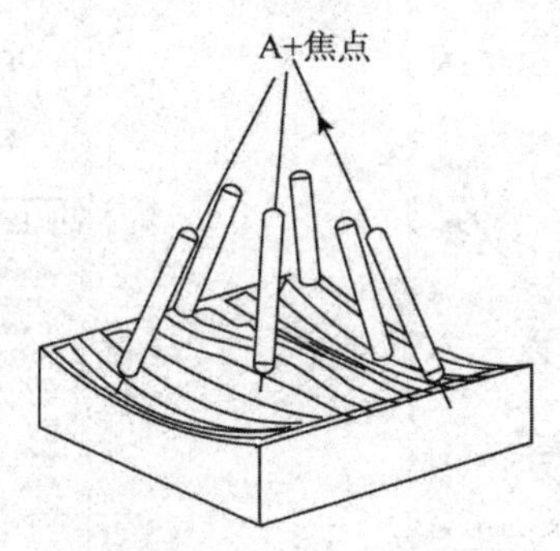

图 3. 1. 3　朝向点示意

知识链接

对于多轴数控编程而言，刀轴的设置同样是工序中重要的一环。只有设置合理的刀轴偏摆，才能避开刀杆、刀柄及夹具零件的干涉或过切。并且在UG编程环境下，UG自身提供了大量的刀轴控制方式，对于具体加工的零件来说，可能存在多种合理的刀轴方向。总的来说，设置刀轴需要遵守的原则是：在保证加工质量的前提下，尽可能减少旋转轴的偏摆幅度，这样很大程度上不会出现干涉或者过切的现象。“刀轴”一栏中“远离直线”主要用于工件外凸表面四轴加工，投影矢量以线为基准轴线，离散指向工件外凸表面，该点位于加工材料侧（去除材料侧）的反侧；“朝向直线”主要用于工件内凹表面四轴加工，投影矢量以点为基准轴线，离散指向工件内凹表面，该点位于加工材料侧（去除材料侧）的同侧。

UG中具体的刀轴控制方式种类可在“可变流线铣”对话框中查看，如图3.1.4所示。

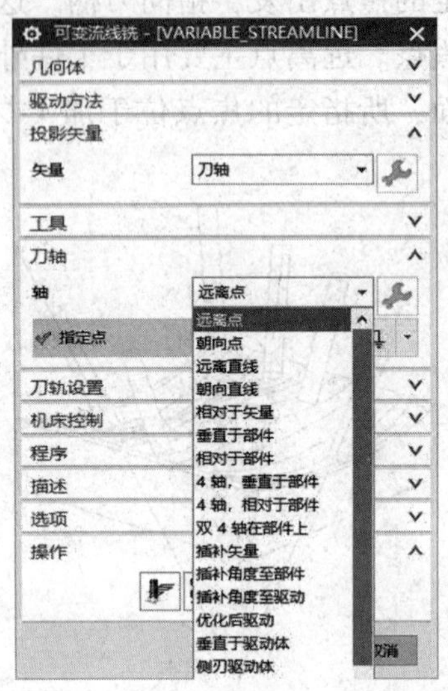

图3.1.4 “可变流线铣”对话框

1. 远离点

首先我们创建刀具，在“创建刀具”对话框中“类型”选择“mill_multi-axis”，“刀具子类型”选择直径为10 mm的球刀，如图3.1.5和图3.1.6所示。

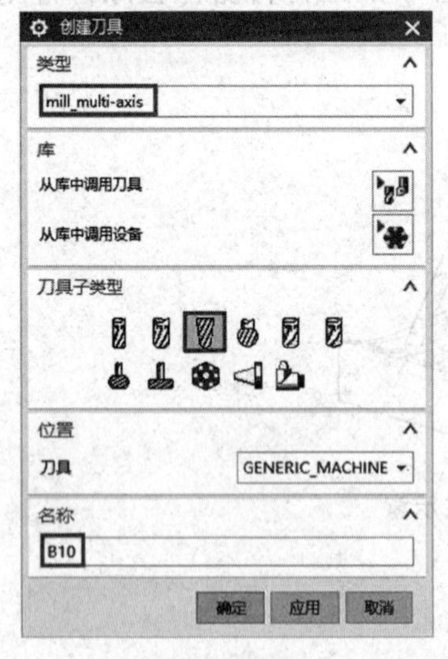

图3.1.5 设置“创建刀具”对话框

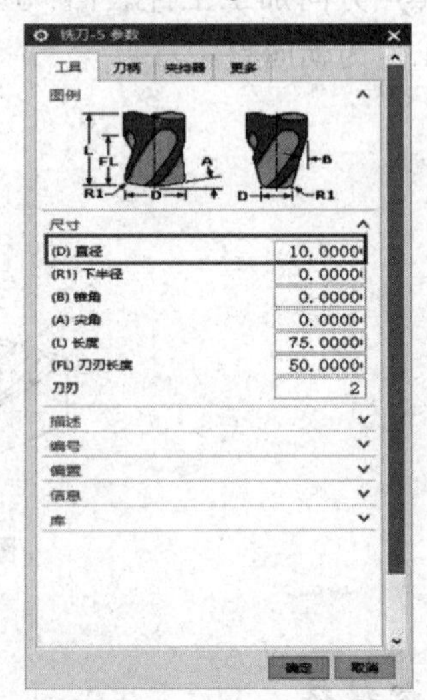

图3.1.6 设置“铣刀-5参数”对话框

进入“可变轮廓铣”对话框，首先“几何体”一栏中“指定部件”选择视图窗口的整个实体；“指定切削区域”选择上表面连续的三块曲面，如图3.1.7和图3.1.8所示。

图3.1.7　设置“切削区域”对话框

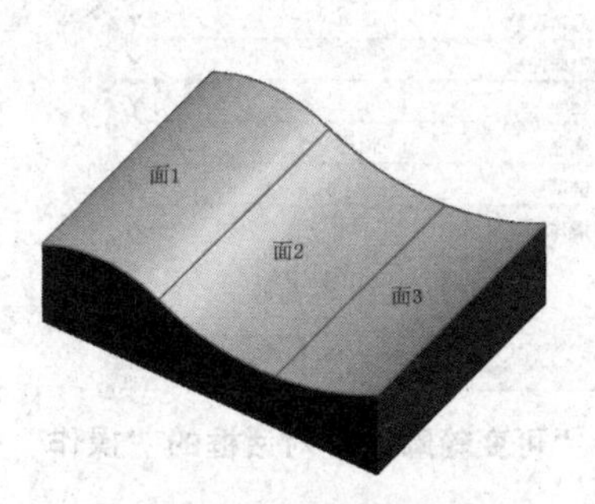

图3.1.8　被选切削区域

接着“驱动方法”一栏的“方法”选择“曲面”；单击“曲面”右侧图标进入具体驱动面的选择，选择切削区域的三块面并作为驱动面（即图3.1.8中的面1、面2、面3），“切削区域”选择“曲面%”，“刀具位置”选择“相切”。“驱动设置”下的“切削模式”选择“往复”，“步距”选择“数量”，“步距数”键入“10”，“更多”下面的“切削步长”选择“公差”，“内公差”“外公差”中键入“0.05”。

然后在“投影矢量”一栏中，“矢量”选择“刀轴”，“刀轴”一栏中的“轴”选择“远离点”，“指定点”选择部件正下方的焦点，“可变轮廓铣”对话框中的“刀轨设置”“机床控制”暂且不予设置或者按默认设置即可，如图3.1.9所示。

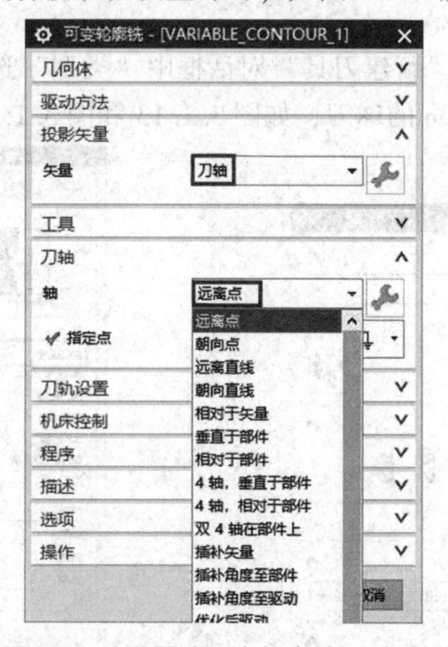

图3.1.9　设置“可变轮廓铣”对话框

最后单击“操作”一栏下的“生成刀轨”→“确认刀轨”播放动画，模拟加工过程，如图3.1.10和图3.1.11所示。

图 3.1.10 “可变轮廓铣”对话框的“操作”一栏

图 3.1.11 设置“刀轨可视化”对话框

在“可变轮廓铣”对话框中单击“选项”下“编辑显示”右侧的按钮，来显示所有刀轴的位置。在弹出的“显示选项”对话框中“刀具显示”切换为“轴”，“频率”键入“10”即可，频率过大则显示的刀轴会过于密集，下面的“模式”选择“无”，“速度”可以调速到“10”，否则生成刀轨的时间比较长。

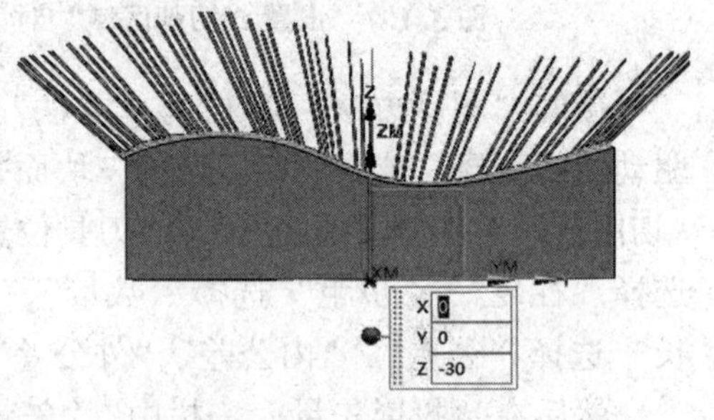

图 3.1.12 所有刀轴的位置情况（远离点）

图 3.1.12 所示为加工过程中所有刀轴的位置情况，正如前文所述，远离点的特点是刀尖永远指向设置的焦点。

2. 朝向点

首先我们创建刀具，在“新建刀具”对话框中“类型”选择“mill_ multi-axis”，“刀具子类型”选择直径为 10 mm 的球刀，如图 3.1.13 和图 3.1.14 所示。

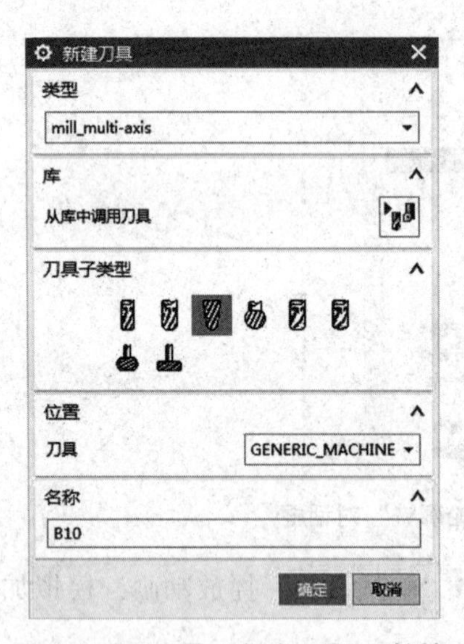

图 3.1.13 设置“新建刀具”对话框

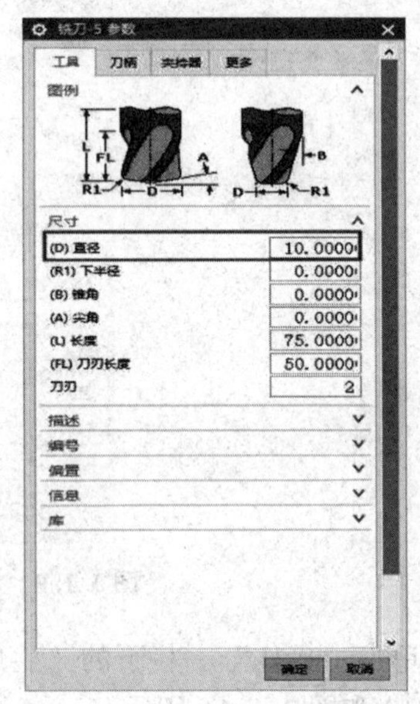

图 3.1.14 设置“铣刀-5 参数”对话框

进入“可变轮廓铣”对话框，首先在“几何体”一栏中“指定部件”选为视图窗口的整个实体。“指定切削区域”选择上表面连续的三块曲面，如图 3.1.15 ~ 3.1.18 所示。

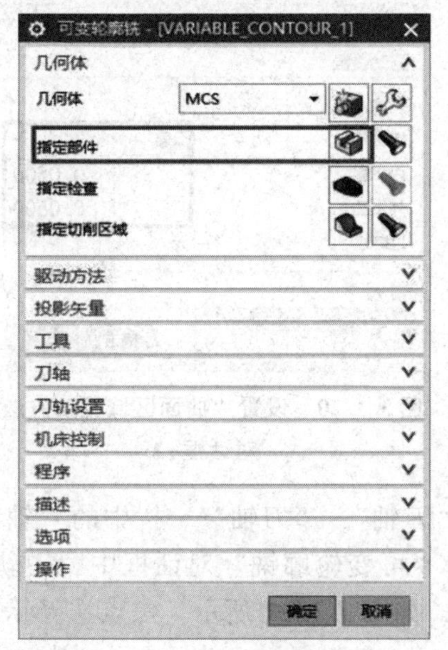

图 3.1.15　设置“可变轮廓铣”对话框

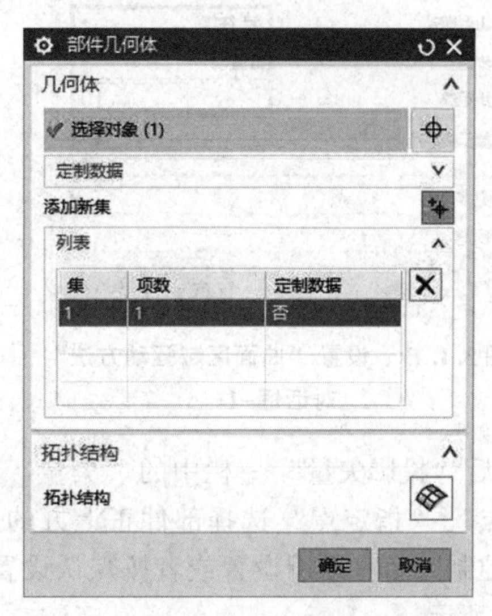

图 3.1.16　设置“部件几何体”对话框-1

图 3.1.17　设置“部件几何体”对话框-2

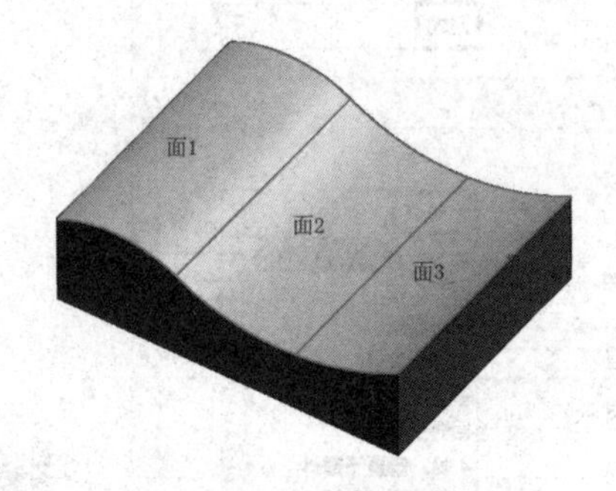

图 3.1.18　被选切削区域

接着“驱动方法”一栏中的“方法”选择“曲面”；单击“曲面”右侧图标进入具体驱动面的选择，依然选择切削区域的三块面（即图 3.1.18 中的面 1、面 2、面 3）作为驱动面，“切削区域”选择“曲面%”，“刀具位置”选择“相切”。“驱动设置”下的“切削模式”选择“往复”切削，“步距”选择“数量”，“步距数”键入“10”，“更多”下面的“切削步长”改为“公差”，“内公差”“外公差”中键入“0.05”，如图 3.1.19 和图 3.1.20 所示。

图 3.1.19　设置“曲面区域驱动方法”对话框-1

图 3.1.20　设置“曲面区域驱动方法”对话框-2

然后“投影矢量”一栏中的“矢量”选择“刀轴”，“刀轴”一栏中的“轴”选择“朝向点”，“指定点”选择部件正上方的焦点，“可变轮廓铣”对话框中“刀轨设置”“机床控制”暂且不予设置或者按默认设置即可，如图 3.1.21 所示。焦点选择示意如图 3.1.22 所示。

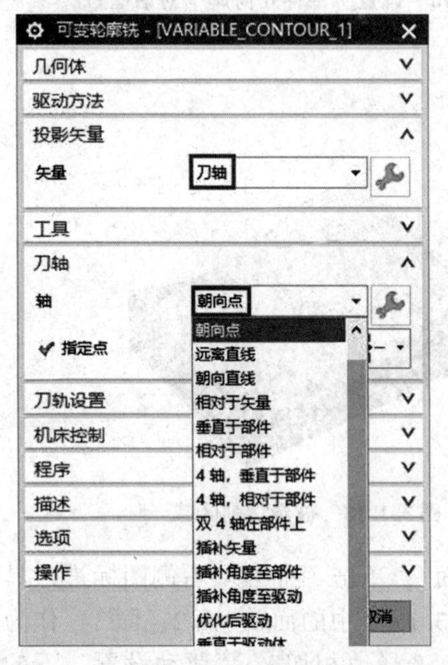

图 3.1.21　设置“可变轮廓铣”对话框

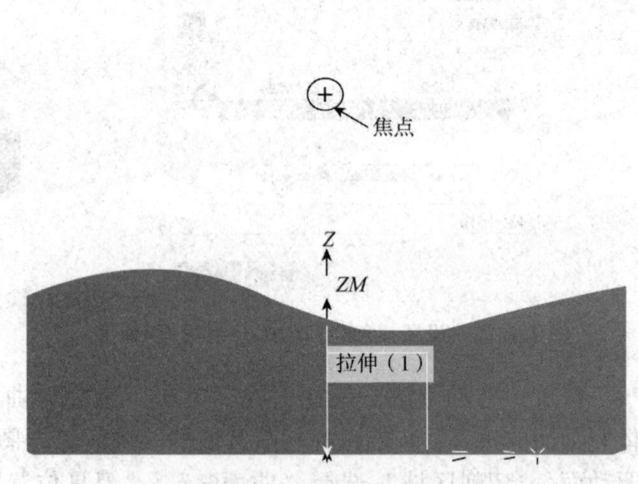

图 3.1.22　焦点选择示意

最后单击“操作”下的“生成刀轨”→“确认刀轨”播放动画，模拟加工过程。

在“可变轮廓铣”对话框中单击“选项”下“编辑显示”右侧的按钮，来显示所有刀轴的位置。在弹出的“显示选项”对话框中“刀具显示”切换为“轴”，“频率”键入“10”即可，频率过大则显示的刀轴会过于密集，下面的“模式”选择“无”，“速度”可以调速到“10”，否则生成刀轨的时间比较长，如图 3.1.23 和图 3.1.24 所示。

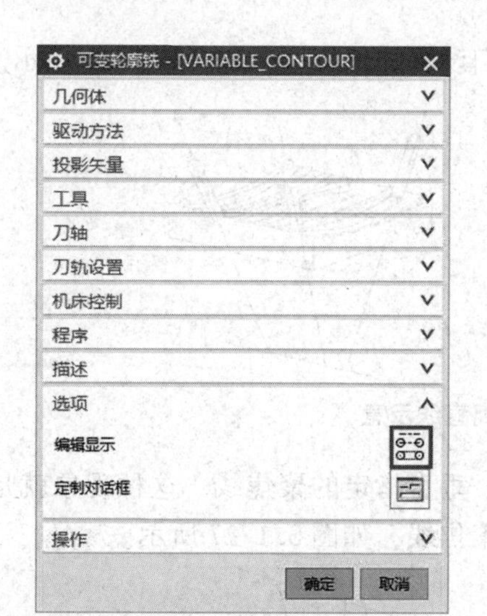

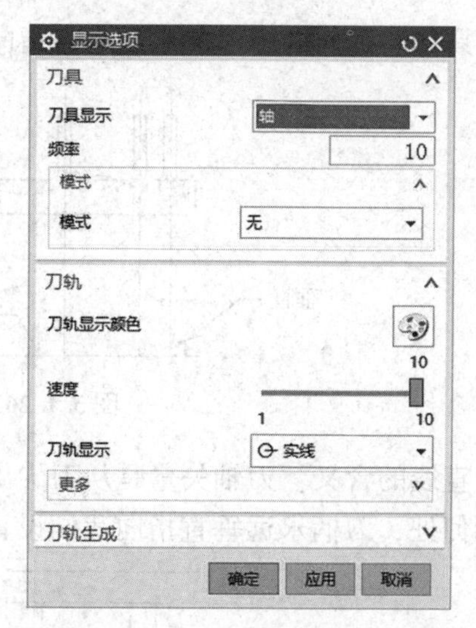

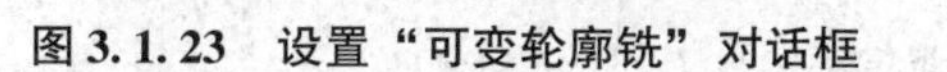

图 3.1.23　设置“可变轮廓铣”对话框　　**图 3.1.24　设置“显示选项”对话框**

图 3.1.25 显示的便是加工过程中所有刀轴的位置情况，正如前文所述，朝向点的特点是刀柄永远指向设置的焦点。

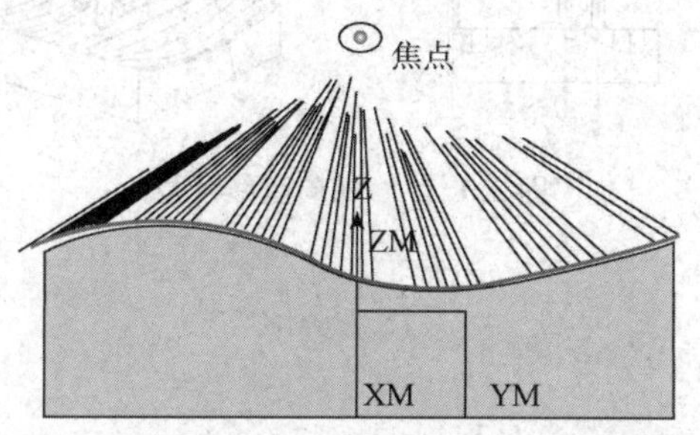

图 3.1.25　所有刀轴的位置情况（朝向点）

任务实施

巩固练习远离点、朝向点实例。

知识拓展

思考“切削参数”与“非切削参数”该怎么设置？与之有关的因素有哪些？

任务三　刀轴控制之远离、朝向直线操作

任务导入

远离直线的含义：刀轴矢量是从指定聚焦线的垂直方向出发，指向刀柄。这种现象就

是无论刀具移动到何处，刀尖永远垂直指向我们设置的聚焦线，如图 3. 1. 26 所示。

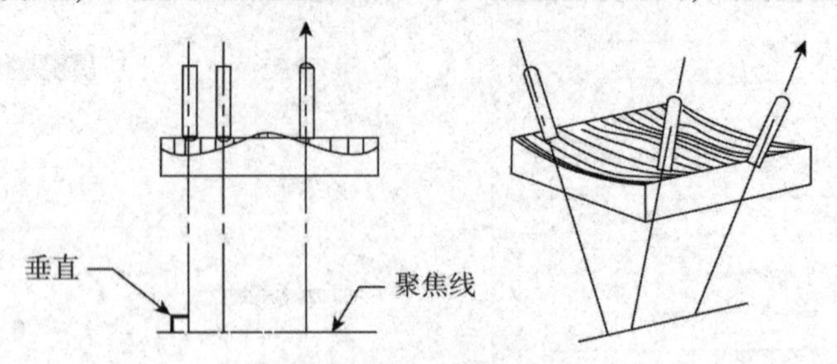

图 3. 1. 26　远离直线示意

朝向直线的含义：刀轴矢量是从刀尖出发，垂直指定的聚焦线。这种现象就是无论刀具移动到何处，刀柄永远垂直指向我们设置的聚焦线，如图 3. 1. 27 所示。

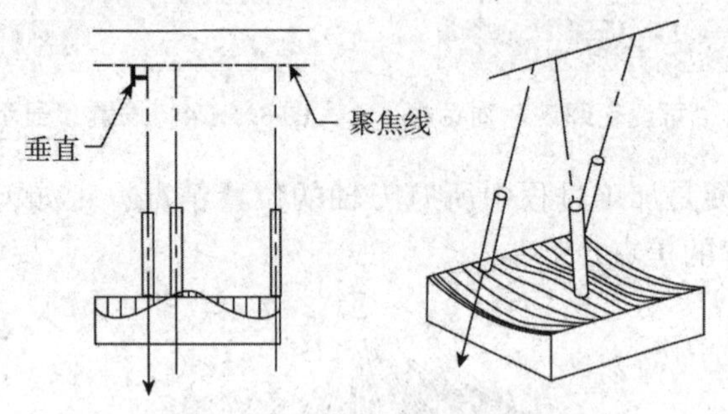

图 3. 1. 27　朝向直线示意

知识链接

1. 远离直线

远离直线实例的待加工模型如图 3. 1. 28 所示。

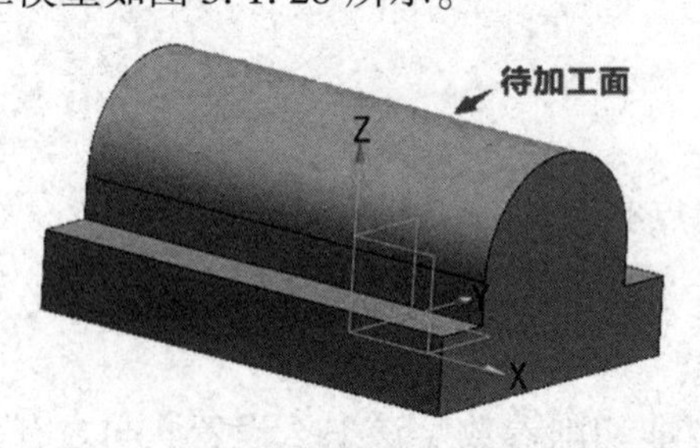

图 3. 1. 28　待加工模型

首先进入“加工环境”对话框，在“要创建的 CAM 设置”一栏选择“mill_ multi-axis”，然后选择“机床视图”，单击“创建刀具”图标创建刀具，因为加工模型上表面是拱形曲面，所以可以选择一把直径为 10 mm 的球刀进行加工。如图 3. 1. 29 所示为设置“加工环境”对话框。

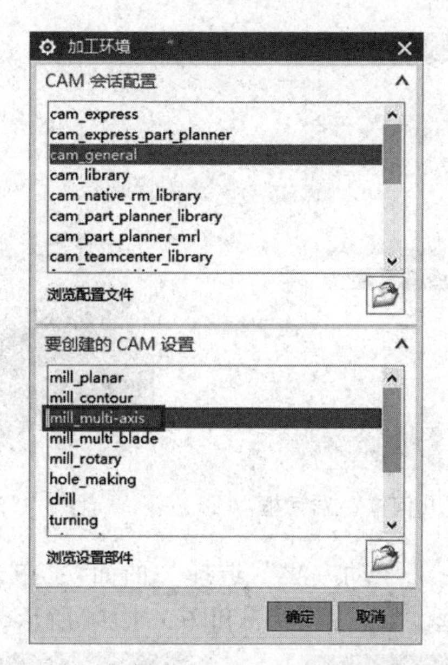

图 3.1.29　设置“加工环境”对话框

刀具创建结束后，需要进行编制工序。右击创建好的刀具，选择“插入工序”，进入“可变轮廓铣”对话框，如图 3.1.30 所示。

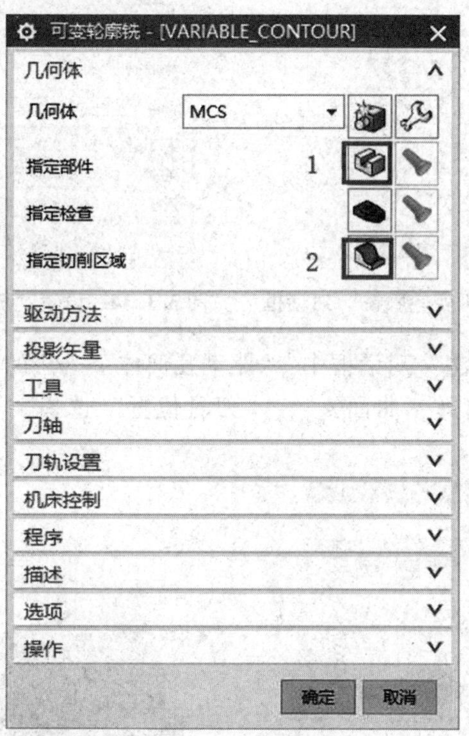

图 3.1.30　设置“可变轮廓铣”对话框

在“几何体”一栏中，单击“指定部件”，选择整个实体作为部件；“切削区域”选择上表面的拱形曲面，最后单击“确定”按钮，如图 3.1.31 和图 3.1.32 所示。

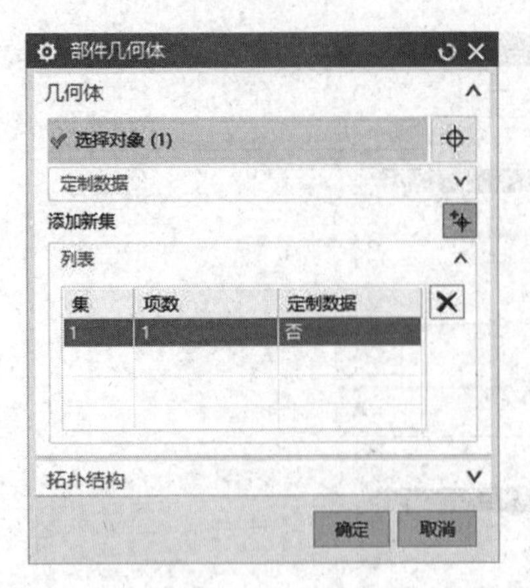

图 3.1.31 设置“部件几何体”对话框

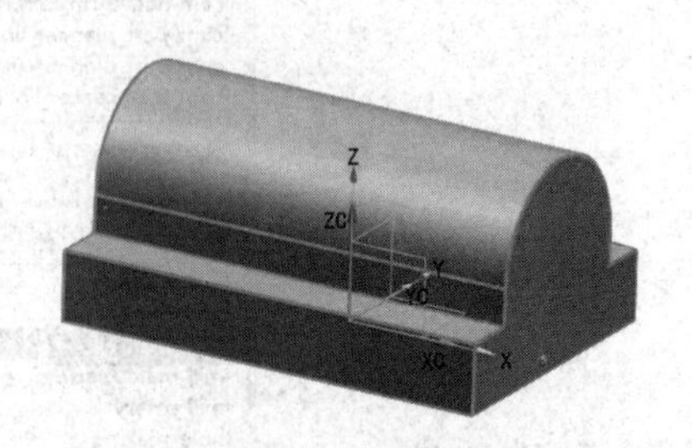

图 3.1.32 被选部件

在“驱动方法”一栏中，“驱动方法”选择“曲面”；单击右侧的“编辑”图标进入“曲面区域驱动方法”对话框，如图 3.1.33 和图 3.1.34 所示。

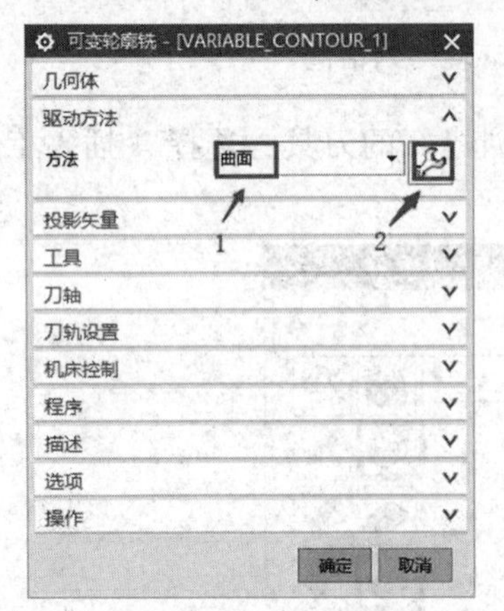

图 3.1.33 设置“可变轮廓铣”对话框

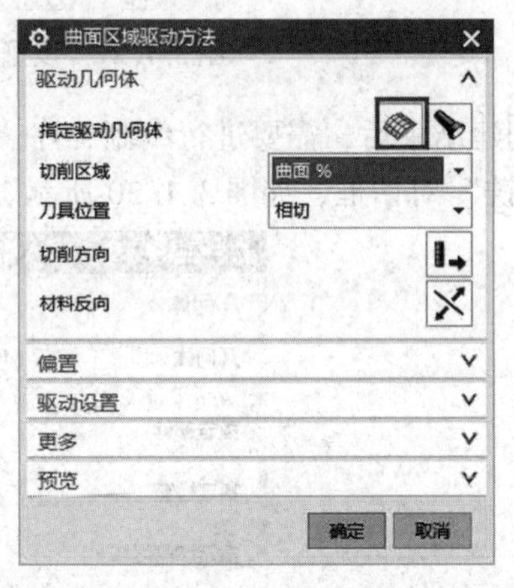

图 3.1.34 设置“驱动几何体”一栏

在“曲面区域驱动方法”对话框中，“驱动几何体”一栏的“指定驱动几何体”选择上表面，“切削区域”选择“曲面%”，“刀具位置”选择“相切”，如图 3.1.35 和图 3.1.36 所示。

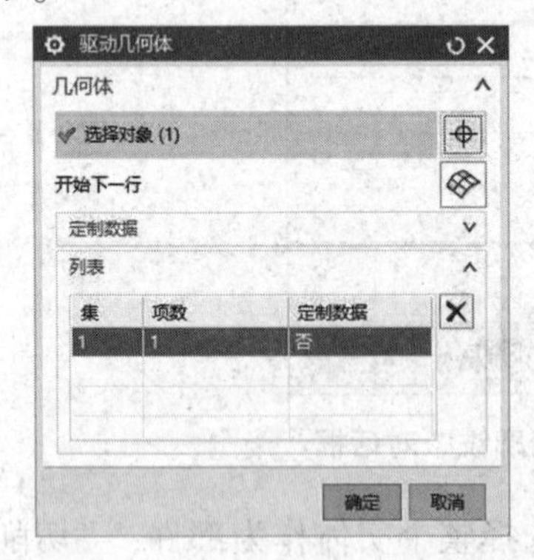

图 3.1.35 设置“驱动几何体”对话框

图 3.1.36 被选驱动体

"驱动设置"下的"切削模式"选择"往复"，"步距"选择"数量"，"步距数"键入"50"；"更多"下面的"切削步长"改为"公差"，"内公差""外公差"根据实际情况键入数值，这里暂且键入"0.05"，如图3.1.37和图3.1.38所示。

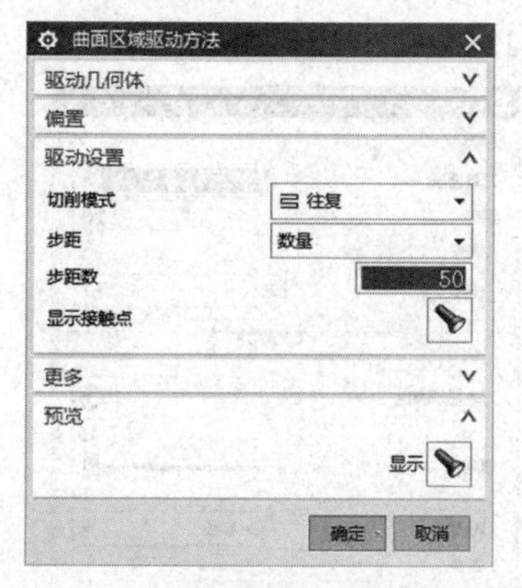

图3.1.37 设置"驱动设置"一栏

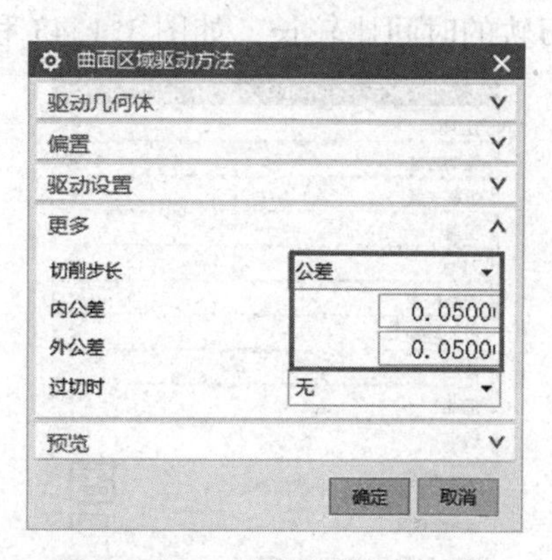

图3.1.38 设置"更多"一栏

接下来回到"可变轮廓铣"对话框，其中"投影矢量"下的"矢量"选择"刀轴"，"刀轴"一栏中的"轴"选择"远离直线"，单击"远离直线"右侧的编辑图标进入"远离直线"对话框进行矢量和点的指定。选择*X*轴正方向或者蓝色直线作为矢量，选择直线端点作为点。图3.1.39和图3.1.40分别为设置"远离直线"对话框和被选直线。

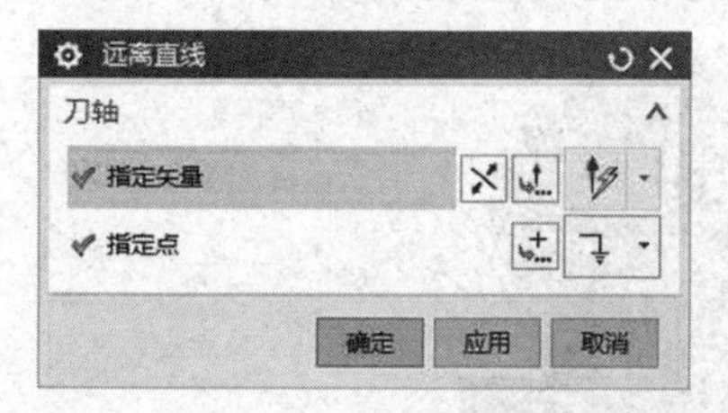

图3.1.39 设置"远离直线"对话框

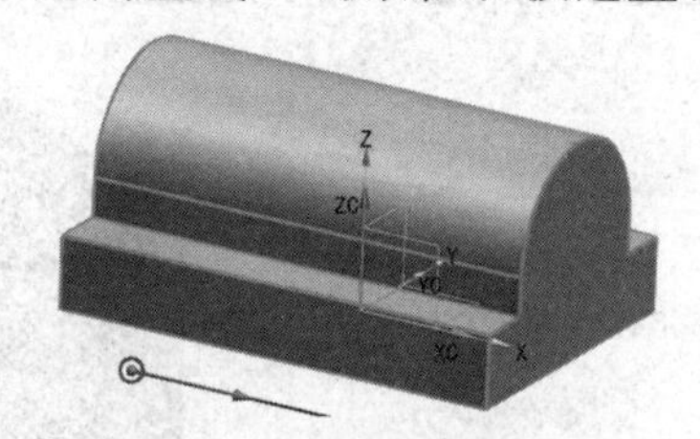

图3.1.40 被选直线

"可变轮廓铣"对话框中"刀轨设置"一栏的"机床控制"暂且不予设置或者按默认设置即可。在"操作"一栏中，首先单击"生成刀轨"图标生成刀轨，生成需要的刀轨时单击"确认刀轨"；确认刀轨后自动进入后处理生成的动画，此时播放动画进行模拟加工，如图3.1.41和图3.1.42所示。

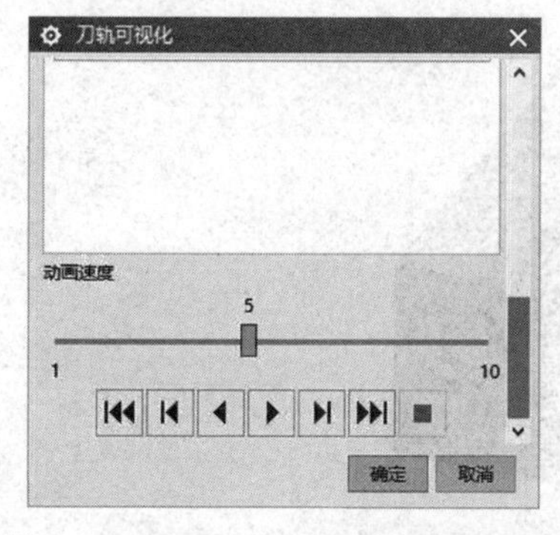

图3.1.41 设置"刀轨可视化"对话框

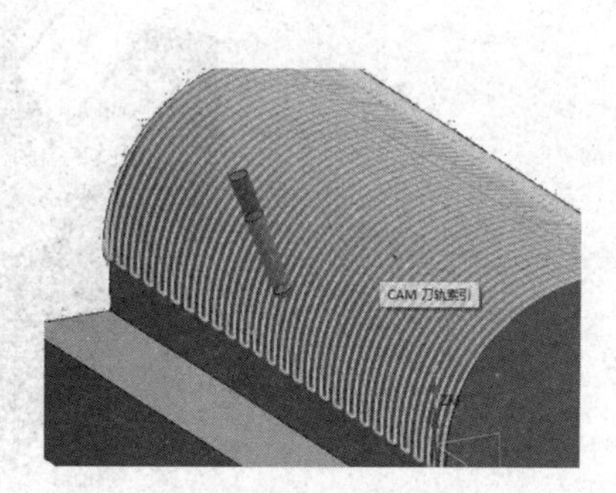

图3.1.42 模拟加工

单击“选项”一栏中“编辑显示”右侧的按钮，来显示所有刀轴的位置。此时弹出“显示选项”对话框，其中“刀具显示”切换为“轴”，“频率”键入“10”即可，频率过大则显示的刀轴会过于密集，下面的“模式”选择“无”，“速度”可以调速到“10”，否则生成刀轨的时间比较长，如图 3. 1. 43 和图 3. 1. 44 所示。

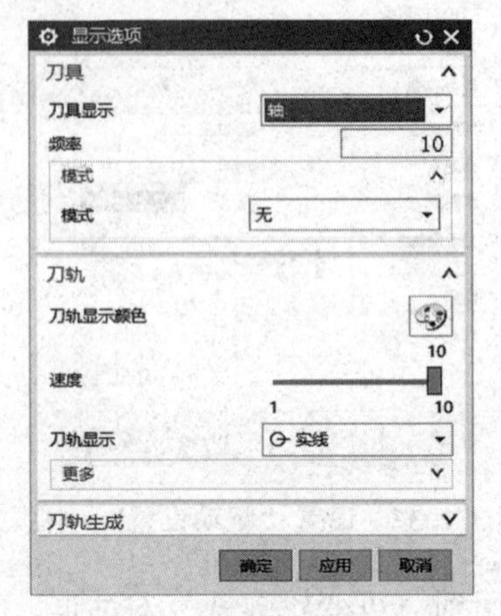

图 3. 1. 43　设置“可变轮廓铣”对话框　　**图 3. 1. 44　设置“显示选项”对话框**

重新生成刀轨，图 3. 1. 45 显示的便是加工过程中所有刀轴的位置情况，正如前文所述，远离直线的特点是刀尖永远垂直指向设置的聚焦线。

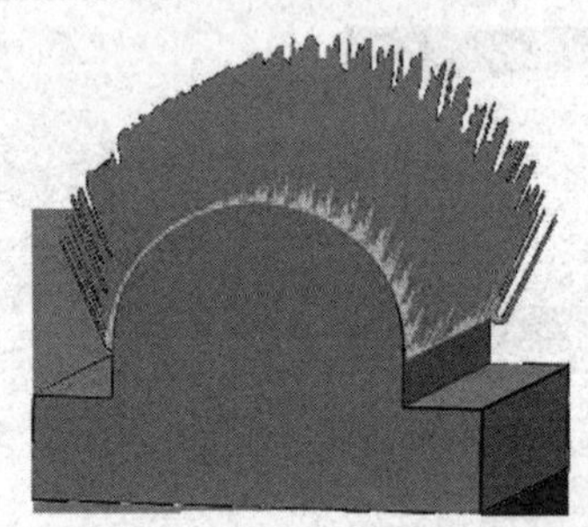

图 3. 1. 45　所有刀轴的位置情况（远离直线）

2. 朝向直线

朝向直线实例，待加工模型如图 3. 1. 46 所示 。

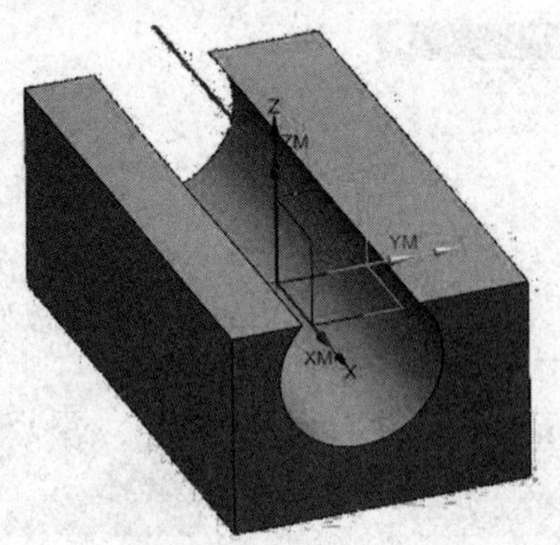

图 3. 1. 46　待加工模型

首先创建刀具，选择“类型”为“mill_ multi-axis”，“刀具子类型”选择直径 10 mm 的球刀，如图 3. 1. 47 和图 3. 1. 48 所示。

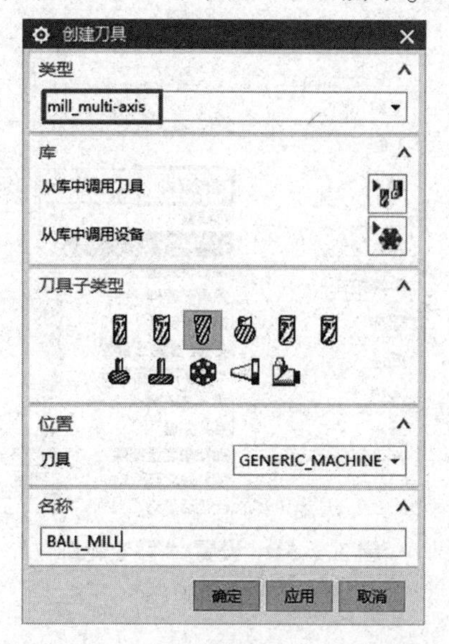

图 3. 1. 47　设置“创建刀具”对话框

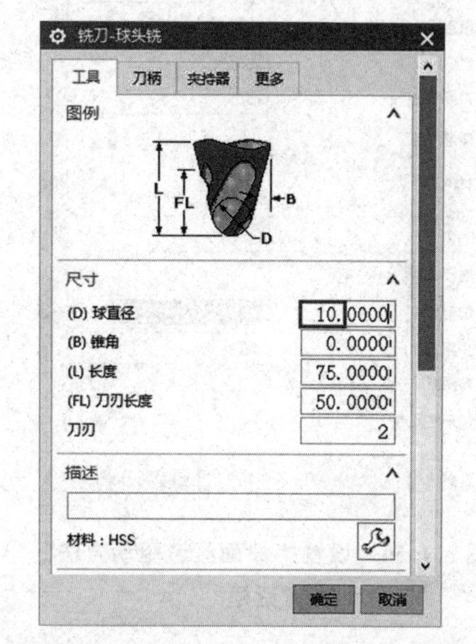

图 3. 1. 48　设置“铣刀-球头铣”对话框

进入“可变轮廓铣”对话框，将整个实体模型作为部件，“驱动方法”中的“方法”选择“曲面”，如图 3. 1. 49 所示。

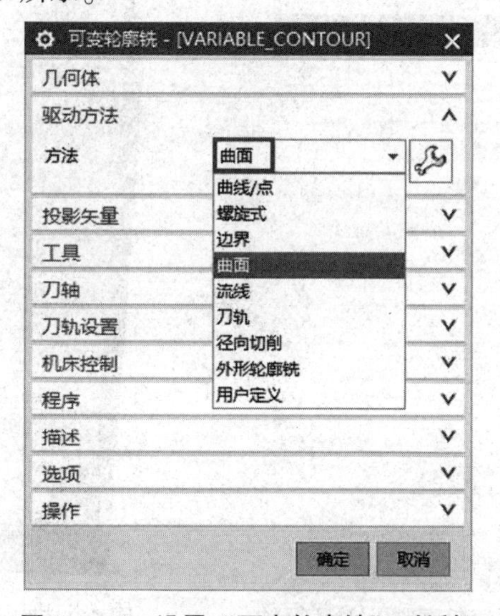

图 3. 1. 49　设置“可变轮廓铣”对话框

进入“曲面区域驱动方法”对话框，其中“指定驱动几何体”选择圆柱形通槽面，“切削区域”选择“曲面%”，“刀具位置”选择“相切”，“切削模式”选择“往复”，“步距数”键入“40”，这样整个“曲面区域驱动方法”对话框便设置完毕。回到“可变轮廓铣”对话框后“刀轴”中的“轴”选择“朝向直线”，如图 3. 1. 50 和图 3. 1. 51 所示。

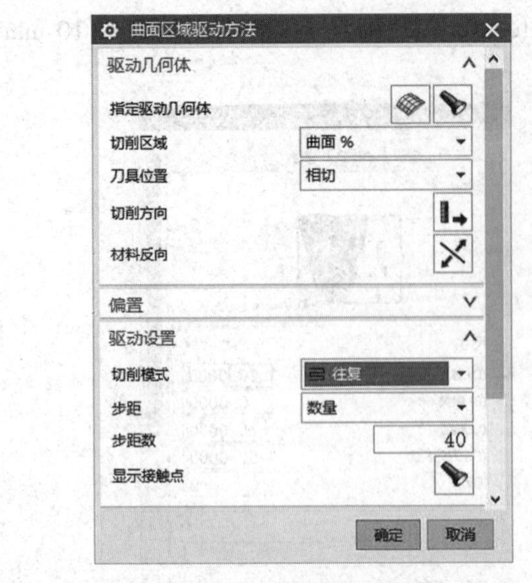

图 3.1.50 设置“曲面区域驱动方法”对话框

图 3.1.51 设置“可变轮廓铣”对话框的“刀轴”一栏

最后在“可变轮廓铣”对话框中单击“操作”下的“生成刀轨”→“确认刀轨”播放动画，并模拟加工过程如图 3.1.52 和图 3.1.53 所示。

图 3.1.52 设置“可变轮廓铣”对话框的“操作”一栏

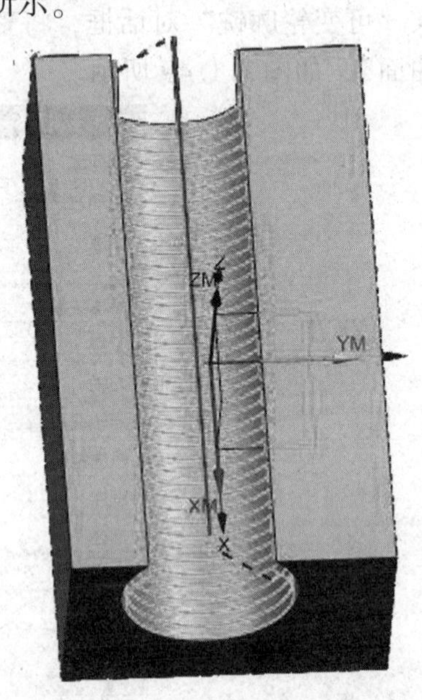

图 3.1.53 朝向直线模拟加工

再次单击“选项”下“编辑显示”右侧的按钮，来显示所有刀轴的位置。在弹出的“显示选项”对话框中“刀具显示”切换为“轴”，“频率”键入 10 即可，频率过大则显示的刀轴会过于密集，下面的“模式”选择“无”，“速度”可以调速到“10”，否则生成刀轨的时间比较长，如图 3.1.54 和图 3.1.55 所示。

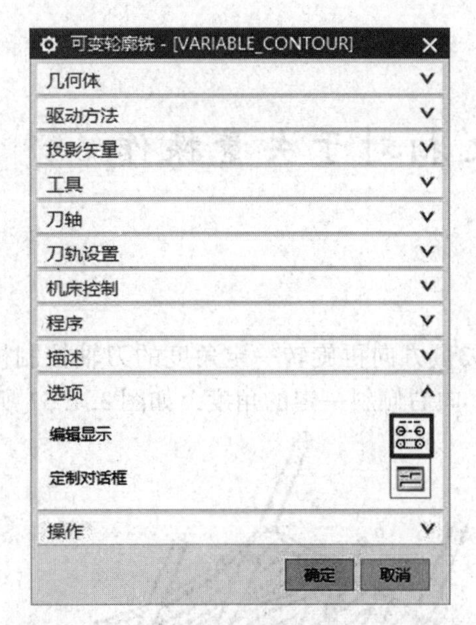

图 3.1.54　设置“可变轮廓铣”对话框的“选项”一栏

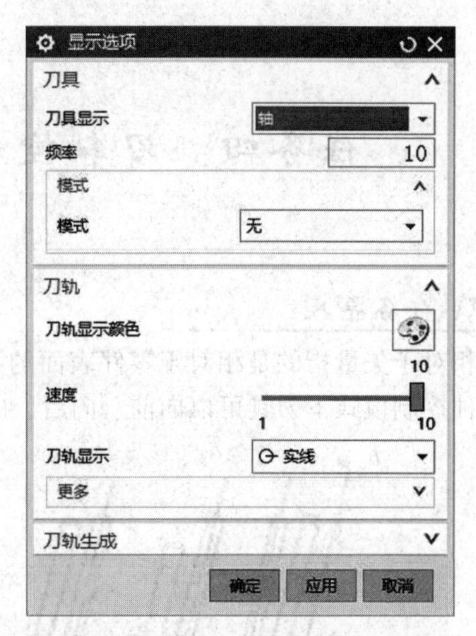

图 3.1.55　设置“显示选项”对话框

重新生成刀轨，图 3.1.56 显示的便是加工过程中所有刀轴的位置情况，上方密集的直线便是刀柄朝向的直线，正如前文所述，朝向直线的特点是刀柄永远垂直指向设置的聚焦线。

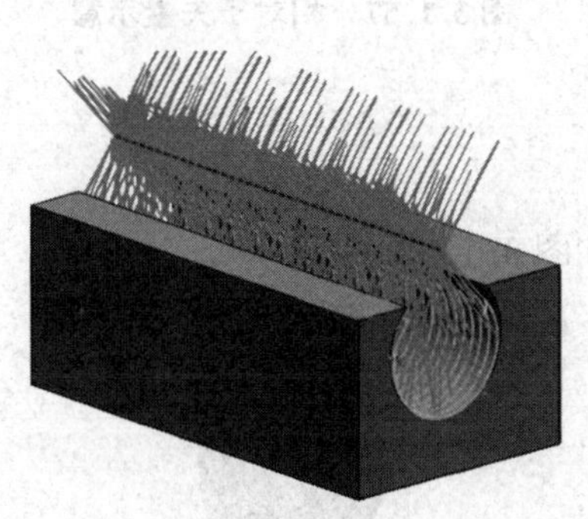

图 3.1.56　所有刀轴的位置情况（朝向直线）

任务实施

巩固练习远离直线、朝向直线实例。

知识拓展

思考辅助直线与待加工面的距离远近有什么影响？

任务四　刀轴控制之相对于矢量操作

任务导入

相对于矢量指的是相对于零件表面的某一矢量方向再旋转一定角度的刀轴控制模式。在这种控制模式下刀具可以向前、向后、向左、向右倾斜一定的角度，如图 3.1.57 所示。

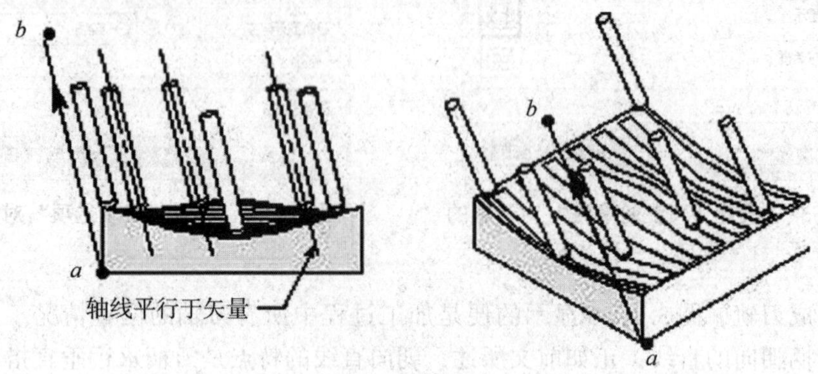

图 3.1.57　相对于矢量示意

知识链接

相对于矢量的加工模型如图 3.1.58 所示。

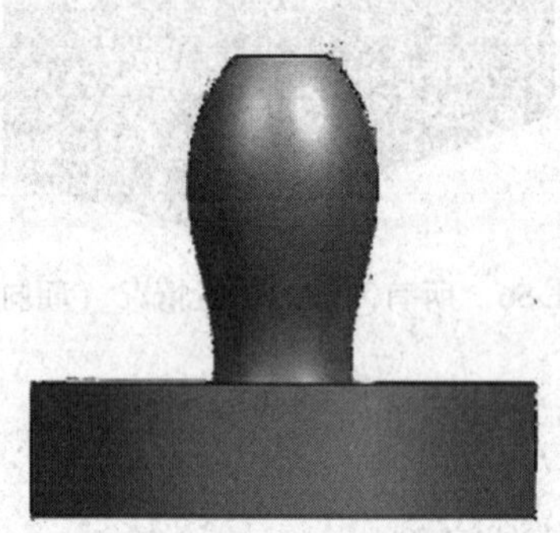

图 3.1.58　相对于矢量的加工模型

首先选择“机床视图”，单击“创建刀具”图标创建刀具。由于是加工上方手柄位置，因此选择球刀加工，在“创建刀具”对话框中“类型”选择“mill_multi-axis”，“刀具子类型”选择第三个球刀，名称可以命名为“B8”，也就是选择直径为 8 mm 的球刀，如图 3.1.59～3.1.61 所示。

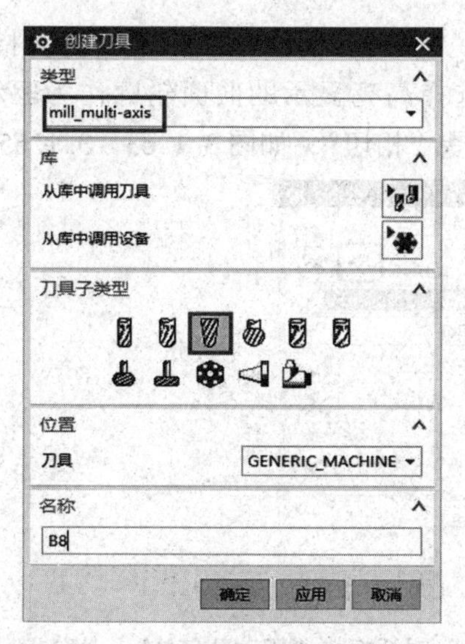

图 3.1.59　设置“创建刀具”对话框

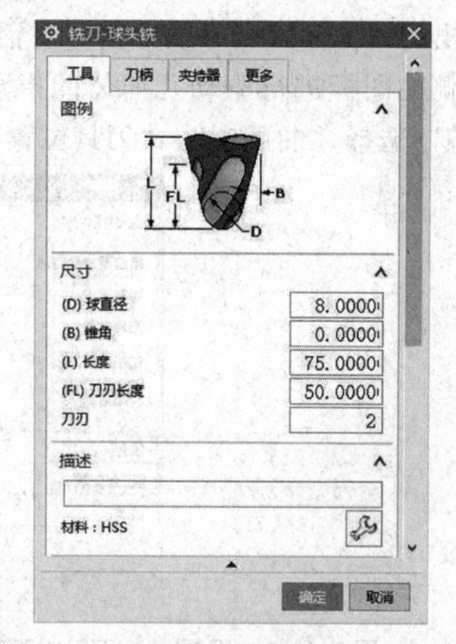

图 3.1.60　设置“铣刀-球头铣”对话框

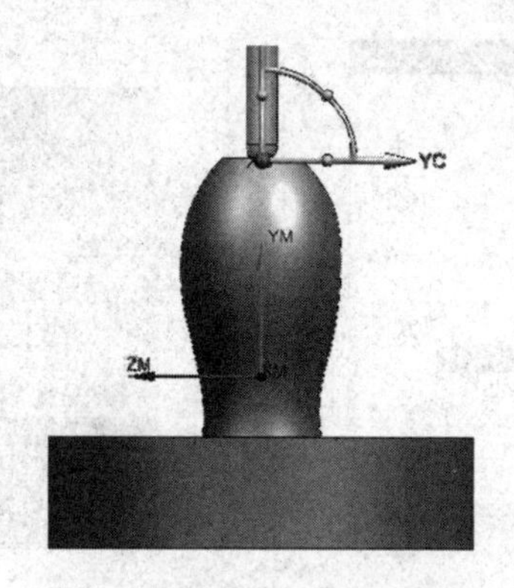

图 3.1.61　刀具显示状态

刀具创建完成后，进入左侧“工序导航器”选择创建完成的球刀进行工序的设置。进入“可变轮廓铣”对话框，“驱动方法”中的“方法”选择“曲面”，然后单击“曲面”右侧图标进行具体内容的设置，如图 3.1.62 所示。

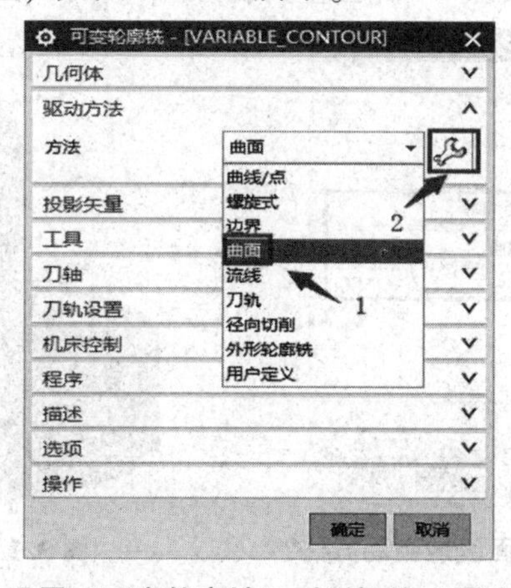

图 3.1.62　设置“可变轮廓铣”对话框的“驱动方法”一栏

在弹出的“曲面区域驱动方法”对话框的“驱动几何体”一栏中单击“指定驱动几何体”右侧的图标进行驱动几何体的指定，选择高亮显示的曲面轮廓作为驱动几何体。“切削区域”选择“曲面%”，“刀具位置”选择“相切”，如图3.1.63～3.1.65所示。

图3.1.63　设置“曲面区域驱动方法”对话框的“驱动几何体”一栏

图3.1.64　设置“驱动几何体”对话框

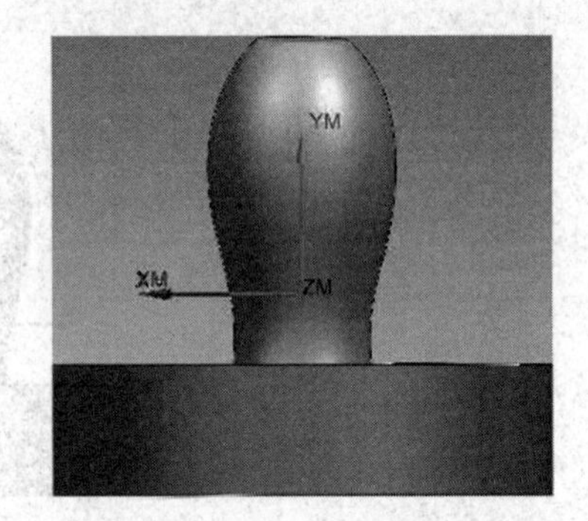

图3.1.65　被选驱动面

“驱动设置”下的“切削方向”可以指定红色箭头标记的方向，“切削模式”选择“螺旋”，“步距”选择“数量”，“步距数”键入“50”。需要注意的是“更多”一栏下的“切削步长”选择“公差”，“内公差”“外公差”键入“0.03”，如图3.1.66～3.1.68所示。

图3.1.66　设置“曲面区域驱动方法”对话框的“驱动设置”一栏

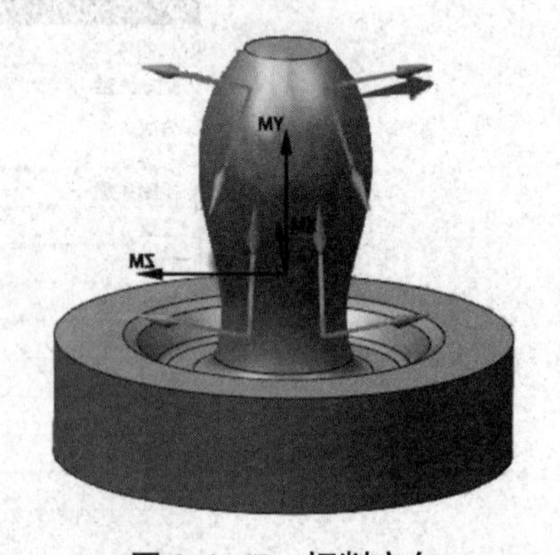

图3.1.67　切削方向

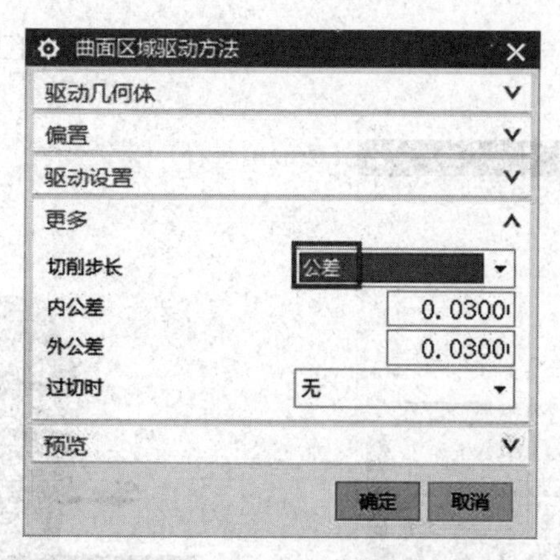

图 3.1.68　设置“曲面区域驱动方法”对话框的“更多”一栏

回到“可变轮廓铣”对话框后进行“刀轴”一栏的设置，其中的“轴”选择“相对于矢量”；接着，单击“相对于矢量”右侧的图标进入“相对于矢量”对话框对“指定矢量”及“侧倾角”进行设置。单击“+YM”作为“指定矢量”，“侧倾角”键入“45”，这个侧倾角是刀轴方向与指定的+YM 方向的夹角，如图 3.1.69～3.1.71 所示。因为模型的曲面下方存在向里的倒扣，刀具需要倾斜一定的角度，这样加工倒扣的部位较容易而且还能避免刀具与工件干涉，而在相对于矢量中便可以赋予刀具一定的前倾角和侧倾角来满足要求，这是远离直线、远离点等无法比拟的。

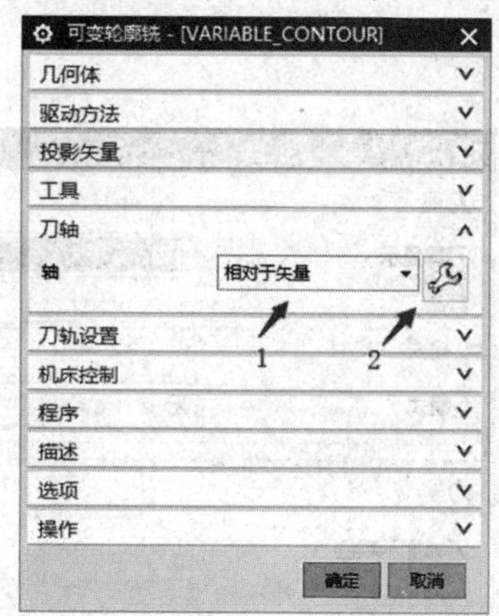

图 3.1.69　设置“可变轮廓铣”对话框的“刀轴”一栏

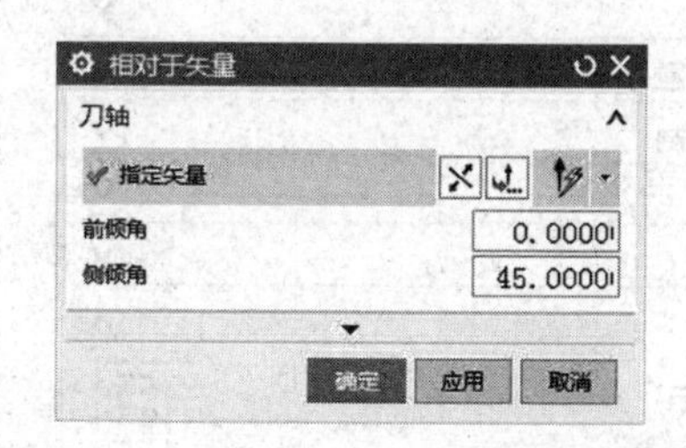

图 3.1.70　设置“相对于矢量”对话框

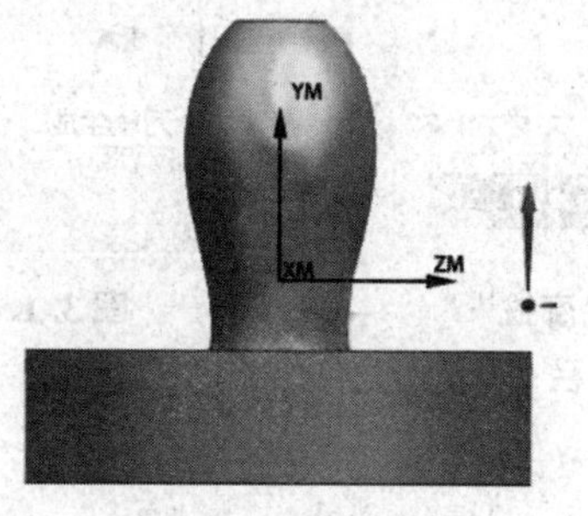

图 3.1.71　矢量方向

最后单击“生成刀轨”→“确认刀轨”播放动画模拟加工过程，如图 3. 1. 72 和图 3. 1. 73 所示。

图 3. 1. 72　设置“刀轨可视化”对话框

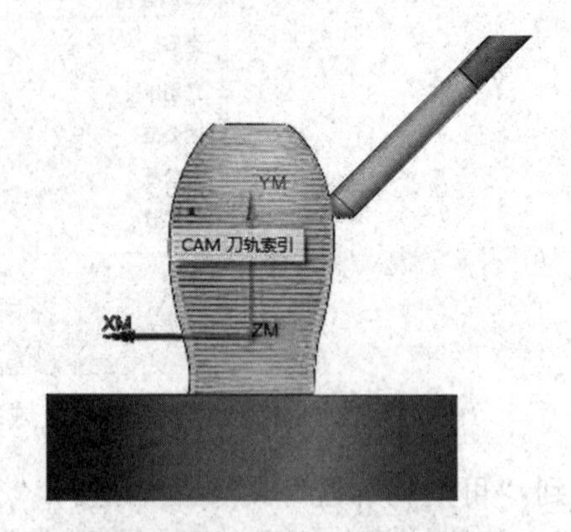

图 3. 1. 73　相对于矢量模拟加工

在“可变轮廓铣”对话框中单击“选项”下“编辑显示”右侧的按钮，来显示所有刀轴的位置。在弹出的“显示选项”对话框中“刀具显示”切换为“轴”，“频率”键入“10”即可，频率过大则显示的刀轴会过于密集，下面的“模式”选择“无”，“速度”可以调速到“10”，否则生成刀轨的时间比较长，如图 3. 1. 74 ~ 3. 1. 76 所示。

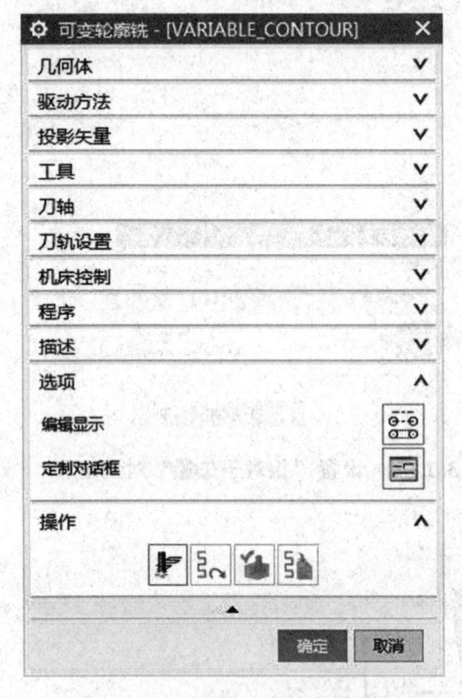

图 3. 1. 74　设置“可变轮廓铣”对话框的“选项”一栏

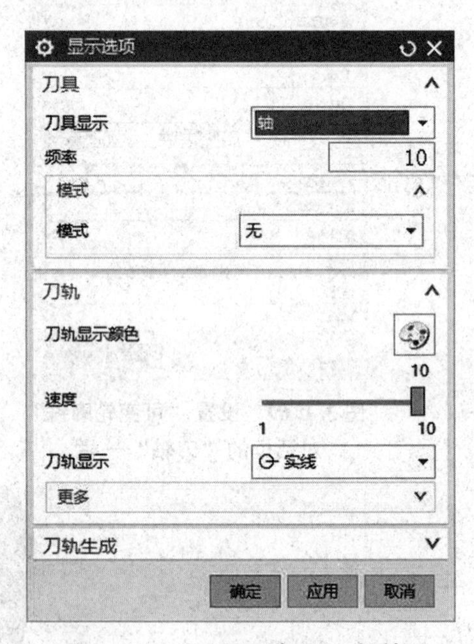

图 3. 1. 75　“显示选项”对话框

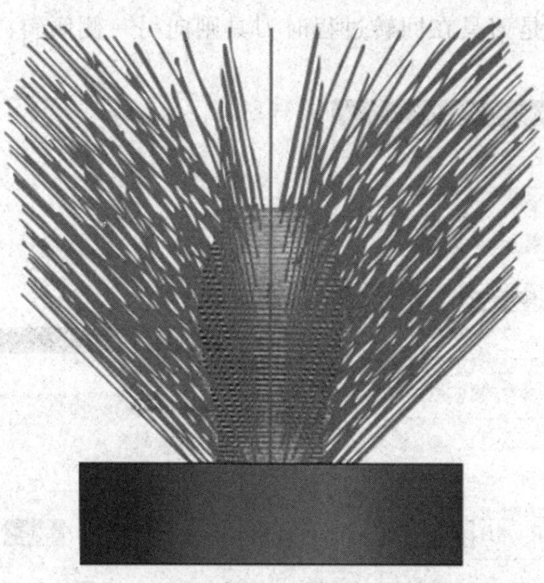

图 3.1.76　所有刀轴的位置情况（相对于矢量）

任务实施

巩固练习相对于矢量实例。

知识拓展

思考如何调整刀轴的疏密程度?

任务五　前倾角与侧倾角的认知

任务导入

前倾角的定义为：刀具沿刀具运动方向朝前或朝后倾斜的角度。前倾角为正时，刀具基于刀具路径的方向朝前倾斜；前倾角为负时，刀具基于刀具路径的方向朝后倾斜。

侧倾角的定义为：刀具相对于刀具路径往左或往右倾斜的角度。沿刀具路径看，倾斜角为正时，刀具往刀具路径右边倾斜；倾斜角为负时，刀具往刀具路径左边倾斜。倾斜角总是固定在一个方向，并不依赖于刀具运动方向。

知识链接

前倾角为正值时表示刀具相对于刀轨方向向前倾斜；前倾角为负值时表示刀具相对于刀轨方向向后倾斜。正的前倾角可以使切削更加平稳，增大刀具与零件的接触面积，减小切入时的切削力。因为前倾角是基于刀具的运动方向，所以在往复切削模式下刀具在单向刀轨中向一侧倾斜，但是刀具在回转过程时刀具则向另一侧倾斜，如图 3.1.77 ~ 3.1.80 所示。

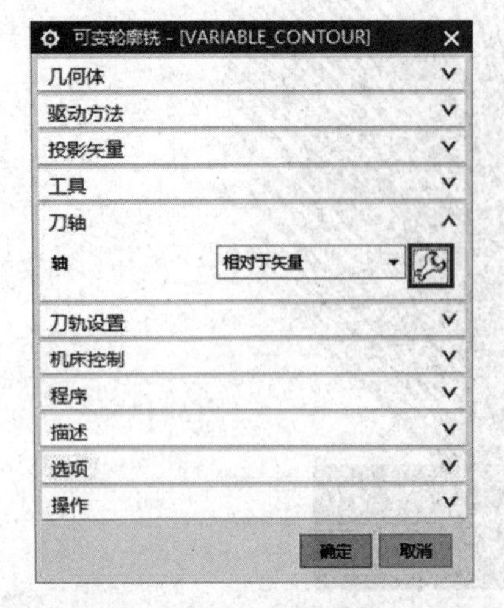

图 3.1.77　设置“可变轮廓铣”对话框

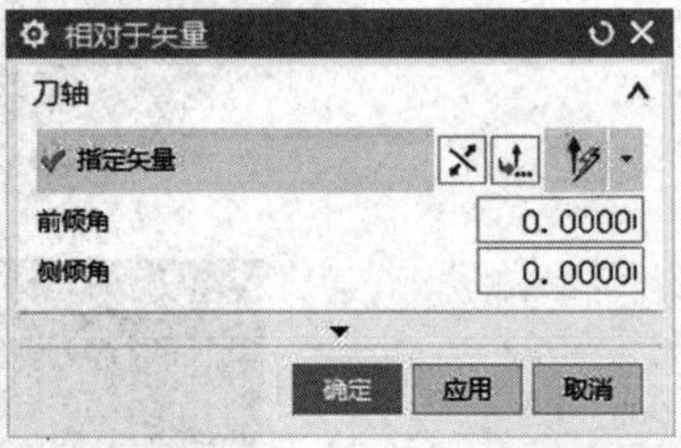

图 3.1.78　设置“相对于矢量”对话框

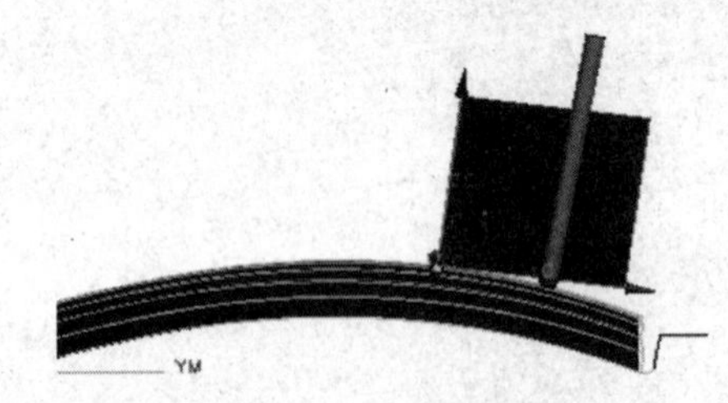

图 3.1.79　前倾角为正值

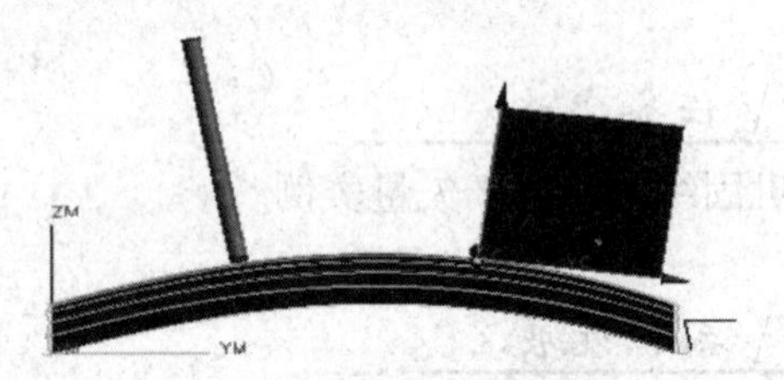

图 3.1.80　前倾角为负值

前倾角为正值时，刀轴方向向刀具走向同侧倾斜，如图 3.1.81 和图 3.1.82 所示。

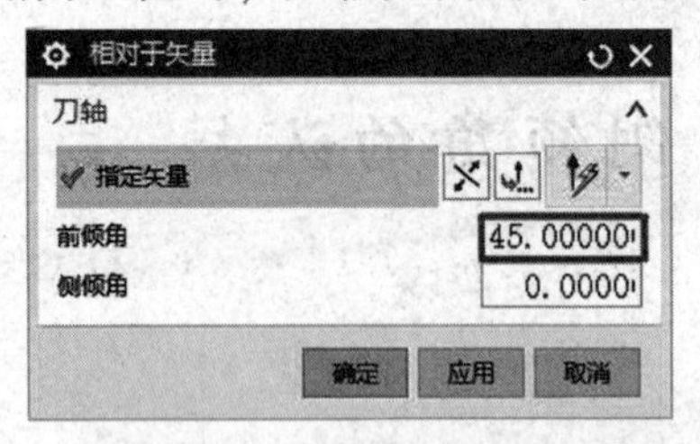

图 3.1.81　前倾角设为正值

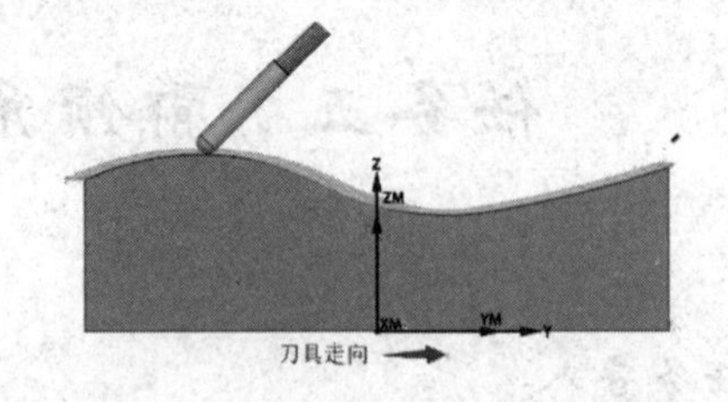

图 3.1.82　前倾角为正值时的刀具状态

前倾角为负值时，刀轴方向向刀具走向另一侧倾斜，如图 3.1.83 和图 3.1.84 所示。

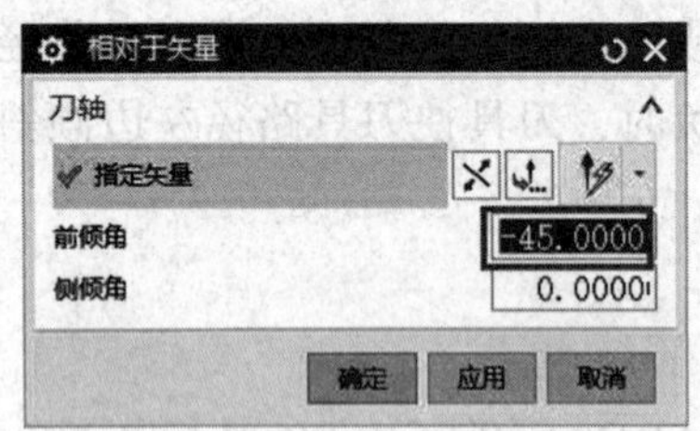

图 3.1.83　前倾角设为负值

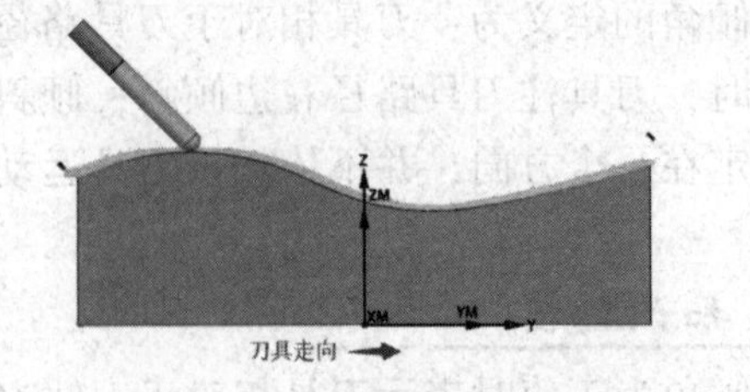

图 3.1.84　前倾角为负值时的刀具状态

侧倾角的设置方式与前倾角的设置方式相同，侧倾角为正值时刀具会向右倾斜；侧倾角为负值时刀具会向左倾斜（左右是相对于刀具路径方向）。并且侧倾角可以防止刀具切削时发生干涉，优化刀具切削速度。侧倾角和前倾角不同的是侧倾角是固定不变的，并且与刀具运动方向没有关系。侧倾角绝对值数值其实也是刀轴中心线矢量与相对矢量的夹角，侧倾角的正负不表示大小，而是相对于刀轴中心线矢量的左右位置改变。

任务实施

练习区分并会设置前倾角与侧倾角以及各自的正负角。

知识拓展

利用 VERICUT 软件模拟演示具有一定前倾角和侧倾角的刀具运动。

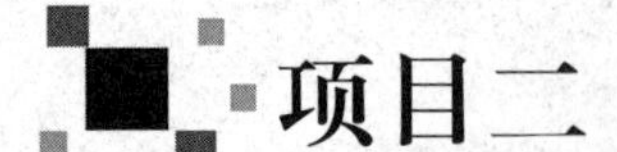

项目二

变半径螺旋槽的多轴数控加工工艺分析与编程

项目目标

学会分析并编写变半径螺旋槽的多轴数控加工工艺；

掌握变半径螺旋槽的 UG 多轴编程。

任务列表

学习任务	知识点	能力要求
任务一　变半径螺旋槽的多轴数控加工工艺	变半径螺旋槽的多轴加工工艺特点	学会分析及编制变半径螺旋槽的多轴加工工艺
任务二　变半径螺旋槽的 UG 多轴编程	变半径螺旋槽的 UG 多轴编程	学会变半径螺旋槽的 UG 多轴编程

任务一　变半径螺旋槽的多轴数控加工工艺

任务导入

变半径螺旋槽的多轴数控加工工艺编制，待编制工艺模型如图 3. 2. 1 所示。

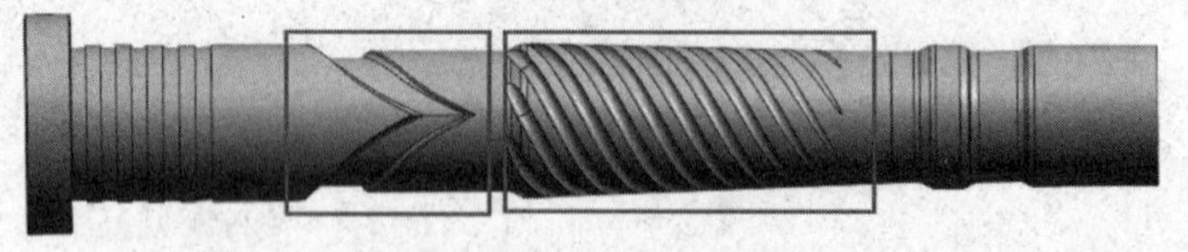

图 3. 2. 1　变半径螺旋槽的待编制工艺模型

知识链接

首先用一把“B6”球刀，采用“可变流线铣”，“驱动方法”中的“方法”采用“流线”，“投影矢量”中的“矢量”采用“刀轴”，然后“刀轴”中的“轴”选择“远离直线”，对图 3. 2. 1 中左侧方框区域进行粗加工。其次需要用一把直径为 5 mm 的球头刀，采用“可变轮廓铣”，“驱动方法”中的“方法”采用“曲线/点”，“投影矢量”中的“矢量”采用“刀轴”，然后“刀轴”中的“轴”选择“远离直线”，对图 3. 2. 1 中右侧方框区域进行加工。

任务实施

巩固复习变半径螺旋槽的多轴数控加工工艺。

知识拓展

思考并尝试编制图 3. 2. 2 变半径螺旋槽待加工部位的工艺。

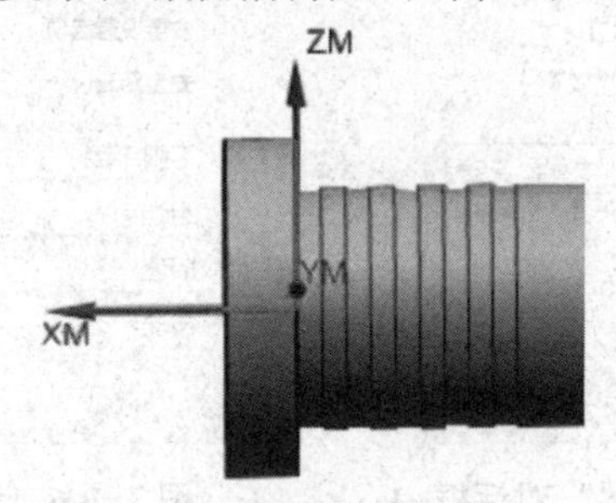

图 3. 2. 2　变半径螺旋槽待加工部位

任务二　变半径螺旋槽的 UG 多轴编程

任务导入

本任务加工的对象是一个轴向有锥度且有半径变化的变半径螺旋槽。

知识链接

首先加工的部位如图 3. 2. 3 和图 3. 2. 4 所示。

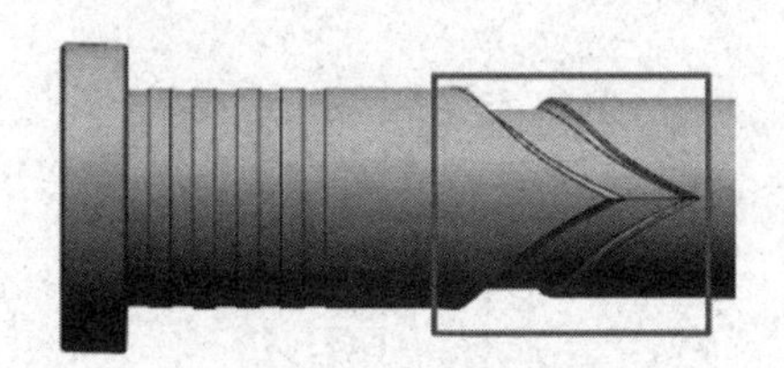

图 3. 2. 3　槽正面

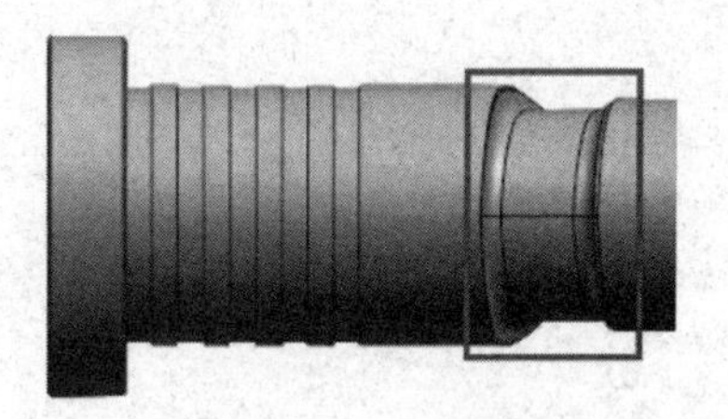

图 3. 2. 4　槽反面

我们首先需要在“几何视图”属性下，通过左侧的“工序导航器”，单击“创建几何体”来创建两个坐标系，并满足所属关系为父子关系，另外父坐标系的用途需要更改成“主要”。

创建父坐标系的方式及设置如图 3. 2. 5 ~3. 2. 9 所示。

图 3. 2. 5　设置“创建几何体”对话框-1

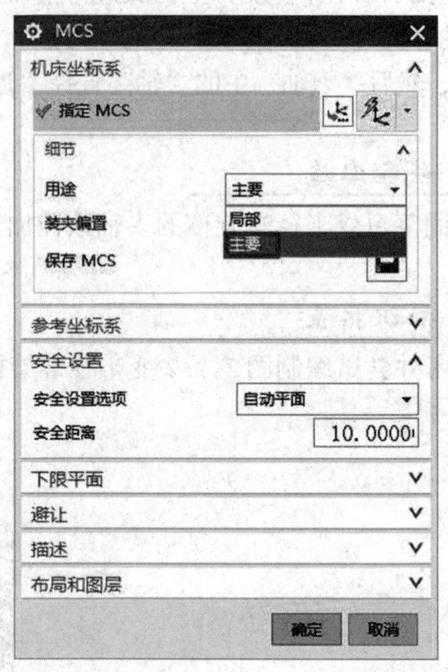

图 3. 2. 6　设置“MCS”对话框-1

图 3. 2. 7　设置“创建几何体”对话框-2

图 3. 2. 8　设置“CSYS”对话框

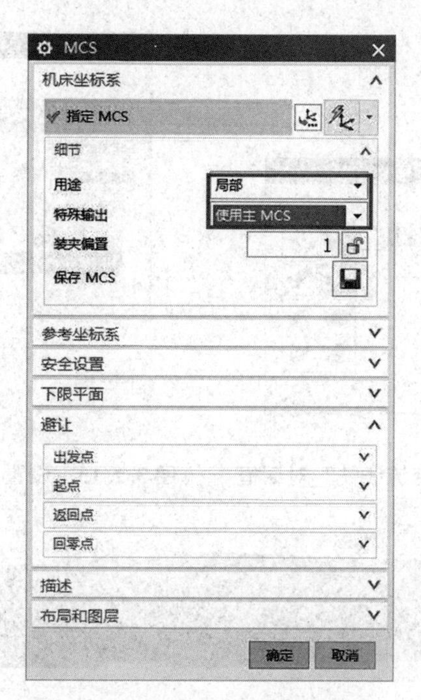

图 3.2.9　设置“MCS”对话框-2

创建完坐标系后，单击“创建刀具”图标，选择一把直径为 6 mm 的球刀，如图 3.2.10 和图 3.2.11 所示。

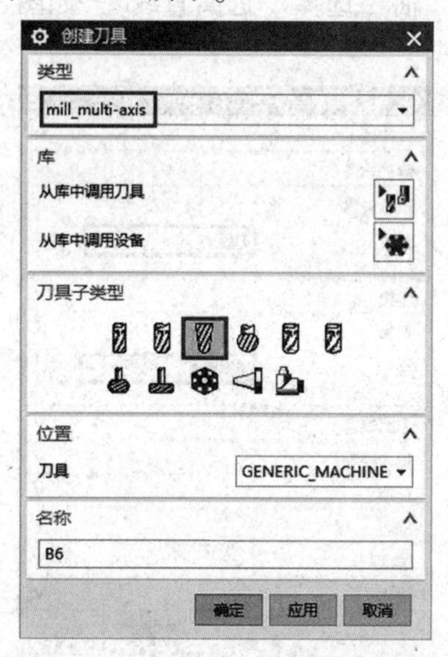

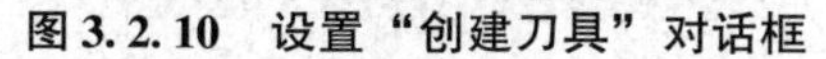

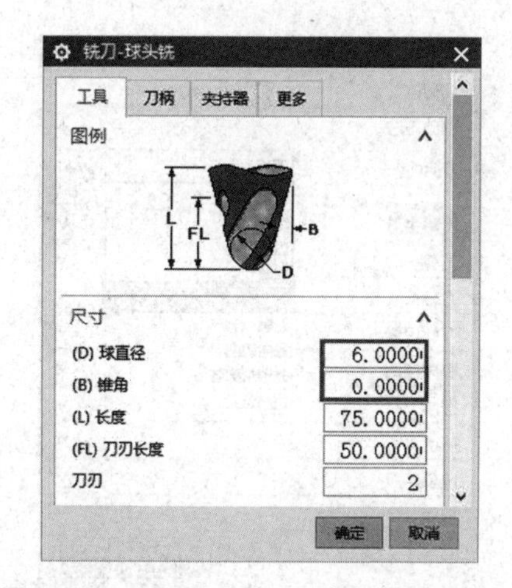

图 3.2.10　设置“创建刀具”对话框　　　图 3.2.11　设置“铣刀-球头铣”对话框

创建完刀具后找到创建好的刀具进行工序的插入，然后进入“可变流线铣”对话框。第一步，“几何体”选择“MCS”；第二步，“指定部件”选择整个实体作为部件，如图 3.2.12 ~ 3.2.14 所示。

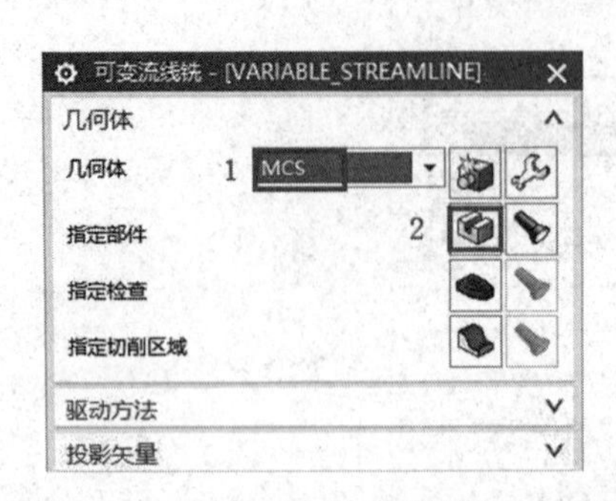

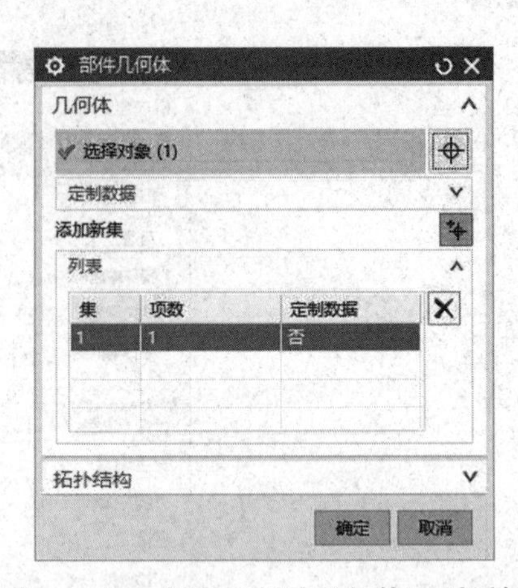

图 3.2.12　设置“可变流线铣”对话框　　　图 3.2.13　设置“部件几何体”对话框

图 3.2.14　被选部件

“可变流线铣”对话框中“驱动方法”一栏下的“方法”选择“流线”，“投影矢量”一栏下的“矢量”选择“刀轴”，“刀轴”中的“轴”选择“远离直线”，如图 3.2.15 和图 3.2.16 所示。

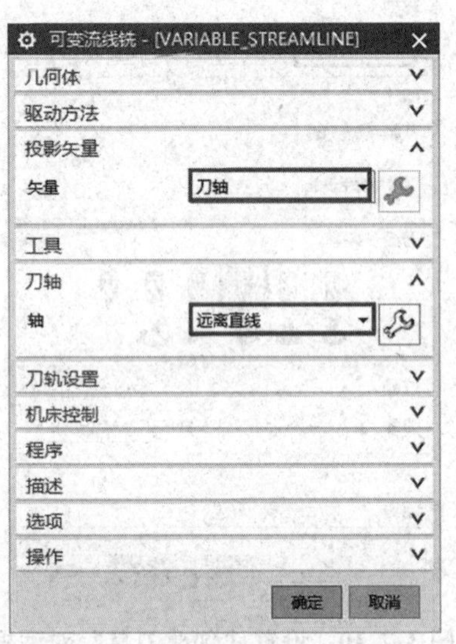

图 3.2.15　设置“可变流线铣”对话框的“驱动方法”一栏　　　图 3.2.16　设置“可变流线铣”对话框的“投影矢量”和“刀轴”

进入“远离直线”对话框后，“指定矢量”选择螺旋槽的轴向方向，“指定点”选择螺旋槽的圆柱体圆心，如图 3.2.17 和图 3.2.18 所示。

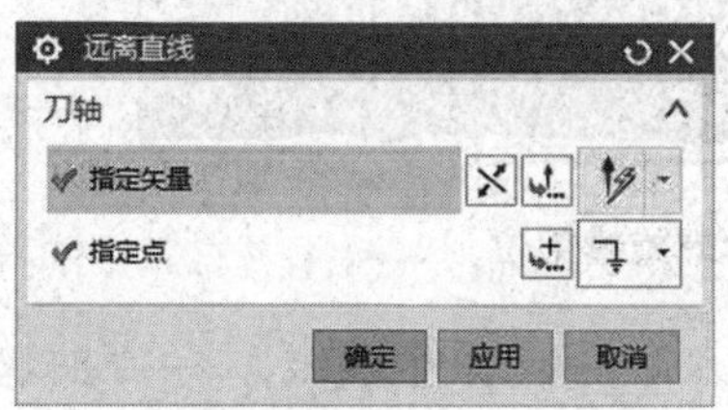

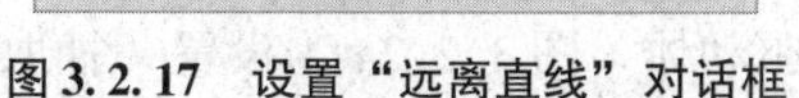

图 3.2.17　设置“远离直线”对话框

图 3.2.18　矢量方向

“可变流线铣”对话框中的“刀轨设置”及“机床设置”一栏这里暂且不予设置或按按默认设置即可。最后单击“操作”一栏下的“生成刀轨”按钮（见图 3.2.19 中的方框 1），当观察部件上生成的刀轨符合要求后单击“确认刀轨”按钮（见图 3.2.19 中的方框 2），然后播放生成的动画模拟加工过程，如图 3.2.19 ~ 3.2.22 所示。

图 3.2.19　设置“可变流线铣”对话框的“操作”一栏

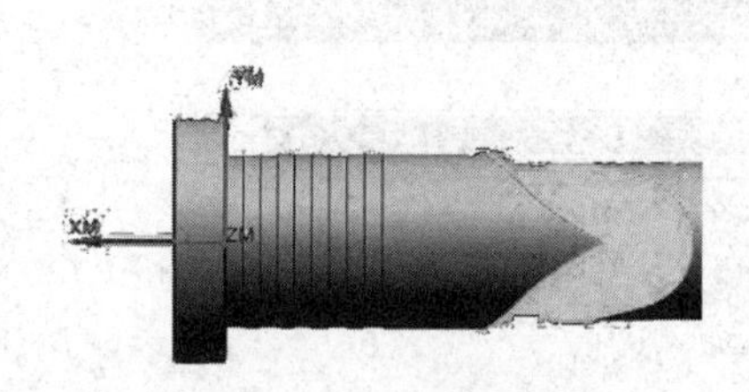

图 3.2.20　刀轨显示状态

图 3.2.21　设置“刀轨可视化”对话框

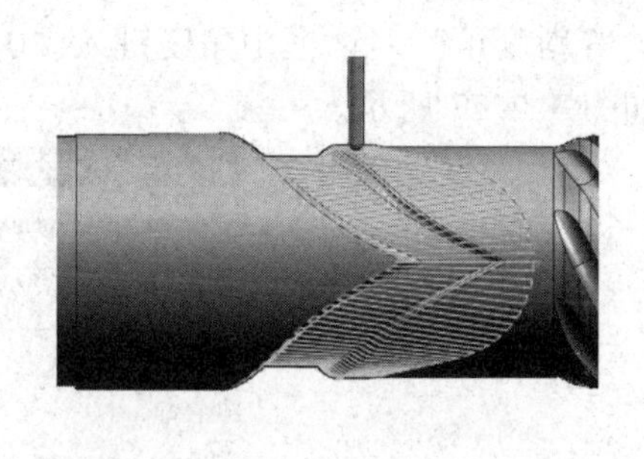

图 3.2.22　模拟加工

该部位加工结束后轮到加工右侧带有锥度的螺旋槽部位，该待加工的部位如图 3.2.23 所示。

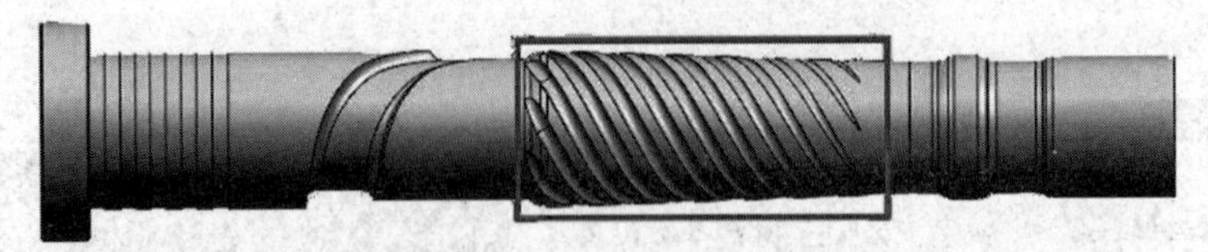

图 3.2.23　带锥度的螺旋槽部位

加工该部位前需要抽取槽中心线，单击“插入”→“派生曲线”→“抽取”→“等斜度曲线”。抽取槽中心线的目的是：作为后续驱动体。图 3.2.24 为设置“抽取曲线”对话框。

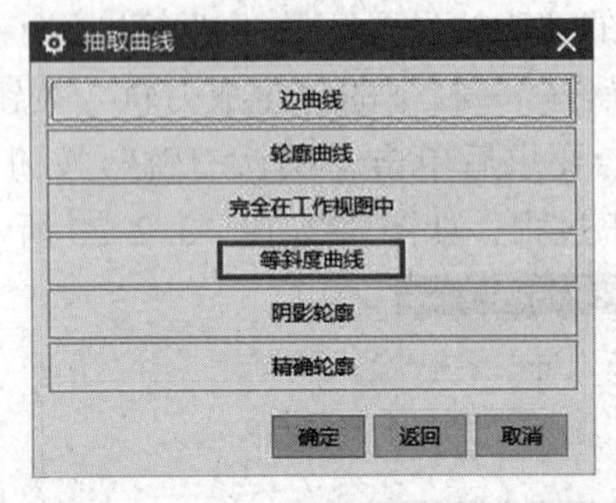

图 3.2.24　设置“抽取曲线”对话框

此时我们将整根轴的轴向作为定义的矢量方向，如图 3.2.25 和图 3.2.26 所示。

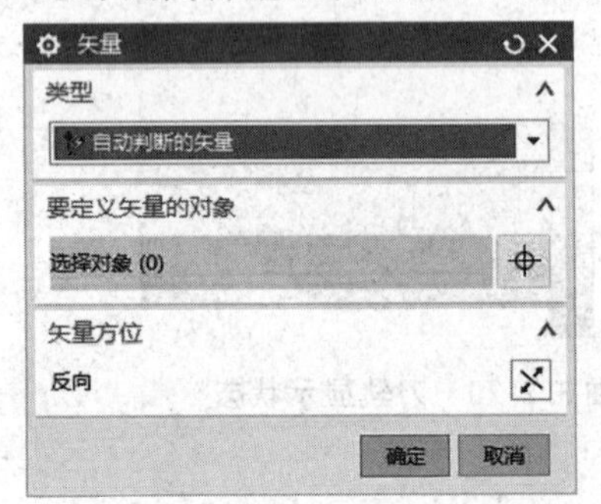

图 3.2.25　设置“矢量”对话框

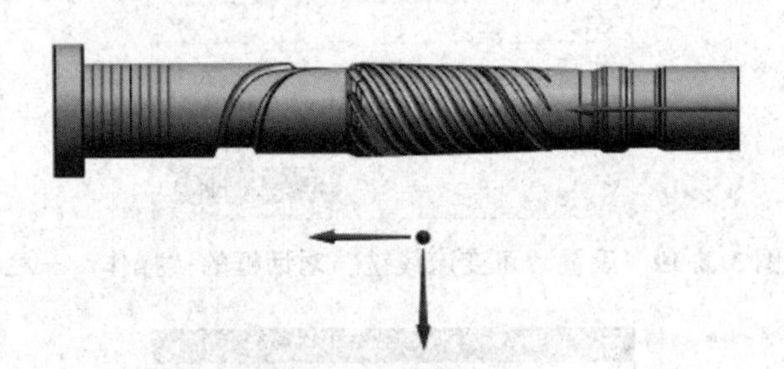

图 3.2.26　选择矢量方向

在“等斜度角”对话框中角度键入“0”，勾选“关联”复选按钮单击“确定”按钮即可，如图 3.2.27 所示。

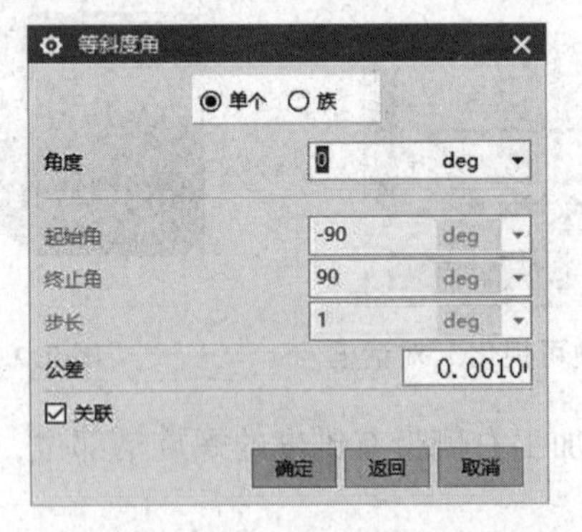

图 3.2.27　设置“等斜度角”对话框

随后在弹出的“选择面”对话框中选择线所在的螺旋槽面，如图 3.2.28 和图 3.2.29 所示。再次单击“确定”按钮中心线即被抽取成功。

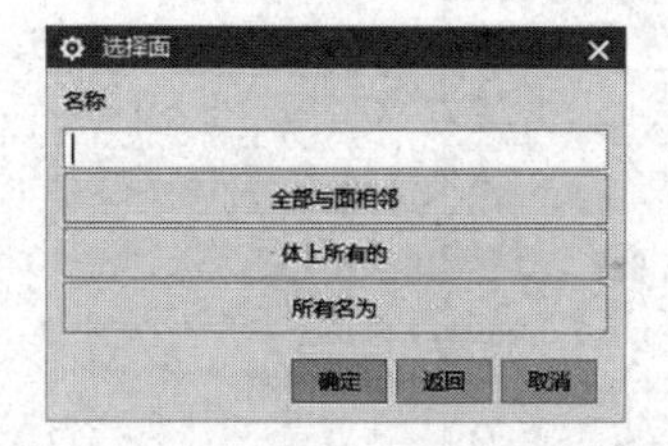

图 3.2.28　设置“选择面”对话框

图 3.2.29　被选面

这时启动 UG 软件的“加工模块”，在“几何属性”对话框中“指定点”选择抽取出的中心线上的点。分析槽直径的目的是选择合适的刀具。图 3.2.30 和图 3.2.31 分别为设置“几何属性”对话框和曲线上的点。

图 3.2.30　设置“几何属性”对话框

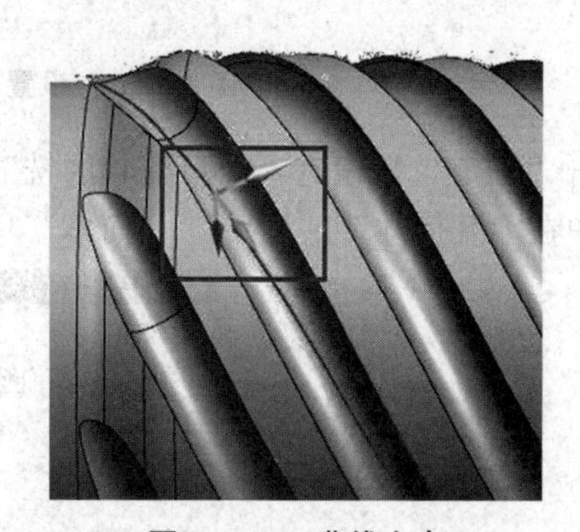

图 3.2.31　曲线上点

动态分析结果显示螺旋槽的外表面是最小半径 2.5 且油槽为凹陷的曲面。因此可以创建直径为 5 mm 的球刀，首先进入“创建刀具”对话框，将“类型”选择“mill_contour”，“刀具子类型”可以选择 5 mm 的球刀，如图 3.2.32 和图 3.2.33 所示。

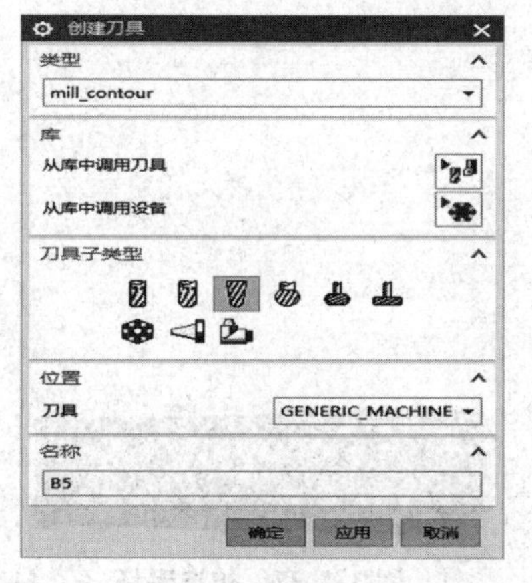

图 3.2.32　设置“创建刀具”对话框

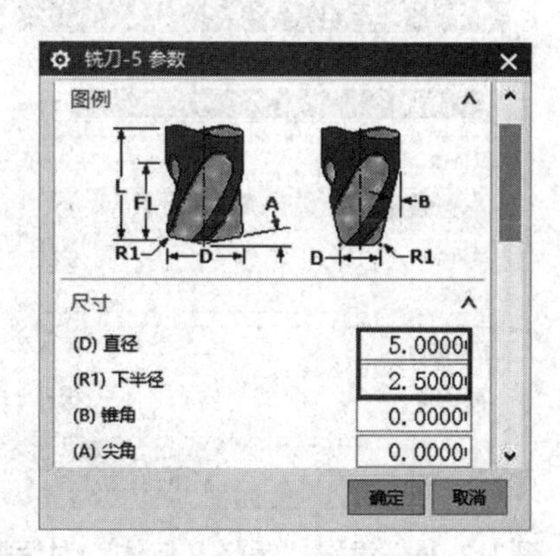

图 3.2.33　设置“铣刀-5 参数”对话框

接下来进行创建工序，右击刚刚创建好的刀具，单击“插入”进入“创建工序”对话框，其中“类型”选择“mill_multi-axis”，如图 3. 2. 34 所示。

图 3. 2. 34　设置“创建工序”对话框

单击“确定”按钮进入“可变轮廓铣”对话框，如图 3. 2. 35 所示。

其中在“几何体”一栏的“几何体”中选择“WORKPIECE”，并指定毛坯。

图 3. 2. 35　设置“可变轮廓铣”对话框的“几何体”一栏

进入“毛坯几何体”对话框后，选择高亮显示的圆锥回转体作为毛坯，如图 3. 2. 36 和图 3. 2. 37 所示。

图 3. 2. 36　设置“毛坯几何体”对话框

图 3. 2. 37　被选毛坯

回到“可变轮廓铣”对话框后，“驱动方法”中的“方法”选择“曲线/点”，我们依然选择之前抽取的中心线，如图 3. 2. 38 和图 3. 2. 39 所示。

图 3. 2. 38　设置“可变轮廓铣”对话框的“驱动方法”一栏

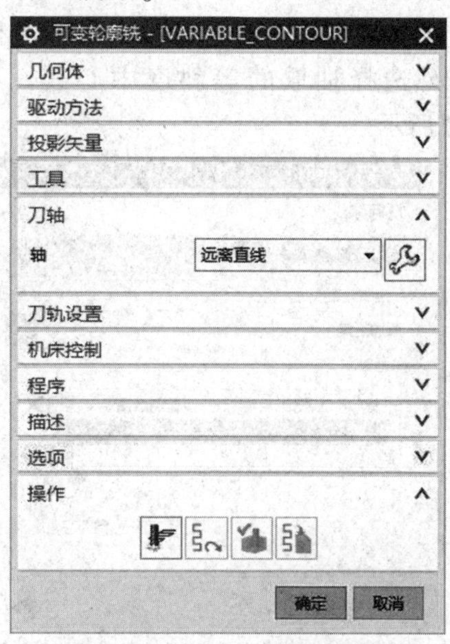

图 3. 2. 39　设置“可变轮廓铣”对话框的“操作”一栏

紧接着需要在“可变轮廓铣”对话框中设置“刀轴”一栏，其中“轴”选择“远离直线”，接着在“远离直线”对话框中“指定矢量”选择轴向方向即“+XM”方向，“指定点”可以选择径向圆心，如图 3. 2. 40 和图 3. 2. 41 所示。

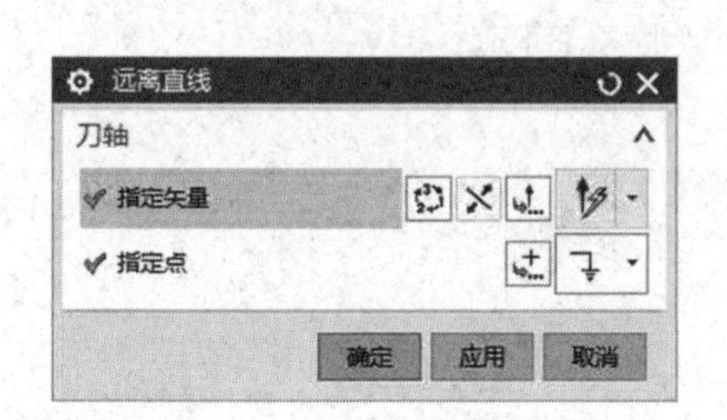

图 3. 2. 40　设置“远离直线”对话框

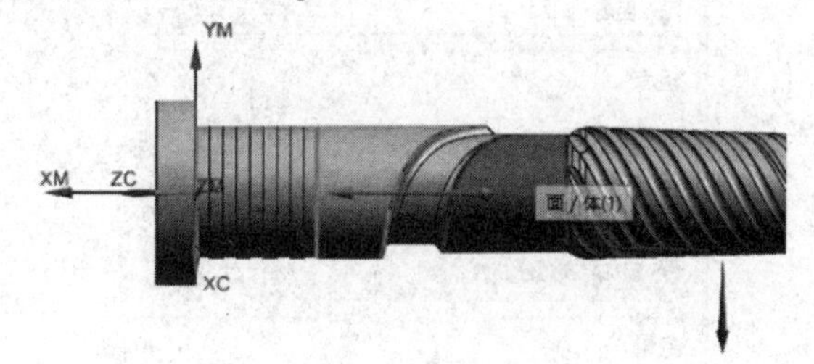

图 3. 2. 41　指定的矢量和点

这时暂且生成刀轨并观察整根槽的刀轨情况如图 3. 2. 42 和图 3. 2. 43 所示。

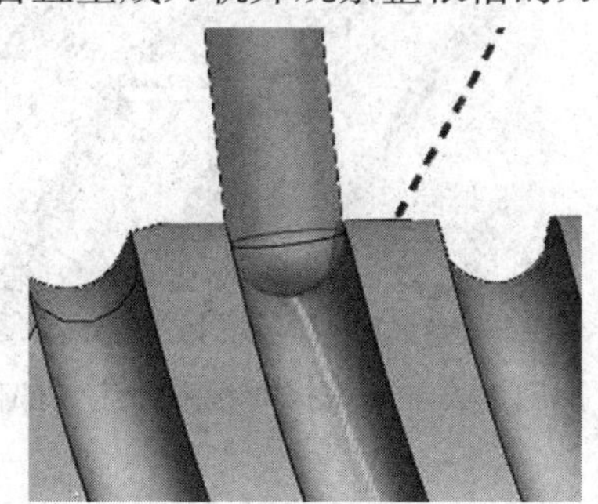

图 3. 2. 42　左侧刀轨

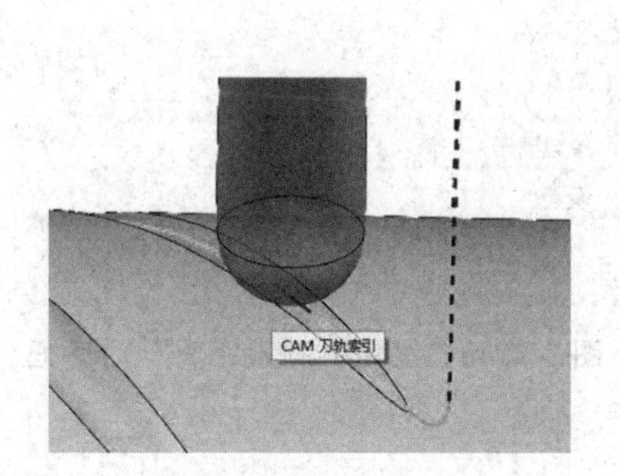

图 3. 2. 43　右侧刀轨

经过左右刀具对比我们发现正是由于该螺旋槽轴向具有锥度，且槽半径不同，所以左侧刀尖切入槽较深，右侧刀尖切入槽较浅。这种情况一刀切是不可取的，需要进行多刀轨分层加工：首先对“部件余量”进行测量，进入“可变轮廓铣”对话框，“指定部件”依然选择抽取的等斜度中心线，不要选面。测量过程主要步骤如图 3.2.44 ~ 3.2.48 所示。

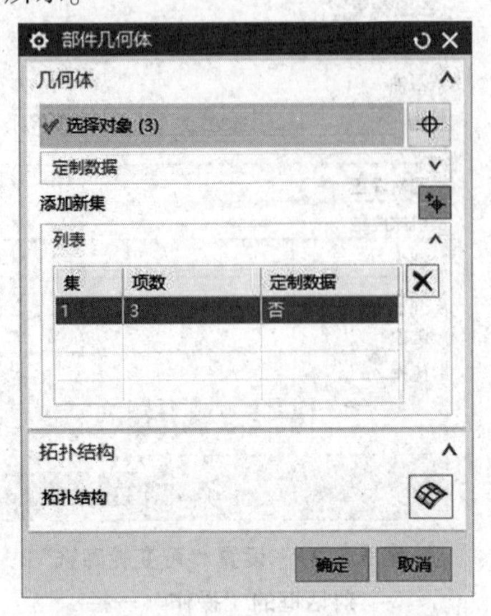

图 3.2.44　设置“部件几何体”对话框

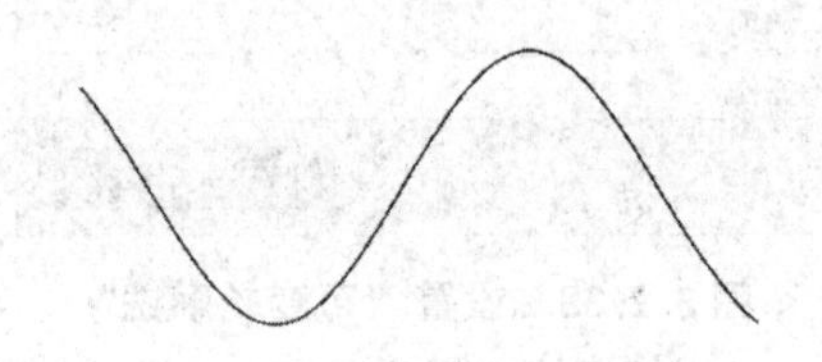

图 3.2.45　槽深距离

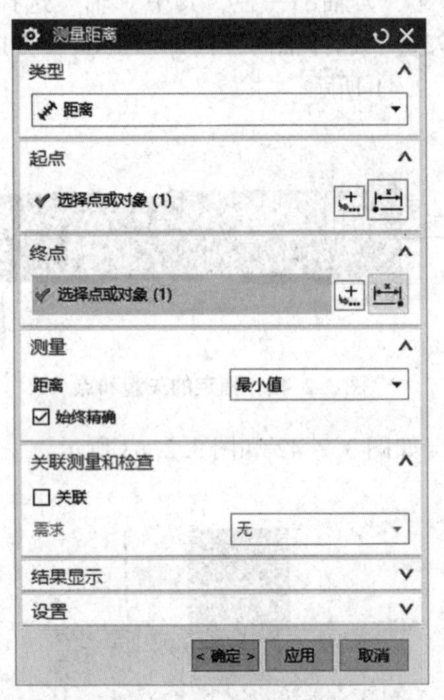

图 3.2.46　设置“测量距离”对话框

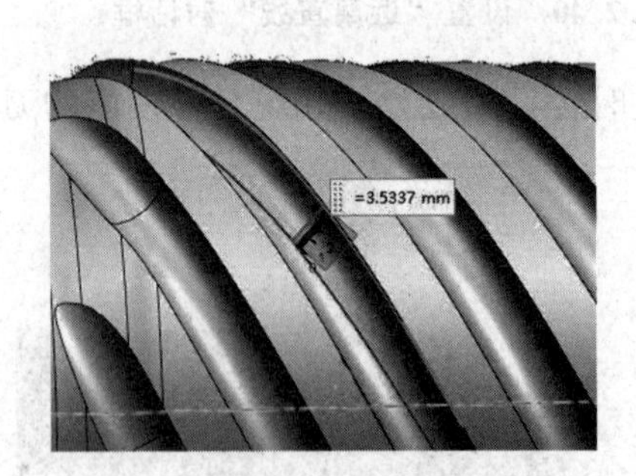

图 3.2.47　选择“抽取曲线”部件

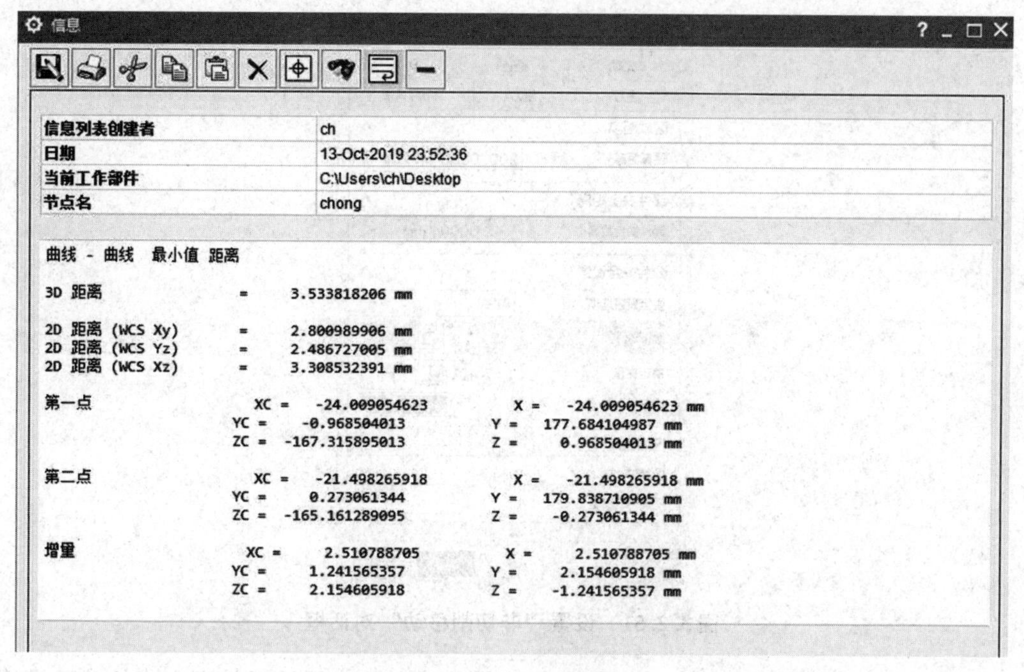

图 3.2.48　测量信息

在“可变轮廓铣”对话框中单击“刀轨设置”一栏下的“切削参数”，进入“切削参数”对话框设置“多刀轨”和“空间范围”，隐藏选项可在其中单击“更多”来进行设置。在“多刀轨”选项下的“部件余量偏置”键入“3”，“刀轨数”可以键入“10”，特别注意的地方是在“空间范围”选项卡的“毛坯”一栏中，其下“处理中的工件”需要选择“使用 3D”，如图 3.2.49 和图 3.2.50 所示。

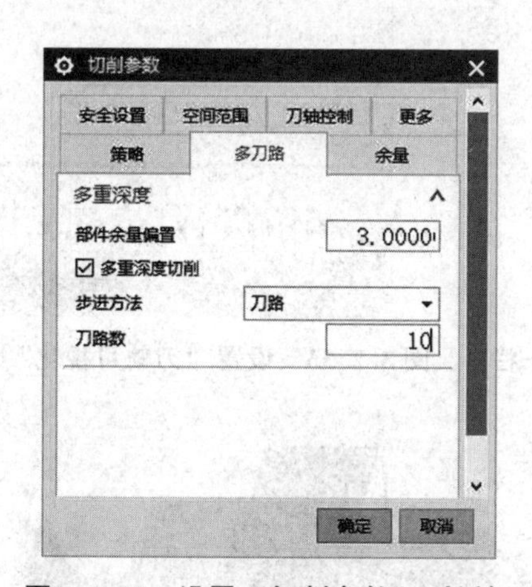

图 3.2.49　设置“切削参数”对话框

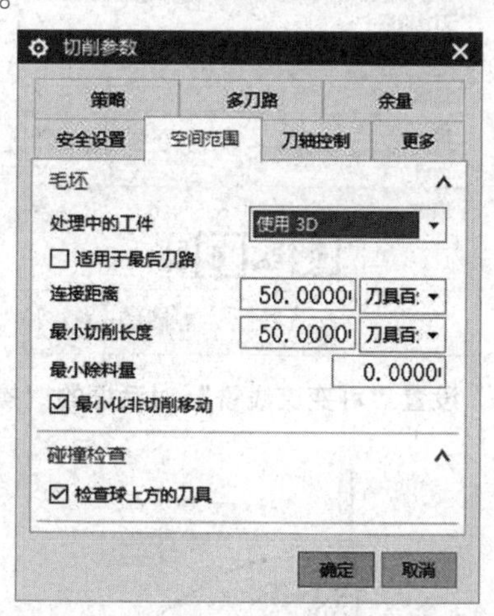

图 3.2.50　设置“切削参数”对话框

接下来回到“可变轮廓铣”对话框单击“刀轨设置”中的“非切削移动”进行“转移/快速”参数设置，在弹出的“非切削移动”对话框中，“转移/快速”选项卡下的“区域距离”输入“200”，“部件安全距离”键入“3”，如图 3.2.51 所示。

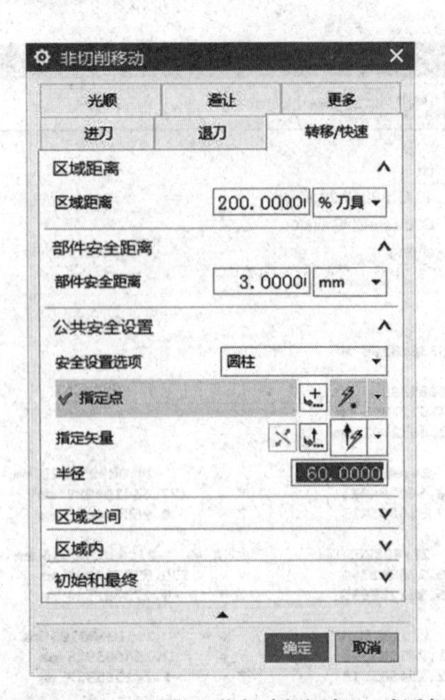

图 3.2.51　设置“非切削移动”对话框

再次返回到“可变轮廓铣”对话框，生成并确认刀轨，播放后处理生成的动画模拟真实的加工过程，如图 3.2.52 ~ 3.2.55 所示。

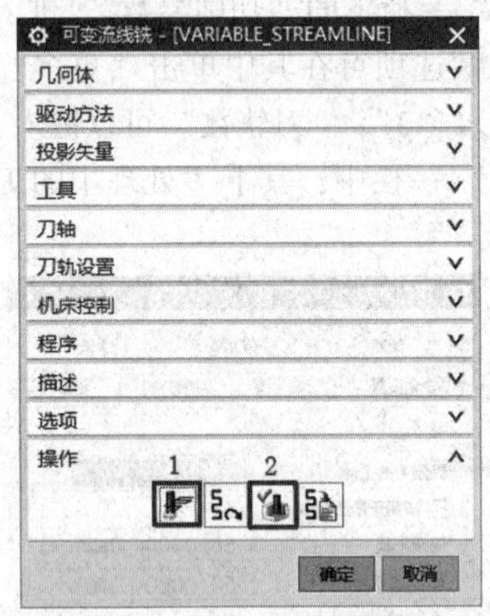

图 3.2.52　设置“可变流线铣”对话框的“操作”一栏

图 3.2.53　设置“刀轨可视化”对话框

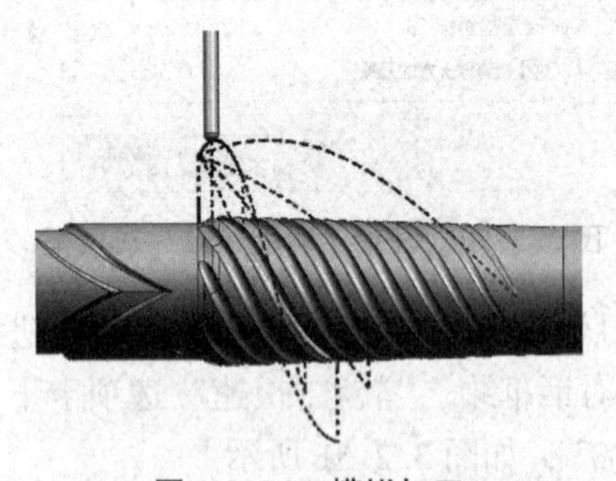

图 3.2.54　模拟加工

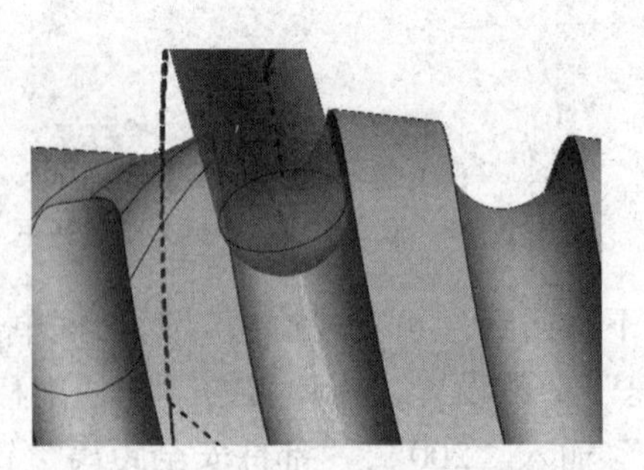

图 3.2.55　局部放大图

由于毛坯上多根相同的槽是呈相等夹角环绕分布，因此可以将设置完成的一条槽加工程序复制应用到其他槽上，便可加工出整根螺旋槽。具体可以通过右击左侧“工序导航器”中的“对象”→“变换”来复制编好的油槽程序。图 3.2.56 为设置“变换”对话框。

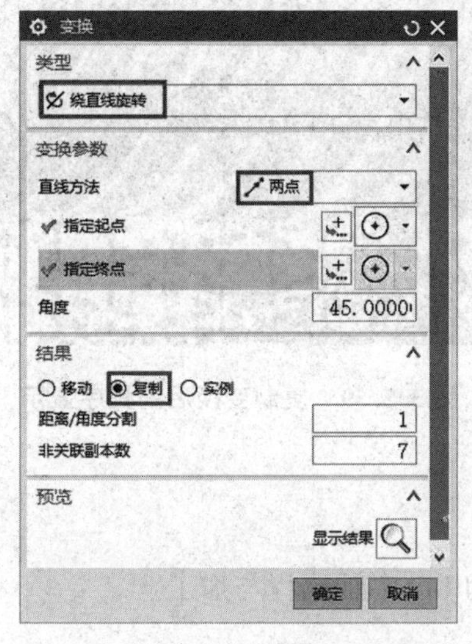

图 3.2.56　设置“变换”对话框

在“变换”对话框中分别选择两个圆弧中心点，我们将这两点确定的直线作为旋转轴线，如图 3.2.57 所示。

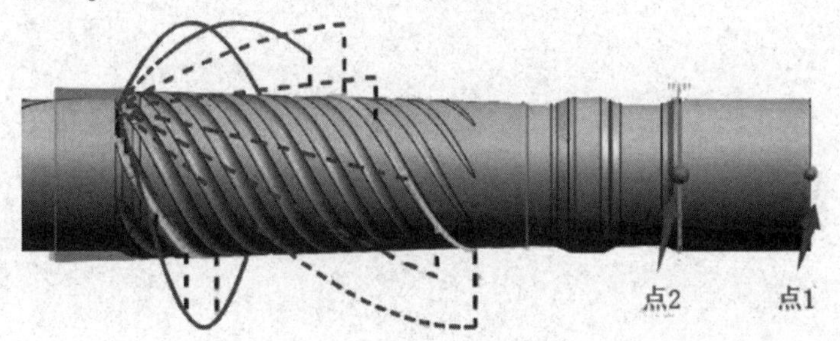

图 3.2.57　被选点

单击“确定”按钮后，此时左侧的“工序导航器 ”就会出现复制变换后的并列程序，零件同时也会显示复制变换后的另外七条刀轨，如图 3.2.58 和图 3.2.59 所示。

VARIABLE_CONTO...			D5R2.5
VARIABLE_CONTO...			D5R2.5
VARIABLE_CONTO...			D5R2.5
VARIABLE_CONTO...			D5R2.5
VARIABLE_CONTO...			D5R2.5
VARIABLE_CONTO...			D5R2.5
VARIABLE_CONTO...			D5R2.5

图 3.2.58　“工序导航器”状态

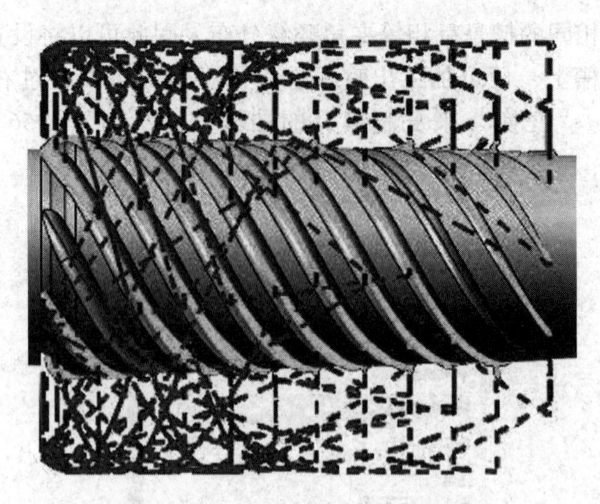

图 3.2.59　复制变换后的程序显示

任务实施

复习巩固变半径螺旋槽的 UG 多轴编程与加工。

知识拓展

怎样切换为 3D 动态模拟加工且生成过程毛坯？

项目三

变半径螺旋槽的多轴编程与数控加工项目总结

项目目标

回顾变半径螺旋槽的加工工艺方法；
回顾变半径螺旋槽的UG多轴编程与加工过程。

任务列表

学习任务	知识点	能力要求
任务　变半径螺旋槽的加工总结	变半径螺旋槽加工工艺、UG编程过程	了解并掌握变半径螺旋槽加工工艺、UG编程过程

任务　变半径螺旋槽的加工总结

任务导入

变半径螺旋槽的加工过程中都应用了哪些驱动方法？

知识链接

变半径螺旋槽的工艺简单回顾：

变半径螺旋槽的加工主要运动采用了可变轮廓铣中的流线驱动和曲线/点的驱动方式，刀轴控制采用了远离直线方式。

1. 变半径螺旋槽的编程过程

(1) 螺旋槽的结构形状及装夹方法

根据变半径螺旋槽模型，可将其归类为轴类零件。此类零件一般选用常规夹具。此次我们选用自定心卡盘。

（2）选材

该螺旋槽是在回转体棒料上加工的槽，棒料一般采用铸件。

（3）铣削装夹前对毛坯材料的处理

为了减少铣削加工量及在铣削时便于装夹，我们可以对毛坯材料进行一定的车削加工，形成叶轮回转体基本形状。

注意：在用车床把棒料车削成螺旋槽毛坯时，一定要保证好螺旋槽毛坯的一些部位的尺寸精度及位置精度，以便于后续在加工中心上装夹、找正。

（4）螺旋槽加工难点及对应的加工方案

1）因螺旋槽复杂的零件普通数控机床难以实现，所以对其加工最好选用五轴机床（有些叶轮也可以四轴机床加工）。加工时采用五轴联动加工，而非3+2定轴加工。

2）一般螺旋槽毛坯多为铸件且待加工沟槽深浅不一，所以要选用合适材料的刀具，螺旋槽精加工时选用带锥度（一般为3°~5°）的球头铣刀，以增加刀具的刚性，避免刀具因刚性问题而折断，同时也应合理选择切削用量。

2. 螺旋槽加工过程

首先需要成功地利用等斜度曲线抽取螺旋槽的中心线，并确保该中心线是螺旋槽面的最低点，以便作为后续刀具的走刀轨线。利用几何属性的动态分析，分析出螺旋槽的最小半径，根据最小半径选择直径合适的刀具。通过UG软件中的“可变轮廓铣”对话框进行几何体的毛坯、驱动方法、投影矢量、工具、刀轴，以及刀轨的切削参数、非切削移动等一系列工序选项的设置，计算并生成我们需要的刀轨。但是此时生成的刀轨不是最优化的，因为本案例的螺旋槽轴向存在一定的锥度，导致整根槽深浅不一，那么槽的毛坯量也自然有多有少。这种情况我们需要进行多刀轨切削，并使处理中的工件选择3D选项，最终修改后的刀轨会出现跳刀，但这是可以接受的，也是非常合理的现象。

具体软件中的设置如下，在“创建刀具”对话框中“类型”选择“mill_contour”，“刀具子类型”可以选择5 mm的球刀。接下来进行创建工序，右击刚刚创建好的刀具，选择“插入”进入“创建工序”对话框，“类型”选择“mill_multi-axis”。接着进入“可变轮廓铣”对话框，“驱动方法”中的“方法”选择“曲线/点”，我们依然选择之前抽取的中心线。然后需要设置“刀轴”一栏，其中“轴”选择“远离直线”，“指定矢量”选择轴向方向即“+XM”方向，“指定点”可以选择径向圆心。经过左右刀具对比我们发现正是由于该螺旋槽轴向具有锥度，且槽半径不同，左侧刀尖切入槽较深，右侧刀尖切入槽较浅。此时需要进行“多刀轨”分层加工：首先对“部件余量”进行测量，进入“可变轮廓铣”对话框后，“指定部件”依然选择抽取的等斜度中心线，不要选面；接着在“可变轮廓铣”对话框中单击“刀轨设置”一栏下的“切削参数”，进入“切削参数”对话框设置“多刀轨”和“空间范围”，隐藏选项我们可在其中单击“更多”来进行设置。在“多刀轨”选项卡的“部件余量偏置”键入“3”，“刀轨数”可以键入“10”，此时在“空间范围”选项卡的“毛坯”一栏中，其下“处理中的工件”需要选择“使用3D”。接下来回到“可变轮廓铣”对话框单击“刀轨设置”中的“非切削移动”进行“转移/快速”参数设置，在弹出的“非切削移动”对话框中，“转移/快速”选项卡下的“区域距离”键入“200”，“部件安全距离”键入“3”。再次返回到“可变轮廓铣”对话框，单击生成并确认刀轨后，播放后处理生成的动画，模拟真实的加工过程。

任务实施

根据课程内容通过 UG 软件实现螺旋槽加工工艺的编程。

知识拓展

怎么在 VERICUT 软件中模拟加工螺旋槽的加工过程？

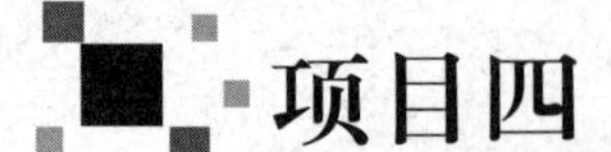

项目四

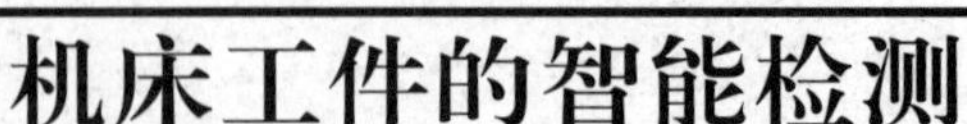

机床工件的智能检测

项目目标

了解机床自动测量装置的基本构成及适用范围；

了解机床的工件测头的基本工作原理及安装方法；

掌握机床的工件测头标定及测量功能。

任务列表

学习任务	知识点	能力要求
任务一　工件测头在机床上的安装方法及其工作原理	工件测头的基本原理、安装方法	了解机床的智能测量概念、原理。
任务二　工件测头在机床上的标定和测量	工件测头的标定方法和测量方法	掌握机床的自动测量基本操作及测量编程循环

任务一　工件测头在机床上的安装方法及其工作原理

任务导入

请思考工件测头在智能机床加工中的作用及安装连接的步骤。

知识链接

1. 智能机床的自动测量系统

在机械加工领域要实现智能制造需要对加工的零件、刀具等进行快速准确的测量。机床内的自动测量不仅是智能决策判断的依据，也是高质量机械加工的要求。目前的自动测量装置主要有机床内的工件测头、对刀仪，三坐标测量机的测量头，校准设备的激光干涉仪、球杆仪（进行回转轴的校准），工件比对仪，3D 打印设备，光栅产品等。利用自动测量装置进行辅助加工是先进制造技术、信息技术、智能技术集成与深度融合的产物。智能机床能够监控、诊断和修正在生产过程中出现的各类偏差，并且能为生产的最优化提供方案。此外，它还能计算出所使用的切削刀具的剩余寿命，让使用者清楚其剩余使用时间和替换时间。装备机内测头的智能机床的出现，为未来装备制造业实现全盘自动化生产创造了条件。

机床的机内测量工具主要有工件找正、机床对刀、破损检测（断刀检测）、加工测量及反馈等功能。因为测头使用时需要进行编制宏程序，所以用户必须具有较高编程水平。图 3.4.1 为雷尼绍加工中心工件测头。

图 3.4.1　雷尼绍加工中心工件测头

对刀仪主要分为接触式对刀仪、非接触式对刀仪和激光式对刀仪。图 3.4.2 为雷尼绍对刀仪。

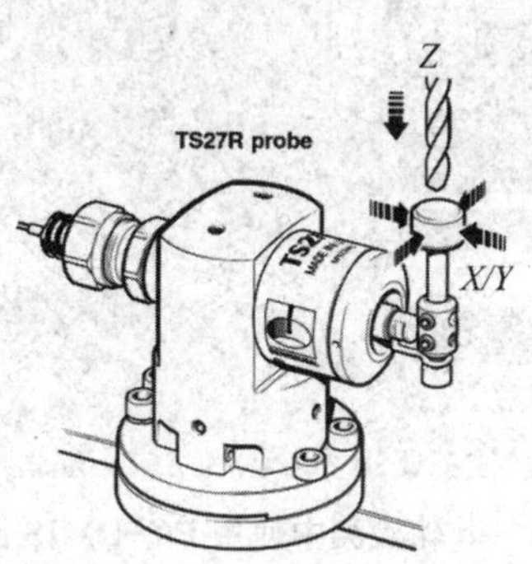

图 3.4.2　雷尼绍对刀仪

检测设备最主要的部分是探针，探针的主要指标有：刚性、同心度、连接螺纹（M2、M3、M4）、球径等。探针选用原则为：测针尽量短、连接尽量少、球径尽量大。它主要用于测量复杂 3D 工件的几何特征，比如叶轮。

工作测头在加工过程中可从各个位置触测工件以确定是否存在误差或准直偏差，并在缺陷实际发生之前检测出所有潜在问题，如图 3.4.3 和图 3.4.4 所示。如在未应用工件测头时，需要长时间的加工过程和测量过程结束之后，才能够发现加工问题；而应用工件测头时，可以立即从测头得到工件尺寸及位置偏差的报警信息，并采取必要的修正措施，因此可以避免浪费宝贵的加工时间和资源。除了硬件测头外，一些高端加工企业还为机床使用一些专用的计算机工件测量软件，方便将工件测头检测程序以及序中修正程序集成到加工循环中，如图 3.4.5 所示。软件有助于简化工件找正和检测过程，在核心加工环节发挥作用，如果没有这些软件也可以使用参数化宏程序进行编程测量。

图 3.4.3　叶轮检测中的 RMP60 测头

图 3.4.4　TS25 马波斯测头

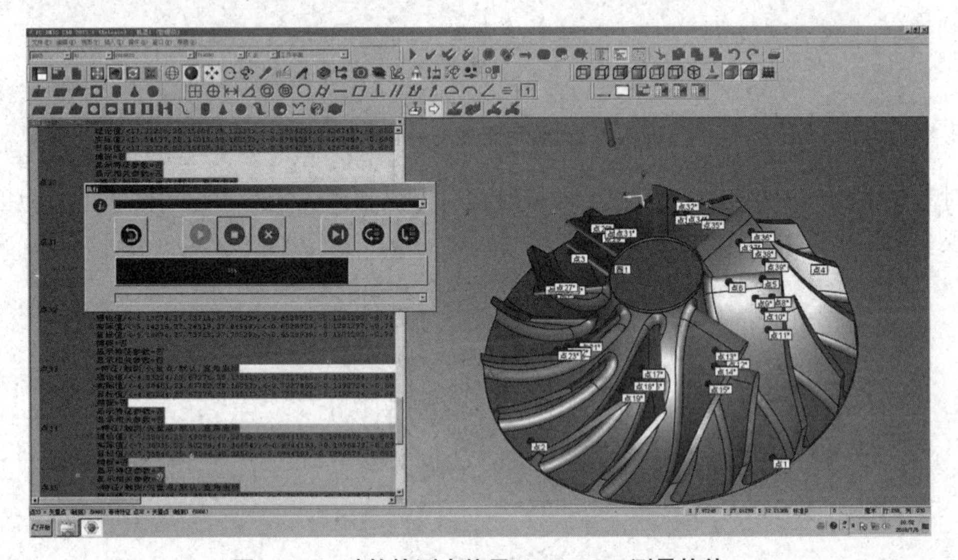

图 3.4.5　叶轮检测中使用 PC-DMIS 测量软件

2. 工件测量系统原理

随着精密加工技术的不断发展，现代制造业对产品的定位检测、尺寸测量、加工精度提出了更高的要求，因此需在数控机床上进行工件在线检测，尤其是精密加工。

工件测量系统由工件测头和接收器两部分组成，两者通过红外线光学传输，工件测头可以看作一个高精度传感器，通过宏程序控制移动，当工件测头触碰工件特定点时，接收器接收到测头的触碰信号，将该信号反馈给数控系统，宏程序在数控系统中获取触碰点的实际坐标值，将实际坐标值与理论坐标值对比即可。工件测头具有抗光学干扰、防误触发和防震动的特点。

工件测头具有三种模式：

1）待机模式：在此模式下，工件测头等待开启信号；

2）工作模式：由一种开启方式激活时，工件测头开启，可供随时使用；

3）配置模式：可以更改工件测头设定。

工件测头主要用来找正工件并测量工件的加工精度，工件测量系统一般有以下用途：

1）测量平面最高及最低点；

2）测量角度；

3）测量一点；

4）测量凸台；

5）测量外圆；

6）测量内孔。

工件测头测量前需要对工件测头进行标定，以确定工件测头的直径，且标定一般使用标准的环规，如图 3. 4. 6 和图 3. 4. 7 所示。

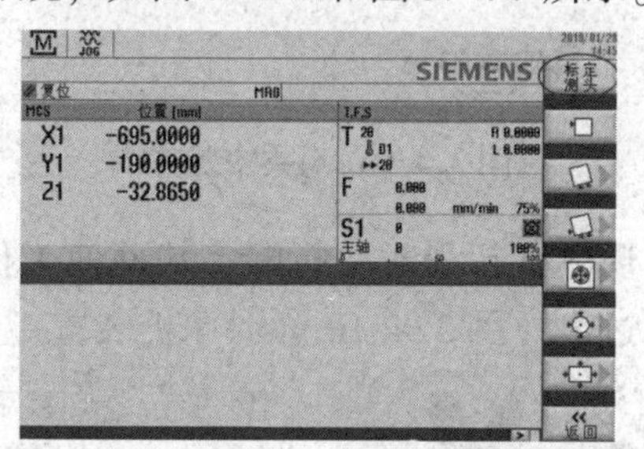

图 3. 4. 6　标定工件测头

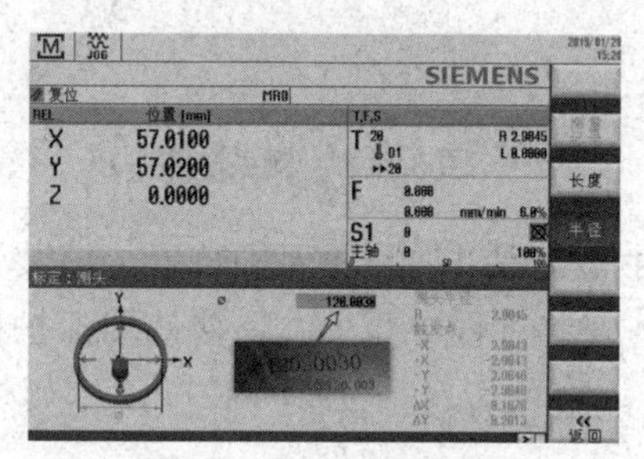

图 3. 4. 7　环规直径

先用 4 分表找正环规的中心，把 X、Y、Z 的数值键入到工件坐标系里，测头探针接触工件的测量部位，传感器发出触测信号，该信号进入计数系统后将此刻的光栅计数器锁存并将信号送入计算机，工作中的测量软件就收到一个由 X、Y、Z 坐标表示的点。这个坐标点可以理解为是测针球中心的坐标，它与实际的测针球与刀具的接触点相差一个测针球半径。为了准确计算出所要的接触点坐标，必须通过测头校正得到测针球的半径。

在实际测量工作中，零件是不能随意搬动和翻转的，为了便于测量，需要根据实际情况选择工件测头位置、长度和形状不同的测针（星形、柱形、针形）。为了使这些工件测头不同的测针所测量的元素能够直接进行计算，要把它们之间的关系测量出来，在计算时进行换算，所以需要进行测头校正。

使用工件测头一般要进行以下步骤：

1）接收器安装；

2）工件测头安装；

3）工件测头调试；

4）工件测头标定程序调用；

5）工件测头测量标准环规并进行标定；

6）测量产品；

7）测量结果进行评价。

3. 智能机床工件测头的安装

（1）工件测头在安装机下的安装

1）接收器安装方法。按照工件测头说明书的要求，将接收器不同颜色的引线连接到机床电气柜。

2）测针的安装。使用专用扳手将测针装到测头体上，如图 3.4.8 和图 3.4.9 所示。

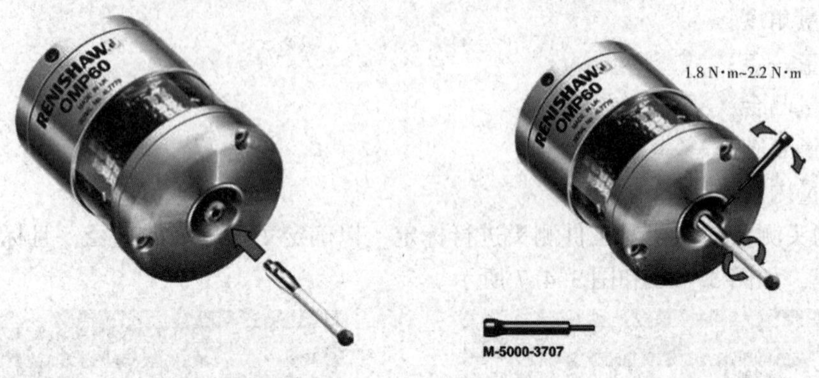

图 3.4.8　测头安装-1　　　**图 3.4.9　测头安装-2**

工件测头可以加装弱保护装置，该装置在出现测针超程时会折断，从而使工件测头免于受损。安装过程中要小心，勿使弱保护杆受力过大。图 3.4.10 为弱保护装置。

图 3.4.10　弱保护装置

3）电池的安装。安装电池前，确保产品清洁干燥，不要让切削液或碎屑进入电池盒；安装电池时，要确保电池极性正确。装入电池后，LED 指示灯将显示当前工件测头的设定。图 3.4.11 为电池的安装。

图 3.4.11　电池的安装

（2）工件测头在安装机上的安装

1）将工件测头安装到刀柄（或机床工作台）上。在配用刀柄开关的场合，需要用钳子从工件测头后部取下插头，然后用线轴连接器来替代，注意整个过程中不要触碰测针，如图 3.4.12 和图 3.4.13 所示。

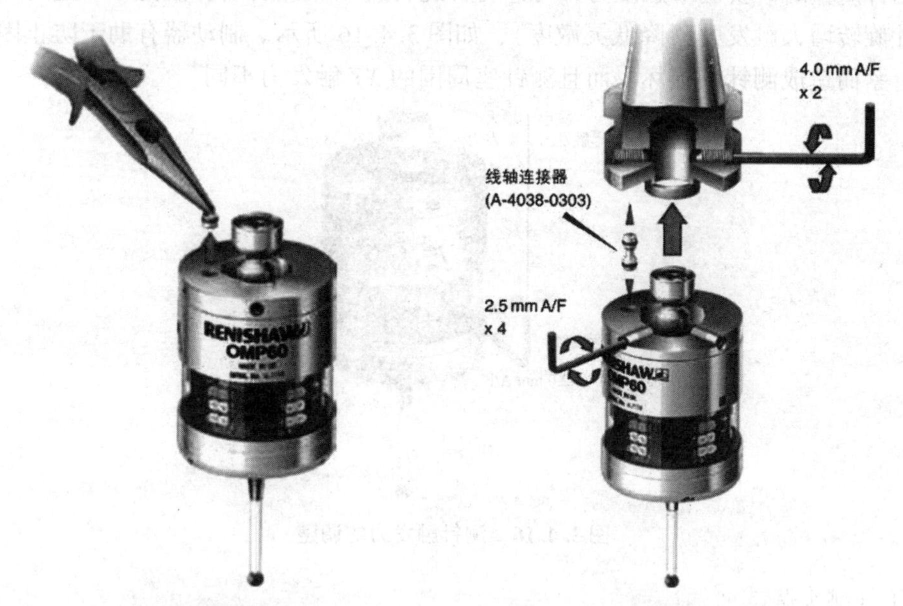

图 3.4.12　测头安装到刀柄上-1　　图 3.4.13　测头安装到刀柄上-2

2）测针对中调整。工件测头初次安装时需要注意调整测针末端的偏摆量（要求 0.01 mm 以内）。可通过安装工件测头至机床主轴，手动旋转主轴测头，并使用千分表观察。分别调整两个方向上的两对顶丝，最后用适当的力拧紧，通常使测针球的圆跳动值保持在 0.01 mm 内。

注意：在调整过程中，勿使测头相对于刀柄旋转，以免损坏线轴连接器。取下工件测头和刀柄组件后，必须重新检查，进行正确的对中调整，对中调整时不要敲打工件测头。图 3.4.14 和图 3.4.15 分别为测针调整-1 和测针调整-2。

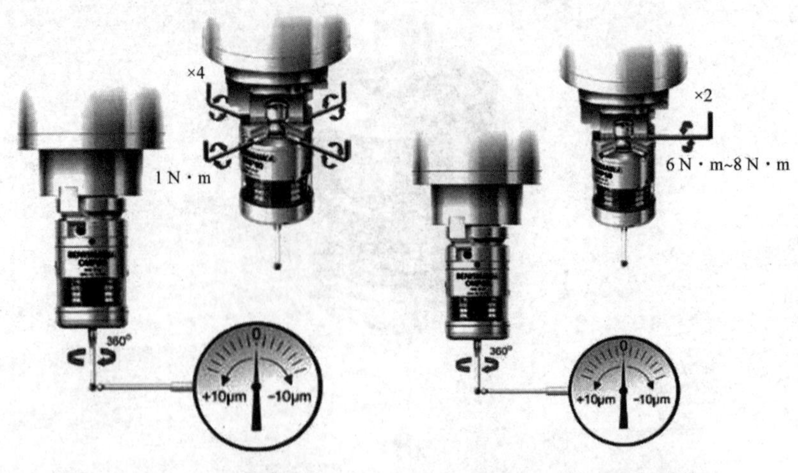

图 3.4.14　测针调整-1　　　图 3.4.15　测针调整-2

4. 测针触发力及调节

工件测头的弹簧力使测针位于唯一位置，测针每一次偏转后都会返回该位置。测针触发力由厂家设定，只有在特殊情况下用户才可调节触发力，如机床振动过大或触发力不足以支持测针重量时。要调节触发力，可逆时针旋转调节螺钉以减小触发力（提高灵敏度），或顺时针旋转增大触发力（降低灵敏度），如图 3.4.16 所示。制动器有助于防止因调节螺钉拧得过紧而造成测针的损坏，而且测针座周围的 *XY* 触发力不同。

图 3.4.16　测针触发力的调整

5. 工件测头调试

工件测头开启/关闭信号测试可以使用 M 代码，注意：工件测头开启后会闪绿灯即正常，如不闪绿灯即开启信号有错误；工件测头关闭后，工件测头灯灭即正常，其他情况即为关闭信号有错误。

工件测头传输信号测试步骤如下：

1）在 MDI 方式下打开工件测头（开启代码 M105）；

2）键入以下指令：G54 G91 G01 G31 L4 X50 F100；

3）执行此段程序；

4）用手触碰工件测头，检查机床是否停止（机床停止，则信号正常）。

任务实施

1. 根据课程内容了解智能机床的自动测量系统。
2. 了解智能机床工件测头的安装。

知识拓展

常用的智能机床工件测头有多少种？

任务二　工件测头在机床上的标定和测量

任务导入

请思考如何利用工件测头在 FANUC 机床上进行测量？

知识链接

1. 工件测头的状态

1）工件测头的状态逻辑如图 3.4.17 所示。

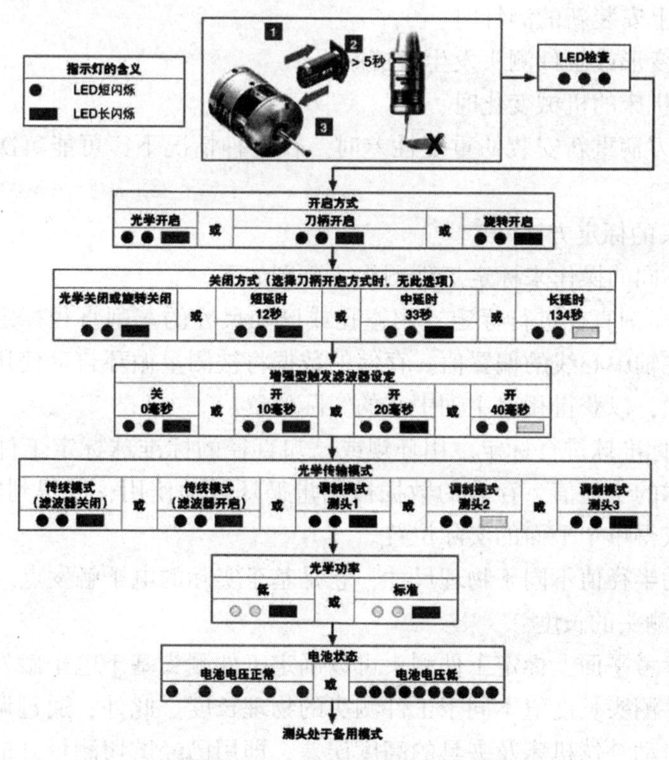

图 3.4.17　工件测头的状态逻辑

2）由于锂亚硫酸氯电池的自身特性，如果忽略或忽视“电池电压低”的 LED 指示灯的次序，那么很有可能发生以下事件：

（a）当工件当测头激活时，电池会放电，直到电池电压太低，工件测头无法正常运转为止；

（b）工件测头停止工作，但当电池电压恢复足以为工件测头供电时，工件测头重新激活；

（c）工件测头开始运行 LED 检查顺序图中的“检查当前测头设定”。

（d）电池会再次放电，工件测头停止工作。

（e）电池电压恢复至足以为工件测头供电时，工作次序自行重复。

注意：当电压低时，不能再进行工件测头检测，否则会因信号接收不良而发生撞机事故。

2. 工件测头的标定与测量

（1）标定工件测头的意义

工件测头只是与机床通信的测量系统的一个组件，系统的每个部分都能引入一个测针触发位置与报告位置之间的常量，如果工件测头未经标定，该常数值将在测量中产生误差，标定工件测头允许测量软件对该常数值进行补偿。虽然在正常使用过程中，触发位置和报告位置之间的常数值不会变化，但在以下情况下对工件测头进行标定是非常重要的：

1）第一次使用工件测量系统时；

2）增强型触发滤波器延时发生变化时；

3）工件测头上安装新的测针时；

4）怀疑测针变形或工件测头发生碰撞时；

5）定期补偿机床的机械变化时；

6）工件测头刀柄重新安装的重复性差时。在这种情况下，可能每次使用工件测头时都要对其重新标定。

（2）工件测头的标定方法

通常用三种不同的操作来标定工件测头，分别如下。

1）用镗孔或车削直径进行标定。用镗孔或已知尺寸的车削直径标定工件测头，自动存储测针球相对主轴中心线的偏置值。存储的数据将被测量循环自动使用。测量结果将用这些数值进行补偿，以获得相对主轴中心的实际位置。

2）用环规或标准球进行标定。用环规或已知直径的标准球标定工件测头将自动存储一个或多个测针球的半径值。存储的数据被测量循环自动使用，以得到特征的实际尺寸。这些值也被用来获得单个平面的实际位置。

注意：存储的半径值不同于物理尺寸，它是基于实际的电子触发点。

3）标定工件测头的长度。

在一个已知参考平面上标定工件测头可以确定工件测头基于电子触发点的长度。数控系统中存储的工件测头长度值不同于工件测头的物理长度。此外，通过调整所存储的工件测头长度值可以自动补偿机床及夹具的高度误差，即用已经试切测量好的刀具为基准来校正对刀仪的位置。

（3）工件测头的长度标定

把工件测头定位到用来进行标定的 Z 轴参考平面附近。循环完成后，工件测头实际的刀具偏置量根据这个参考平面的位置做调整。图 3. 4. 18 所示为工件测头的长度标定。

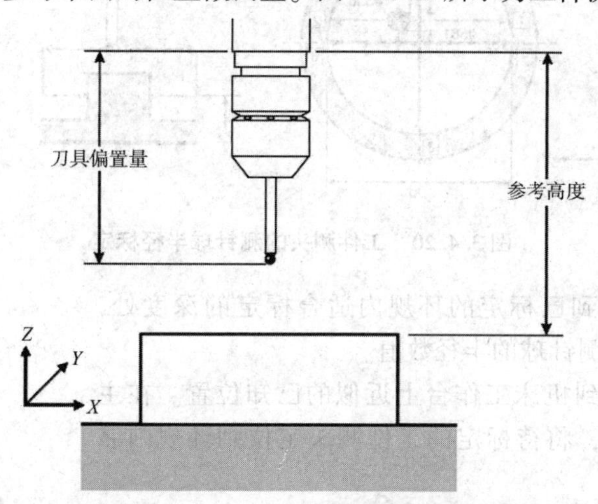

图 3. 4. 18　工件测头的长度标定

先调用工件测头近似的刀具偏置值，然后把工件测头定位到贴近这个参考平面的位置。运行这个循环，测量该平面并把刀具偏置重新设定为一个新数值。循环完成后工件测头回到起始位置。

（4）标定测针的 X 和 Y 向偏心

工件测头的 XY 标定如图 3. 4. 19 所示。

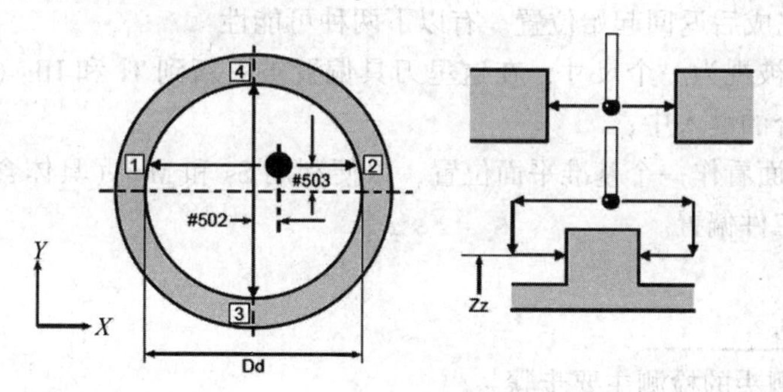

图 3. 4. 19　工件测头的 XY 标定

把工件测头定位到预先加工的孔内适合标定的深度处，循环结束后保存 X 和 Y 轴方向的测针偏心值。

先用镗刀镗出一个孔，以便知道孔的准确中心位置。再把待标定的工件测头定位到孔内，并在主轴定向有效的情况下把主轴定位到已知的中心位置。运行该循环时，进行 4 次测量移动来确定测针的 X 偏心和 Y 偏心，循环完成后工件测头回到起始位置。

（5）标定测针球的半径

工件测头的测针球半径标定如图 3. 4. 20 所示。

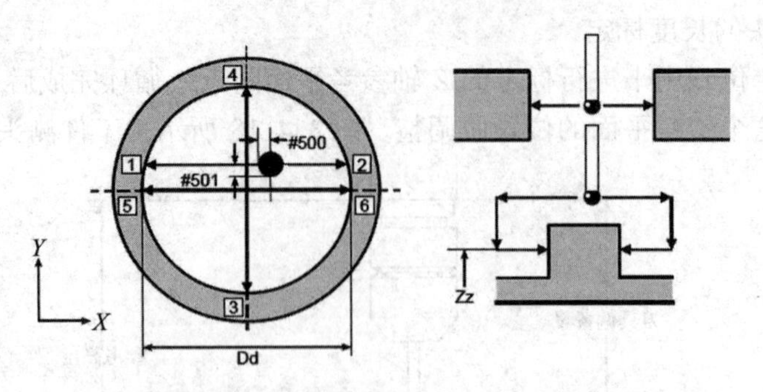

图 3.4.20　工件测头的测针球半径标定

把工件测头定位到已标定的环规内适合标定的深度处，循环结束后就会保存测针球的半径数值。

首先把环规固定到机床工作台上近似的已知位置。在主轴定向有效的情况下，将待标定的工件测头定位到环规内靠近中心的位置。

运行这个循环时，进行六次移动来确定测针球的半径数值。循环完成后工件测头回到起始位置。

(6) 单个平面测量

单个平面测量如图 3.4.21 所示。

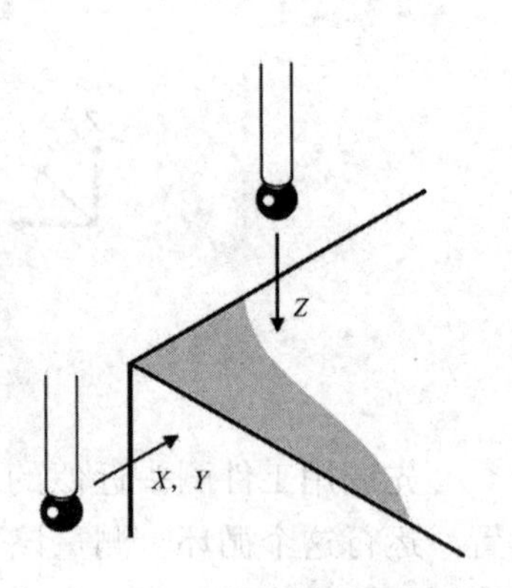

图 3.4.21　单个平面测量

单个平面测量用于测量一个平面，以确定其尺寸或位置。

在工件测头刀具偏置有效的情况下，把工件测头定位在靠近表面的位置。执行循环测量该表面，测量完成后返回起始位置。有以下两种可能性：

1）表面可以被视为一个尺寸，在这里刀具偏置被更新到 Tt 和 Hh（具体含义见本模块项目五）相结合的键入中；

2）可以把表面看作一个基准平面位置，以便利用 Ss 和 Mm（具体含义见本模块项目五）键入来调整工件偏置。

任务实施

1. 了解工件测头的检测主要步骤。
2. 了解工件测头进行标定的程序。

知识拓展

一般的标定方法有哪些？

项目五

机床刀具智能测量

项目目标

了解机床刀具自动测量装置的基本构成及适用范围；

了解对刀仪的基本工作原理及安装方法；

掌握对刀仪标定及测量功能。

任务列表

学习任务	知识点	能力要求
任务一　对刀仪的连接和安装	对刀仪的结构、安装方法	了解刀具的智能测量概念、原理
任务二　对刀仪的标定	机床刀具的自动测量循环和对刀仪测量的基本操作	掌握机床的自动测量基本操作及测量编程循环

任务一　对刀仪的连接和安装

任务导入

思考立式加工中心中对刀仪的主要作用是什么？

知识链接

1. 对刀仪的简介及分类

对刀仪（有的也叫对刀测头、加工中心刀具测头）一般用来快速测量刀具的长度和直径（有的只能测量刀长），也可用来进行断刀（刀具破损）检测、刀补补偿、快速校准，多采用接触式对刀仪安装在机床工作台的后侧。

对刀仪有接触式也有非接触式。不同对刀仪的调试有很大差别，其也形式多种多样，精度有高有低。非接触式对刀仪一般是发出激光，一个发射端一个接收端，当刀具触碰到激光时，接收端由于接收不到光，内部会发出一个信号，数控系统根据此信号进行后续操作。非接触式对刀仪调整时，需要校正射线，保证光线的强度和准度。图 3.5.1 和图 3.5.2 分别为接触式对刀仪和非接触式对刀仪。

图 3.5.1　接触式对刀仪　　图 3.5.2　非接触式对刀仪

2. 接触式对刀仪安装

刀具安装公差取决于测尖设定的平面度和平行度。

接触式对刀仪通过底部两个圆弧槽，安装于工作台面，其结构如图 3.5.3 所示。请特别注意对刀仪表面的水平精度，安装过程中请用千分表对其进行测量，以确保平面精度，以得到精确的测量值。

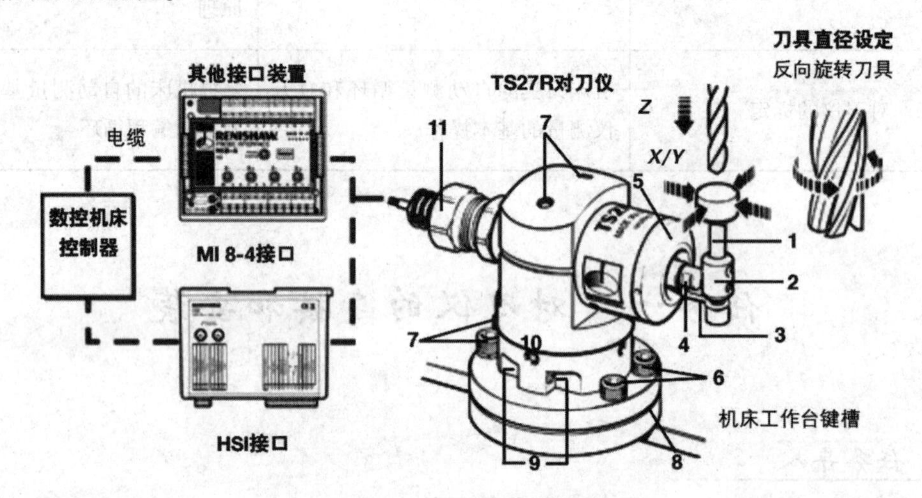

1—测针；2—盘形或方形测针的测针架；3—柔性连接片；4—弱保护杆；5—前盖；6—对刀仪基座紧固螺钉；7—测针水平准直-调节螺钉；8—基座；9—方形测针轴准直；10—方形测针轴准直-锁定螺钉；11—导管转接头。

图 3.5.3　接触式对刀仪结构

根据接触式对刀仪的作用，如果不需要打开/关闭功能的话，对刀仪最少需要电源正、负极，信号这三组接口（不是三根线），有的接触式对刀仪有其他的保护或者其他功能还会有更多的接口。

检查接触式对刀仪好坏的方法为：接好线路，检查无误后，压下接触式对刀仪，左侧白色灯亮，同时测量黄色同绿色之间有24V电压，松开则没有，表明动作状态正常。

注意：此信号的输出为常开型，采用LNC系列控制器，加装对刀仪时，原点需要接到继电器板键入点。刀具在进行测量直径时，都要旋转（反转）测量来保证较高的测量精度。测量长度时接触式对刀仪可以不要求旋转，但是非接触式对刀仪测量刀具直径和长度时都需要旋转。为了保证接触式对刀仪清洁，对刀仪一般都需要气源。当使用时气源启动，吹走对刀仪（或者激光口）表面的铁屑等杂物。接触式对刀仪安装时要调整接触面与工作台的平行度，其安装图如图3.5.4所示。

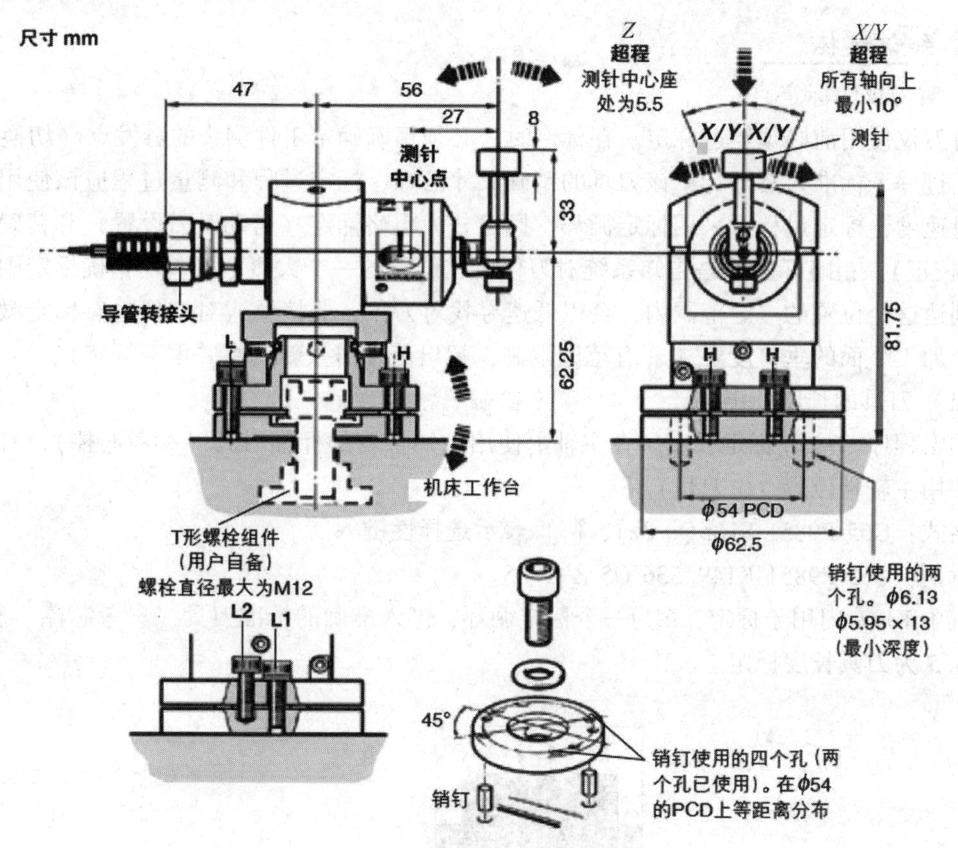

图3.5.4　接触式对刀仪安装图

任务实施

了解对刀仪的连接和安装方法。

知识拓展

常用的对刀仪有哪几种？

任务二　对刀仪的标定

任务导入

请思考 VMC0656e 立式加工中心如何利用对刀仪对刀具进行标定。

知识链接

1. 对刀仪的标定

对刀仪使用前必须经过标定。在标定时，必须精确确定工件测头的触发点（切换点）。标定通过一个标准刀具进行，该刀具的精确尺寸已知，标定过程和测量过程应该使用相同的测量速度，标定过程可采用标定循环。标定分为粗略标定（自动对刀设置）和精确标定（探头校正）：粗略标定就是告知系统对刀仪所在位置的一个大概范围，而精确标定则是刀具在到达这个位置的一定范围内，会以低速寻找对刀仪。非接触式对刀仪也有标定激光与某两个加工平面的垂直度要求（有范围限制，超出范围需重新调整并重新标定）。

（1）刀具的长度标定

用宏程序 O9851 标定长度。在主轴上使用已知长度的标准刀具（参考芯棒），有时也可以使用主轴端位置（0 刀长）。

格式：G65 P9851 Kk [Qq Zz]，[ ] 表示选择性键入。

示例：G65 P9851 K149.536 Q5 Z-15.5。

其中 Kk 专门用于标定，k 为一个标定循环，键入准确的标准刀具（参考芯棒）长度。图 3.5.5 为刀具长度标定。

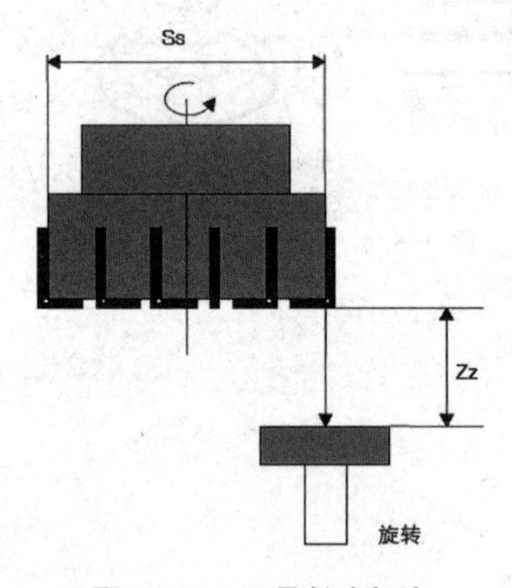

图 3.5.5　刀具长度标定

（2）刀具直径标定

X 轴和 *Y* 轴的位置是由两次独立运行宏程序 O9852 实现的。图 3.5.6 为刀具直径

标定。

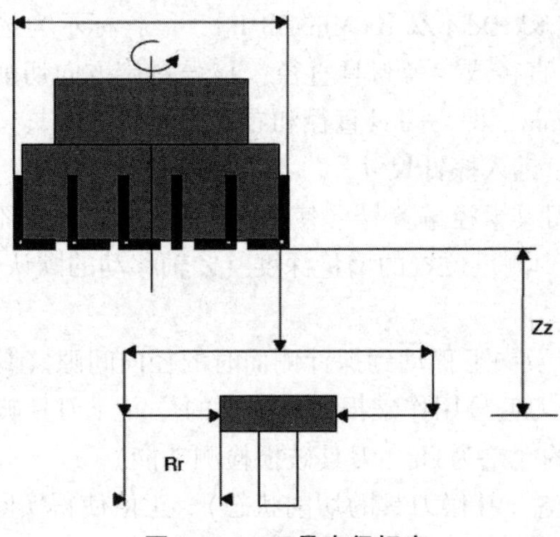

图 3.5.6　刀具直径标定

1）确定是使用哪个轴测量刀具直径。设定测头方向变量#530（假设为默认基数值）为坐标轴测量方向对应的另外一个方向。例如，如果需要在 *Y* 轴进行刀具直径测量，则选择 *X* 轴向#530 = 1 进行第一次运行。

2）将标准刀具（参考芯棒）置于探针中心上方 10 mm 处。

3）运行直径标定宏程序 O9852，由此得到 *X* 轴位置。在循环结束时，主轴返回探针中心位置，准备进行下一步骤。

警示：在第 4）和第 5）步骤完成之前不能移动主轴。

4）修改变量#530 确定最后操作方向，例如 #530 = 2。

5）再次运行直径标定宏程序 O9852。由此得到 *Y* 轴位置和探针尺寸。在循环结束时，主轴返回到探针中心位置。

用标准刀具（参考芯棒）进行标定在主轴上使用一个已知直径的标准刀具（参考芯棒）。沿着一个指定坐标轴测量两次，即在探针两侧距起始点下方 14.0 mm 处测量。点动移动到接近探针中心并距方形探针表面上方 10.0 mm 处。

参考芯棒尺寸的程序为

G65 P9852 S20.001 K10.0 S20.001　　20.001 mm

名义探针尺寸的程序为

K10.0　　10.0 mm

存储的标定数据为：探针的标定尺寸；选定坐标轴的探针中心线位置。

（3）手动刀具直径测量（宏程序 O9852 循环）

宏程序 O9852 循环用来测量旋转刀具的有效切削半径，它是由在对刀测头探针两侧各测一点得到的。应用点动移动主轴，将刀具移动到测头探针正上方，且刀齿距探针表面距离在 10.0 mm 之内 。该循环可以通过编写一个小程序调用带适当键入数据的宏程序来运行；对于某些机床来说，也可以手动键入数据来运行。

在完成两次测量运动之前，该循环先将刀具（*X*、*Y* 方向运动）移动到存储的探针中心位置，然后刀具边、旋转边在探针两侧分别进行测量，测量结束后刀具返回探针中心线上方的 Z 轴净空位置。

格式：G65 P9852 Ss Kk Dd [Zz Rr Mm Hh Ii]，[ ] 标示为选择性键入。

其中，Ss 的 s =刀具直径或参考刀具直径；+s =右旋方向切削刀具。-s =左旋方向切削刀具。例如 S80 = 80 mm，即为刀具直径和右旋方向切削刀具。

Kk 的 k =标定循环。键入探针尺寸。

Dd 的 d =要更新的刀具半径偏置号（使用 Kk 键入标定时则不需要）。

Zz 的 z=从起始位置到测量位置的增量深度（Z 轴移动的默认值为-15.0 mm），z 值通常为负值。

Rr 的 r =越程量，以及向下移动到探针侧面时的径向间隙（默认值为 4.0 mm）。

Mm 的 m =一个空余刀偏号用作破损刀具标识的位置（刀具破损检测功能）。

Hh 的 h =程序设定的允差为±h（刀具破损检测功能）。

Ii 的 i =刀具尺寸调整（补偿刀具的切削状态）。正值使得实际半径比指定值小，例如 I=01，表示使刀具半径减小 0.01 mm。

也可以通过键入名义刀具半径值设定名义刀具半径值为零。

刀具半径设定：运动 XY 轴（如 MDI 模式），将刀具移动到测头中心位置，然后在探针两侧分别进行一次测量。点动移动刀具到起始位置，即刀齿在探针上方 10 mm 处。

格式：G65 P9852 S80 D8。

其中，S80=刀具直径该参数是用来计算让刀移动和主轴转速；

D8=刀具半径偏置号为 8。

（4）刀具长度的测量（宏程序 9851 循环）

宏程序 O9851 循环是通过刀具与探针表面接触来进行旋转或非旋转刀具的有效切削长度的测量。

应用：点动移动主轴到将刀具刀齿位于测头探针正上方距探针表面以内。该循环可以通过编写一个小程序调用带适当键入数据的宏程序来运行；或者对于某些机床来说，也可以手动键入数据来运行。刀具返回到探针上方 Z 轴的净空位置。

带默认 Zz 和 Qq 数值的 Z 轴总行程 为 14.0 mm。

格式：G65 P9851 Ss Kk Tt [Qq Zz Mm Hh]，[ ] 标示为选择性键入。

示例：G65 P9851 S80 K149.54 T8 Q5 Z-15.5 M30 H5。

其中，Ss 的 s=刀具直径或参考刀具直径（若忽略则进行非旋转刀具测量）。+s=右旋方向切削刀具。-s=左旋方向切削刀具。例如 S80 = 80 mm，即为刀具直径和右旋方向切削刀具。

Kk 的 k=标定循环。

Tt 的 t=刀偏号（在标定时不需要）。

Qq 的 q=测头越程距离（默认值为 4.0 mm）。

Zz 的 z=从起始位置进行测量的增量深度（默认值为-10.0 mm）。z 值通常为负值。

Mm 的 m=一个空余刀偏号，用作破损刀具标识的位置。

Hh 的 h=程序设定的允差为±h 。

例 1　非旋转刀具长度的设定，示例采用 MDI 模式点动移动切削刀具到起始位置，也就是距探针上方 10.0 mm 的位置。

格式：G65 P9851 T8。

T8 = 刀具长度偏置号为 8。

例 2　旋转刀具长度的设定，示例采用 MDI 模式点动移动切削刀具到起始位置，也就是刀齿位于探针上方 10.0 mm 的位置。

格式：G65 P9851 S80 T8。

S80 = 刀具直径。

T8 = 刀具长度偏置号为 8 。

（5）旋转刀具长度和直径测量（宏程序 O9853 循环）

旋转刀具半径的测量如图 3.5.7 所示。其中 *A* 表示从刀库取刀，*B* 表示 *Z* 向接近位置（快速），*C* 表示 *Z* 向净占位置（慢速），*D* 表示测量，*E* 表示回到原点。

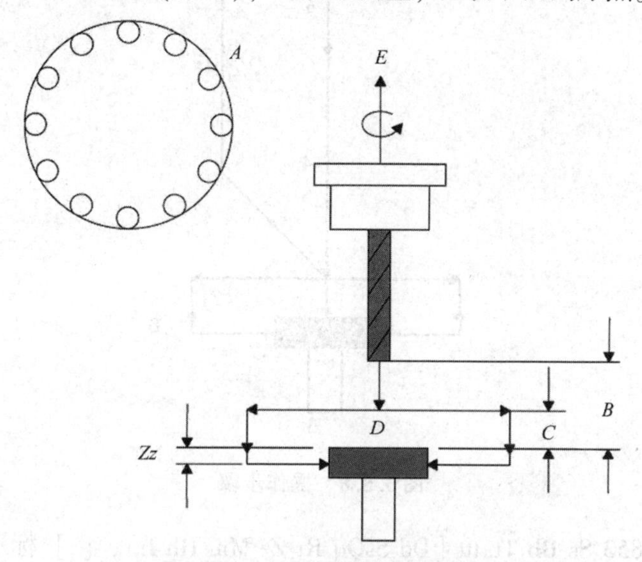

图 3.5.7　旋转刀具半径的测量

刀具半径测量：宏程序 O9853 循环可用来测量旋转刀具的有效切削半径，它是由在对刀测头探针两侧各测一点得到的。该循环是自动地从刀库中选择刀具并且移动到探针位置。

刀具长度测量：宏程序 O9853 循环可用来测量旋转（或非旋转）刀具的有效切削长度，即由刀具接触探针表面进行一次测量。该循环是自动地从刀库中选择刀具并且移动到探针位置。

刀具破损检测也可以使用宏程序 O9853 循环。

应用：宏程序 O9853 循环可以通过编写一个小程序调用带适当键入数据的宏程序来运行；或者对于某些机床来说，也可以手动键入数据来运行。该循环自动地选择和测量所选定的刀具。

注：在使用宏程序 O9853 循环之前，必须在刀具寄存器中存储有近似的刀偏值。

如图 3.5.8 所示，根据所使用的键入数据实现下述操作：

1）从刀库中选择刀具；

2）移动 *X* 和 *Y* 到探针上方；

3）快速向下移动到接近位置并且应用刀具偏置（保护移动）；

4）保护移动到净空位置；

5）若使用 B1 或 B3 键入，则设定刀具长度（旋转或非旋转刀具）；

6）若使用 B2 或 B3 键入（在探针两侧进行测量），则设定刀具半径（旋转刀具）；

7）回到原点。

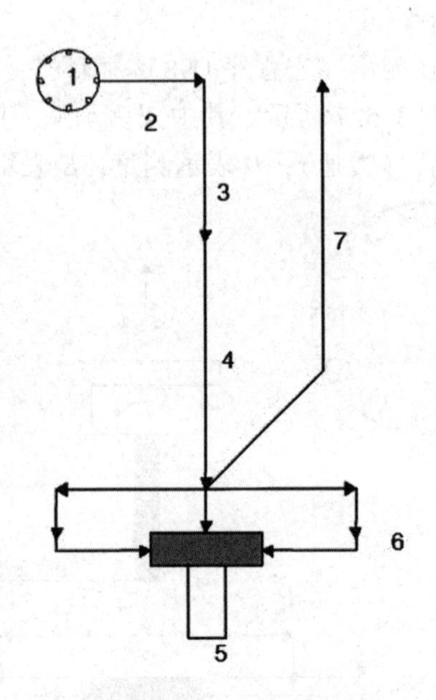

图 3.5.8　操作步骤

格式：G65 P9853 Ss Bb Tt. ttt [Dd SsQq Rr Zz Mm Hh Ii]，[ ] 标示为选择性键入。

示例：G65 P9853 B1 T1 D20 S30 Q3 R3 Z-4 M30 H5 I01。

注：若使用 B2 或 B3，则程序中必须使用 Dd。

Bb 的 b 设定如下：

1）b=1 只测量刀具长度（默认）；

2）b=2 只测量刀具直径；

3）b=3 刀具长度和直径设定。

Tt 的 t 表示假设刀具号和刀长偏置号是一样的，例如 T1（刀具号为 1，偏置寄存器为 1）。

Tt. ttt 的 t. ttt 为刀具号和刀长偏置号不同时的表示，例如 T1. 020（刀具号为 1，偏置寄存器为 20）。注：注意格式，使用小数点后 3 位。

Dd 的 d = 要更新的刀具半径偏置号（只用于旋转刀具设定）。注：没有使用 Ss 键入时，必须在刀具偏置寄存器中键入名义刀具半径值。其中+d = 右旋方向切削刀具；-d = 左旋方向切削刀具。

Ss 的 s = 刀具直径。当刀偏寄存器包括一个名义刀具半径值时，则不需使用该键入值。其中+s = 右旋方向切削刀具；-s = 左旋方向切削刀具。例如，S80 表示刀具直径为 80 mm。

Qq 的 q =测头的长度方向越程量（默认值为 4.0 mm）。

Rr 的 r=越程量，以及向下移动到探针侧面时的径向间隙（默认值为 4.0 mm）。

Zz 的 z=自探针表面到直径测量位置的深度（默认值为-5.0 mm），负值表示向下。

Mm 的 m =一个空余刀偏号用作刀具破损标识的位置。

Hh 的 h =程序设定的允差为±h。如果超出了允差范围就会产生报警。

Ii 的 i=刀具尺寸调整来补偿刀具的切削状态。正值使得实际半径比指定值小，例如 I=01 表示使刀具半径减小 0.01 mm。也可以通过键入名义刀具半径值设定名义刀具半径值为零。

注：下述例子中，执行循环之前必须将名义刀长偏置值键入到刀具寄存器中。

例 1　只测量刀具长度（非旋转刀具），示例采用 MDI 模式。

格式 1：G65 P9853 B1 T1。

T1= 选择刀具号 1，刀长偏置号也为 1。

格式 2：G65 P9853 B1 T1.020。

0T1.020 = 选择刀具号 1，刀长偏置号为 20。

例 2　只测量刀具长度（旋转刀具），示例采用 MDI 模式。

格式 1：G65 P9853 B1 T1 S80。

T1=选择刀具号 1，长度偏置号也为 1。

格式 2：G65 P9853 B1 T1.020 S80。

T1.020 = 选择刀具号 1，刀长偏置号为 20 。

S80=直径 80.0 mm 铣刀（偏置 40.0 mm，旋转测量）。

例 3　只测量刀具直径，示例采用 MDI 模式。

格式 1：G65 P9853 B2 T1 D20［S30］

T1=选择刀具号 1，刀长偏置号也为 1。［ ］内的为任选键入。

格式 2：G65 P9853 B2 T1.020 D20［S30］

T1.020= 选择刀具号 1，偏置号为 20，［ ］内的为任选键入。

D20= 刀具半径偏置号（如果不使用 Ss 键入，那么刀具半径偏置号中就必须已经存入了名义值）。

［S30］=直径 30.0 mm 铣刀（半径 15.0 mm，旋转测量）。

（6）刀具破损检测（宏程序 O9853 循环）

注意：使用刀具破损检测特性时不能调整刀具偏置值。

描述工作台安装的测头可以用于检测破损刀具。它由宏程序 O9853 循环来完成。

宏程序 O9853 循环可产生一个报警或设定一个标识，并由宏程序的键入决定。产生报警则停止进一步执行程序，而标识功能可以让用户自己决定继续程序运行的最佳执行过程，这点对于柔性制造系统十分有用。要使用标识功能，则要在应用程序中追加宏程序逻辑处理。应用宏程序 O9853 循环测量刀具与坐标系统无关，因而可以在工件程序中执行该宏程序。当发现某一把刀具超程，该程序或产生一个报警，或设定一个标识。使用标识功能时，标识设定为“1”，但不产生报警。这样用户可自己决定下一步将如何做，例如调用一把备用刀具。

格式：G65 P9853 Bb Tt. ttt Hh［Dd Ss Qq Rr Zz Mm Ii］，［ ］标示为选择性键入。

示例：G65P9853B1 T1 H5D8 S30 Q3 R3 Z-4 M30 I01。

Hh 的 h=破损刀具允差值（+h）。

例如 H5 将检查刀具是否在当前刀具偏置值+0. 5 mm。

Mm 的 m=一个空余刀偏号用作破损刀具标识的位置。如果使用空余刀偏号，则设定标识，但不产生宏程序报警（只是和 Hh 一同使用）。输出 Mm 发现破损时，刀偏存储器设定为 1；刀具在允差范围之内，则刀偏存储器设定为 0。

注：工件程序必须校验这个标识，以便正确地执行程序，因为它不会产生宏程序报警。

任务实施

1. 了解对刀仪的检测主要步骤。
2. 了解对刀仪的主要组成部分。
3. 了解对刀仪进行标定的程序的主要内容。
4. 了解对刀仪进行测量的程序内容。

知识拓展

了解几种常用对刀仪的检测方法。

模块四

维纳斯人体的多轴编程与数控加工

项目一 加工维纳斯人体的刀轴控制

项目目标

了解什么是刀轴控制之垂直于部件操作；
了解什么是刀轴控制之相对于部件操作；
了解什么是刀轴控制之垂直于驱动体操作；
了解什么是刀轴控制之相对于驱动体操作。

任务列表

学习任务	知识点	能力要求
任务一 刀轴控制之垂直于部件与相对于部件操作	垂直于部件操作的操作方法	掌握并熟练运用本项目提到的操作方法，对加工维纳斯人体使用到的刀具进行驱动并满足加工要求
	相对于部件操作的操作方法	
任务二 刀轴控制之垂直于驱动体与相对于驱动体操作	垂直于驱动体操作的操作方法	
	相对于驱动体操作的操作方法	

任务一 刀轴控制之垂直于部件与相对于部件操作

任务导入

本案例通过 UG 软件的加工模块编写造型完成的维纳斯人体模型（见图 4. 1. 1）加工程序，其中涉及驱动面的选择、刀轴的控制、加工工序的排布等操作。因为本案例涉及加工空间曲面，所以使用多轴数控机床进行加工。

图 4.1.1　维纳斯人体模型

知识链接

UG 软件内部提供了多种刀轴操作方法，本案例重点介绍以下操作方法。

（1）垂直于部件

垂直于部件允许我们定义每个接触点处垂直于部件表面的刀轴。图 4.1.2 所示为垂直于部件。

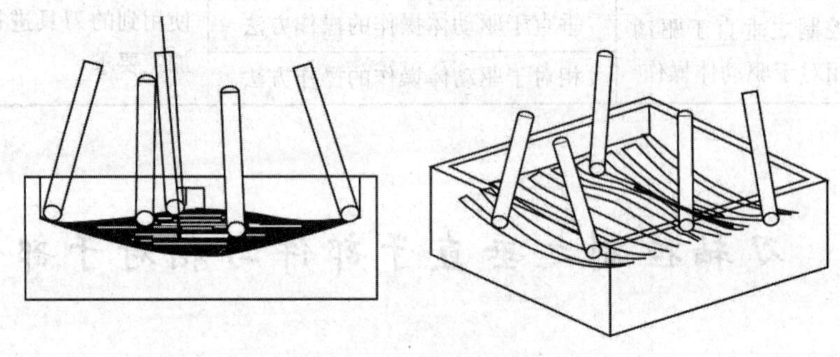

图 4.1.2　垂直于部件

（2）相对于部件

相对于部件允许我们定义一个可变刀轴，它相对于部件表面的另一垂直刀轴向前、向后、向左或向右倾斜。如图 4.1.3 所示，前倾角定义了刀具沿刀轨前倾或后倾的角度。正的前倾角（前角）角度值表示刀具相对于刀轨方向向前倾斜；负的前倾角（后角）角度值表示刀具相对于刀轨方向向后倾斜。侧倾角定义了刀具从一侧到另一侧的角度。正值将使刀具向右倾斜（按照我们所观察的切削方向）；负值将使刀具向左倾斜。由于侧倾角取决于切削的方向，因此在往复切削类型的刀轨中，侧倾角将反向。

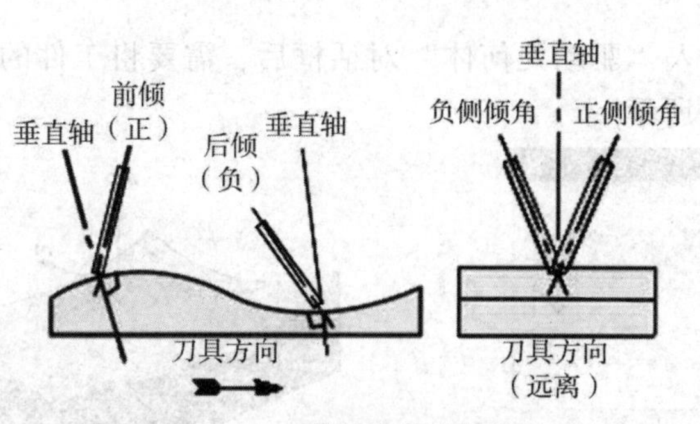

图 4.1.3　前倾角与侧倾角

为前倾角和侧倾角指定的最小值和最大值将相应地限制刀轴的可变性，这些参数将定义刀具偏离指定的前倾角或侧倾角的程度。例如，如果将前倾角定义为 20°，侧倾角定义为 0°，最小前倾角定义为 15°，最大前倾角定义为 25°，那么刀轴可以偏离前倾角±5°，如图 4.1.4 所示。可变刀轴的最小值必须小于或等于相应的前倾角或侧倾角的角度值；可变刀轴的最大值必须大于或等于相应的前倾角或侧倾角的角度值。

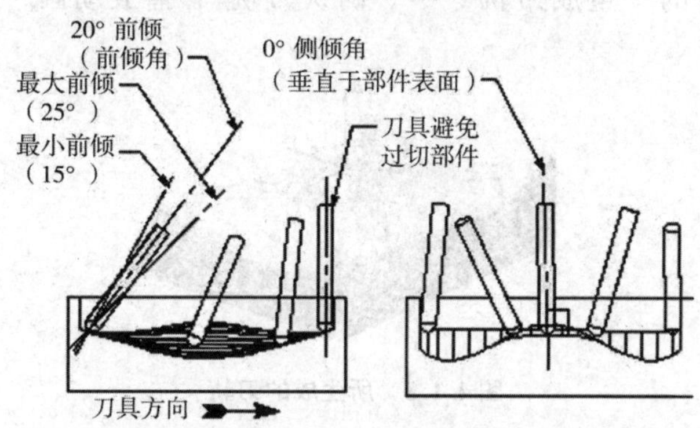

图 4.1.4　20°前倾角，0°侧倾角的可变刀轴示意

刀轴在避免过切部件时将忽略前倾角或侧倾角。如上图中，刀具将垂直于部件表面以避免过切。

任务实施

垂直于部件举例：在长方体表面加工出一个曲面，如图 4.1.5 所示。

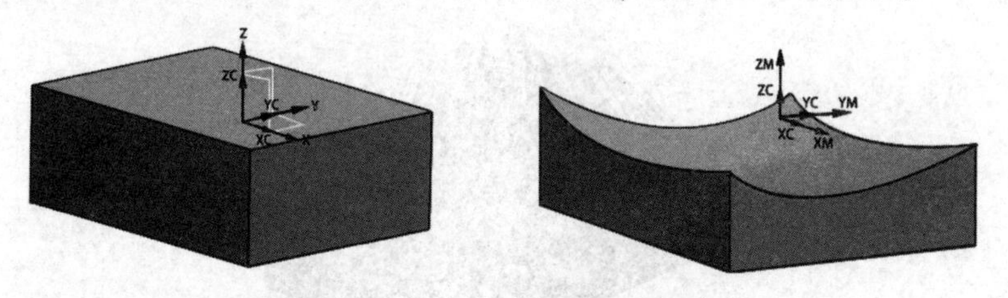

图 4.1.5　在长方体表面加工曲面

首先我们创建刀具，在“创建刀具”对话框中“类型”选择“mill_multi-axis”，“刀具子类型”选择直径为 10 mm 的球刀。

接着进入“可变轮廓铣”对话框，将加工的面作为部件，“驱动方法”一栏中的“方法”选择“曲面”；进入“驱动几何体”对话框后，需要将工件的曲面作为驱动几何体，如图4.1.6和图4.1.7所示。

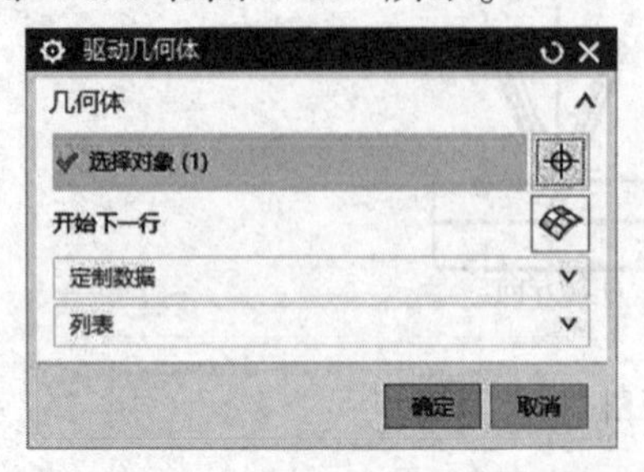

图4.1.6 设置“驱动几何体”对话框

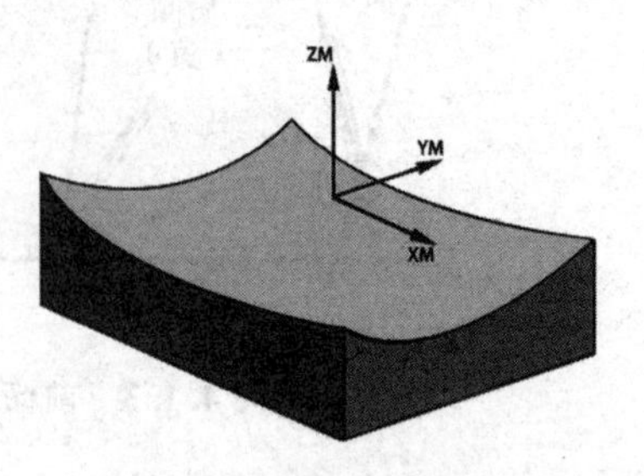

图4.1.7 选择驱动面

“曲面区域驱动方法”对话框的设置为：“切削区域”选择“曲面%”，“刀具位置”选择“对中”，“切削模式”选择“往复”，“步距数”键入“80”。

回到“可变轮廓铣”对话框后下面的“刀轴”一栏的“轴”选择“垂直于部件”；最后单击“操作”下的“生成刀轨”→“确认刀轨”，播放动画。所生成的刀轨如图4.1.8所示。

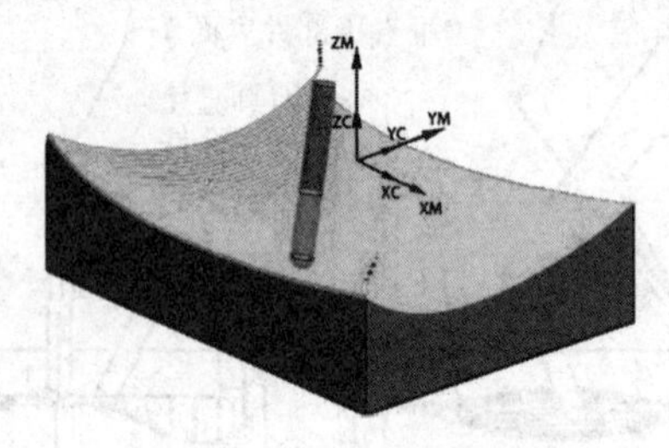

图4.1.8 所生成的刀轨

在“可变轮廓铣”对话框中还可以单击“选项”下“编辑显示”右侧的按钮，来显示所有刀轴的位置。在弹出的“显示选项”对话框中“刀具显示”切换为“轴”，“频率”键入“10”即可，频率过大则显示的刀轴会过于密集，下面的“模式”选择“无”，“速度”可以调速到“10”，否则生成刀轨的时间比较长。

然后重新生成刀轨，加工过程中所有刀轴的位置情况如图4.1.9所示，图中上方密集的直线便是刀柄朝向的直线。由图可以看出，垂直于部件的特点是刀柄永远垂直指向我们设置的部件。

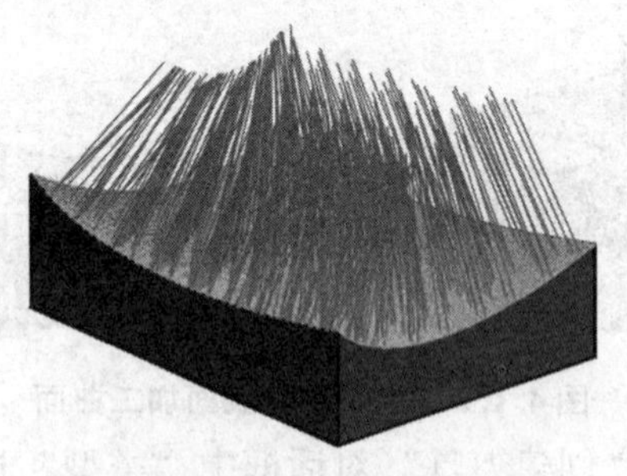

图4.1.9 所有刀轴的位置情况（垂直于部件）

相对于部件举例：精铣上方圆弧面，如图4.1.10所示。

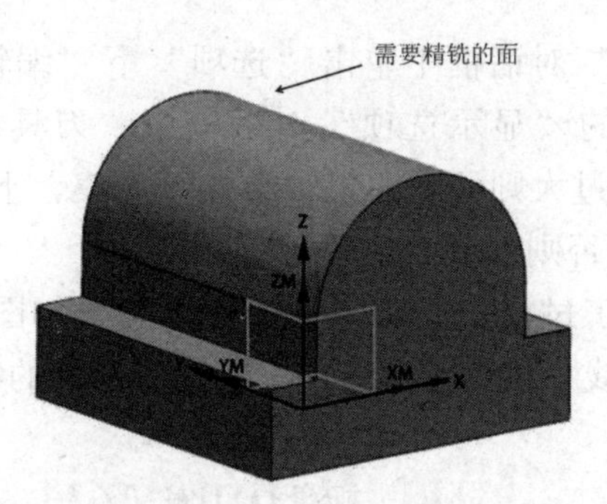

图 4.1.10　精铣上方圆弧面

首先我们创建刀具，在“创建刀具”对话框中，“类型”选择“mill_multi-axis”，“刀具子类型”选择直径 6 mm 的球刀。

进入“可变轮廓铣”对话框，将加工的面作为部件，“驱动方法”一栏中的“方法”选择“曲面”；接着进入“驱动几何体”对话框，将工件的曲面作为驱动几何体，如图 4.1.11 和图 4.1.12 所示。

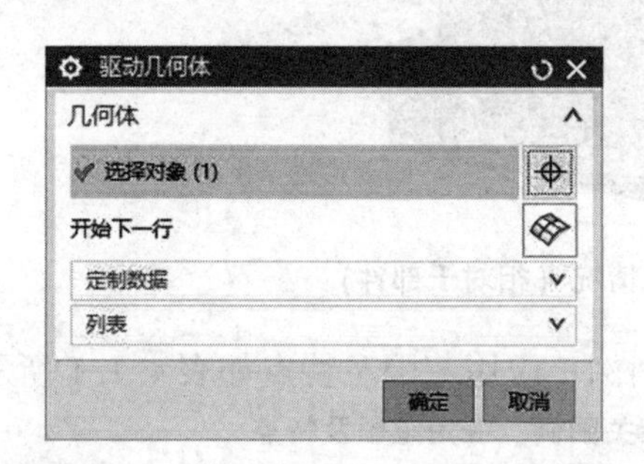

图 4.1.11　选择“驱动几何体”对话框

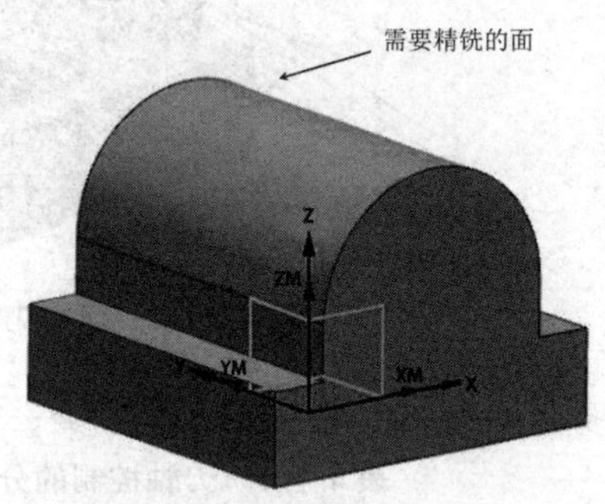

图 4.1.12　所选的驱动曲面

“曲面区域驱动方法”对话框的设置为：“切削区域”选择“曲面%”，“刀具位置”选择“对中”，“切削模式”选择“往复”，“步距数”键入“50”。

相对于部件可在垂直于部件的基础上添加一个前倾角或者侧倾角，通常前倾角取值范围为 20°~30°。

最后在“可变轮廓铣”对话框中单击“操作”下的“生成刀轨”→“确认刀轨”，播放动画。图 4.1.13 为所生成的刀轨。

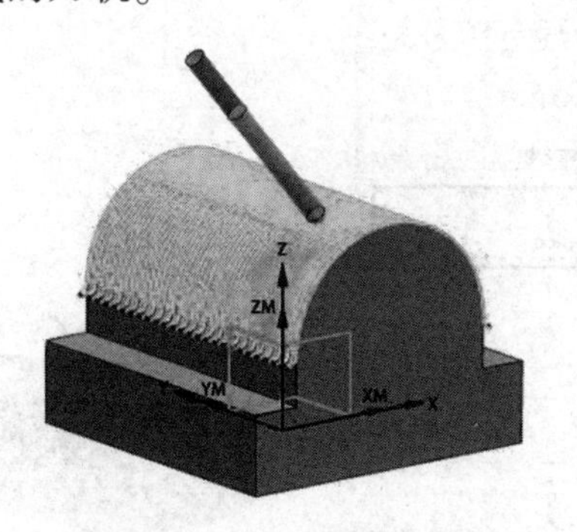

图 4.1.13　所生成的刀轨

还可以在“可变轮廓铣”对话框中单击“选项”下“编辑显示”右侧的按钮，来显示所有刀轴的位置。在弹出的“显示选项”对话框中“刀具显示”切换为“轴”，“频率”键入“10”即可，频率过大则显示的刀轴会过于密集，下面的“模式”选择“无”，“速度”可以调速到“10”，否则生成刀轨的时间比较长。

然后重新生成刀轨，加工过程中所有刀轴的位置情况如图 4.1.14 所示，图中上方密集的直线便是刀柄朝向的直线。由图可以看出，相对于部件的特点是刀柄永远和我们设置的部件呈一定角度。

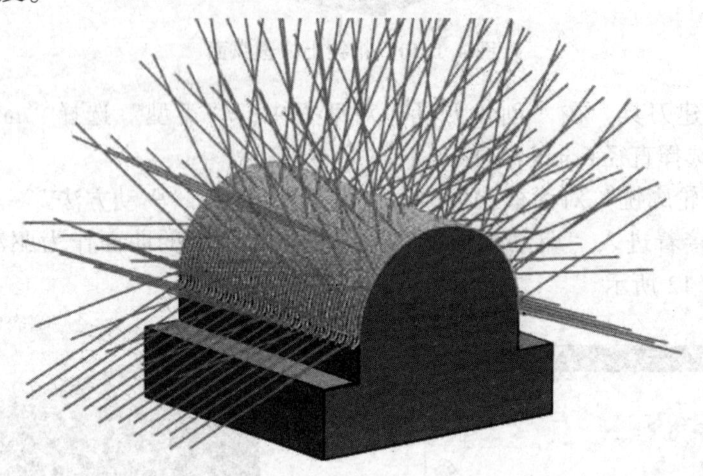

图 4.1.14　所有刀轴位置情况（相对于部件）

本任务所介绍的刀轴控制，其分类、相关图例、应用范围及特点如表 4.1.1 所示。

表 4.1.1　刀轴控制的分类、相关图例、应用范围及特点

分类	相关图例	应用范围及特点
垂直于部件	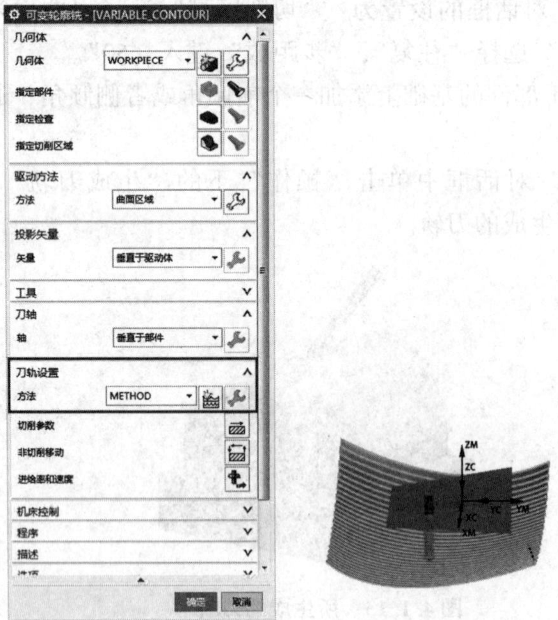	用于定义在每个接触点处垂直于部件表面的刀轴； 刀具所在的轨迹点都垂直于部件

续表

分类	相关图例	应用范围及特点
相对于部件	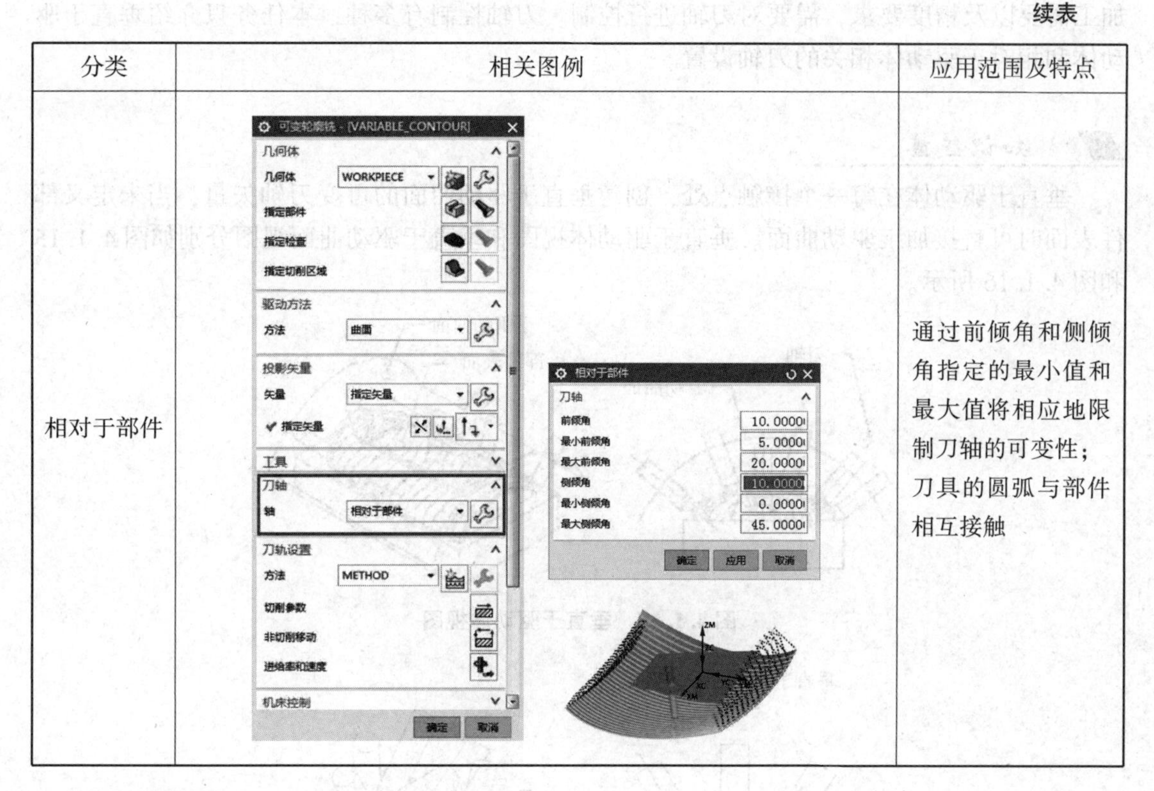	通过前倾角和侧倾角指定的最小值和最大值将相应地限制刀轴的可变性；刀具的圆弧与部件相互接触

任务实施

根据课程内容正确设置刀轴，要求：

1）结合工件正确选择刀轴；

2）合理设置刀轴参数；

3）合理选择刀轴的前倾角、侧倾角。

知识拓展

前倾角与侧倾角的大小对工件的表面粗糙度有哪些影响。

任务二　刀轴控制之垂直于驱动体与相对于驱动体操作

任务导入

本案例通过 UG 软件的加工模块编写造型完成的维纳斯人体模型加工程序，为了满足加工需要以及精度要求，需要对刀轴进行控制。刀轴控制有多种，本任务只介绍垂直于驱动体和相对于驱动体相关的刀轴设置。

知识链接

垂直于驱动体在每一个接触点处，创建垂直于驱动曲面的可变刀轴矢量，当未定义部件表面时可直接加工驱动曲面。垂直于驱动体视图和垂直于驱动曲面视图分别如图 4. 1. 15 和图 4. 1. 16 所示。

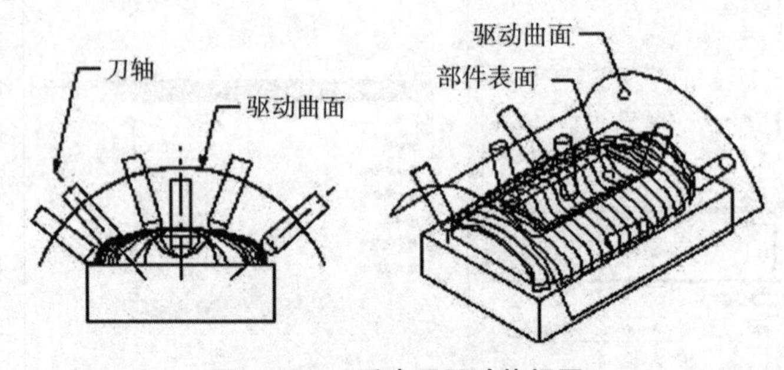

图 4. 1. 15　垂直于驱动体视图

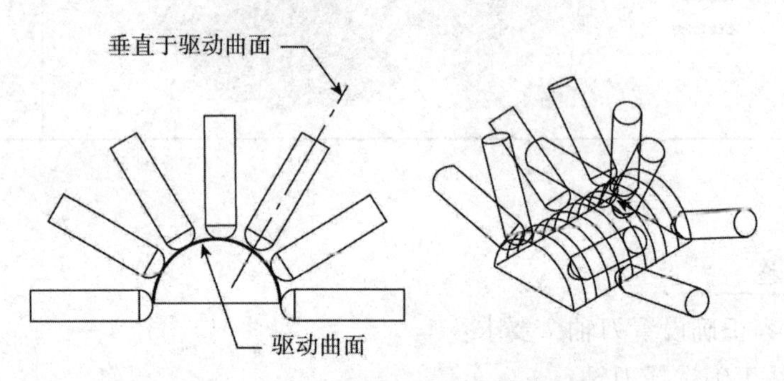

图 4. 1. 16　垂直于驱动曲面视图

相对于驱动体可在非常复杂的部件表面上控制刀轴的运动，如图 4. 1. 17 所示。

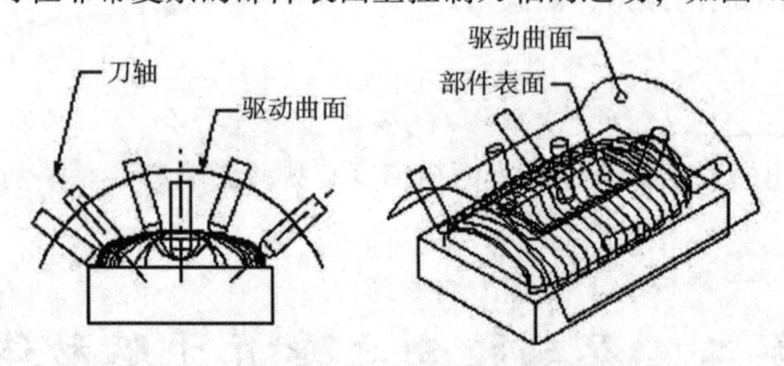

图 4. 1. 17　0°前倾角，0°侧倾角时的相对于驱动体

通过指定前倾角与侧倾角，来定义相对于驱动曲面法向矢量的可变刀轴矢量，如图 4. 1. 18 所示。

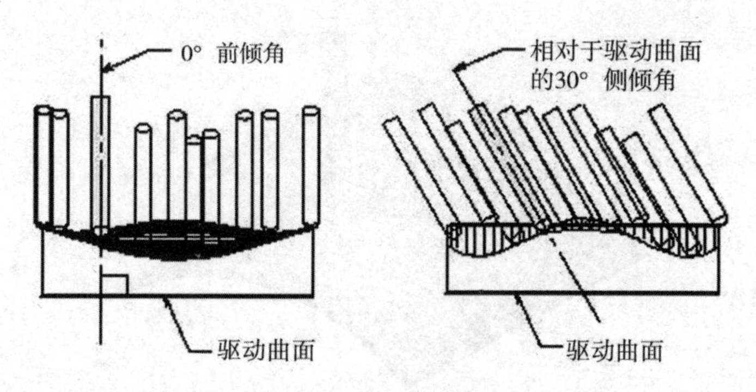

图 4.1.18　0°前倾角，30°侧倾角的可变刀轴矢量

垂直于驱动体举例：精铣圆弧面，如图 4.1.19 所示。

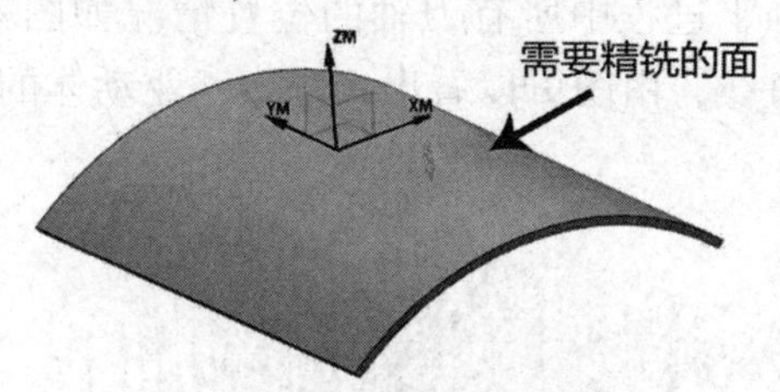

图 4.1.19　精铣圆弧面

首先我们创建刀具，在“创建刀具”对话框中“类型”选择“mill_multi-axis”，“刀具子类型”选择直径为 10 mm 的球刀。

进入“可变轮廓铣”对话框，将待加工的驱动体作为部件，“驱动方法”一栏中的“方法”选择“曲面”；接着进入“驱动几何体”对话框，将工件上方的曲面作为驱动几何体，如图 4.1.20 和图 4.1.21 所示。

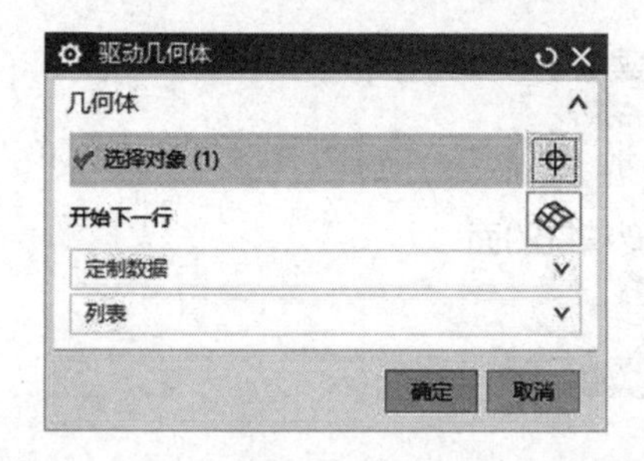

图 4.1.20　设置“驱动几何体”对话框

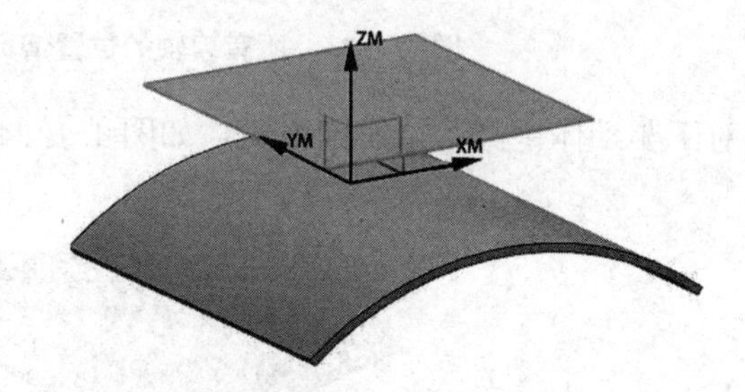

图 4.1.21　选择的驱动面

“曲面区域驱动方法”对话框中的设置为：“切削区域”选择“曲面%”，“刀具位置”选择“对中”，“切削模式”选择“往复”，“步距数”键入“70”。

最后回到“可变轮廓铣”对话框中单击“操作”下的“生成刀轨”→“确认刀轨”，播放动画。图 4.1.22 所示为所生成的刀轨。

此外，还可在“可变轮廓铣”对话框中单击“选项”下编辑显示右侧的按钮，来显示所有刀轴的位置。在弹出的“显示选项”对话框中“刀具显示”切换为“轴”，“频率”键入“10”即可，频率过大则显示的刀轴会过于密集，下面的“模式”选择“无”，“速度”可以调速到“10”，否则生成刀轨的时间比较长。

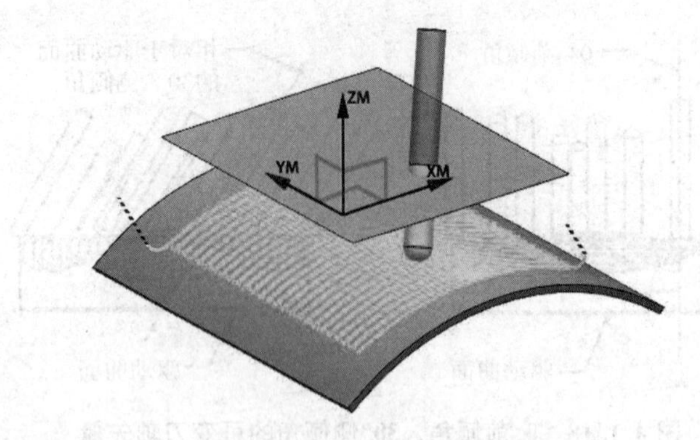

图 4.1.22　所生成的刀轨

然后重新生成刀轨，加工过程中所有刀轴的位置情况如图 4.1.23 所示，图中上方密集的直线便是刀柄朝向的直线，由图可以看出，垂直于驱动体的特点是刀柄永远垂直指向我们设置的驱动体。

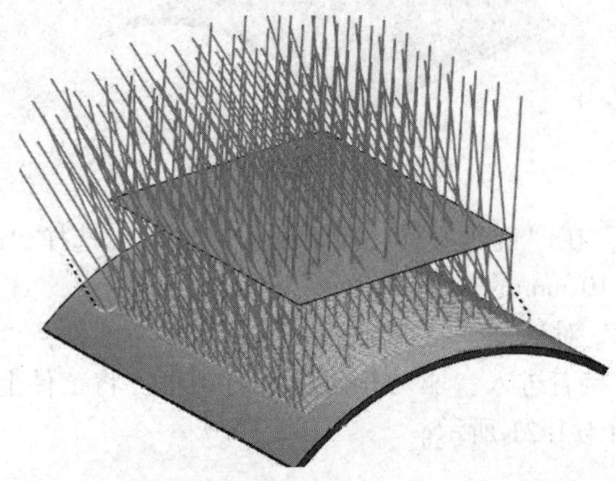

图 4.1.23　所有刀轴的位置情况（垂直于驱动体）

相对于驱动体举例：精铣圆弧面，如图 4.1.24 所示。

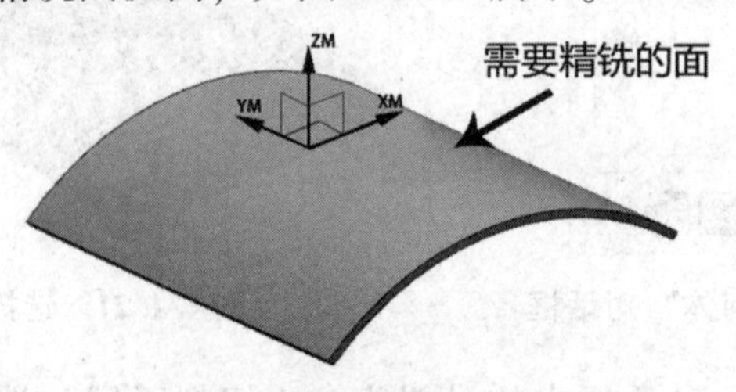

图 4.1.24　精铣圆弧面

首先我们创建刀具，在“创建刀具”对话框中“类型”选择“mill_ multi-axis”，“刀具子类型”选择直径为 10 mm 的球刀。

进入“可变轮廓铣”对话框，将待加工的体作为部件，“驱动方法”一栏中的“方法”选择“曲面”；接着进入“驱动几何体”对话框，将工件上方的辅助曲面作为驱动几何体，如图 4.1.25 和图 4.1.26 所示。

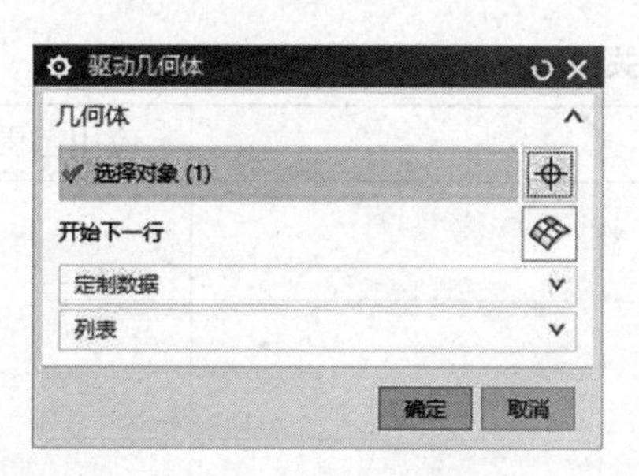

图 4.1.25　设置“驱动几何体”对话框

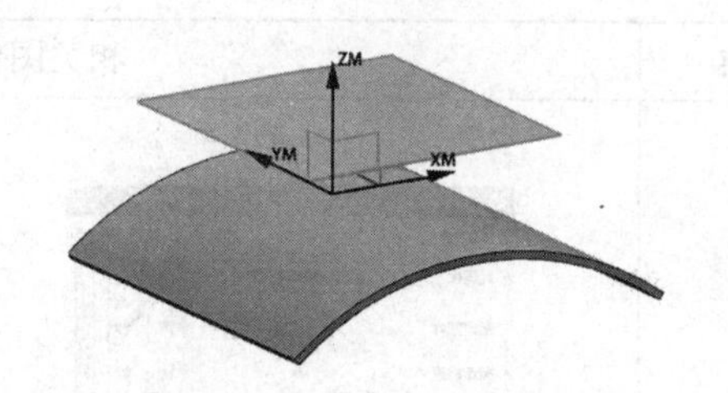

图 4.1.26　选择的驱动面

“曲面区域驱动方法”对话框的设置为：“切削区域”选择“曲面%”，“刀具位置”选择“对中”，“切削模式”选择“往复”，“步距数”键入“50”。

“可变轮廓铣”对话框中“刀轴”一栏的“轴”选择“相对于驱动体”。

相对于驱动体可在垂直于驱动体的基础上添加一个前倾角或者侧倾角，通常前倾角取值范围为 20°~30°，侧倾角使用方法同前倾角。

最后在“可变轮廓铣”对话框中单击“操作”下的“生成刀轨”→“确认刀轨”，播放动画，图 4.1.27 所示为所生成的刀轨。

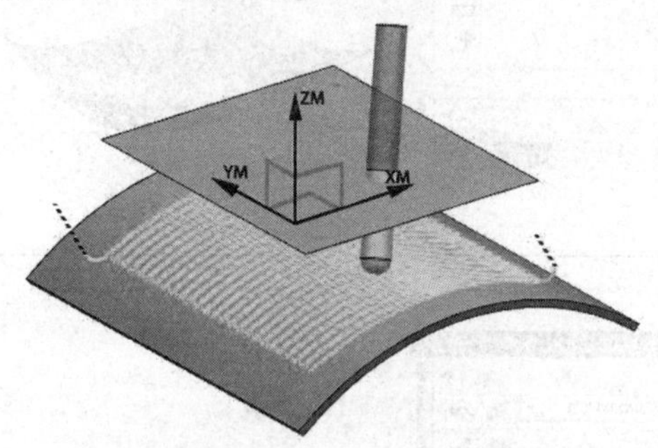

图 4.1.27　所生成的刀轨

此外，还可在“可变轮廓铣”对话框中单击“选项”下编辑显示右侧的按钮，来显示所有刀轴的位置。加工过程中所有刀轴的位置情况如图 4.1.28 所示，图中上方密集的直线便是刀柄朝向的直线。

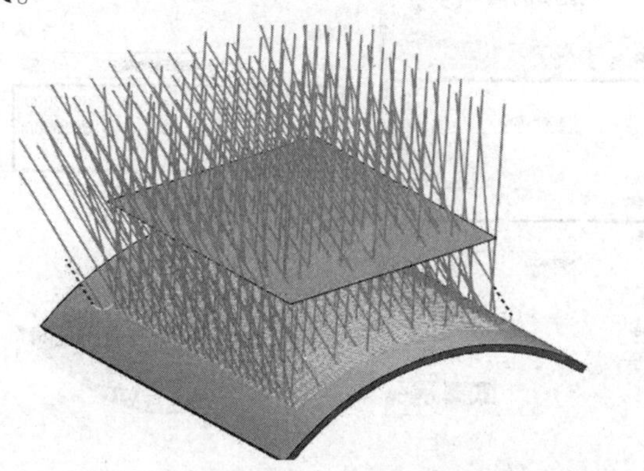

图 4.1.28　所有刀轴的位置情况（相对于驱动体）

本任务所介绍的刀轴控制，其分类、相关图例、应用范围及特点如表 4.1.2 所示。

表 4.1.2　刀轴控制的分类、相关图例、应用范围及特点

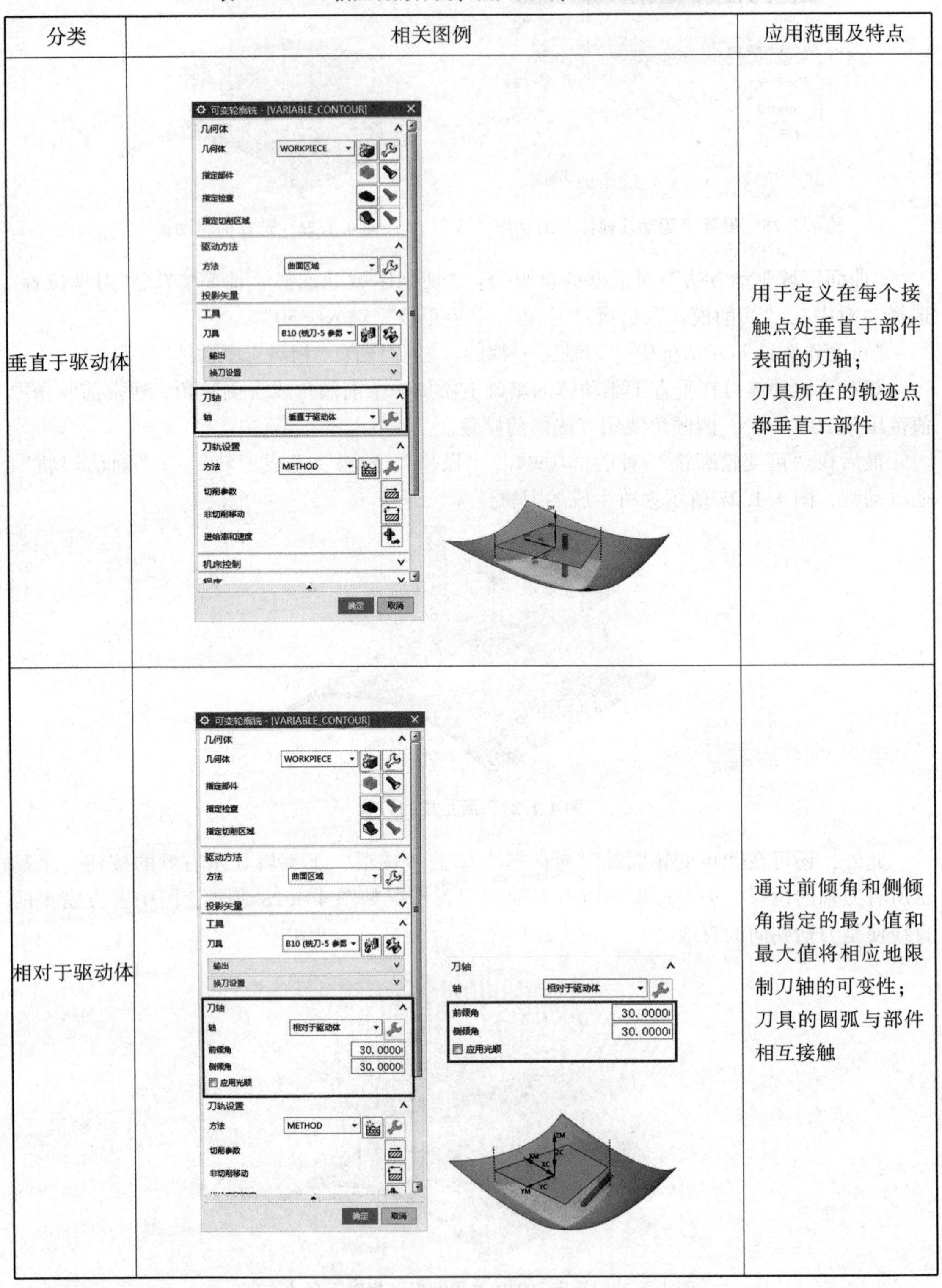

分类	相关图例	应用范围及特点
垂直于驱动体		用于定义在每个接触点处垂直于部件表面的刀轴； 刀具所在的轨迹点都垂直于部件
相对于驱动体		通过前倾角和侧倾角指定的最小值和最大值将相应地限制刀轴的可变性； 刀具的圆弧与部件相互接触

任务实施

根据课程内容正确设置刀轴，要求：

1）结合工件正确选择刀轴；

2）合理设置刀轴参数；

3）合理选择刀轴的前倾角、侧倾角。

知识拓展

垂直于部件与垂直于驱动体，相对于部件与相对于驱动体都有哪些区别呢？

项目二

维纳斯人体多轴数控加工工艺分析与编程

项目目标

了解维纳斯人体加工设备的选择；
了解维纳斯人体加工刀具的选择；
了解维纳斯人体加工夹具的选择。

任务列表

学习任务	知识点	能力要求
任务一　维纳斯人体多轴数控加工工艺	加工工艺的确定	合理选择加工工艺
	刀具的选择	刀具的选择应用
任务二　维纳斯人体 UG 多轴编程	工件坐标系的设定	工件坐标系设定
	加工模块的应用	熟练使用加工模块

任务一　维纳斯人体多轴数控加工工艺

任务导入

根据维纳斯人体的3D模型分析其加工工艺，根据工艺合理选择相应的数控机床、加工刀具、夹具等。

知识链接

在数控加工领域，维纳斯人体一直被业内视为数控加工中一个集复杂曲面于一身且表面质量要求高、加工难度大的零件，具有极强的多轴数控加工代表性。在数控技术专业人才培养中，通常把该零件的加工作为对复杂曲面编程与加工练习的一个典型课题，并经常选用四轴联动立式加工中心对其进行加工。

1. 工艺方案分析

维纳斯人体的加工分为粗加工、半精加工和精加工 3 个阶段。如果直接采用四轴联动编程进行粗加工，将极大地增加刀具的空行程，并且由于加工余量较大容易引起刀具的折断，所以在实际加工中，根据工件的特征，设计了 2+1 轴的粗加工方法：利用回转轴 *A* 使工件分别定位在 0°和 180°后，应用 UIG 软件型腔铣功能，对工件 0°和 180°两面进行粗铣加工。粗加工时，保持零件的余量均匀；粗加工完成后使用四轴联动可变轮廓铣功能，对工件进行 360°旋转半精加工及精加工。

（1）维纳斯人体加工难点

维纳斯人体加工难点有以下几点：

1）加工维纳斯人体过程中的刀轴控制；

2）加工非连续复杂曲面时应保证的精度；

3）驱动曲面的制作；

4）多轴数控加工程序的生成；

5）多轴后处理的建造。

（2）工艺制定及工序安排

1）维纳斯人体粗加工。零件粗加工的目的是去除大量的余料，其考虑的重点是加工效率，要求大的进给量和尽可能大的切削深度，以便在较短的时间内切除更多的材料。粗加工对工件表面质量要求不高，合理规划刀具路径，提高效率即可，如图 4. 2. 1 所示。

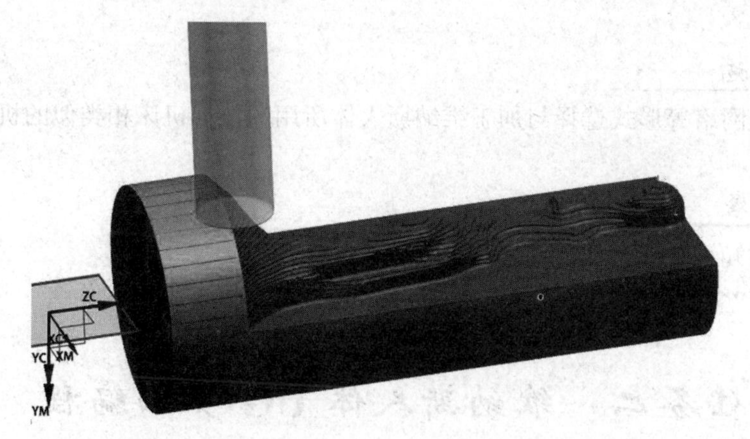

图 4. 2. 1　粗加工

2）维纳斯人体半精加工。实际加工测量表明，在粗加工后，往往由于粗加工过程中材料内部应力释放，造成应力变形而影响材料的外形尺寸；因此，为保证维纳斯人体精加工后的美观性，则必须在粗精加工之间安排半精加工，如图 4. 2. 2 所示。

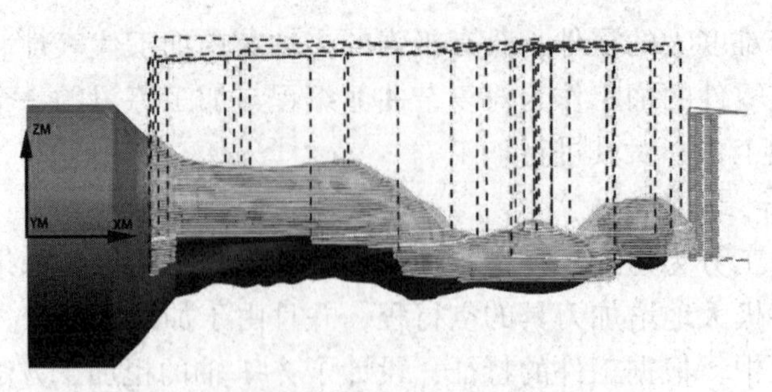

图 4.2.2 半精加工

3）维纳斯人体精加工。为保证加工精度、加工质量和加工效率，最后用小号球刀分别对维纳斯的不同区域进行精加工，并根据维纳斯加工模型的要求合理设置驱动曲面的驱动方向、切削方式、刀位点的运动轨迹、非切削机床控制（运动输出）等参数，如图 4.2.3 所示。

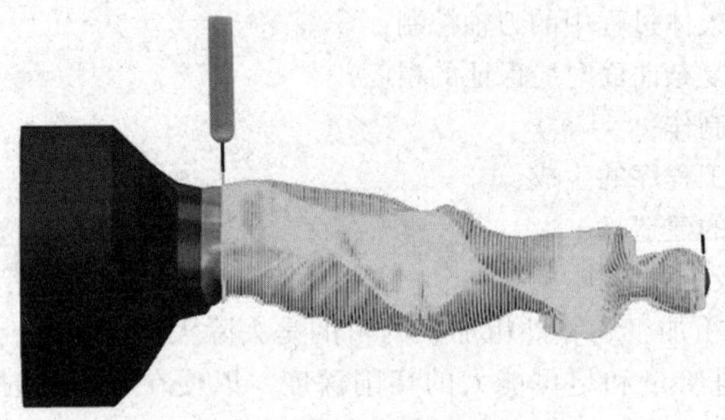

图 4.2.3 精加工

任务实施

通过书籍、网络等形式选择与加工维纳斯人体所用的数控机床相类似的机床。

知识拓展

请根据所学知识查找类似零件进行工艺分析。

任务二　维纳斯人体 UG 多轴编程

任务导入

根据维纳斯人体的 3D 模型进行 UG 多轴编程，能够建立加工所用的坐标系，并定义刀具、加工步骤等。

知识链接

1. 创建粗加工基准

打开文件，单击左上方“启动”进入“建模”模块，单击“插入”→“基准”→“基准平面”，弹出“基准平面”对话框，单击“类型”选择“视图平面”。首先将零件按图 4.2.4 所示摆放，并创建基准平面。

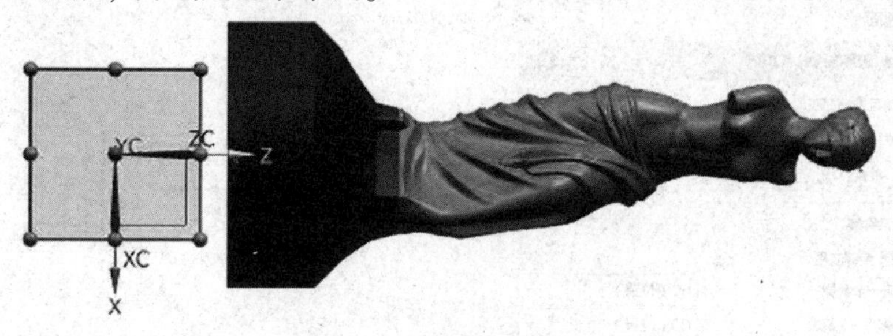

图 4.2.4　创建基准平面

2. 创建相交曲线

打开文件，单击左上方“启动”进入“建模”模块，单击“插入”选择“派生曲线”中的“相交曲线”命令，弹出“相交曲线”对话框，按照图 4.2.5 中的设置，构建平面与模型的相交曲线，并以相同的方法构建 5 条，如图 4.2.6 所示。

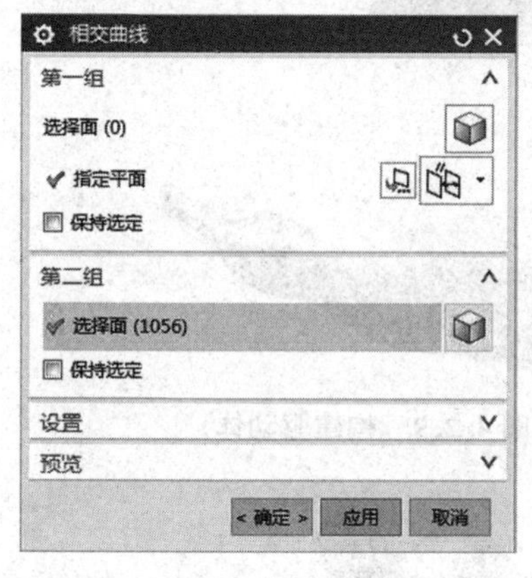

图 4.2.5　设置“相交曲线”对话框

图 4.2.6　创建相交曲线

3. 构建艺术样条

单击“插入”→“曲线”→“艺术样条”，弹出“艺术样条”对话框，以相交曲线为基础构建封闭的艺术样条（勾选“封闭”复选按钮），依此类推在五条相交曲线上构建艺术样条，如图 4.2.7 所示。

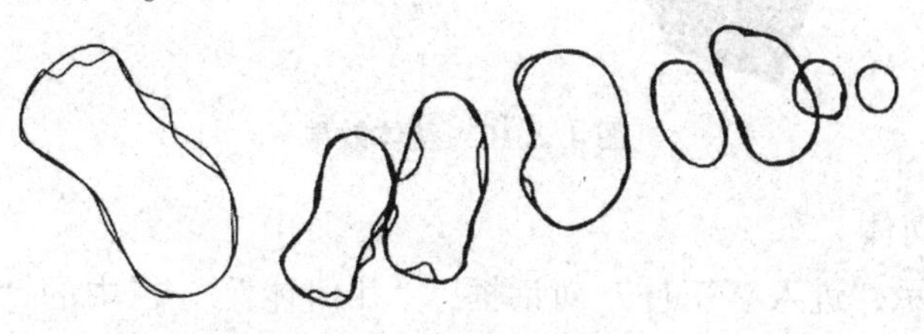

图 4.2.7　构建艺术样条

4. 构建驱动体

单击“插入”→“曲面”→“通过曲线组”，弹出“通过曲线组”对话框，选择上一步的艺术样条按照图 4. 2. 8 中的设置（“体类型”设置为“片体”），依此类推完成驱动体的构建，图 4. 2. 9 和图 4. 2. 10 分别为构建驱动体和整体效果。

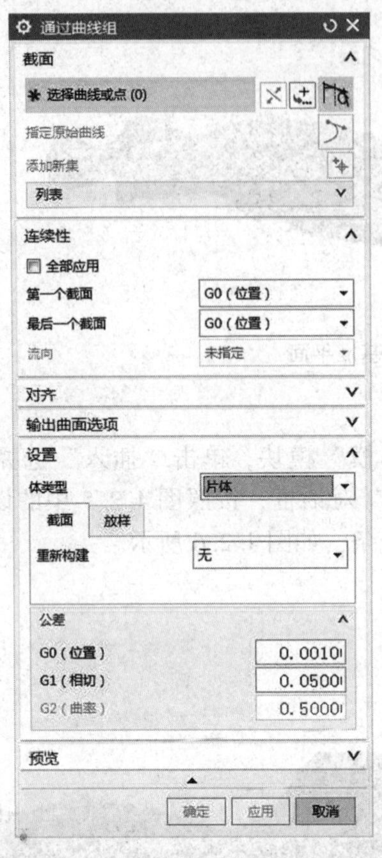

图 4. 2. 8　设置“通过曲线组”对话框

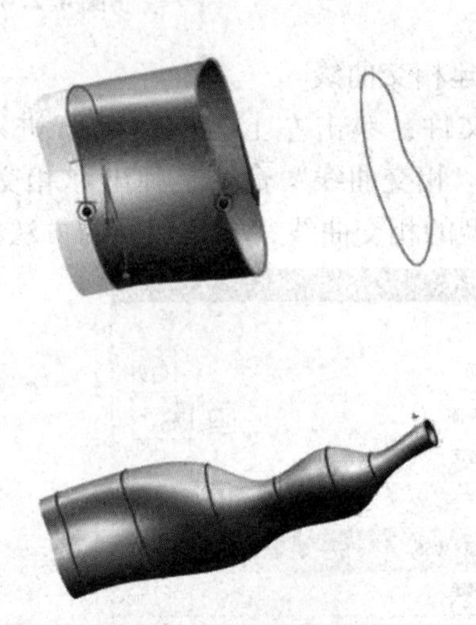

图 4. 2. 9　构建驱动体

图 4. 2. 10　整体效果

5. 定义毛坯几何体

如图 4. 2. 11 所示，进入“工件”对话框，“几何体”一栏中的“指定部件”选择原始实体图，单击“指定毛坯”按钮，系统弹出“毛坯几何体”对话框，其中“类型”选样“包容圆柱体”，并单击“确定”按钮，图 4. 2. 12 和图 4. 2. 13 分别为设置“毛坯几何体”对话框和生成毛坯效果。

图 4. 2. 11　设置“工件”对话框

图 4. 2. 12　设置“毛坯几何体”对话框

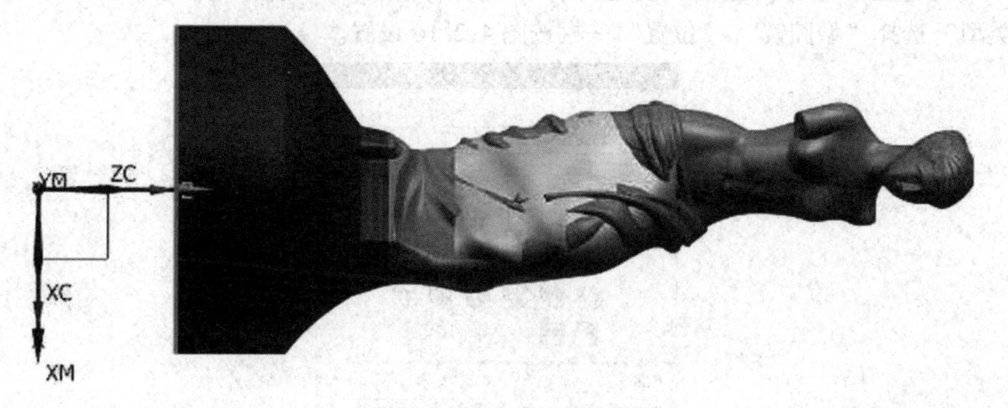

图 4. 2. 13　生成毛坯效果

6. 创建粗加工刀轨

（1）第一面粗加工

1）创建刀具。进入“创建刀具”对话框，“类型”选择“mill_ contour”，“刀具子类型”选择“MILL”。

2）设置刀具参数。在“创建刀具”对话框中单击“确定”按钮进入“铣刀-5 参数”对话框，其中“尺寸”一栏的“直径”键入“16”，“下半径”键入“0. 8”，余下参数按照图 4. 2. 14 进行设置，最后单击“确定”按钮完成刀具设置。图 4. 2. 15 为生成刀具效果。

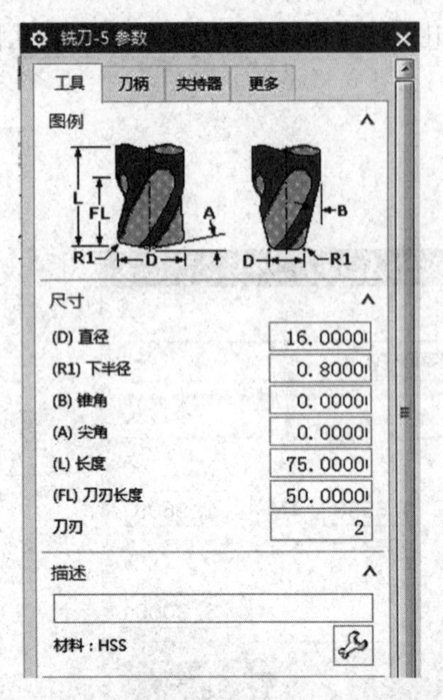

图 4.2.14　设置“铣刀-5 参数”对话框

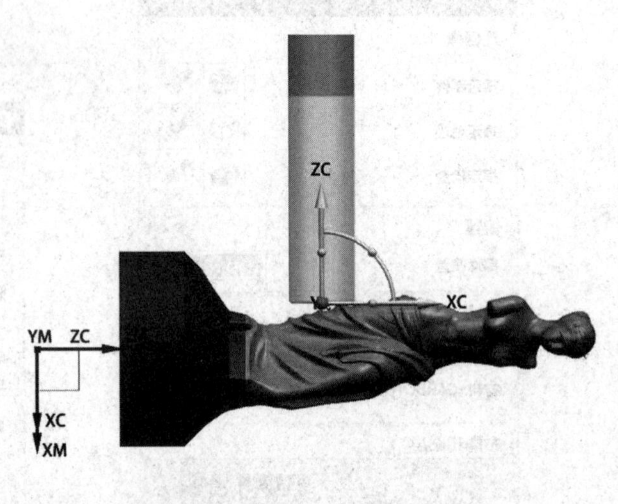

图 4.2.15　生成刀具效果

3）设置工序参数。进入“创建工序”对话框，“类型”选择“mill_ contour”，“工序子类型”选择“型腔铣”，“位置”一栏按图 4.2.16 设置。

图 4.2.16　设置“创建工序”对话框

4）设置型腔铣参数。进入“型腔铣”对话框，“几何体”一栏中的“几何体”选择“WORKPIECE”，“刀轴”一栏的“轴”选择“指定矢量”，即选择基准平面可自动定义矢量，“刀轨设置”一栏的“最大距离”键入 0.8。图 4.2.17 所示为选择刀轴。

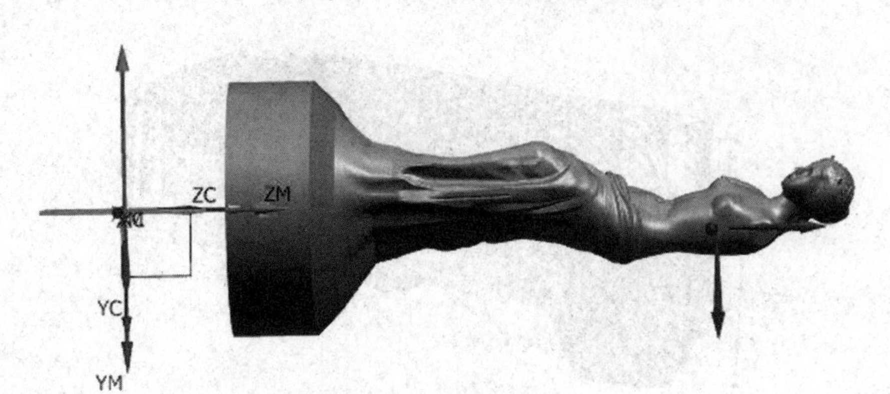

图 4. 2. 17　选择刀轴

5）设置切削层参数。在“型腔铣”对话框里，单击“切削层”按钮，系统弹出“切削层”对话框，“范围定义”中的“范围高度”键入“23. 6”，并单击“确定”按钮，回到“型腔铣”对话框。

6）设置切削参数。在“型腔铣”对话框里，单击“切削参数”按钮，系统弹出“切削参数”对话框，“余量”选项卡中“部件侧面余量”键入“0. 3”，“部件底面余量”键入“0. 1”，并单击“确定”按钮，回到“型腔铣”对话框，如图 4. 2. 18 所示。

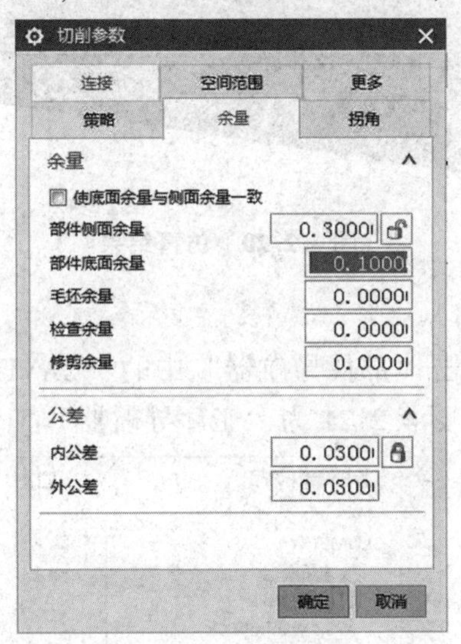

图 4. 2. 18　设置“切削参数”对话框

7）设置进给率和转速参数。在“型腔铣”对话框里单击“进给率和速度”按钮，系统弹出“进给率和速度”对话框，“主轴速度（rpm）”（1 rpm 表示 1 r/min）键入“3500”，“进给率”中的“切削”键入“2500”，单击“计算”按钮，最后单击“确定”按钮，回到“型腔铣”对话框。

8）生成刀轨。在“型腔铣”对话框里单击“生成”按钮，计算出刀轨，如图 4. 2. 19 所示。最后单击“确定”按钮退出“型腔铣”对话框，仿真结果如图 4. 2. 20 所示。

图 4. 2. 19　生成刀轨

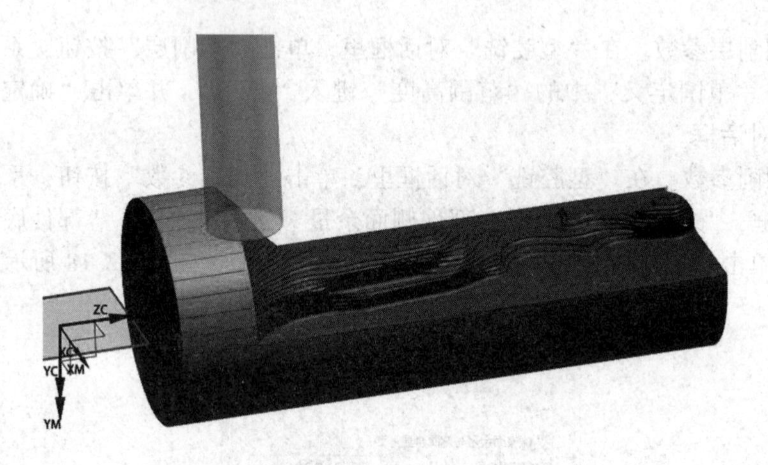

图 4. 2. 20　仿真结果

（2）第二面粗加工

1）复制上一步工序。右击“部件导航器”中的“CAVITY_MILL”→“复制”，然后将复制的程序进行“粘贴”。图 4. 2. 21 为“工序导航器”工作窗口。

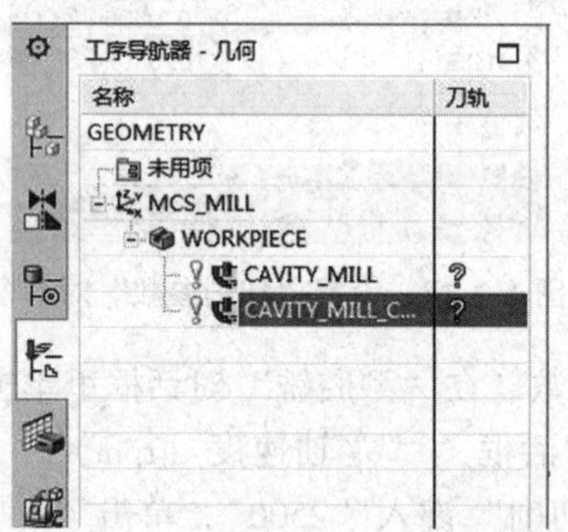

图 4. 2. 21　“工序导航器”工作窗口

双击“CAVITY_MILL”进入“型腔铣”对话框，“刀轴”中的“指定矢量”选择“反向”即可重新定义矢量，如图 4. 2. 22 所示。

图 4.2.22　设置“型腔铣”对话框

2）设置切削层参数。在“型腔铣”对话框里，单击“切削层”按钮，系统弹出“切削层”对话框，“范围定义”中的“范围高度”键入“26”，并单击“确定”按钮，回到“型腔铣”对话框。

3）设置切削参数。在“型腔铣”对话框里，单击“切削参数”按钮，系统弹出“切削参数”对话框，“余量”选项卡中“部件侧面余量”键入“0.3”，“部件底面余量”键入“0.1”，并单击“确定”按钮，回到“型腔铣”对话框，如图 4.2.23 所示。

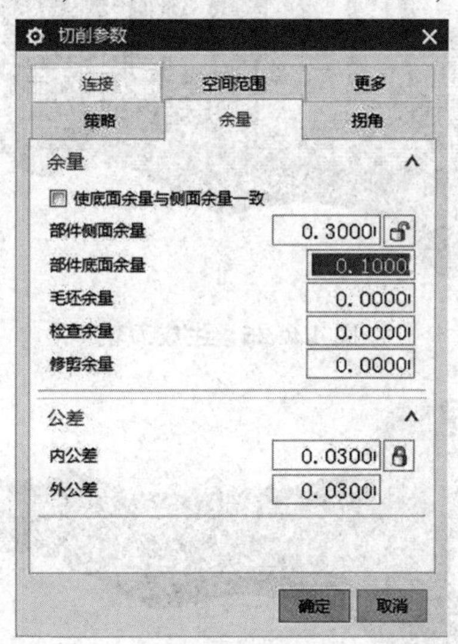

图 4.2.23　设置“切削参数”对话框

4）设置进给率和转速参数。在“型腔铣”对话框里单击“进给率和速度”按钮，系统弹出“进给率和速度”对话框，“主轴速度（rpm）”键入“3500”，“进给率”的“切削”键入“2500”，单击“计算”按钮后再单击“确定”按钮，回到“型腔铣”对话框，如图 4.2.24 所示。

图 4.2.24　设置“进给率和速度”对话框

5）生成刀轨。在“型腔铣”对话框里单击“生成”按钮，计算出刀轨，如图 4.2.25 所示。最后单击“确定”按钮退出“型腔铣”对话框，仿真结果如图 4.2.26 所示。

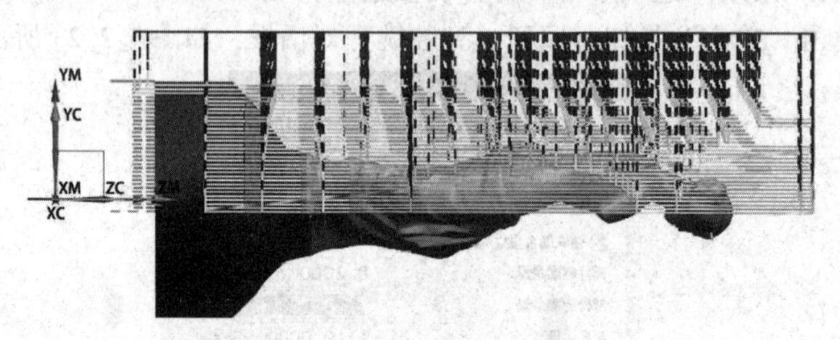

图 4.2.25　生成刀轨

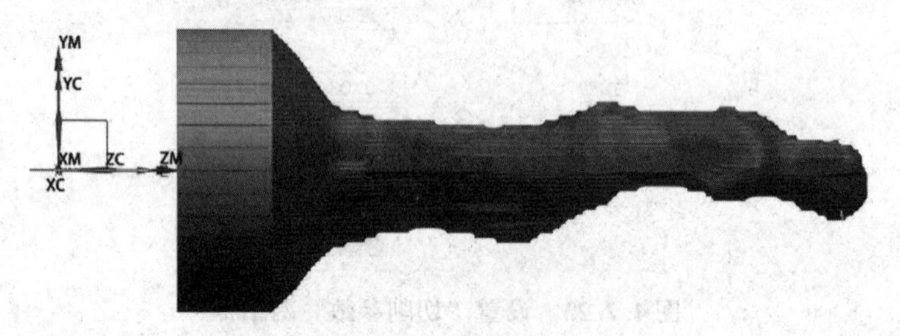

图 4.2.26　仿真结果

7. 创建二次粗加工刀轨

1）创建刀具。进入“创建刀具”对话框，“类型”选择“mill_contour”，“刀具子类型”选择“MILL”，如图 4.2.27 所示。

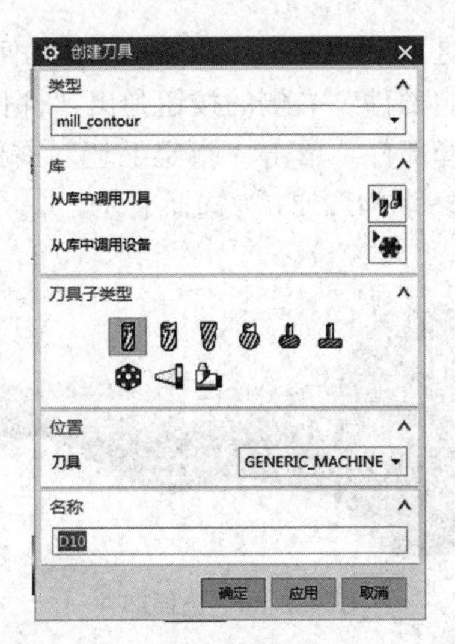

图 4.2.27　设置“创建刀具”对话框

2）设置刀具参数。在“创建刀具”对话框中单击“确定”按钮进入“铣刀-球头铣”对话框，“尺寸”中的“直径”键入“10”，单击“确定”按钮完成刀具设置。图 4.2.28 为生成的刀具效果。

图 4.2.28　生成的刀具效果

3）复制上一步工序。右击“工序导航器”中的“CAVITY_MILL”→“复制”，将复制的程序进行“粘贴”. 图 4.2.29 为“工序导航器”工作窗口。

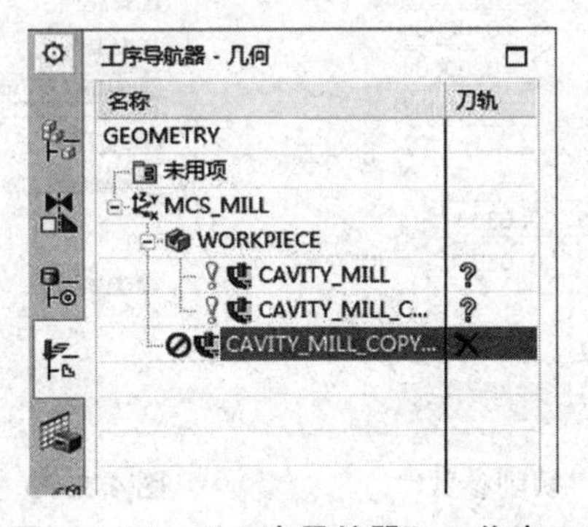

图 4.2.29　“工序导航器”工作窗口

双击“CAVITY_MILL”进入“型腔铣”对话框，“几何体”一栏中的“几何体”选择“MCS_MILL”；单击“指定部件”右侧的按钮弹出“部件几何体”对话框，并对部件体进行框选。图4.2.30为选择部件。单击“指定毛坯”右侧的按钮弹出“毛坯几何体”对话框，并对毛坯体进行框选。图4.2.31为选择毛坯。

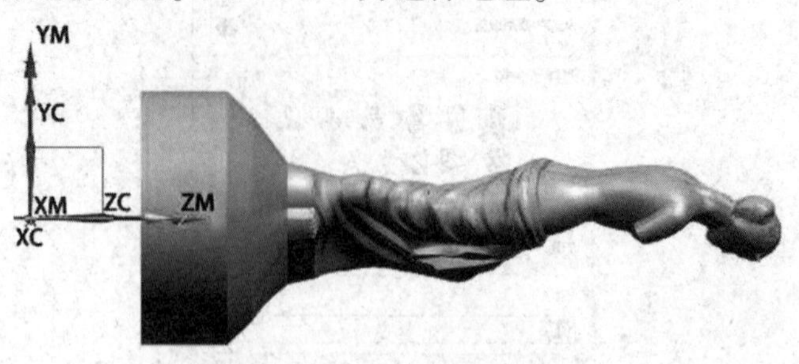

图4.2.30　选择部件

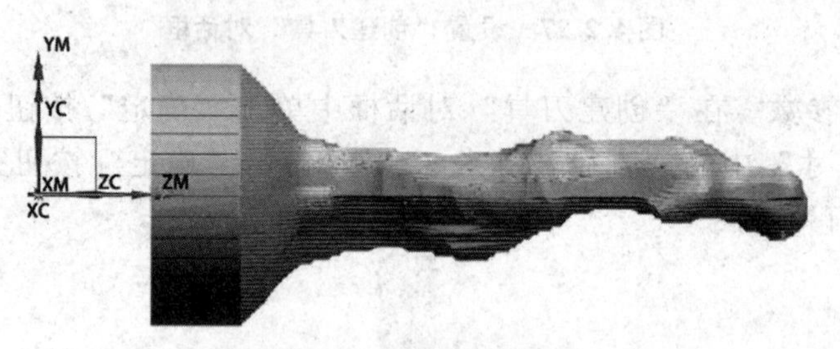

图4.2.31　选择毛坯

在“型腔铣”对话框里，单击“切削参数”按钮，弹出“切削参数”对话框。在“余量”选项卡中，“部件侧面余量”键入“0.1”，“部件底面余量”键入“0.1”，单击“确定”按钮；在“策略”选项卡中，将“延伸路径”一栏下的“在延展毛坯下切削”取消勾选，单击“确定”按钮，如图4.2.32和图4.2.33所示。

图4.2.32　设置“切削参数”对话框的“余量”选项卡

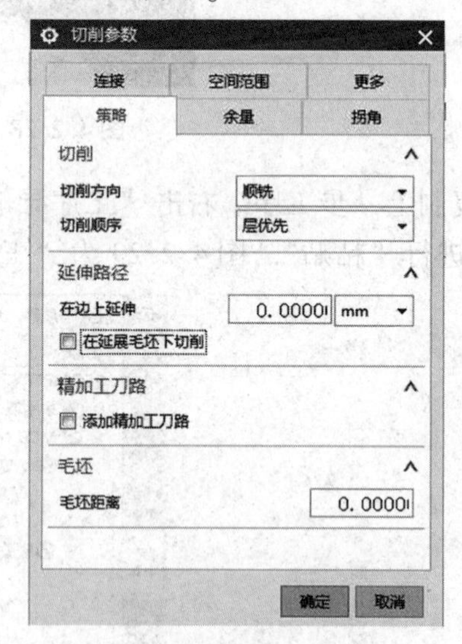

图4.2.33　设置“切削参数”对话框的“策略”选项卡

4）设置非切削移动。返回“型腔铣”对话框，单击“设置非切削移动 ”按钮，系统弹出“设置非切削移动 ”对话框。在“进刀”选项卡的“开放区域”一栏，设置“进刀类型”为“圆弧”，“半径”键入“3”，单击“确定”按钮，回到“型腔铣”对话框。

5）生成刀轨。在“型腔铣”对话框中单击“生成”按钮，计算出刀轨，如图 4. 2. 34 所示，最后单击“确定”按钮。

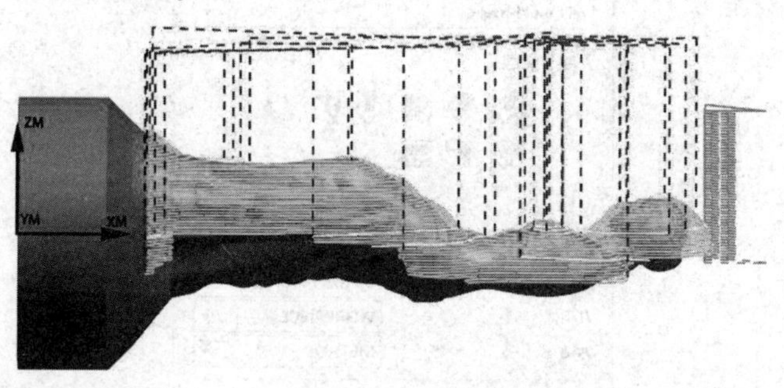

图 4. 2. 34　生成刀轨

8. 创建精加工刀轨

1）创建刀具。进入“创建刀具”对话框，“类型”选择“mill_multi-axis”，“刀具子类型”选择“BALL-MILL”。

2）设置刀具参数。在“创建刀具”对话框中单击“确定”按钮进入“铣刀-球头铣”对话框，“尺寸”中的“球头直径”键入“4”，其余参数按照图 4. 2. 35 进行设置，最后单击“确定”按钮完成刀具设置。图 4. 2. 36 为生成的刀具。

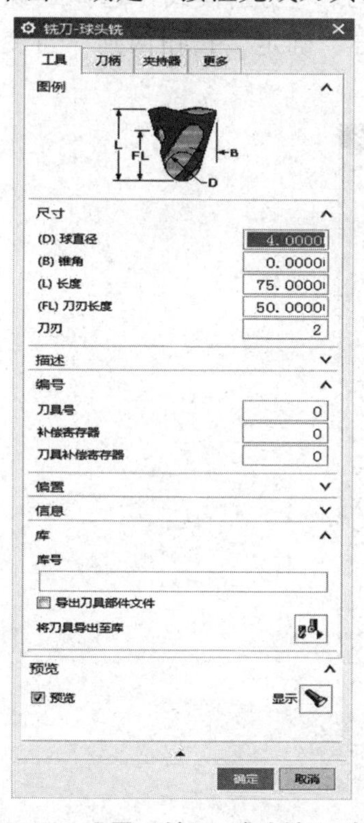

图 4. 2. 35　设置“铣刀-球头铣”对话框

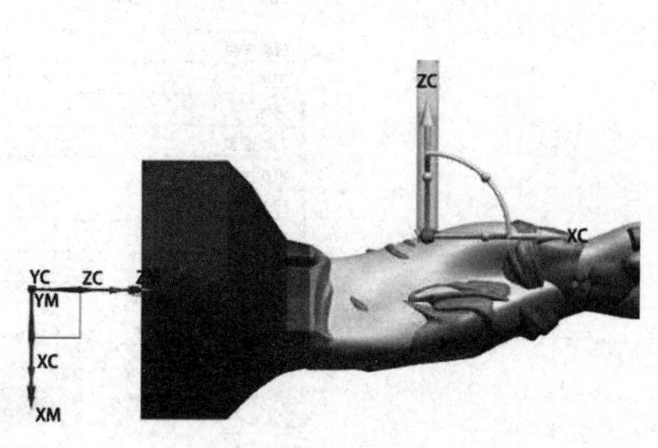

图 4. 2. 36　生成的刀具

3）设置工序参数。在“工序导航器”中进入“创建工序”对话框，“类型”选择“mill_multi-axis”，“工序子类型”选择“可变轮廓铣”，“位置”一栏的参数按图 4.2.37 进行设置。

图 4.2.37　设置“创建工序”对话框

4）设置驱动方法。进入“可变轮廓铣”对话框，在“驱动方法”一栏里将“方法”选为“曲面”，并单击右侧的按钮进入“曲面域驱动方法”对话框，首先选择用于驱动的曲面，“刀具位置”选择“对中”。在“驱动设置”一栏，“切削模式”选择“螺旋”，“步距”选择“数量”，“步距数”键入“50”，最后单击“确定”按钮回到“可变轮廓铣”对话框，如图 4.2.38 ~4.2.41 所示。

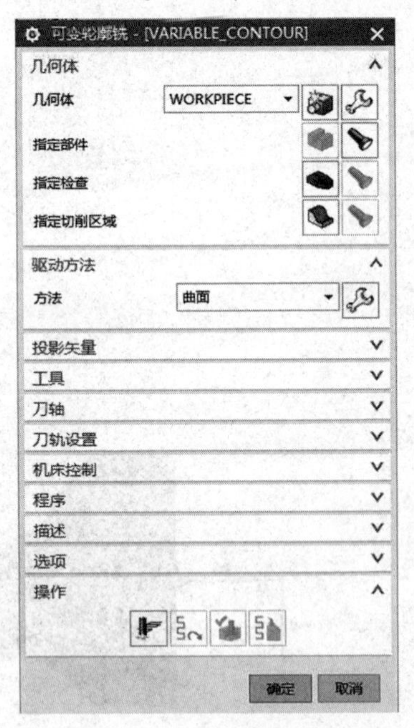

图 4.2.38　“可变轮廓铣”对话框

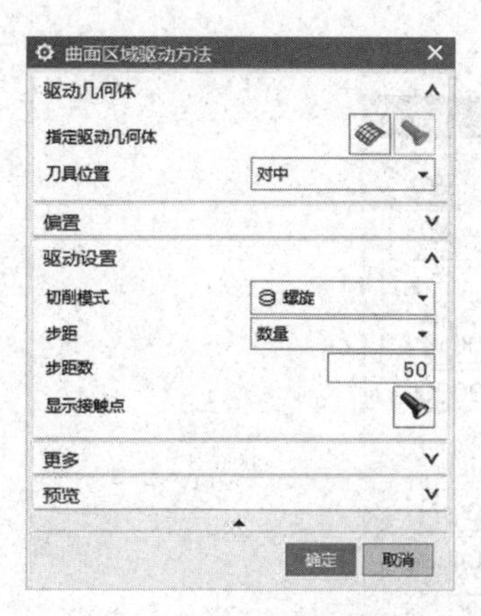

图 4.2.39　设置“曲面曲域驱动方法”对话框

图 4.2.40　设置“驱动几何体”对话框

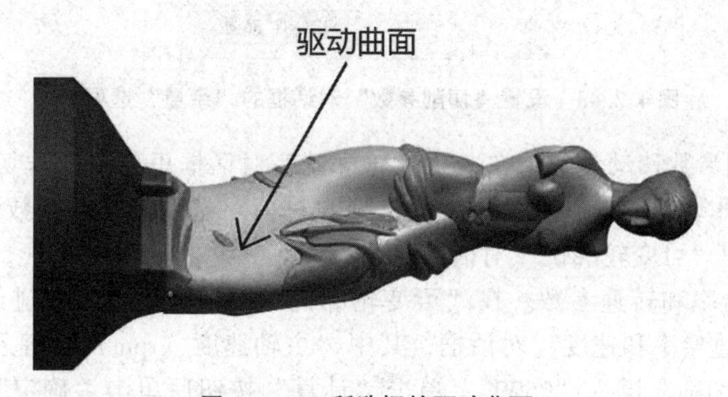

图 4.2.41　所选择的驱动曲面

5）设置刀轴参数。在“可变轮廓铣”对话框里，“刀轴”中的“轴”选择“4 轴-垂直于驱动体”，并单击右侧的“编辑”按钮进入“4 轴-垂直于驱动体”对话框，将“刀轴”一栏的“轴”设置为“Z”，单击“确定”按钮回到“可变轮廓铣”对话框，图 4.2.42 为选择的刀轴。

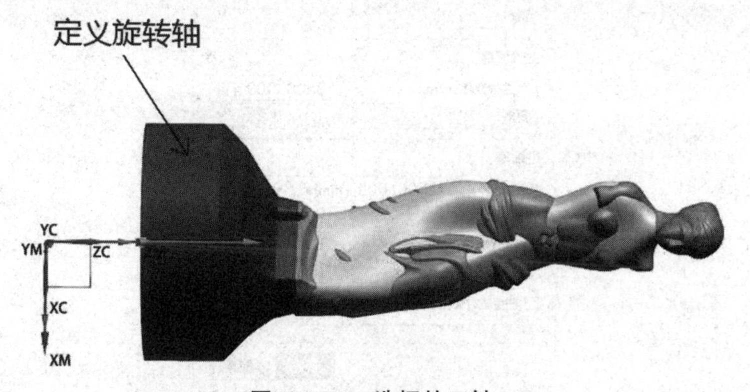

图 4.2.42　选择的刀轴

6）设置切削参数。在“可变轮廓铣”对话框里，单击“切削参数”按钮，弹出“切削参数”对话框，在“余量”选项卡中，“部件余量”键入“1.0”，“内公差”和“外公差”键入“0.03”，单击“确定”按钮回到“可变轮廓铣”对话框，如图 4.2.43

所示。

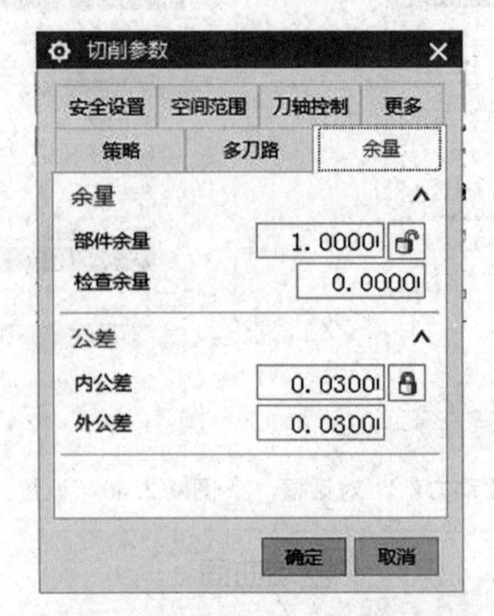

图 4.2.43　设置“切削参数”对话框的“余量”选项卡

7）设置切削参数移动参数。在“可变轮廓铣”对话框里单击“非切削移动”按钮；在系统弹出的“非切削移动”对话框中，选择“进刀”选项卡进行参数设置，最后单击“确定”按钮回到“可变轮廓铣”对话框。

8）设置进给率和转速参数。在“可变轮廓铣”对话框里单击“进给率和速度”按钮，系统弹出“进给率和速度”对话框，其中“主轴速度（rpm）”键入“3500”，“进给率”一栏的“切削”键入“2500”，单击“计算”按钮后单击“确定”按钮回到“可变轮廓铣”对话框，如图 4.2.44 所示。

图 4.2.44　设置“进给率和速度”对话框

9）生成刀轨。在“可变轮廓铣”对话框里单击“生成”按钮，计算出刀轨，如图 4.2.45 所示，最后单击“确定”按钮回到“可变轮廓铣”对话框。

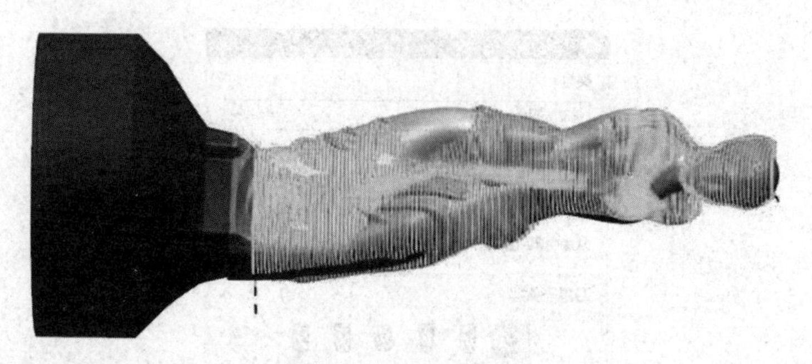

图 4.2.45　生成刀轨

10）投影刀轨到部件上。在“可变轮廓铣”对话框里，单击“指定部件”按钮，进入“部件几何体”对话框，选择要加工的曲面，即可将刀轨投影到部件上。图 4.2.46 和图 4.2.47 分别为选择部件和刀轨在部件上的投影。

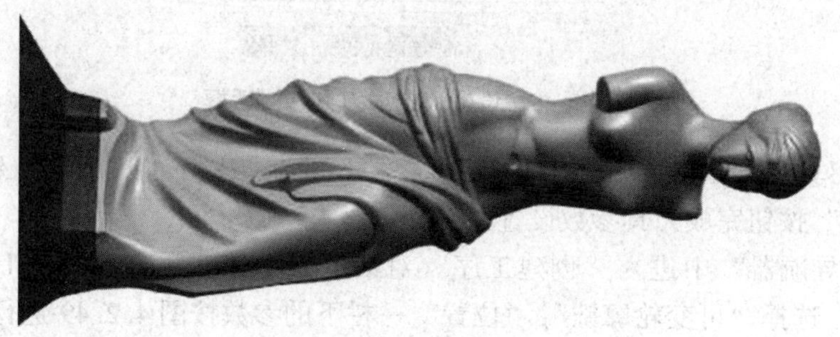

图 4.2.46　选择部件

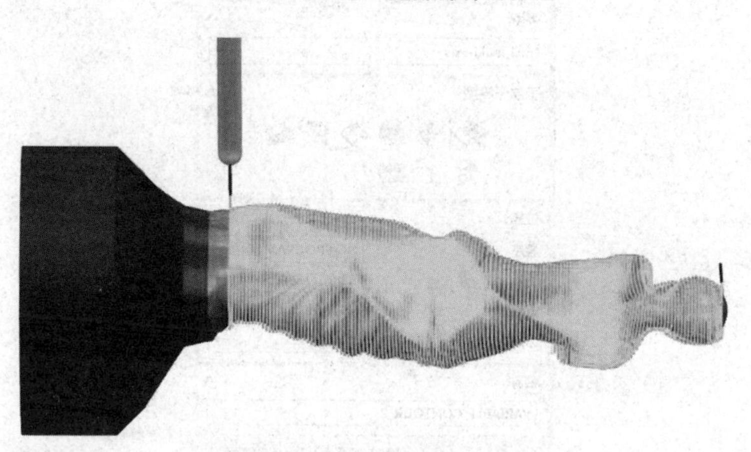

图 4.2.47　刀轨在部件上的投影

9. 创建头顶精加工

1）创建刀具。进入“创建刀具”对话框，“类型”选择“mill_multi-axis”，“刀具子类型”选择“MILL”，“名称”键入“B2”，单击“确定”按钮，如图 4.2.48 所示。

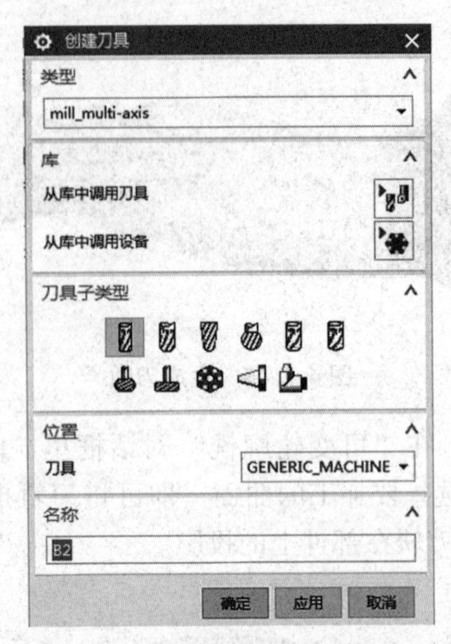

图 4.2.48　设置“创建刀具”对话框

2）设置刀具参数。在弹出的对话框中，将“尺寸”一栏下的“直径”键入“2”，然后单击“确定”按钮完成刀具参数设置。

在“工序导航器”中进入“创建工序”对话框，“类型”选择“mill_multi-axis”，“工序子类型”选择“可变轮廓铣”，“位置”一栏下的参数按图 4.2.49 进行设置。

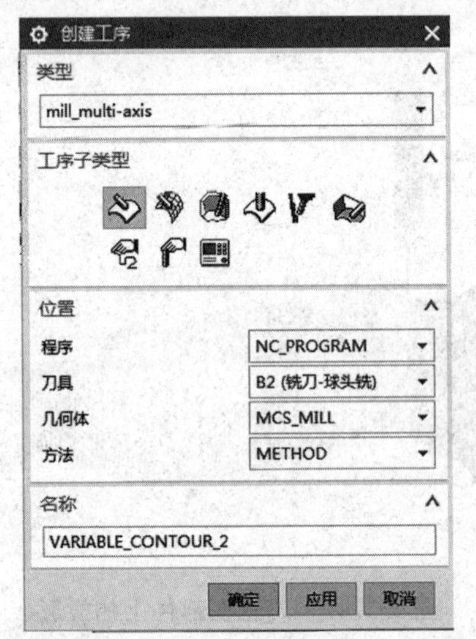

图 4.2.49　设置“创建工序”对话框

3）设置驱动方法。进入“可变轮廓铣”对话框，“驱动方法”中的“方法”选择“边界”，并单击“边界”右侧按钮进入“边界驱动方法”对话框，首先选择用于驱动的曲线，然后单击“确定”按钮回到“可变轮廓铣”对话框，如图 4.2.50 和图 4.2.51 所示，选择边界如图 4.2.52 所示。

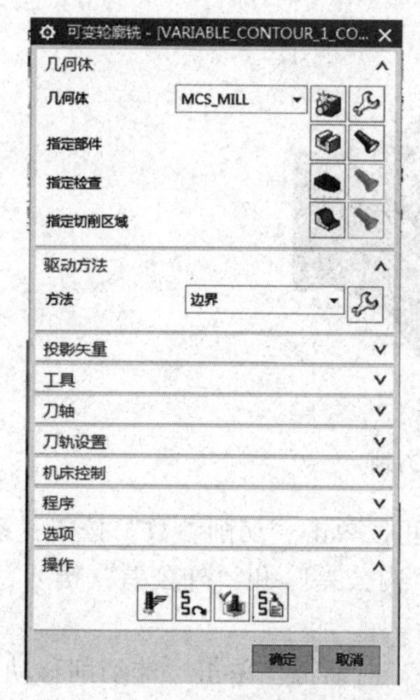

图 4.2.50　设置“可变轮廓铣”对话框

图 4.2.51　设置“边界驱动方法”对话框

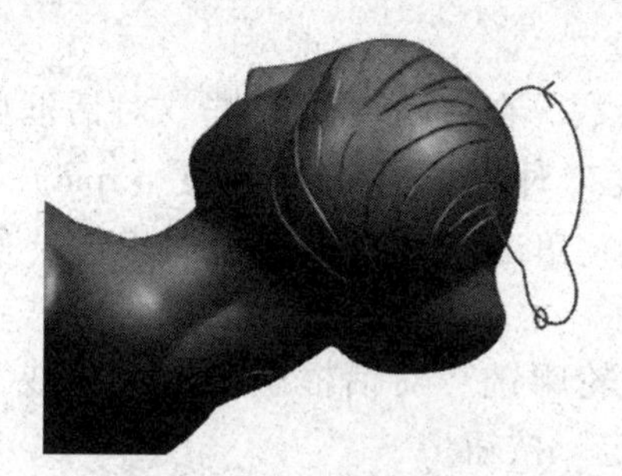

图 4.2.52　选择边界

4）设置刀轴参数。在“可变轮廓铣”对话框里，“刀轴”中的“轴”选择“相对于矢量”，并单击右侧的“编辑”按钮进入“相对于矢量”对话框，其中“指定矢量”选择“YM 轴”，单击“确定”按钮回到“可变轮廓铣”对话框如图 4.2.53 和图 4.2.54 所示，选择刀轴如图 4.2.55 所示。

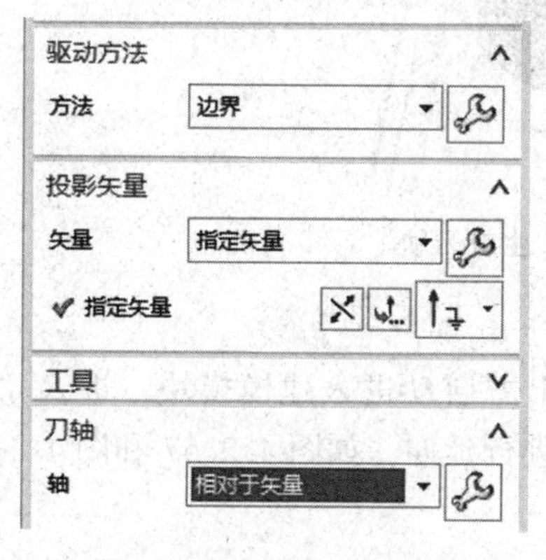

图 4.2.53　指定“刀轴”

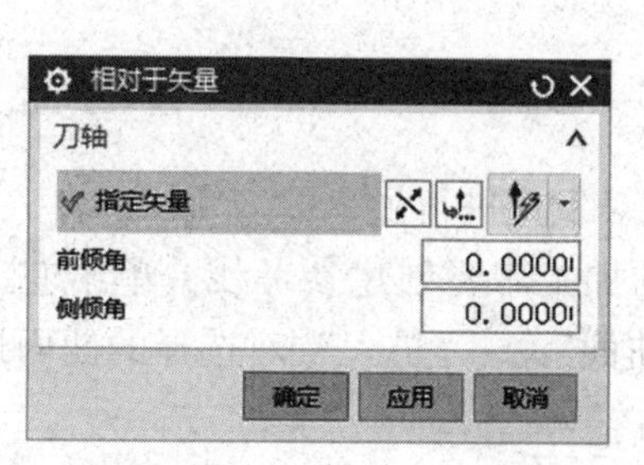

图 4.2.54　“相对于矢量”

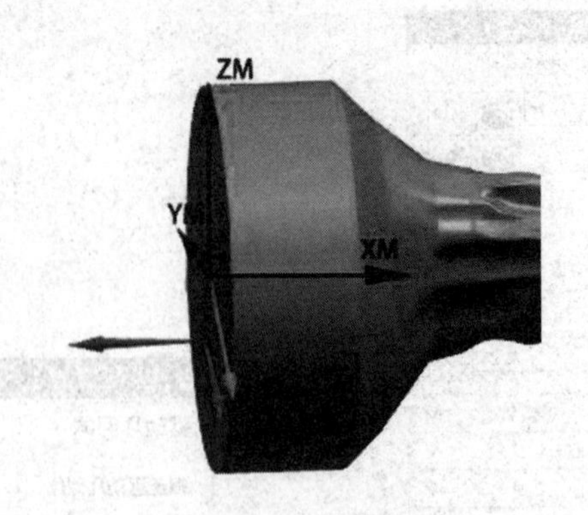

图 4.2.55 选择刀轴

5）设置切削参数。在“可变轮廓铣”对话框里，单击“切削参数”按钮，系统弹出“切削参数”对话框，其中“余量”选项卡下的“内公差”和“外公差”键入“0.03”，单击“确定”按钮回到“可变轮廓铣”对话框。

6）设置切削参数移动参数。在“可变轮廓铣”对话框里单击“非切削移动”按钮，系统弹出“非切削移动”对话框，选择“进刀”选项卡进行参数设置，单击“确定”按钮回到“可变轮廓铣”对话框。

7）设置进给率和转速参数。在“可变轮廓铣”对话框里单击“进给率和速度”按钮，系统弹出“进给率和速度”对话框，“主轴速度（rpm）”键入“3500”，“进给率”一栏的“切削”键入“2500”，单击“计算”按钮后单击“确定”按钮回到“可变轮廓铣”对话框。

8）生成刀轨。在“可变轮廓铣”对话框里单击“生成”按钮，计算出刀轨，如图 4.2.56 所示，最后单击“确定”按钮。

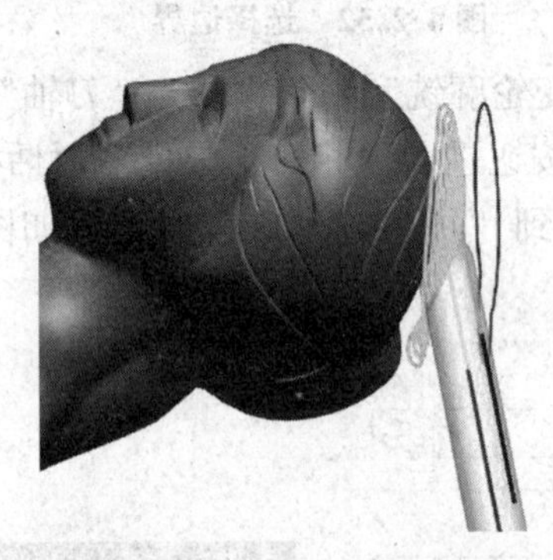

图 4.2.56 生成刀轨

10. 创建对发丝进行加工的刀轨

对发丝的加工需要创建参考线，单击左上方启动进入建模模块，进入“编辑”对话框，单击“曲面”→“扩大”对选择的曲面进行延伸，如图 4.2.57 和图 4.2.58 所示。

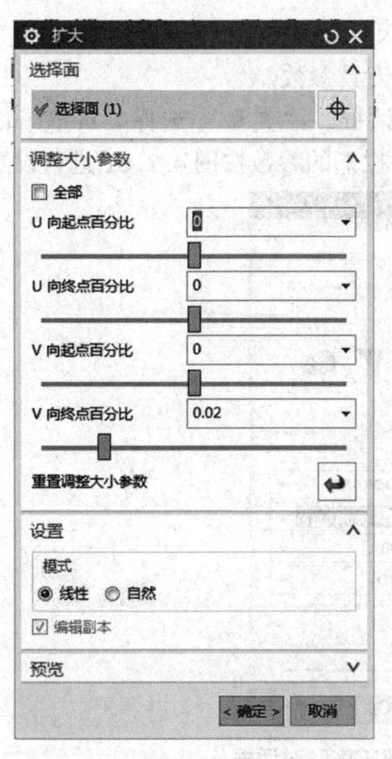

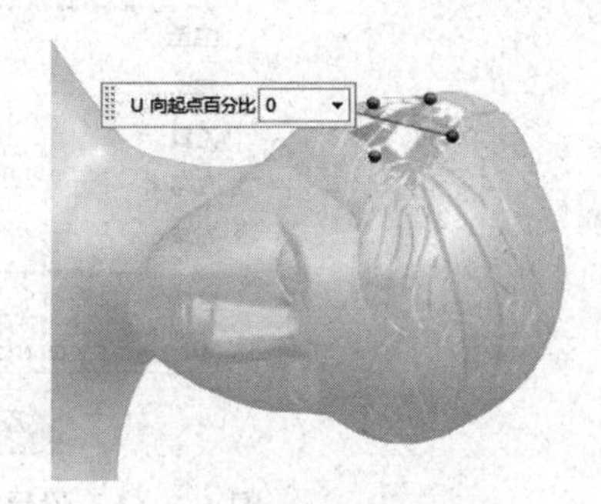

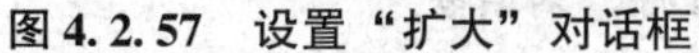

图 4.2.57　设置“扩大”对话框　　　图 4.2.58　生成曲面

1）创建投影曲线。单击“插入”→“派生曲线”→“投影”，弹出“投影曲线”对话框，将边线投影到上一步的曲面上。

2）创建直线。创建参考直线的目的在于将其用于之后编程插补矢量的确定，具体操作为：单击“插入”→“曲线”→“直线”，将弹出的“直线”对话框按照图 4.2.59 进行设置，创建的参考直线，如图 4.2.60 所示。

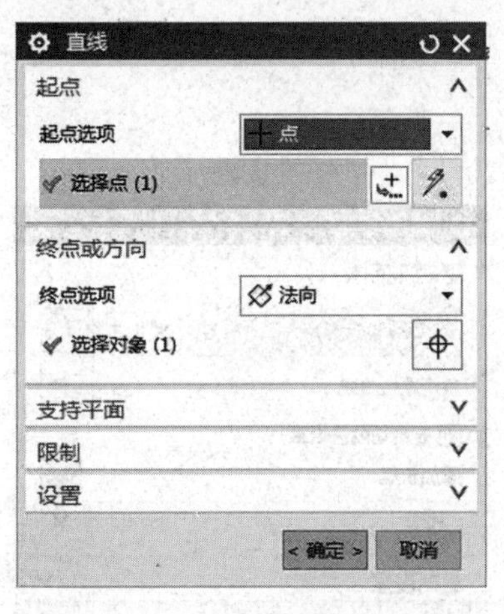

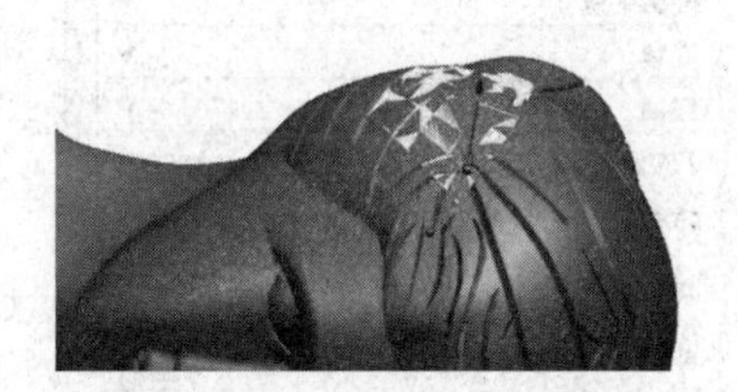

图 4.2.59　设置“直线”对话框　　　图 4.2.60　创建的参考直线

3）创建刀具。进入“创建刀具”对话框，“类型”选择“mill_multi-axis”，“刀具子类型”选择“MILL”，“名称”键入“Z4”，单击“确定”按钮。

4）设置刀具参数。在弹出的对话框中将“尺寸”一栏下的“直径”键入“4”，“尖角”键入“52”，然后单击“确定”按钮，完成刀具参数。

在“工序导航器”中进入“创建工序”对话框，“类型”选择“mill_multi-axis”，“工序子类型”选择“可变轮廓铣”，“位置”一栏下的参数按图 4.2.61 进行设置。

图 4.2.61 设置“创建工序”对话框

5）设置驱动方法。进入“可变轮廓铣”对话框，“驱动方法”中的“方法”选择“曲线/点”，并单击右侧按钮进入“曲线/点驱动方法”对话框，首先选择用于驱动的曲线，然后单击“确定”按钮，回到“可变轮廓铣”对话框如图 4.2.62 和图 4.2.63 所示，选择曲线如图 4.2.64 所示。

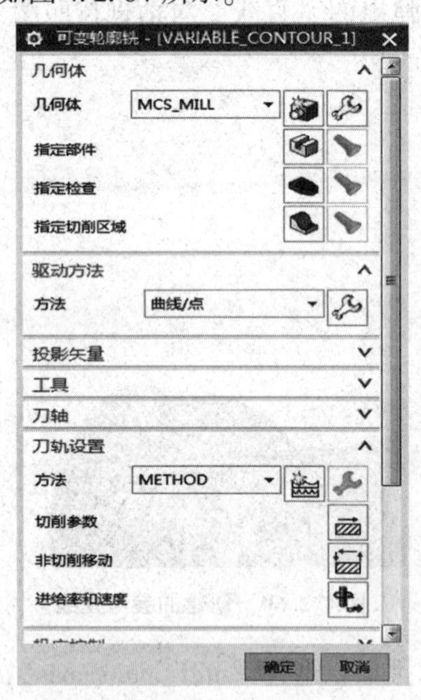

图 4.2.62 设置“可变轮廓铣”对话框　图 4.2.63 设置“曲线/点驱动方法”对话框

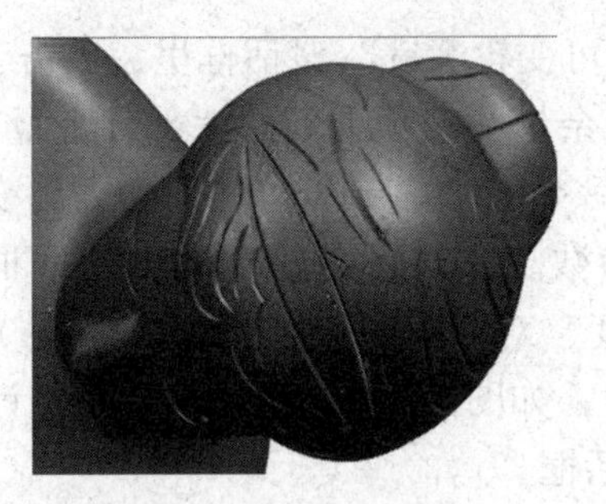

图 4.2.64　选择曲线

6）设置刀轴参数。在“可变轮廓铣”对话框里，“刀轴”中的“轴”选择“插补矢量”，并单击右侧的“编辑”按钮进入“插补矢量”对话框设置参数，最后单击“确定”按钮回到“可变轮廓铣”对话框如图 4.2.65 和图 4.2.66 所示，设置插补矢量如图 4.2.67 所示。

图 4.2.65　设置“可变轮廓铣”对话框

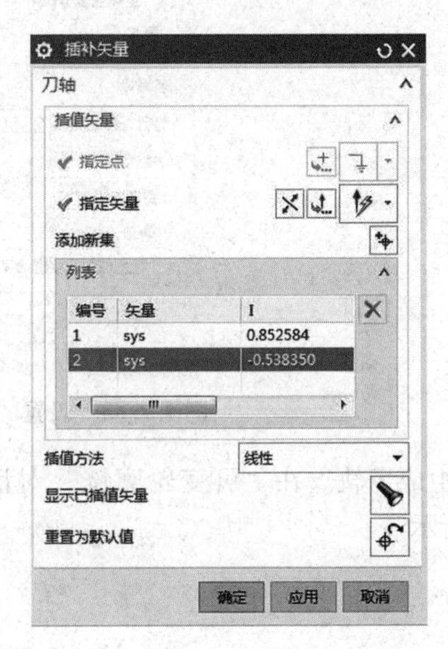

图 4.2.66　设置“插补矢量”对话框

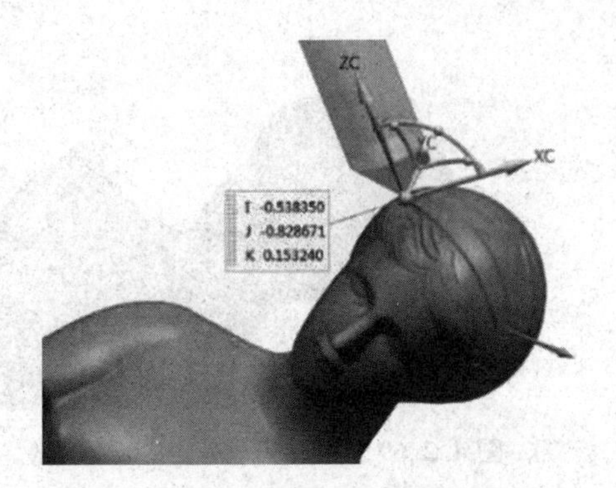

图 4.2.67　设置插补矢量

7）设置切削参数。在“可变轮廓铣”对话框里，单击“切削参数”按钮，系统弹出“切削参数”对话框，其中“余量”选项卡下的“部件余量”键入“1.0”，“内公差”和“外公差”键入“0.03”，最后单击“确定”按钮回到“可变轮廓铣”对话框。

8）设置进给率和转速参数。在“可变轮廓铣”对话框里单击“进给率和速度”按钮，系统弹出“进给率和速度”对话框，“主轴速度（rpm）”键入“3500”，“进给率”一栏的“切削”键入“2500”，如图4.2.68所示。单击“计算”按钮后单击“确定”按钮，回到“可变轮廓铣”对话框。

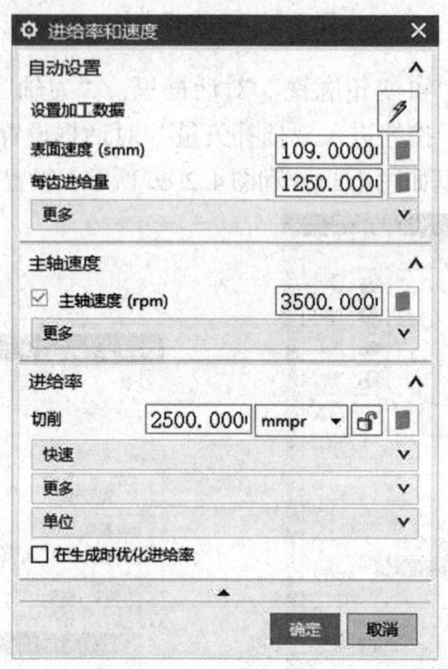

图4.2.68 设置“进给率和速度”对话框

9）生成刀轨。在“可变轮廓铣”对话框里单击“生成”按钮，计算出刀轨，如图4.2.69所示。

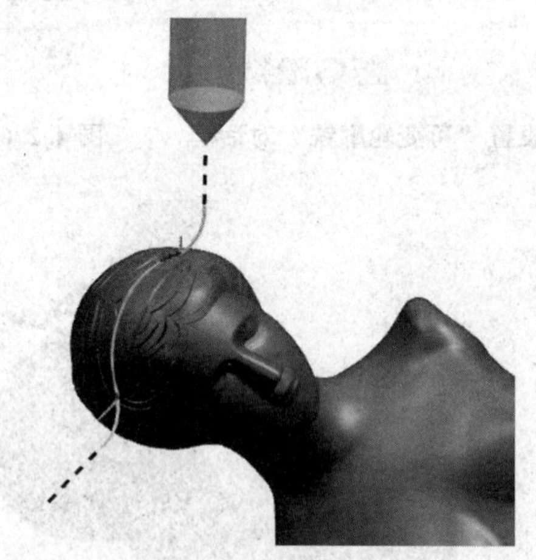

图4.2.69 生成刀轨

任务实施

根据课程内容独立完成维纳斯人体加工程序的编写。

知识拓展

图 4. 2. 70 所示的企鹅在加工过程中刀轴需采用哪些设置。

图 4. 2. 70　企鹅

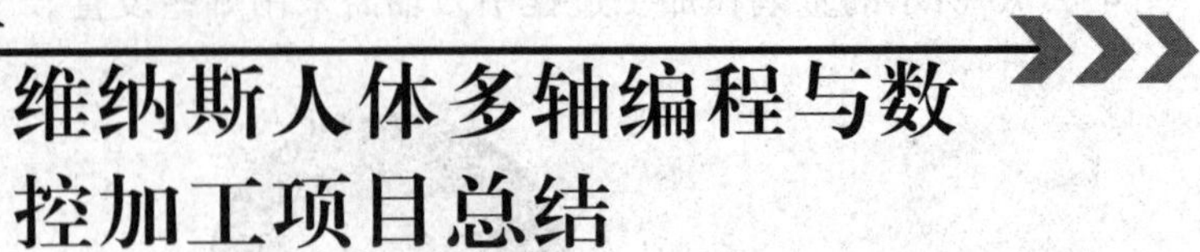

项目三 维纳斯人体多轴编程与数控加工项目总结

项目目标

回顾维纳斯人体的加工工艺及UG多轴编程加工；

了解刀轴控制的应用范围及特点。

任务列表

学习任务	知识点	能力要求
任务　维纳斯人体加工总结	维纳斯人体加工工艺	了解维纳斯人体加工工艺
	刀轴控制的应用范围及特点	了解刀轴控制的应用范围及特点

任务　维纳斯人体加工总结

任务导入

思考在加工维纳斯人体的过程中，其所使用的刀轴控制的应用范围及特点。

知识链接

维纳斯人体加工工艺的回顾：

首先选用“d16r0.8”刀具对维纳斯毛坯进行粗加工，加工方法使用“mill_contour”，“刀具子类型”选择“MILL”，使用型腔铣，然后使用直径为10 mm的刀具对维纳斯人体进行整体半精加工，加工方法还可以用“mill_contour”，“刀具子类型”选择“MILL”。用直径为4 mm的球刀对维纳斯人体的身体进行精加工，加工方法可以使用“mill_multi-axis"，"刀具子类型"选择"MILL"，使用可变轮廓铣进行身体的精加工。使用直径为 2 mm 的球刀对维纳斯人体的头部进行精加工，加工方法可以使用"mill_multi-axis"，"刀具子类型"选择"MILL"，使用可变轮廓铣进行头顶的精加工。使用直径为 4 mm、锥角为 52°的雕刻刀对发丝进行加工，加工方法可以使用"mill_multi-axis"，刀具子类型选择"MILL"，使用可变轮廓铣即可完成发丝的精加工。

1. 维纳斯人体的编程过程

（1）维纳斯人体的结构形状及装夹方法

根据维纳斯人体的 3D 模型，可以将其归类为轴类零件，此类零件一般选用常规夹具。此次我们选用自定心卡盘。

（2）选材

维纳斯人体是较为典型的多轴数控加工零件。其毛坯一般都选用回转体棒料，根据需求选用不同的加工材料，在加工过后还可以对成型的维纳斯人体进行涂覆以防腐蚀或者进行电镀以增加美观性。同时还要考虑切削性，切削性好的材料可以减少编程和加工的困难；加工的困难变少，就使编程发挥的空间变大，可以编出更好更合理的刀轨，同时也让表面的质量变得更好。从而提高整体的工作效率。

（3）铣削装夹前对毛坯材料的处理

为了减少铣削加工量及便于在铣削时装夹，我们可以对毛坯材料进行一定的车削加工，形成回转体基本形状。

注意：在用车床把棒料车削成毛坯时，一定要保证毛坯中一些部位的尺寸及位置精度，以便后续在加工中心上装夹、找正。

（4）维纳斯人体的加工难点及对应的加工方案

1）因整体式钻头为复杂的曲面零件，普通数控机床难以实现其加工需要，所以最好选用五轴机床来加工（简单对称的钻头也可以用四轴机床加工）。加工时采用五轴联动加工，而非 3+2 定轴加工。

2）通常维纳斯人体毛坯形状复杂且较难加工，所以要选用材料硬度和加工精度都合适的刀具。粗加工时尽可能选用大直径的铣刀，这样加工效率比较高，精加工时选用带锥度（一般为 3°～5°）的球头铣刀，以增加刀具的刚性，避免刀具因刚性问题而折断，同时也应合理选择切削用量。

3）由于采用对称粗加工以及对称精加工，维纳斯人体的头部位置会留下多余材料，所以要对头部进行一次精加工将其清除。

2. 维纳斯人体的加工过程

型腔铣是我们平时常用的粗加工方法（尤其在三轴中最常用），我们可以在一粗时先用大刀去除工件大部分的余量（加工效率非常高），再用小刀对工件进行二粗，去除大刀切削残留的余量。

（1）维纳斯人体前半部分毛坯粗加工

首先定义毛坯（经车削后的毛坯）和部件几何体（维纳斯人体），"几何体"选择"WORKPIECE"，创建 MCS（机床坐标系），从刀库调刀，创建"操作"选择型腔铣。

对维纳斯人体前半部分毛坯粗加工采用型腔铣方式。"刀轴"一栏的"轴"选用

“+YM”，设置选项的“切削模式”选择“跟随周边”，“步距”选择“刀具平直百分比”，“平直直径百分比”键入“50”，“公共每刀切削深度”选择“恒定”，“最大距离”键入“0. 8”。重要的是进行“切削层”的设置，单击“切削层”右侧的按钮进入“切削层”对话框，“范围类型”选择“用户定义”，“切削层”及“公共每刀切削深度”都选择“恒定”，“最大距离”键入“0. 8”，“范围深度”键入“23. 6”，这个深度多少波动一些也是可以的，“测量开始位置”选择“顶层”，单击“确定”按钮，返回“型腔铣”对话框，生成刀轨并确认刀轨。

（2）维纳斯人体后半部分毛坯粗加工

对维纳斯人体后半部分毛坯进行粗加工同样使用型腔铣方式。“类型”选择“mill_contour”，“几何体”选择“WORKPIECE”。进入“型腔铣”对话框进行“刀轨设置”，首先进行基本设置，“切削模式”选择“跟随周边”，“步距”选择“刀具平直百分比”，“平面直径百分比”键入“50”，“公共每刀切削深度”选择“恒定”，“最大距离”键入“0. 8”；随后进入“切削层”对话框，“类型”下的“范围类型”更改为“用户定义”，“切削层”及“公共每刀切削深度”都选择“恒定”，“最大距离”键入“0. 8”，“范围深度”键入“26”，也可以鼠标拖动高亮显示的面的法向箭头来调节范围深度，这个深度多少波动一些也是可以的，只要大于我们要粗加工的厚度即可，“测量开始位置”选择“顶层”，最后生成刀轨并确认刀轨。

（3）维纳斯人体半精加工（二次粗加工）

依旧使用型腔铣方式对维纳斯人体进行半精加工。“刀轴”一栏的“轴”选用“+YM”，“切削模式”选择“跟随周边”，“步距”选择“刀具平直百分比”，“平直直径百分比”键入“50”，“公共每刀切削深度”选择“恒定”，重要的是进行“切削层”的设置，单击“切削层”右侧的按钮进入切削层对话框，其中“范围类型”更改为“用户定义”，“切削层”及“公共每刀切削深度”都选择“恒定”，“最大距离”键入“0. 8”，“范围深度”键入“23. 6”，“部件侧面余量”键入“0. 1”，最后返回“型腔铣”对话框，生成刀轨并确认刀轨。

（4）维纳斯人体精加工

利用较小直径的刀具，并采用区域轮廓铣方式来对维纳斯人体进行精加工。“类型”选择“mill_multi-axis”，“几何体”选择“WORKPIECE”，进入“区域轮廓铣”对话框，“指定部件”选择整个体为部件，“驱动方法”中的“方法”选择“曲面区域”，随后单击右侧的按钮进入“曲面区域驱动方法”对话框，选择用于驱动的曲面，“刀具位置”选择“对中”。在“驱动设置”一栏里，“切削模式”选择“螺旋”，“步距”选择“数量”，“步距数”键入“50”，单击“确定”按钮。“刀轴”一栏中默认设置“轴”为“4 轴-垂直于驱动体”，并通过单击右侧的按钮将其选择为“Z”，返回“可变轮廓铣”对话框，最后生成刀轨并确认。

（5）维纳斯人体头部的精加工

维纳斯人体头部的加工可采用可变轮廓铣。进入“创建工序”对话框，“类型”选择“mill_multi-axis”，“工序子类型”选择“可变轮廓铣”，“几何体”选择“MCS-MILL”，然后单击“确定”按钮进入“可变轮廓铣”对话框。其中“指定部件”选择整个体，“驱动方法”一栏里单击“边界”按钮，进入“边界驱动方法”对话框，首先选择用于驱动的曲线，然后单击“确定”按钮返回“可变轮廓铣”对话框。在“可变轮廓铣”对话框中“刀轴”一栏的“轴”选择“相对于矢量”，随后单击“编辑”按钮进入“相对于矢量”对话框，选择“YM”作为矢量，最后生成刀轨并确认。

（6）对维纳斯人体发丝进行加工

维纳斯人体的发丝可以使用雕刻刀以可变轮廓铣方式进行加工。首先进入“创建工序”对话框，“类型”选择“mill_multi-axis”，“工序子类型”选择“可变轮廓铣”，“几何体”选择“MCS-MILL”，然后单击“确定”按钮进入“可变轮廓铣”对话框。在“可变轮廓铣”对话框中“指定部件”选择整个体，“驱动方法”一栏里“方法”选择“曲线/点”，并单击“曲线/点”右侧的按钮，进入“曲线/点驱动方法”对话框，首先选择用于驱动的曲线，然后单击“确定”按钮返回“可变轮廓铣”对话框，“刀轴”一栏的“轴”选择“插补矢量”，随后单击“编辑”按钮进入“插补矢量”对话框指定刀轴矢量，并返回“可变轮廓铣”对话框，最后生成刀轨并确认。

3. 加工维纳斯人体的刀轴控制

（1）垂直于部件

可变刀轴矢量在每一个接触点处垂直于零件几何表面，刀具所在的轨迹点都是垂直于部件；垂直于部件用于定义在每个接触点处垂直于部件表面的刀轴。

（2）相对于部件

刀具的圆弧与部件相互接触；相对于部件通过前倾角和侧倾角指定的最小值和最大值将相应地限制刀轴的可变性。

（3）垂直于驱动体

刀具所在的轨迹点都是垂直于部件；垂直于驱动体用于定义在每个接触点处垂直于部件表面的刀轴。

（4）相对于驱动体

刀具的圆弧与部件相互接触；相对于驱动体通过前倾角和侧倾角指定的最小值和最大值将相应地限制刀轴的可变性，其可用于在非常复杂的部件表面上控制刀轴的运动。

任务实施

选择合适的刀轴控制进行程序编写。

知识拓展

使用合适的刀轴控制编写图 4. 2. 70 的加工程序。

模块五

大力神杯的多轴编程与数控加工

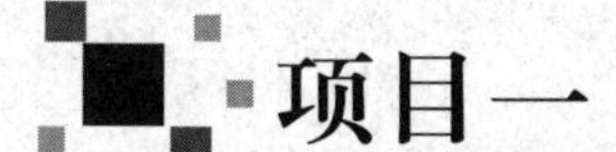

项目一 五轴等高加工技术认知

项目目标

了解五轴等高加工技术；
了解五轴等高加工实例；
了解相关刀轴控制。

任务列表

学习任务	知识点	能力要求
任务　深度加工 5 轴铣的认知	五轴等高加工实例的操作	掌握五轴等高加工
	刀轴控制之朝向曲线	掌握相关驱动方法

任务　深度加工 5 轴铣的认知

任务导入

深度加工 5 轴铣作为五轴等高加工技术的一种，其采用侧倾刀轴的方式使刀具远离部件几何体，避免在使用短球头铣刀时加工零件与刀柄/夹具碰撞。

深度加工 5 轴铣建议用于需半精加工和精加工轮廓铣的工件，如无底的注塑模、凹模等。图 5.1.1 为深度加工 5 轴铣。

图 5.1.1　深度加工 5 轴铣

知识链接

五轴等高加工实例的具体操作：使用深度加工 5 轴铣对

图 5.1.2 所示工件的侧壁进行精加工。

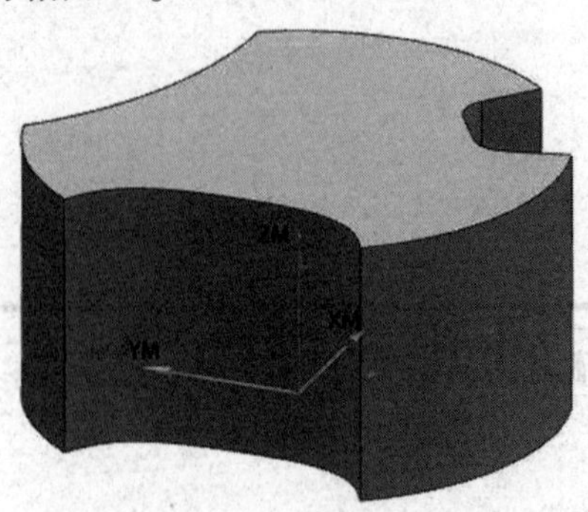

图 5.1.2　精加工侧壁

首先我们创建刀具，在“创建刀具”对话框中“类型”选择“mill_multi-axis”，“刀具子类型”选择直径为 4 mm 的球刀。生成的刀具如图 5.1.3 所示。

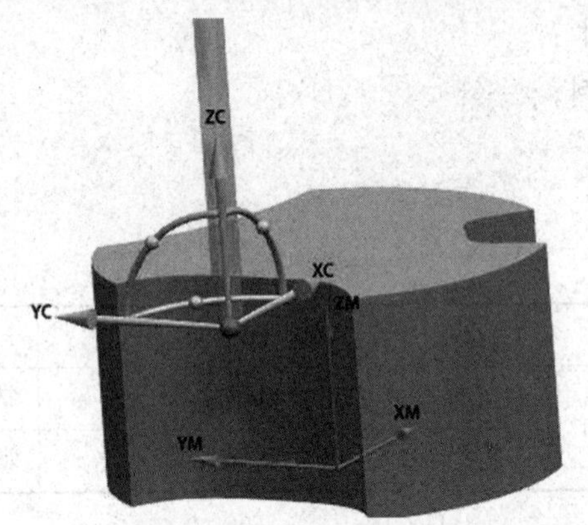

图 5.1.3　生成的刀具

绘制刀轴的控制曲线。进入“圆弧/圆”对话框，按图 5.1.4 所示设置参数（设置为整圆），单击“确定”按钮完成刀轴辅助控制曲线的绘制。生成的圆弧如图 5.1.5 所示。

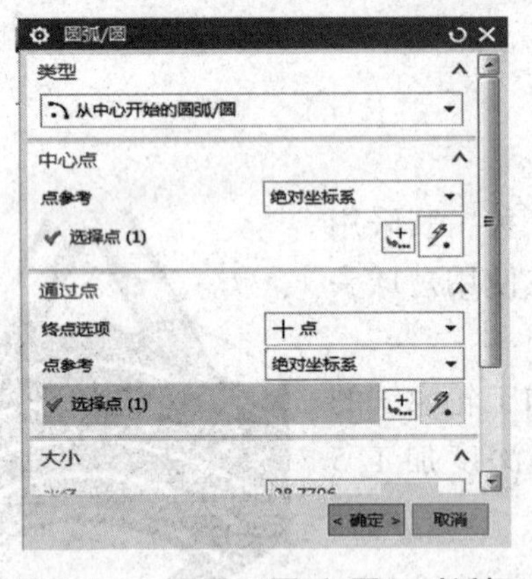

图 5.1.4　设置“圆弧/圆”对话框

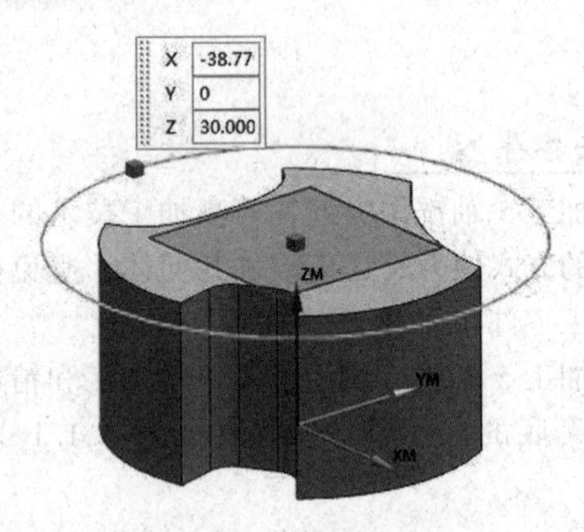

图 5.1.5　生成的圆弧

进入“深度加工 5 轴铣”对话框，首先将工件定义为部件，接着指定切削区域，选择需要加工的侧壁上的面作为切削区域，如图 5.1.6 和图 5.1.7 所示。

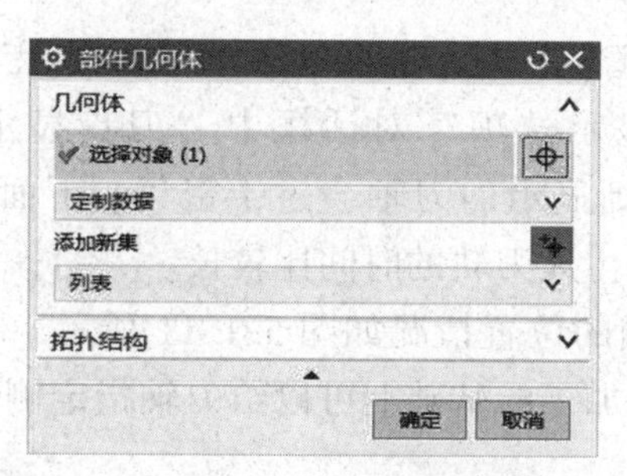

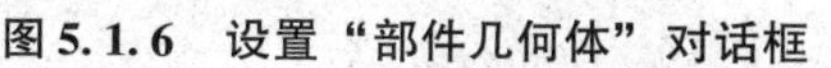
图 5.1.6　设置“部件几何体”对话框

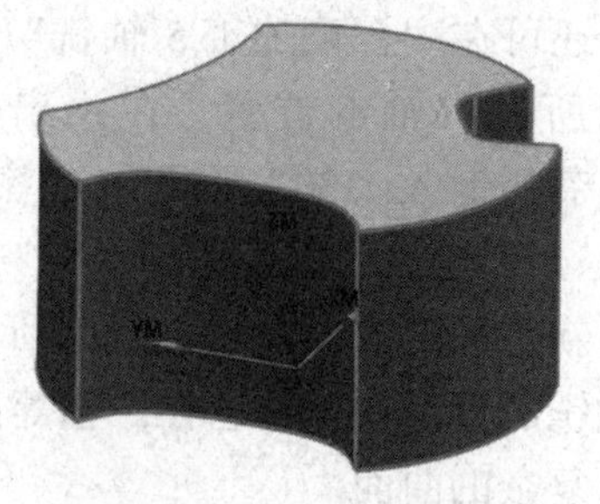

图 5.1.7　指定切削区域

“刀轴”一栏的“轴”选用“朝向曲线”，选择零件竖直边界作为刀轴的侧倾参考，刀轴的侧倾角度键入“20”。

在“切削层”对话框中，“范围深度”键入“30”，“公共每刀切削深度”键入“1”，如图 5.1.8 所示。定义完成后的切削预览效果如图 5.1.9 所示。

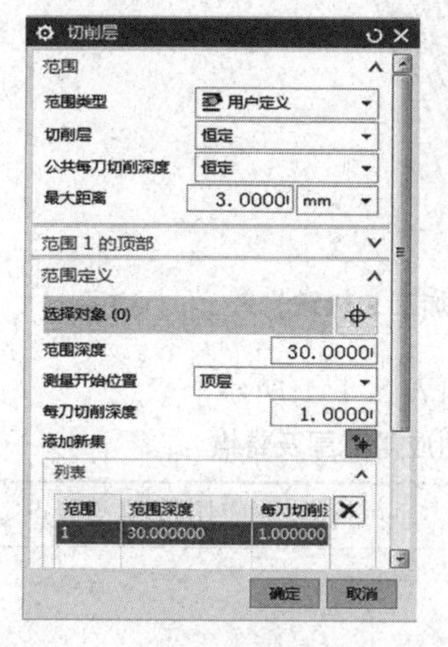

图 5.1.8　设置“切削层”对话框

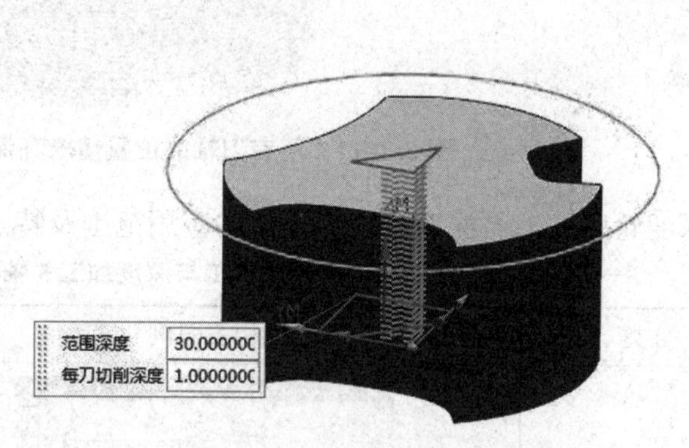

图 5.1.9　切削预览效果

最后在“深度加工 5 轴铣”对话框中单击“操作”下的“生成刀轨”→“确认刀轨”，播放动画。生成的刀轨如图 5.1.10 所示。

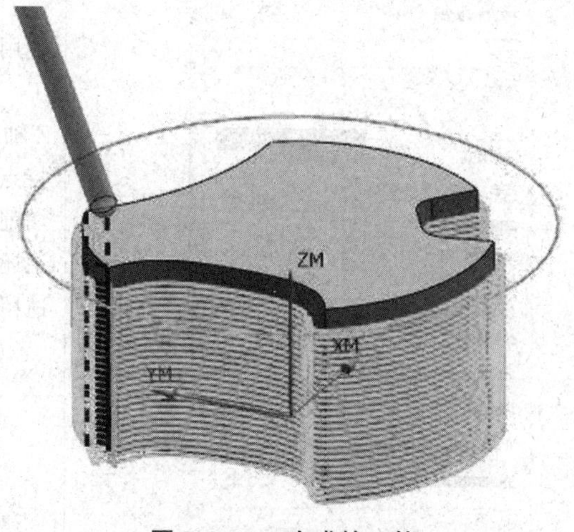

图 5.1.10　生成的刀轨

此外，还可在“深度加工 5 轴铣”对话框中单击“选项”下“编辑显示”右侧的按钮，来显示所有刀轴的位置。在弹出的“显示选项”对话框中“刀具显示”切换为“轴”，“频率”键入“30”即可，频率过大则显示的刀轴会过于密集，下面的“模式”选择“无”，“速度”可以调速到“10”，否则生成刀轨的时间比较长。

然后重新生成刀轨，加工过程中所有刀轴的位置情况如图 5.1.11 所示，不难看出深度加工 5 轴铣的特点在于：它在三轴等高轮廓加工的基础上可以给刀轴指定侧倾角，如此便能加工更复杂的曲面。

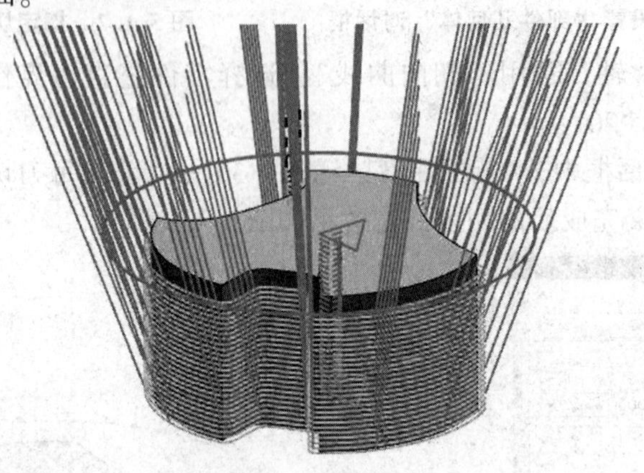

图 5.1.11　所有刀轴的位置情况（深度加工 5 轴铣）

深度轮廓加工与深度加工 5 轴铣的应用范围及特点如表 5.1.1 所示。

表 5.1.1　深度轮廓加工与深度加工 5 轴铣的应用范围及特点

分类	相关图例	应用范围及特点
深度轮廓加工	深度轮廓加工 - [ZLEVEL_PROFILE] 几何体 几何体 WORKPIECE 指定部件 指定检查 指定切削区域 指定修剪边界 工具 刀轴 轴 +ZM 轴 +ZM 轴 指定矢量 动态 刀轨设置 方法 METHO 陡峭空间范围 无 合并距离 3.0000 mm 最小切削长度 1.0000 mm 公共每刀切削深度 恒定 最大距离 6.0000 mm 切削层 切削参数 非切削移动 进给率和速度 确定 取消	应用范围：该程序用于三轴加工，通常情况下刀轴矢量选择 Z 轴； 特点：使用垂直于刀轴的平面切削对指定层的壁进行轮廓加工还可以清理各层之间缝隙中遗留的材料

续表

分类	相关图例	应用范围及特点
深度加工 5 轴铣	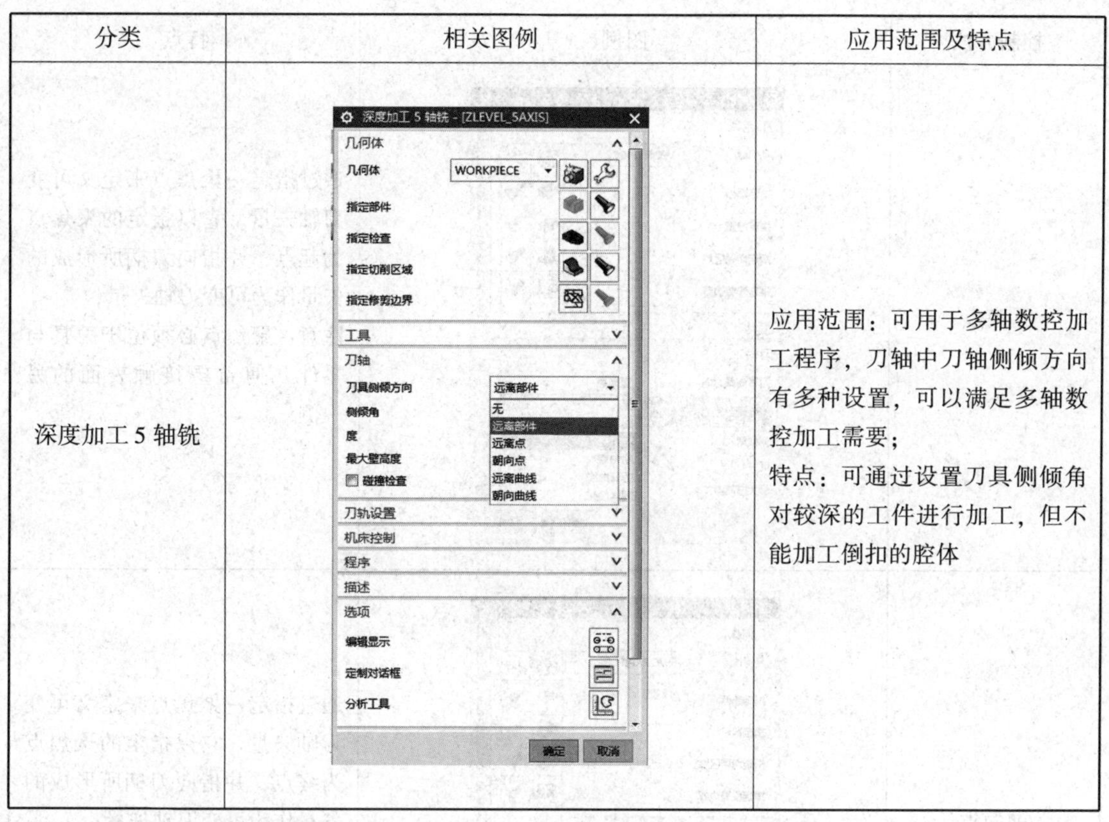	应用范围：可用于多轴数控加工程序，刀轴中刀轴侧倾方向有多种设置，可以满足多轴数控加工需要； 特点：可通过设置刀具侧倾角对较深的工件进行加工，但不能加工倒扣的腔体

深度加工 5 轴铣所需的刀轴控制方法及特点如表 5. 1. 2 所示。

表 5. 1. 2 深度加工 5 轴铣所需的刀轴控制方法及特点

控制方法	图例	特点
远离部件	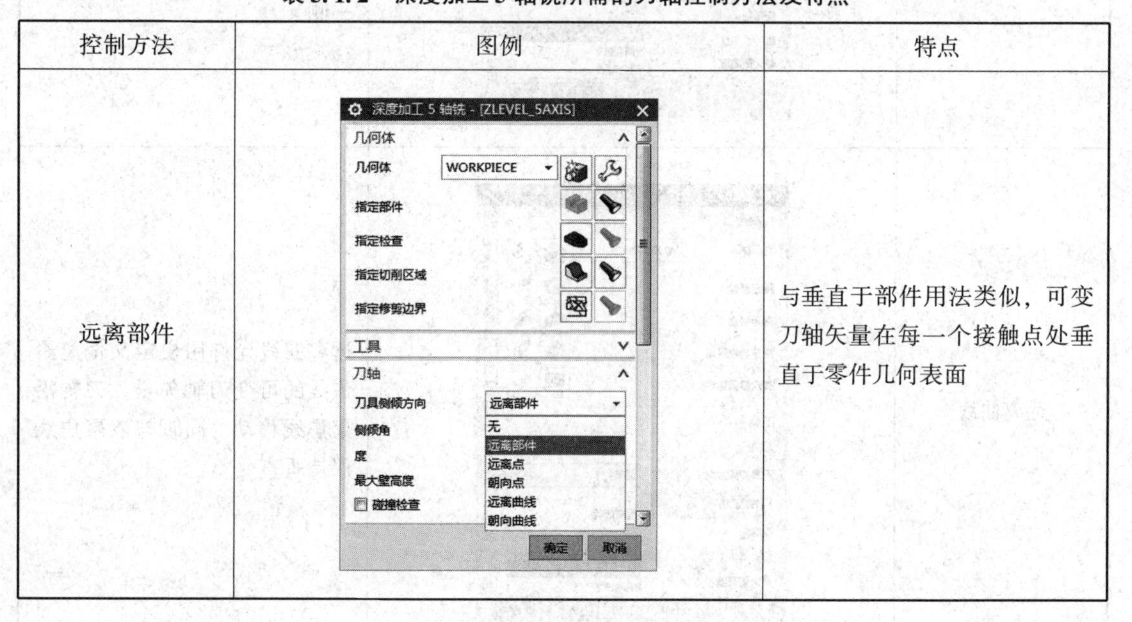	与垂直于部件用法类似，可变刀轴矢量在每一个接触点处垂直于零件几何表面

续表

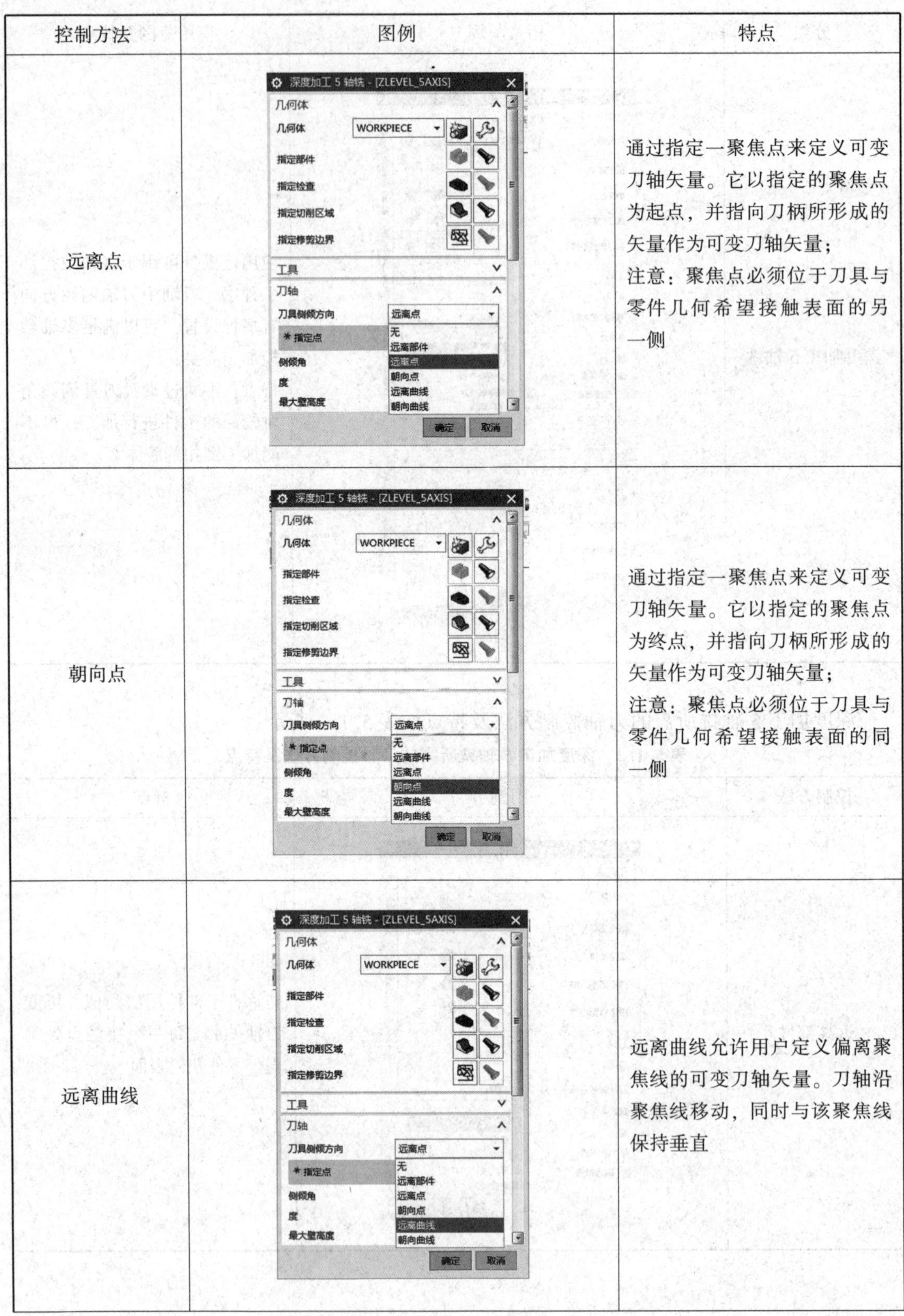

控制方法	图例	特点
远离点		通过指定一聚焦点来定义可变刀轴矢量。它以指定的聚焦点为起点，并指向刀柄所形成的矢量作为可变刀轴矢量； 注意：聚焦点必须位于刀具与零件几何希望接触表面的另一侧
朝向点		通过指定一聚焦点来定义可变刀轴矢量。它以指定的聚焦点为终点，并指向刀柄所形成的矢量作为可变刀轴矢量； 注意：聚焦点必须位于刀具与零件几何希望接触表面的同一侧
远离曲线		远离曲线允许用户定义偏离聚焦线的可变刀轴矢量。刀轴沿聚焦线移动，同时与该聚焦线保持垂直

续表

控制方法	图例	特点
朝向曲线	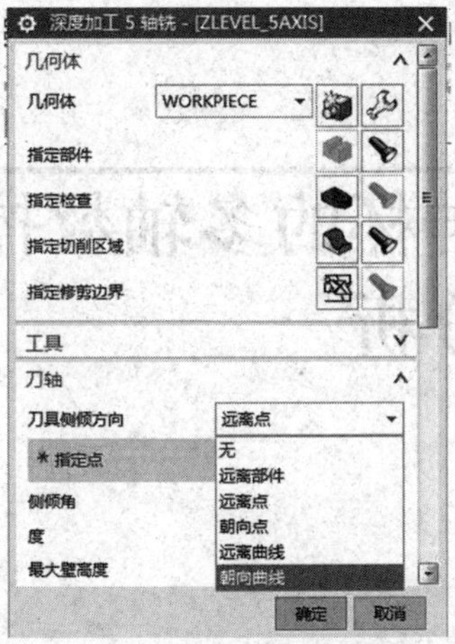 深度加工 5 轴铣 - [ZLEVEL_5AXIS] 几何体 几何体 WORKPIECE 指定部件 指定检查 指定切削区域 指定修剪边界 工具 刀轴 刀具侧倾方向 远离点 * 指定点 侧倾角 度 最大壁高度 无 远离部件 远离点 朝向点 远离曲线 朝向曲线 确定 取消	用指定的一条曲线来定义可变刀轴矢量。定义的可变刀轴矢量沿指定直线的全长，并垂直于曲线，且从刀柄指向指定曲线

任务实施

结合上述案例掌握深度加工 5 轴铣的操作流程，要求：

1）结合实际情况使用深度加工 5 轴铣；

2）结合工件正确选择刀轴；

3）合理设置刀轴的侧倾角。

知识拓展

深度加工 5 轴铣中所用刀轴控制方法的应用场合还有哪些。

项目二 大力神杯的多轴数控加工工艺分析

项目目标

了解大力神杯加工的设备选择；

了解大力神杯加工的刀具选择；

了解大力神杯加工的夹具选择。

任务列表

学习任务	知识点	能力要求
任务一　机床和刀具的选择	机床的选择	掌握多轴数控机床的选择方法
	刀具的选择	掌握刀具的选择方法
任务二　大力神杯的 UG 多轴编程与加工	工件坐标系的设定	掌握工件坐标系的设定
	加工模块的应用	熟练使用加工模块

任务一　机床和刀具的选择

任务导入

根据大力神杯的3D 模型分析其加工工艺，并合理选择相应的数控机床、加工刀具、夹具等。

知识链接

大力神杯是较为典型的多轴数控加工零件。大力神杯的3D 模型体积较小、顶部较大并逐步向底部缩小，结构呈倒扣形，外部刻有两个形象的大力士托起地球的图案，各曲面之间过渡光洁平滑，图案生动有神，尺寸精度和表面质量要求较高。大力神杯加工数量不多，为单件小批量生产，整体采用 6063 铝合金实心圆柱棒料，毛坯直径为 80 mm，长度为 185 mm。

根据现有的条件，选用了 VMC850 立式 4 轴加工中心（FANUC 系统回转轴为 *A* 轴），主轴最高转速为 8 000 r/min，机床刚性较好，加工精度稳定，能够满足大力神杯的加工需要。

（1）装夹找正

首先把已经切割好的毛坯（直径为 80 mm，长度为 185 mm）用自定心卡盘装夹，并使用千分表进行同轴度和水平度的调试，毛坯顶部距离自定心卡盘最高点 185 mm，用分中棒找正工件圆心为 *Y* 轴和 *Z* 轴的原点，毛坯顶部为 *X* 轴的原点。

（2）刀具选用

大力神杯试加工零件材料采用 6063 铝合金实心圆柱棒料，其具有硬度较低，切削性较好，切削容易断屑、切削屑易排出等特点。因此在粗、半精加工阶段，可选用普通高速钢刀具；在精加工阶段，考虑到大力神杯的表面图形精密细致，表面尺寸精度、质量要求较高，可选用硬度（HRC）大于 55 的硬质合金铣刀和专用精雕加工刀具。加工大力神杯型所用到的刀具如表 5. 2. 1 所示。

表 5. 2. 1　加工大力神杯所用到的刀具

序号	刀具名称	用途	刀具直径/mm	材质
1	R0. 8 平刀	粗加工	20	高速钢
2	R4 球刀	半精加工	8	高速钢
3	R3 球刀	精加工	6	硬质合金
4	R6 球刀	半精加工	12	高速钢
5	R2 球刀	精加工	4	硬质合金

（3）工艺制定及工序安排

1）大力神杯的粗加工。粗加工主要以去除大部分毛坯余量为主，其考虑的重点是加工效率，要求大的进给量和尽可能大的切削深度，以便在较短的时间内切除更多的材料。粗加工对工件表面质量要求不高，应合理规划刀具路径，以提高效率，如图 5. 2. 1 所示。

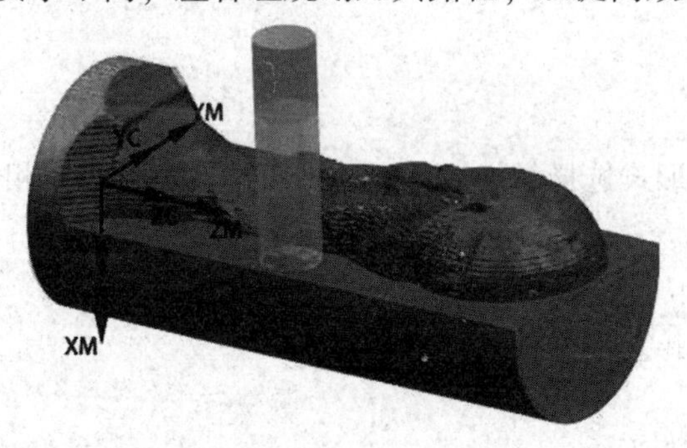

图 5. 2. 1　粗加工

2）大力神杯的半精加工。半精加工使用相对粗加工较小直径的刀具，它能完成粗加工在窄槽位置留下的较大部分余量，快速均匀毛坯的预留量为后续的精加工打下基础。实际加工测量表明，在粗加工后，往往由于粗加工过程中材料内部应力释放，造成应力变形，影响大力神杯的外形尺寸，因此，为保证大力神杯精加工后的美观性，则必须在粗精加工之间安排半精加工如图 5. 2. 2 所示。

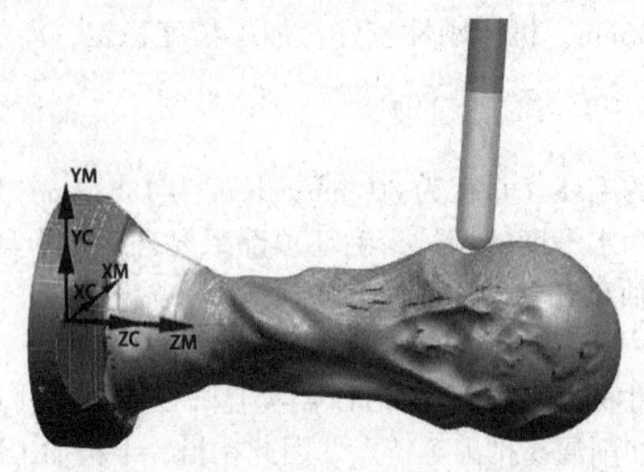

图 5. 2. 2　半精加工

3）大力神杯的精加工

为保证加工精度、加工质量和加工效率，用小号球刀分别对大力神杯的不同区域进行精加工，根据大力神杯的加工要求合理设置驱动曲面的驱动方向、切削方式、刀位点的运动轨迹、非切削机床控制（运动输出）等参数。图 5. 2. 3 所示为精加工。

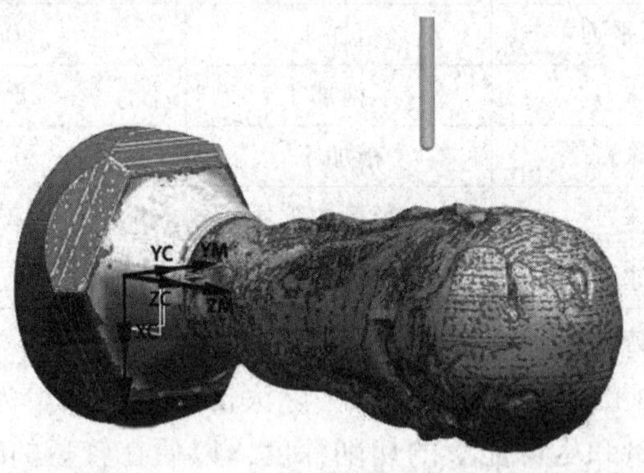

图 5. 2. 3　精加工

任务实施

通过书籍、网络等形式选择与加工大力神杯所用的数控机床相类似的机床。

知识拓展

请根据所学知识查找类似零件进行工艺分析。

任务二　大力神杯的UG多轴编程与加工

知识导入

根据所学的加工模块功能，能够独立完成大力神杯的UG多轴编程与加工；能够建立大力神杯的工件坐标系，根据大力神杯定义加工所使用的刀具；能够根据不同位置选择不同的刀具类型。

知识链接

1. 创建杯座精加工驱动面

打开文件，单击左上方“启动”按钮进入“建模”模块，单击“插入”→“曲线”→“相交曲线”，进入“相交曲线”对话框，其中“类型”选择“视图平面”。首先将零件按图5.2.4进行摆放，然后按照图5.2.5进行设置，并单击“确定”按钮完成相交曲线的构建。

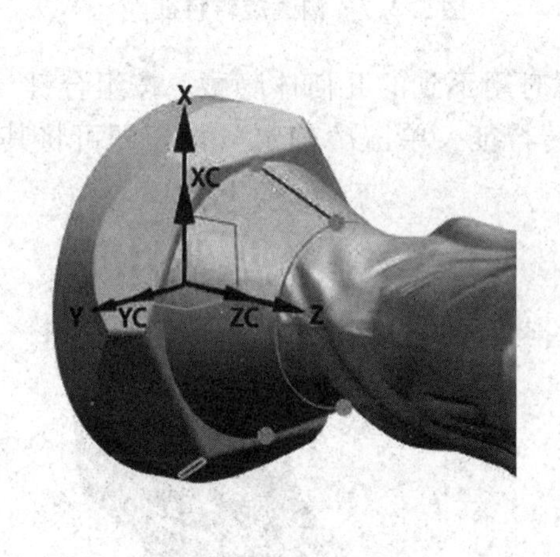

图5.2.4　构建相交曲线

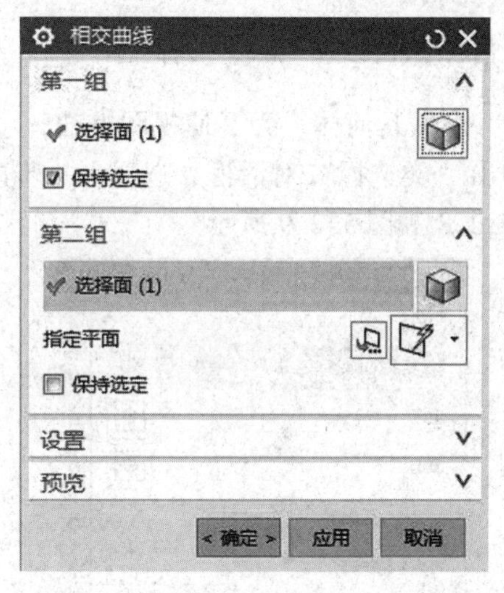

图5.2.5　设置“相交曲线”对话框

1）创建旋转特征。在“建模”模块中单击“插入”→“设计特征”→“旋转”，弹出“旋转”对话框，选择上一步的“相交曲线”作为“截面”，“指定矢量”选择“Z”轴作为旋转轴，“结束”下的“角度”选择“360deg”，“体类型”选择“片体”，并单击“确定”按钮完成旋转特征构建，如图5.2.6和图5.2.7所示。

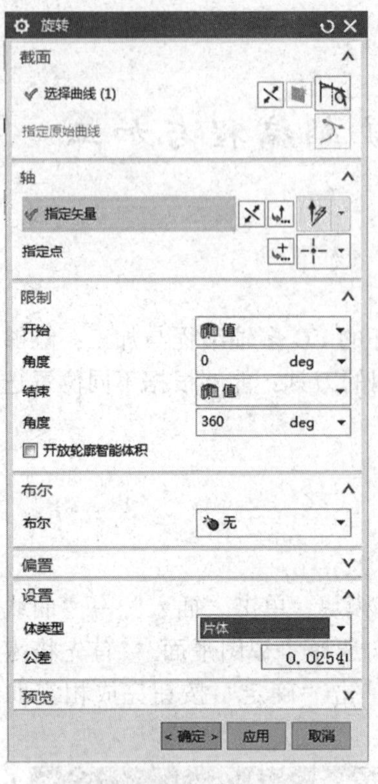

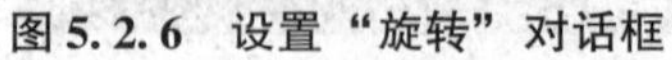

图 5.2.6　设置“旋转”对话框

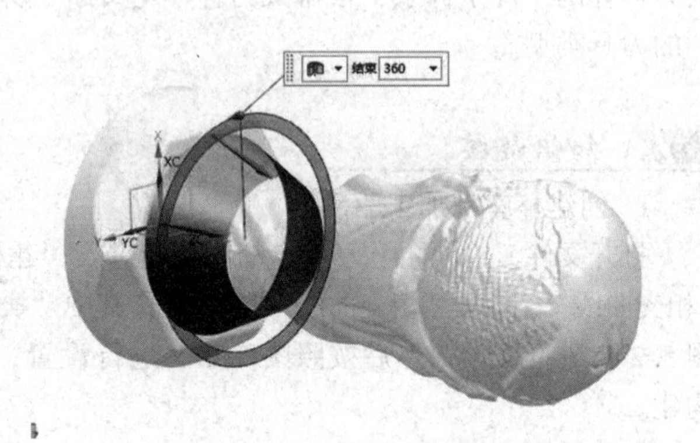

图 5.2.7　构建旋转特征

2）隐藏几何体。为了使视图整洁，可将暂时用不到的几何体隐藏。按组合键〈Ctrl+B〉弹出“类选择”对话框，选择上一步的旋转特征，单击“确定”按钮即可将其隐藏，如图 5.2.8 和图 5.2.9 所示。

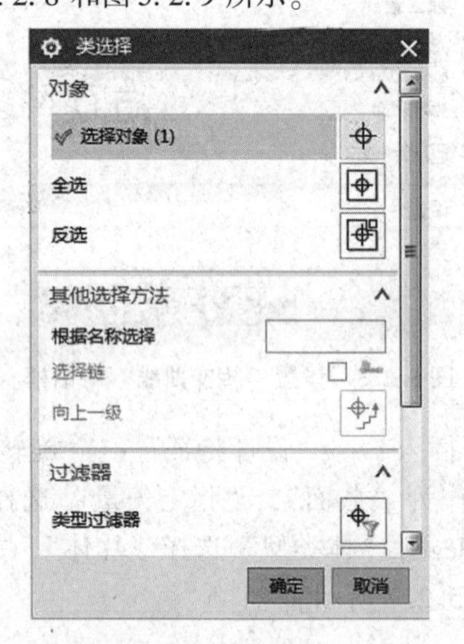

图 5.2.8　设置“类选择”对话框

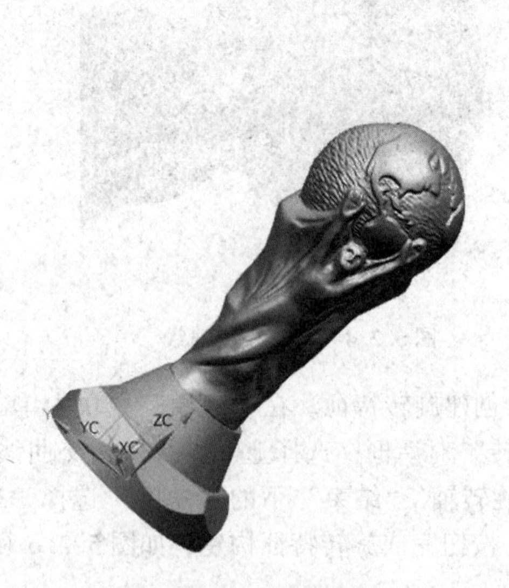

图 5.2.9　隐藏旋转特征

2. 创建杯身精加工驱动体

由于杯身形状过于复杂，在精加工过程中需要用到驱动体。

1）创建草图。在“建模”模块下，单击“插入”→“在任务环境中绘制草图”，在弹出的“创建草图”对话框中，选择“YZ 平面”作为草图绘制平面，单击“确定”按钮即可进入草图绘制界面。

2）绘制艺术样条。单击“插入”→“曲线”→“艺术样条”，进入“艺术样条”对话框，接着按照杯体大致轮廓进行描绘，单击“确定”按钮即可完成艺术样条绘制，如图 5. 2. 10 所示。

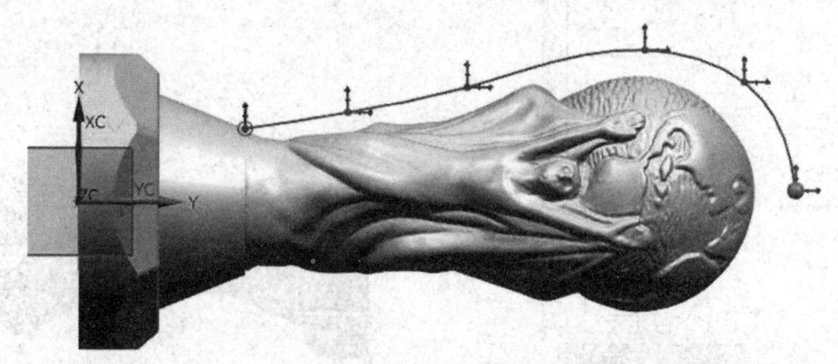

图 5. 2. 10　绘制艺术样条

3）创建几何约束。单击“插入”→“几何约束”，进入“几何约束”对话框，将艺术样条的端点约束到 *Y* 轴，并单击“关闭”按钮创建几何约束，如图 5. 2. 11 和图 5. 2. 12 所示。

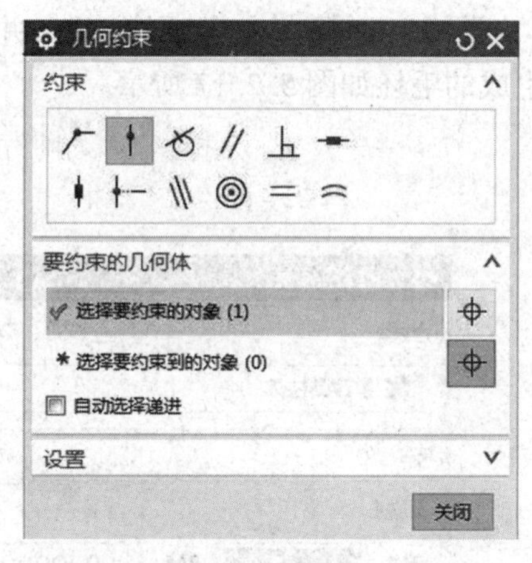

图 5. 2. 11　设置“几何约束”对话框

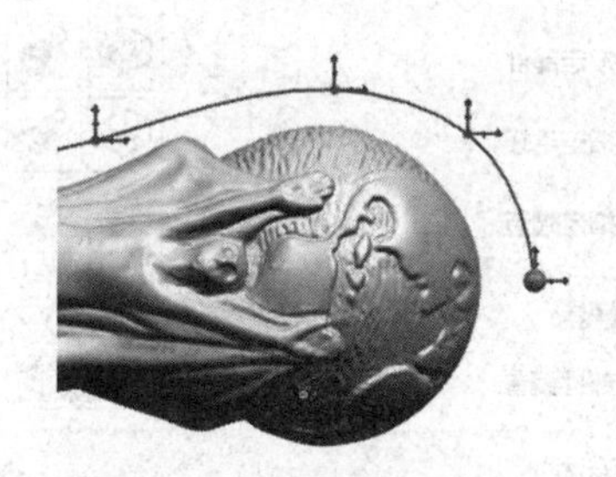

图 5. 2. 12　创建几何约束

4）创建旋转特征。单击“插入”→“设计特征”→“旋转”，在弹出的“旋转”对话框中，选择之前绘制的相交曲线作为“截面”，“指定矢量”选择“Z”轴作为旋转轴，“角度”选择“360°”，“体类型”选择“片体”，单击“确定”按钮完成旋转特征构建。

5）隐藏几何体。为了使视图整洁，可将暂时用不到的几何体隐藏。按组合键〈Ctrl+B〉弹出“类选择”对话框，选择上一步的旋转特征，单击“确定”按钮即可将其隐藏，如图 5. 2. 13 和图 5. 2. 14 所示。

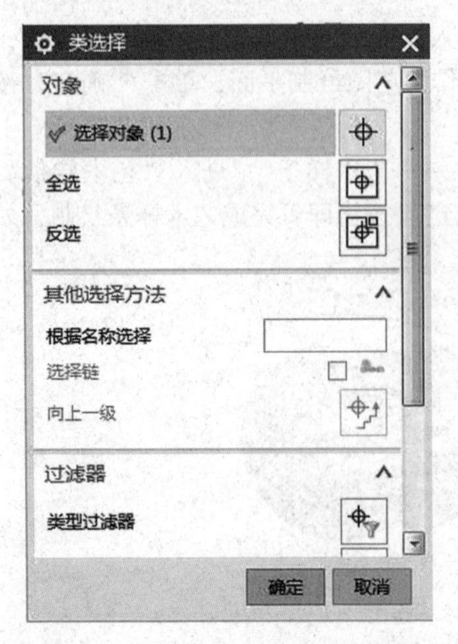

图 5.2.13 设置“类选择”对话框

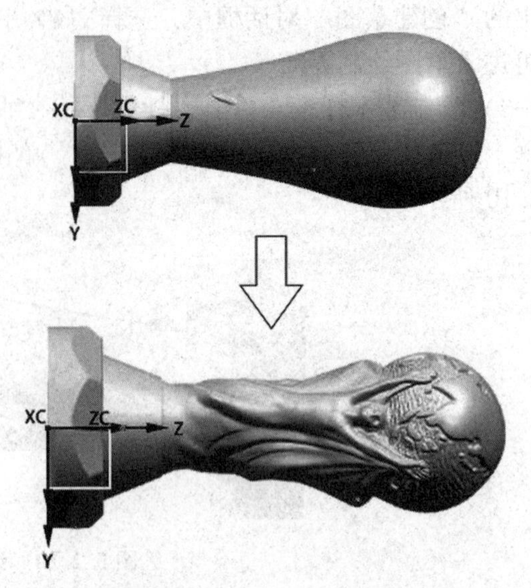

图 5.2.14 隐藏旋转特征

3. 定义毛坯几何体

进入“工件”对话框，“指定部件”选取原始实体图，单击“指定毛坯”右侧的按钮，系统弹出“毛坯几何体”对话框，其中“类型”选择“包容圆柱体”，并单击“确定”按钮，如图 5.2.15 和图 5.2.16 所示。生成的毛坯如图 5.2.17 所示。

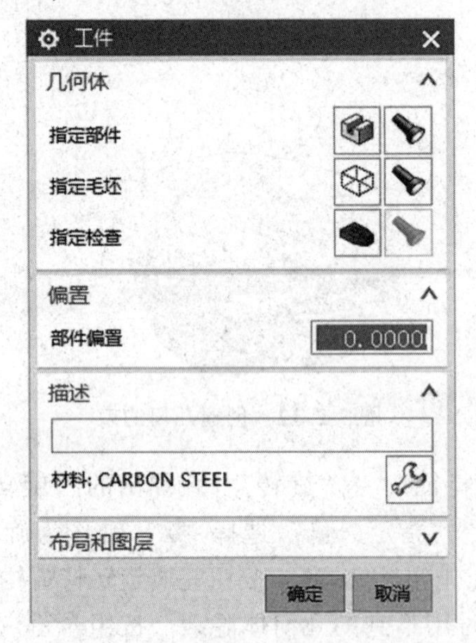

图 5.2.15 设置“工件”对话框

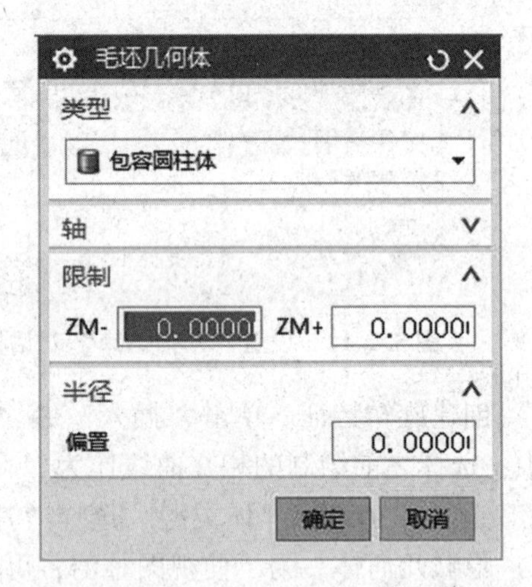

图 5.2.16 设置“毛坯几何体”对话框

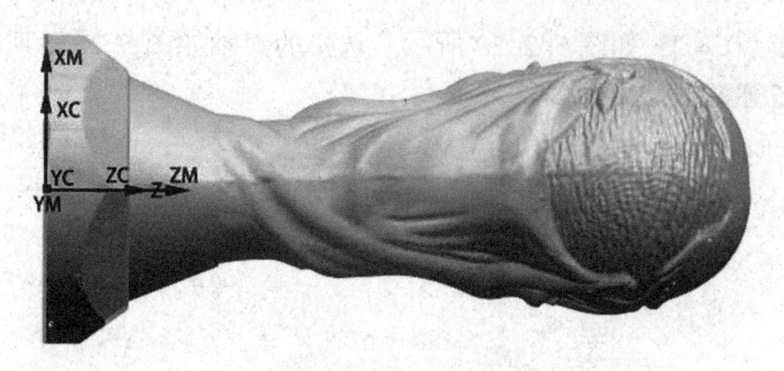

图 5.2.17　生成的毛坯

4. 创建粗加工刀轨

（1）第一面粗加工

1）创建刀具。进入“创建刀具”对话框，“类型”选择“mill_contour”，“刀具子类型”选择“MILL”，“名称”键入“D20”，并单击“确定”按钮。

2）设置刀具参数。进入“铣刀-5 参数”对话框，“尺寸”一栏的参数按照图 5.2.18 进行设置，最后单击“确定”按钮完成刀具设置。生成的刀具如图 5.2.19 所示。

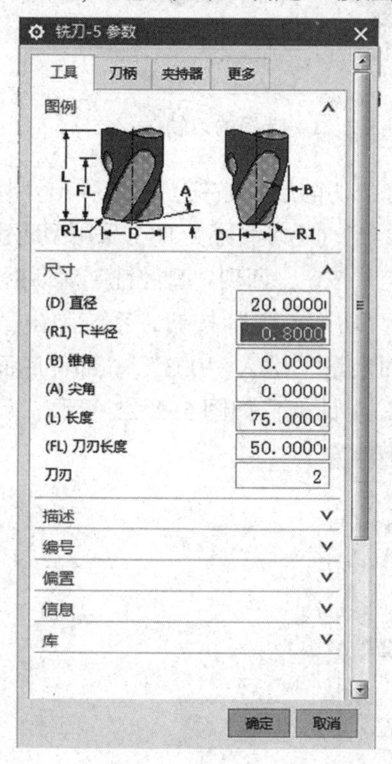

图 5.2.18　设置“铣刀-5 参数”对话框

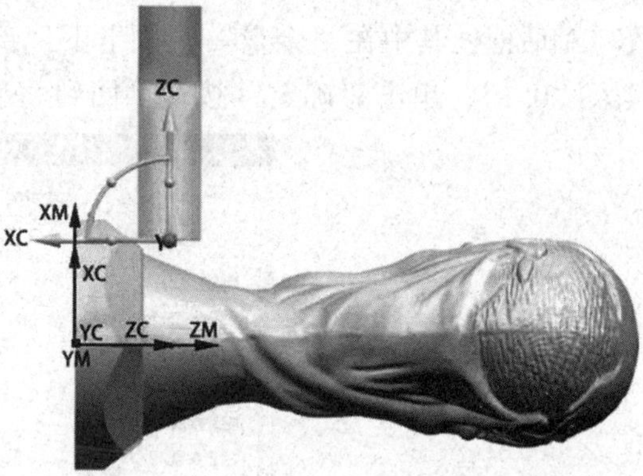

图 5.2.19　生成的刀具

3）设置工序参数。在“工序导航器”中进入“创建工序”对话框，“类型”选择“mill_contour”，“工序子类型”选择“型腔铣”，“刀具”选择“D20”，“几何体”选择“WORKPIECE”，单击“确定”按钮完成工序的创建。

4）设置型腔铣参数。进入“型腔铣”对话框，“几何体”选择“WORKPIECE”，“刀轴”中的“轴”选择“指定矢量”，并选择“+XM 轴”作为矢量，“刀轨设置”中的

“最大距离”键入“0.4”，如图 5.2.20 所示。选择的刀轴如图 5.2.21 所示。

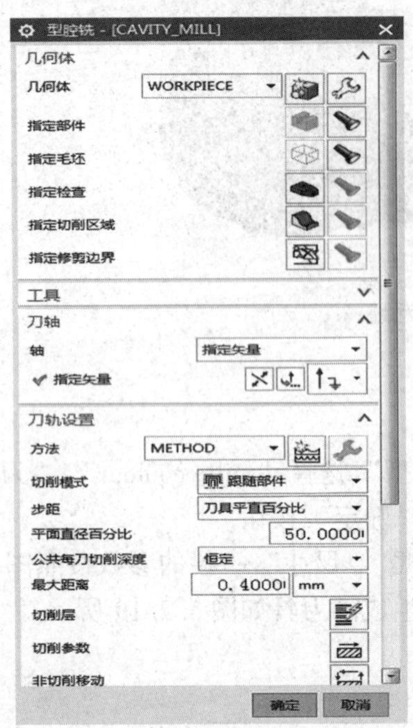

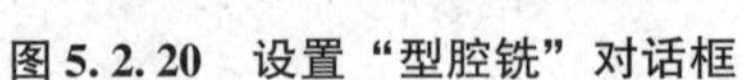

图 5.2.20　设置“型腔铣”对话框

图 5.2.21　选择的刀轴

5）设置切削层参数。在“型腔铣”对话框里，单击“切削层”按钮，系统弹出“切削层”对话框，其中“范围定义”下的“范围高度”键入“42”（毛坯直径为 80，采用型腔铣粗加工开半面，第一次粗加工应该相应深一些），单击“确定”按钮，回到“型腔铣”对话框。

6）设置切削参数。在“型腔铣”对话框里，单击“切削参数”按钮，系统弹出“切削参数”对话框，其中在“余量”选项卡下“部件侧面余量”键入“0.3”，“部件底面余量”键入“0.1”，单击“确定”按钮，回到“型腔铣”对话框，如图 5.2.22 所示。

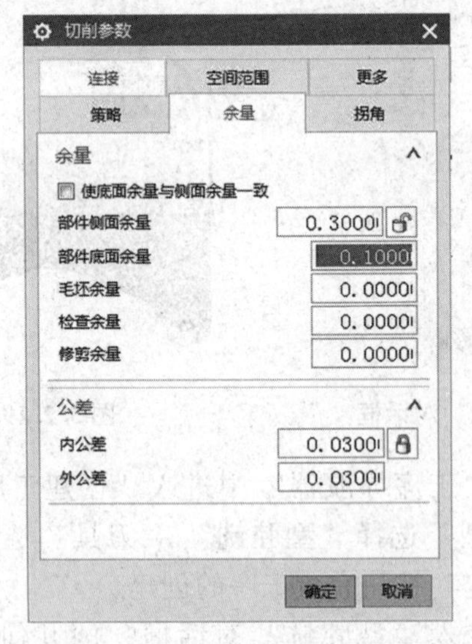

图 5.2.22　设置“切削参数”对话框

7）设置进给率和转速参数。在“型腔铣”对话框里单击“进给率和速度”按钮，系统弹出“进给率和速度”对话框，其中“主轴速度（rpm）”键入“3500”，“进给率”下的“切削”键入“2500”，单击“计算”按钮后单击“确定”按钮，回到“型腔铣”对话框。

8）生成刀轨。在“型腔铣”对话框里单击“生成”按钮，计算出刀轨，如图 5. 2. 23 所示，最后单击“确定”按钮，仿真结果如图 5. 2. 24 所示。

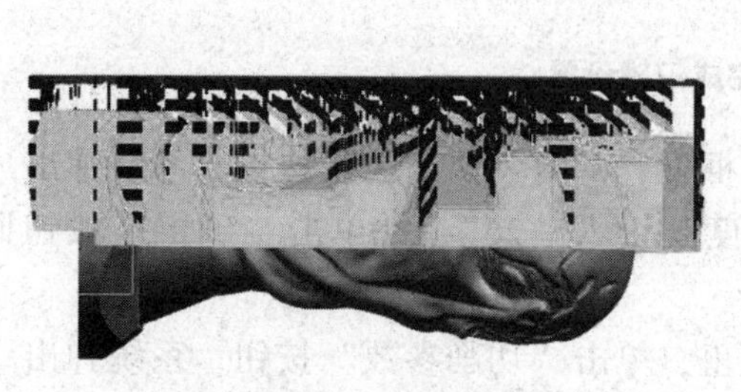
图 5. 2. 23　生成的刀轨

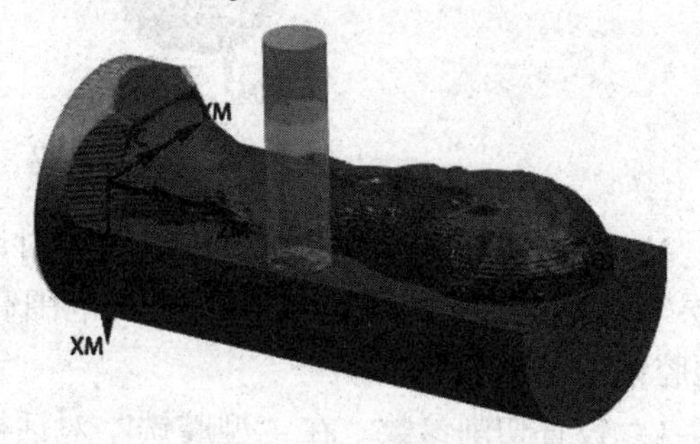

图 5. 2. 24　仿真结果

（2）第二面粗加工

1）复制上一步工序。右击“工序导航器”中的“CAVITY_MILL”选择“复制”，并将复制的程序进行“粘贴”。

双击“CAVITY_MILL”打开“型腔铣”对话框，“刀轴”中的“指定矢量”选择“反向”即可重新定义矢量，完成“刀轴”一栏设置如图 5. 2. 25 ~5. 2. 27 所示。

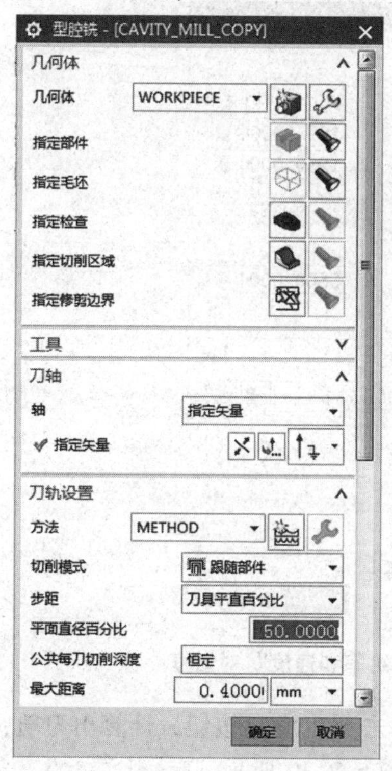

图 5. 2. 25　设置“型腔铣”对话框

图 5. 2. 26　设置“刀轴”一栏

图 5.2.27　完成刀轴设置

2）设置切削层参数。在“型腔铣”对话框里，单击“切削层”按钮，系统弹出“切削层”对话框，“范围定义”下的“范围高度”键入“26”，并单击“确定”按钮回到“型腔铣”对话框。

3）设置切削参数。在“型腔铣”对话框里，单击“切削参数”按钮，系统弹出“切削参数”对话框，其中“余量”选项卡下“部件侧面余量”键入“0.3”，“部件底面余量”键入“0.1”，单击“确定”按钮回到“型腔铣”对话框。

4）设置进给率和转速参数。在“型腔铣”对话框里单击“进给率和速度”按钮，系统弹出“进给率和速度”对话框，其中“主轴速度（rpm）”键入“3500”，“进给率”下的“切削”键入“2500”，单击“计算”按钮后单击“确定”按钮回到“型腔铣”对话框，如图 5.2.28 所示。

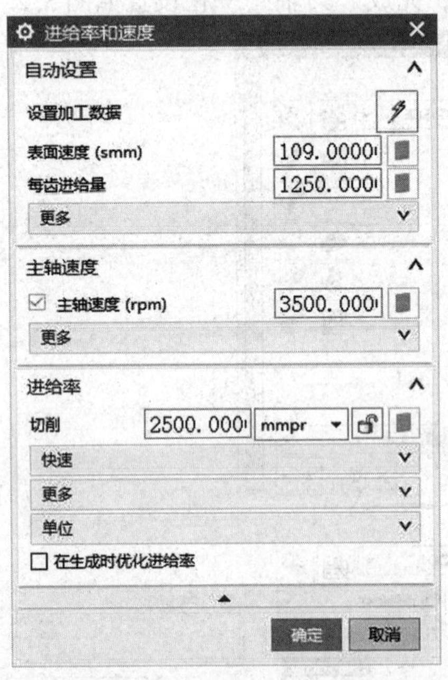

图 5.2.28　设置“进给率和速度”对话框

5）生成刀轨。在“型腔铣”对话框里单击“生成”按钮，计算出刀轨，如图 5.2.29 所示，最后单击“确定”按钮，仿真结果如图 5.2.30 所示。

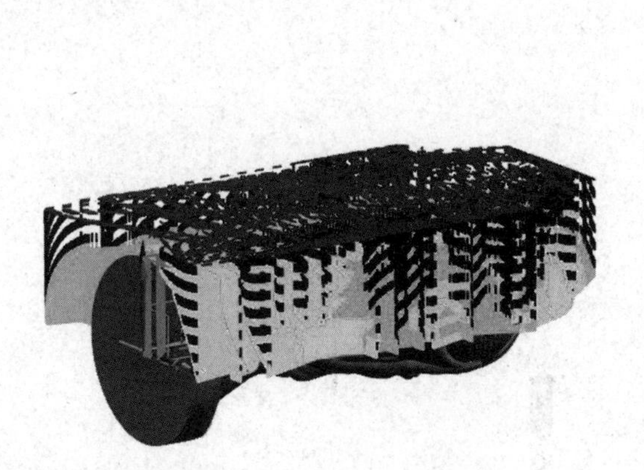

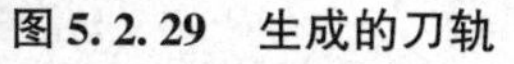

图 5.2.29 生成的刀轨

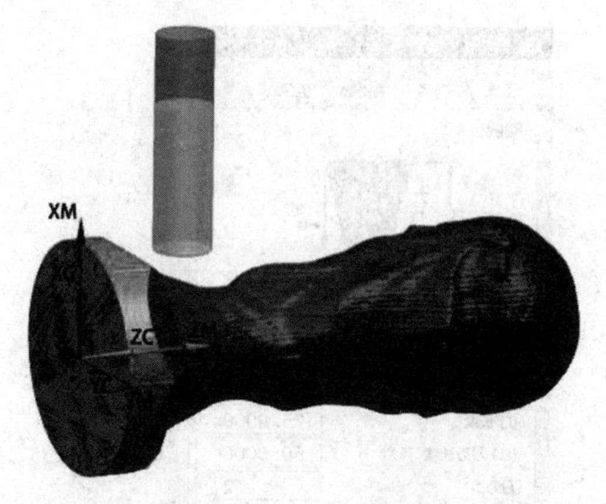

图 5.2.30 仿真结果

5. 创建底座精加工刀轨

1）创建刀具。进入“创建刀具”对话框，“类型”选择“mill_contour”，“刀具子类型”选择“MILL”，“名称”键入“B8”，并单击“确定”按钮，如图 5.2.31 所示。

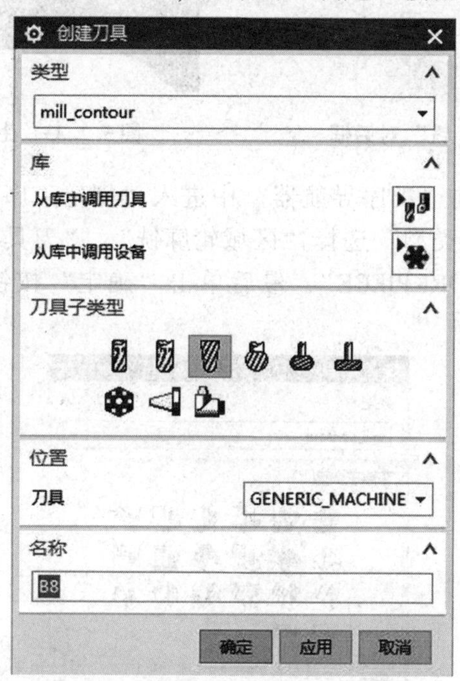

图 5.2.31 设置“创建刀具”对话框

2）设置刀具参数。进入“铣刀-球头铣”对话框，“尺寸”中的参数按照图 5.2.32 进行设置，最后单击“确定”按钮完成刀具设置，生成的刀具如图 5.2.33 所示。

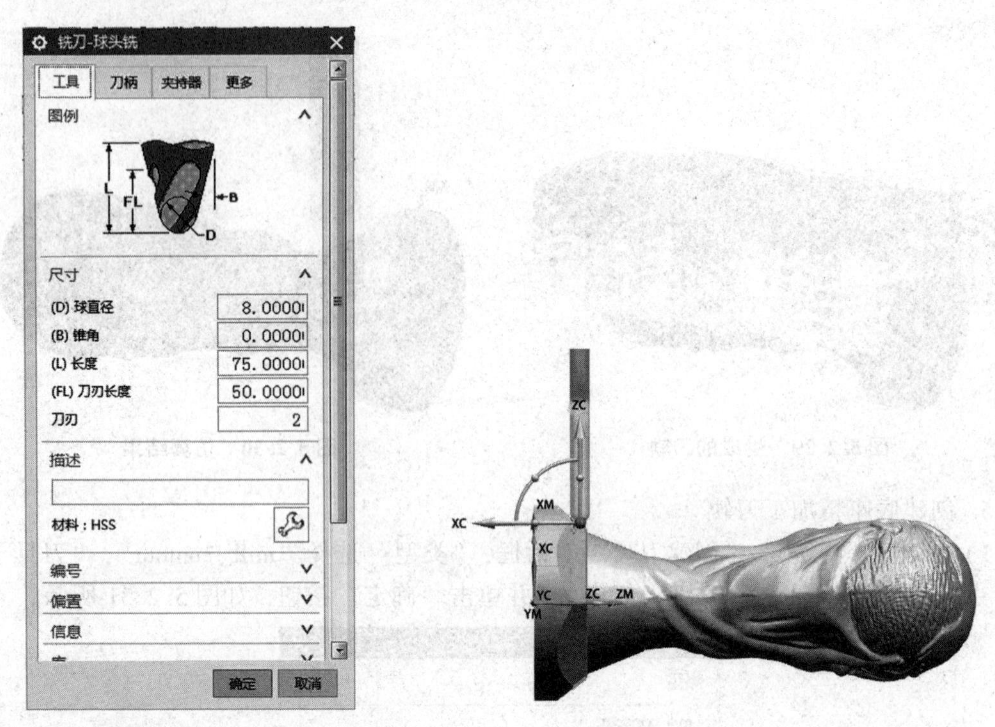

图 5.2.32　设置“铣刀-球头铣”对话框　　　　图 5.2.33　生成的刀具

3）设置工序参数。在“工序导航器”中进入“创建工序”对话框，“类型”选择“mill_contour”，“工序子类型”选择“区域轮廓铣”，“刀具”选择“B8（铣刀-球头铣）”，几何体选择“WORKPIECE”，最后单击“确定”按钮完成工序的创建，如图 5.2.34 所示。

图 5.2.34　设置“创建工序”对话框

4）指定切削区域。进入“区域轮廓铣”对话框，“几何体”选择“WORKPIECE”，单击“指定切削区域”右侧的按钮，弹出“切削区域”对话框，选择斜面及圆角面作为待加工面，最后单击“确定”按钮完成指定切削区域如图 5. 2. 35 ~5. 2. 37 所示。

图 5. 2. 35　设置“区域轮廓铣”对话框

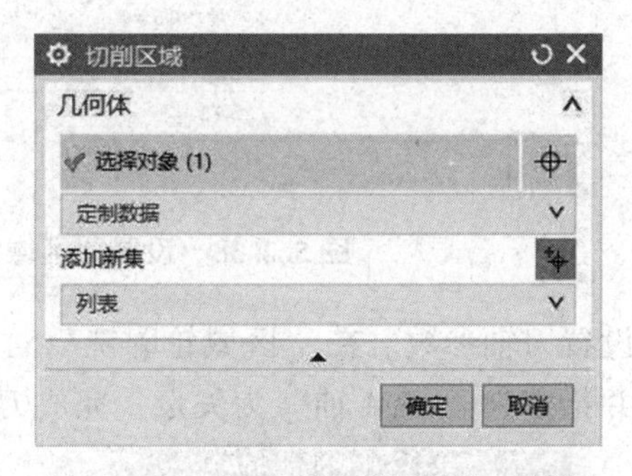

图 5. 2. 36　设置“切削区域”对话框

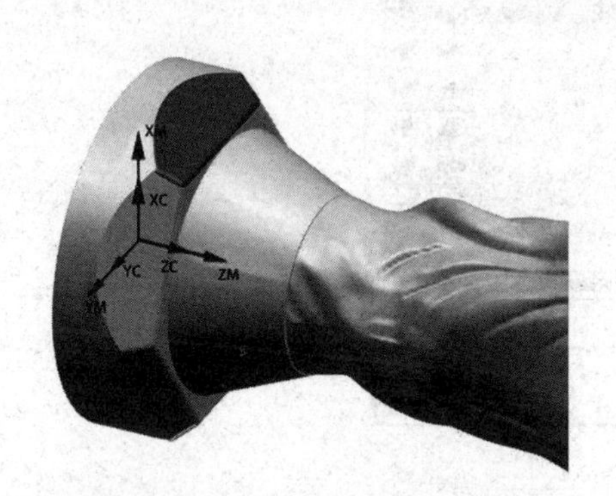

图 5. 2. 37　所选择的曲面

5）设置驱动方法。在“区域轮廓铣”对话框的“驱动方法”一栏中，“方法”选择“区域铣削”，并单击右侧的按钮系统弹出“区域铣削驱动方法”对话框，其中“驱动设置”的“最大距离”键入“0. 2”，“切削角”选择“指定”，“与 XC 夹角”键入“0”，最后单击“确定”按钮回到“区域轮廓铣”对话框，如图 5. 2. 38 所示。

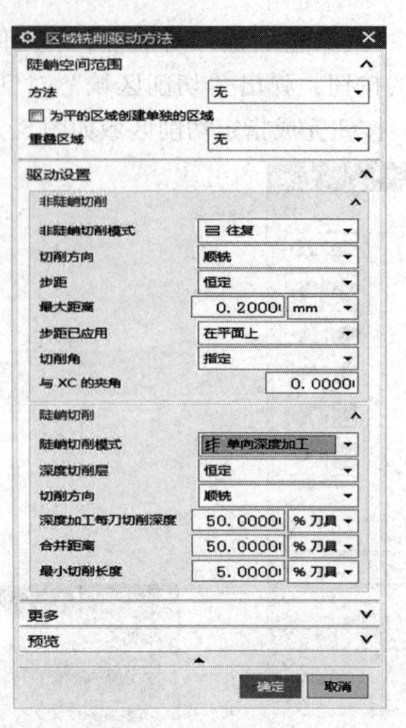

图 5.2.38　设置“区域铣削驱动方法”对话框

6）设置刀轴参数。在“区域轮廓铣”对话框里，“刀轴”一栏的“轴”选择“指定矢量”，并指定为“+ZM 轴”为矢量，完成刀轴设置，如图 5.2.39 ~ 5.2.41 所示。

图 5.2.39　设置“区域轮廓铣”对话框

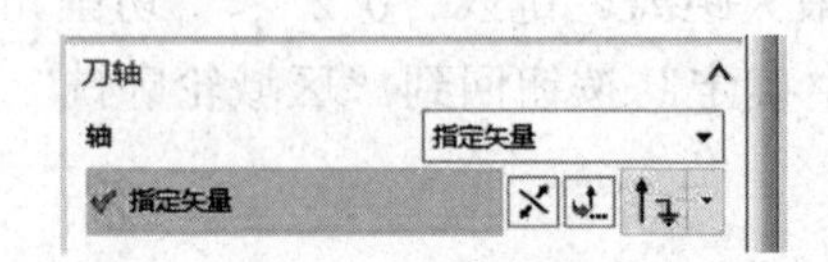

图 5.2.40　设置“刀轴”一栏

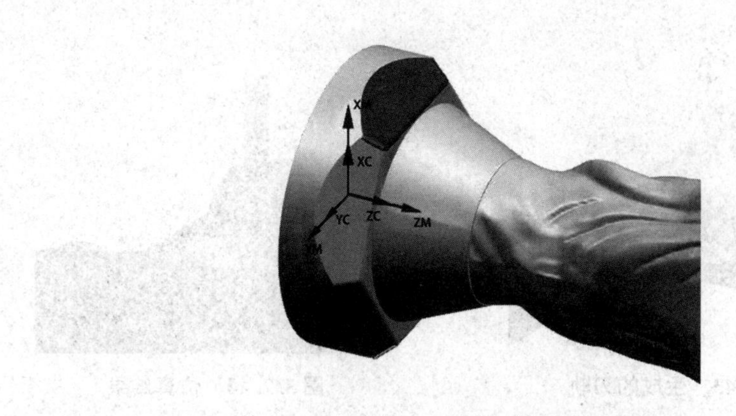

图 5.2.41　完成刀轴设置

7）设置切削参数。在“区域轮廓铣”对话框里，单击“切削参数”右侧的按钮，系统弹出“切削参数”对话框，其中“策略”选项卡下的“延伸路径”一栏勾选“在边上延伸”，“距离”键入“2”，单击“确定”按钮回到“区域轮廓铣”对话框。

8）设置进给率和转速参数。在“区域轮廓铣”对话框里单击“进给率和速度”按钮，系统弹出“进给率和速度”对话框，其中“主轴速度（rpm）”键入“3500”，“进给率”一栏下的“切削”键入“2500”，单击“计算”按钮后单击“确定”按钮回到“区域轮廓铣”对话框，如图 5.2.42 所示。

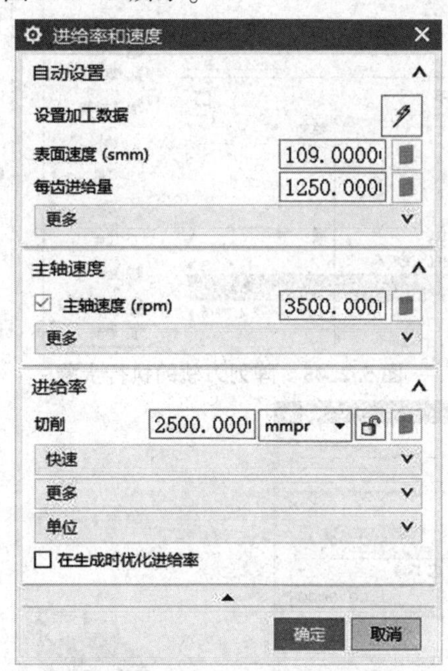

图 5.2.42　设置“进给率和速度”对话框

9）生成刀轨。在“区域轮廓铣”对话框里单击“生成”按钮，计算出刀轨，如图 5.2.43 所示，最后单击“确定”按钮，仿真结果如图 5.2.44 所示。

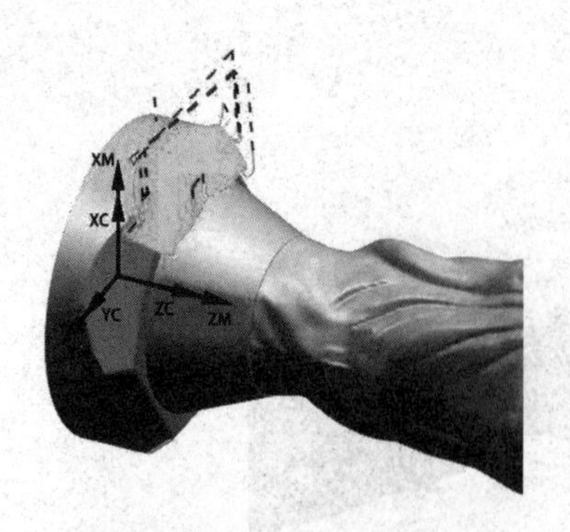

图 5.2.43　生成的刀轨

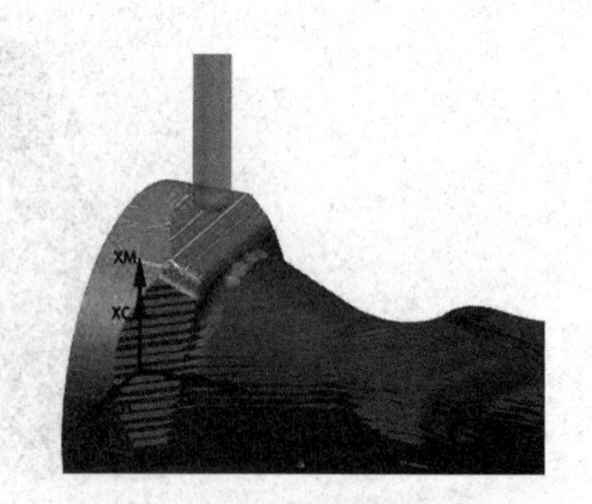

图 5.2.44　仿真结果

10）阵列刀轨和设置陈列参数。右击“工序导航器”中的“CONTOUR-AREA”→“对象”→“变换”，如图 5.2.45 所示，进入“变换”对话框，“类型”选择“绕点旋转”，“指定枢轴点”选择“圆心”，“角度”键入“60”，“结果”选择“复制”，“非关联副本数”键入“6”，单击“确定”按钮完成刀轨陈列，如图 5.2.46 和图 5.2.47 所示。阵列的结果如图 5.2.48 所示。

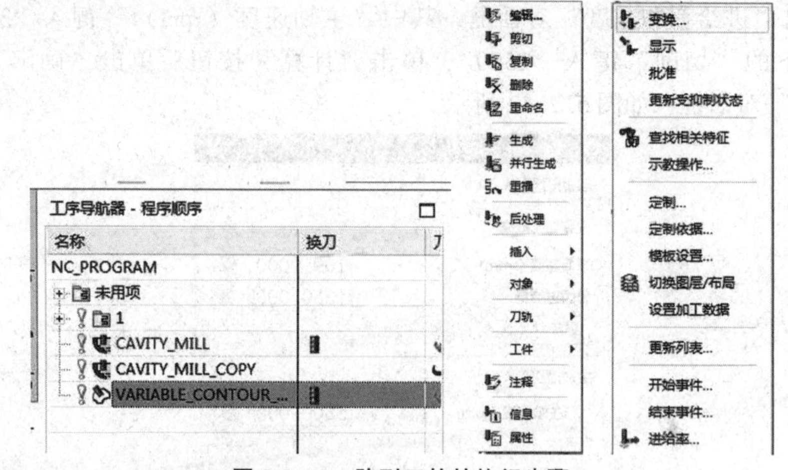

图 5.2.45　阵列刀轨的执行步骤

图 5.2.46　“变换”对话框

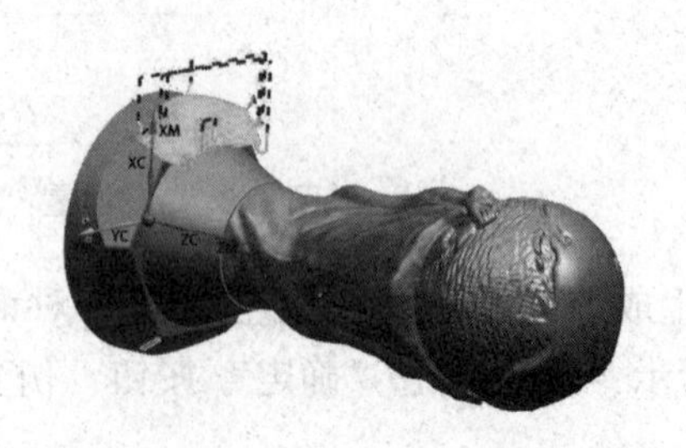

图 5.2.47　选择刀轨

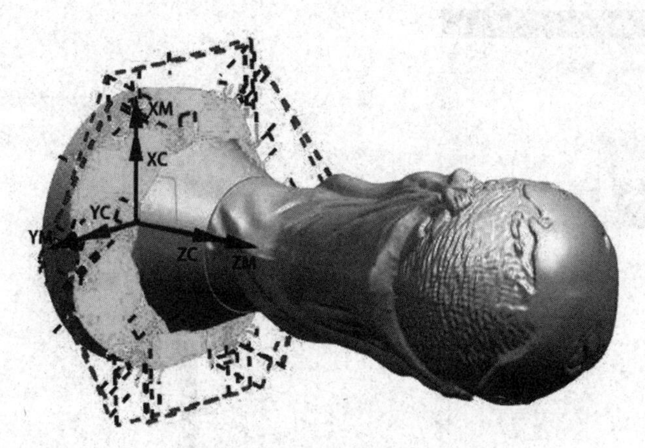

图 5.2.48　阵列的结果

6. 创建锥面精加工刀轨

1）创建刀具。进入“创建刀具”对话框，“刀具子类型”选择“MILL”，“名称”键入“B6”，并单击“确定”按钮如图 5.2.49 所示。

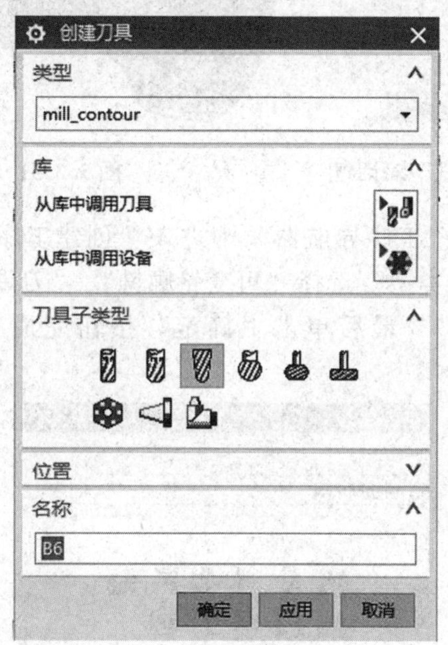

图 5.2.49　设置“创建刀具”对话框

2）设置刀具参数。进入“铣刀-球头铣”对话框，“尺寸”中的参数按照图 5.2.50 进行设置，单击“确定”按钮完成刀具设置，生成的刀具如图 5.2.51 所示。

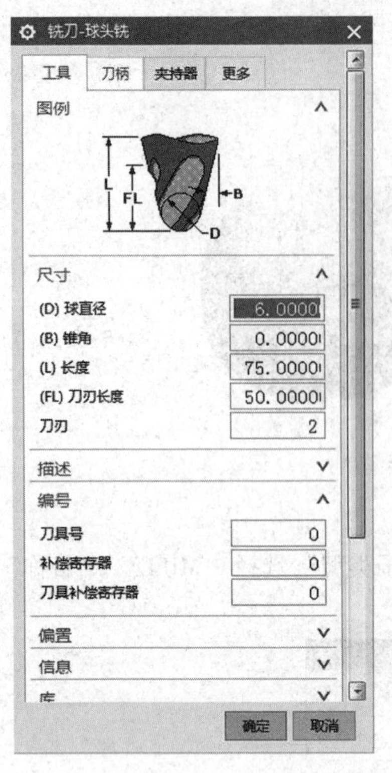

图 5.2.50　设置“铣刀-球头铣”对话框

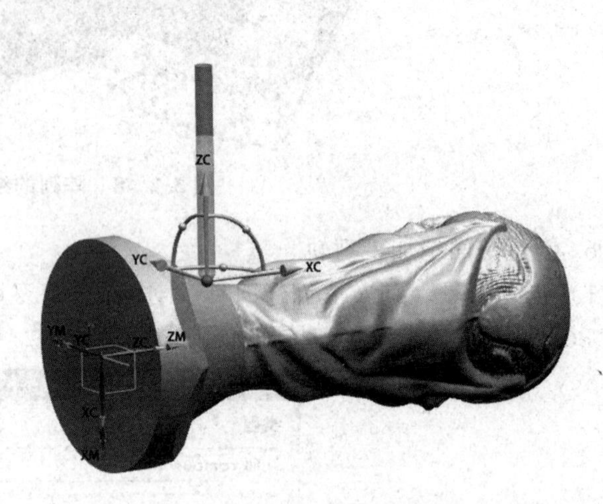

图 5.2.51　生成的刀具

3）设置工序参数。在“工序导航器”中进入“创建工序”对话框，“类型”选择“mill_multi-axis”，“工序子类型”选择“可变轮廓铣”，“刀具”选择“D12（铣刀-5 参数）”，几何体选择“MCS”，最后单击“确定”按钮完成工序的创建，如图 5.2.52 所示。

图 5.2.52　设置“创建工序”对话框

4）设置驱动方法。进入“可变轮廓铣”对话框，“驱动方法”一栏的“方法”选择“曲面”，单击“曲面”右侧的“编辑”按钮进入“曲面区域驱动方法”对话框，其中“驱动几何体”一栏的“指定驱动几何体”选择用于驱动的曲面，“刀具位置”选择“对中”，“驱动设置”一栏中的“切削模式”选择“螺旋”，“步距”选择“数量”，“步距数”键入“50”，最后单击“确定”按钮回到“可变轮廓铣”对话框，如图5.2.53～5.2.55所示。

图5.2.53　设置“可变轮廓铣”对话框的“驱动方法”一栏

图5.2.54　设置“曲面区域驱动方法”对话框

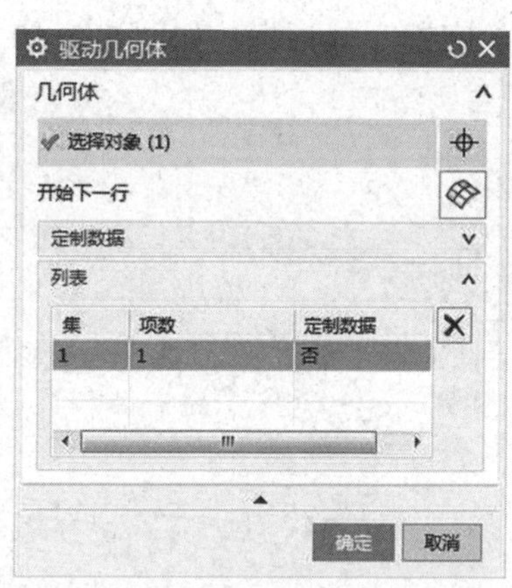

图5.2.55　设置“驱动几何体”对话框

所选择的曲面如图5.2.56所示。

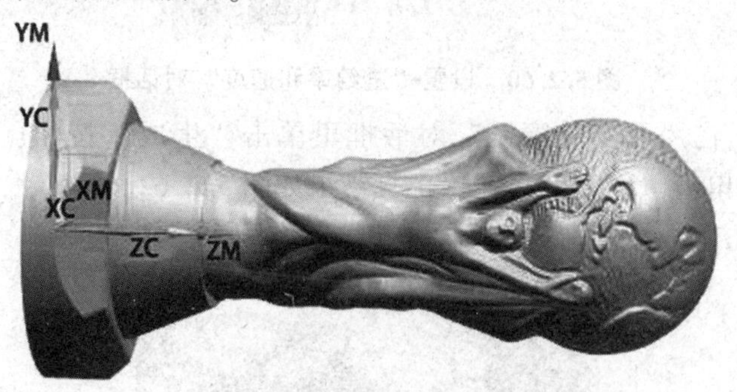

图5.2.56　所选择的曲面

5）设置刀轴参数。在“可变轮廓铣”对话框里，“刀轴”中的“轴”选择“4轴，垂直于部件”，单击右侧的“编辑”按钮进入“4轴，垂直于部件”对话框，“刀轴”中的“指定矢量”选择“Z轴”，单击“确定”按钮完成刀轴设置，回到“可变轮廓铣”对话框，如图5.2.57～5.2.59所示。

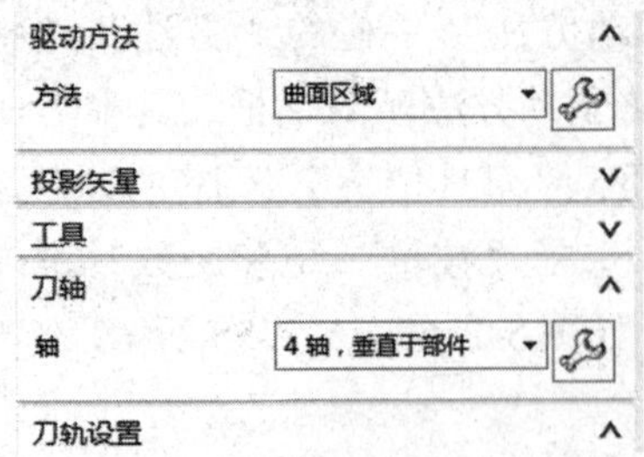

图 5.2.57　设置“刀轴”一栏

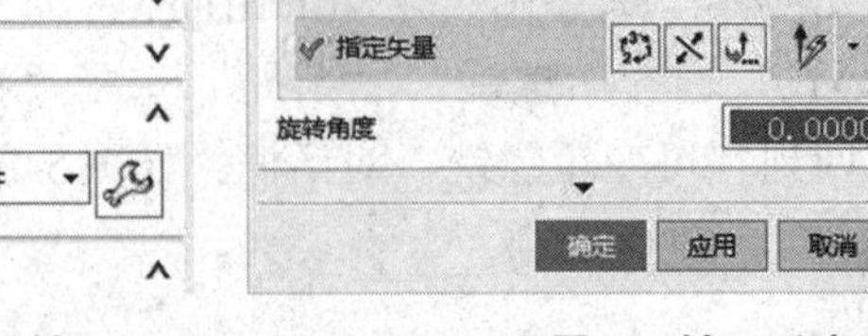

图 5.2.58　设置“4 轴，垂直于部件”对话框

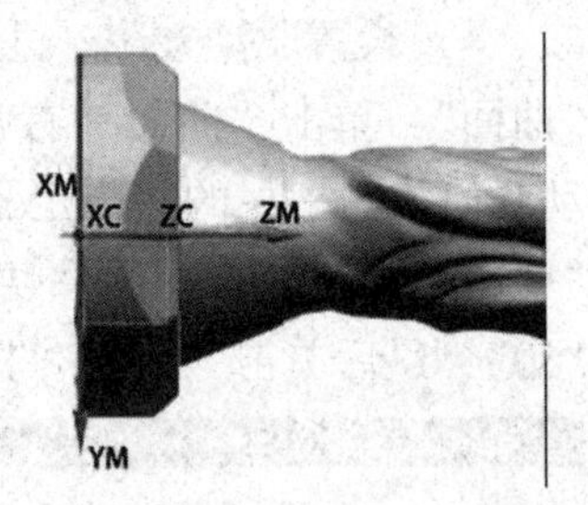

图 5.2.59　完成刀轴设置

6）设置进给率和转速参数。在“可变轮廓铣”对话框里单击“进给率和速度”右侧的按钮，进入“进给率和速度”对话框，其中“主轴速度（rpm）”键入“3500”，“进给率”下的“切削”键入“2500”，单击“计算”按钮后单击“确定”按钮回到“可变轮廓铣”对话框，如图 5.2.60 所示。

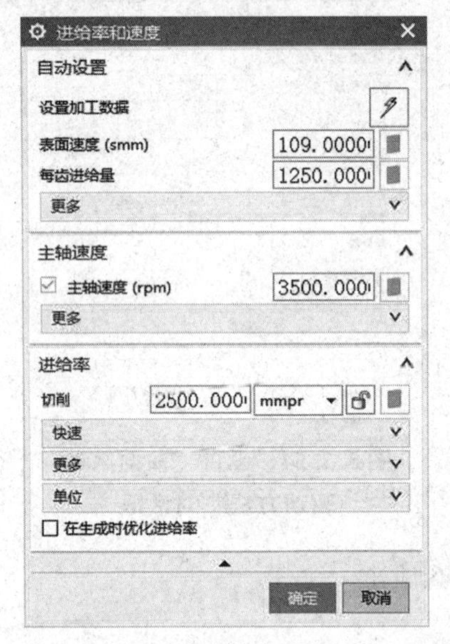

图 5.2.60　设置“进给率和速度”对话框

7）生成刀轨。在“可变轮廓铣”对话框里单击“生成”按钮，计算出刀轨，如图 5.2.61 所示，最后单击“确定”按钮，仿真结果如图 5.2.62 所示。

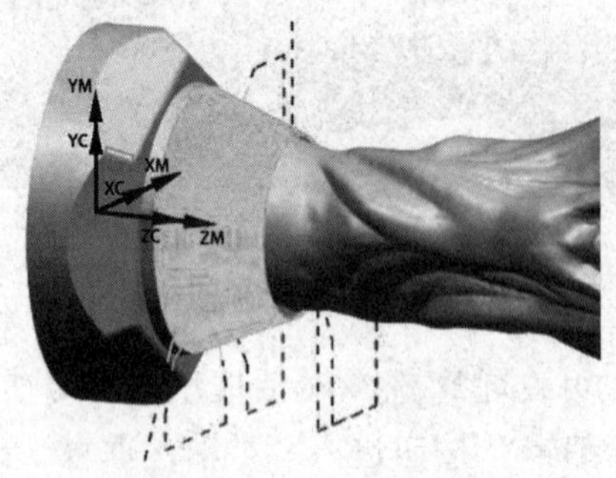

图 5.2.61　生成刀轨

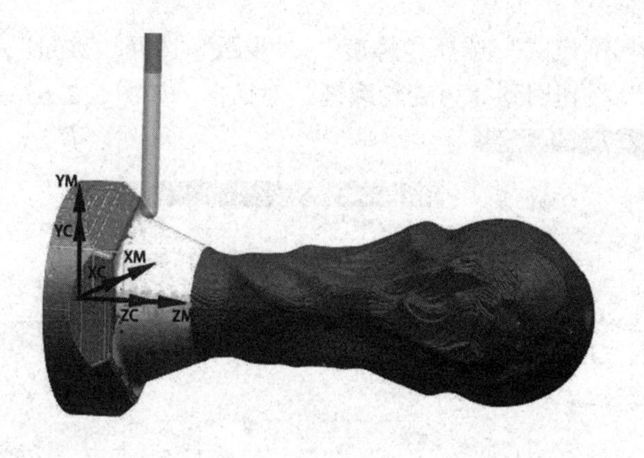

图 5.2.62　仿真结果

7. 创建杯体半精加工刀轨

1）创建刀具。进入“创建刀具”对话框，“类型”选择“mill_multi-axis”，“刀具子类型”选择“MILL”，“名称”键入“D12”，单击“确定”按钮。

2）设置刀具参数。进入“铣刀-球头铣”对话框，“尺寸”中的参数按照图 5.2.63 进行设置，最后单击“确定”按钮完成刀具设置，生成的刀具如图 5.2.64 所示。

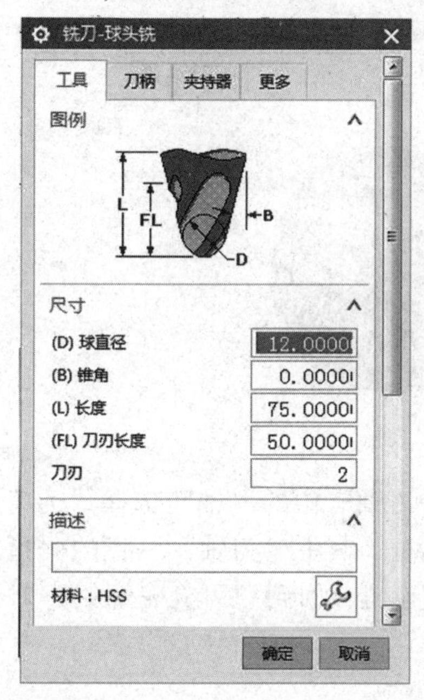

图 5.2.63　设置“铣刀-球头铣”对话框

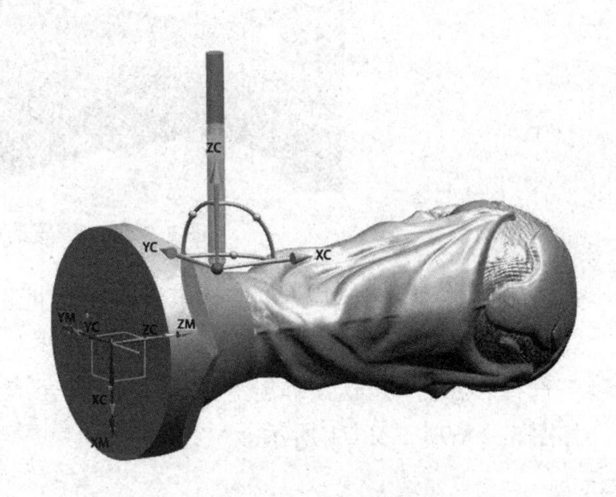

图 5.2.64　生成的刀具

3）设置工序参数。在“工序导航器”中进入“创建工序”对话框，“类型”选择“mill_multi-axis”，“工序子类型”选择“可变轮廓铣”，“刀具”选择“D12”，几何体选择“WORKPIECE”，最后单击“确定”按钮完成工序的创建。

4）设置驱动方法。进入“可变轮廓铣”对话框，“驱动方法”中的“方法”选择“曲面”，单击“曲面”右侧的“编辑”按钮进入“曲面区域驱动方法”对话框，其中“驱动几何体”一栏的“指定驱动几何体”选择用于驱动的曲面，“刀具位置”选择“对中”，“驱动设置”一栏的“切削模式”选择“螺旋”，“步距”选择“数量”，“步距数”键入“150”，最后单击“确定”按钮回到“可变轮廓铣”对话框，如图 5. 2. 65 ~5. 2. 68 所示。

图 5. 2. 65　设置“可变轮廓铣”对话框的“驱动方法”一栏

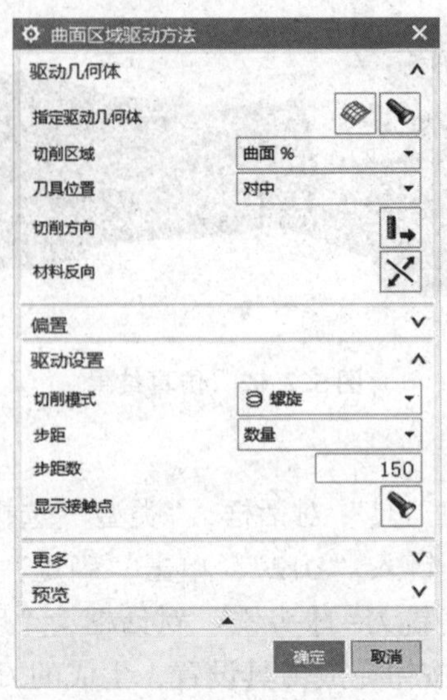

图 5. 2. 66　设置“曲面区域驱动方法”对话框

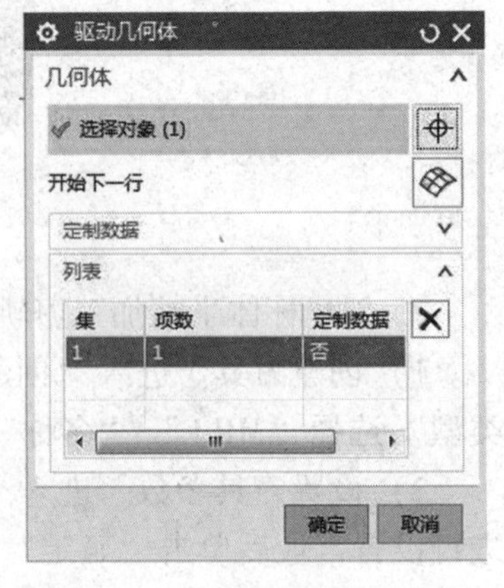

图 5. 2. 67　设置“驱动几何体”对话框

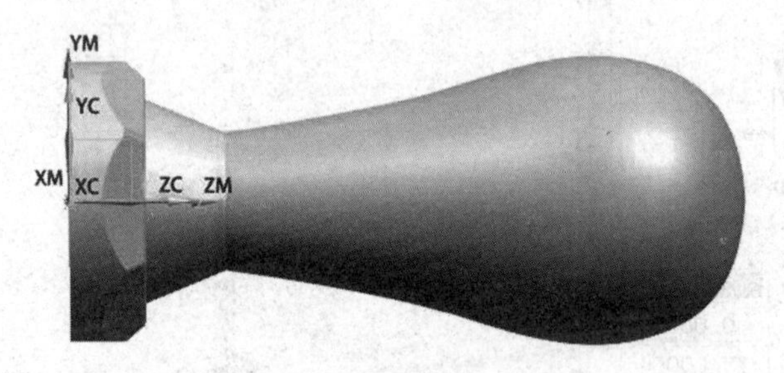

图 5. 2. 68　设置的曲面

5）设置刀轴参数。在“可变轮廓铣”对话框里，“刀轴”中的“轴”选择“远离直线”，单击右侧的“编辑”按钮进入“远离直线”对话框，其中“刀轴”一栏的“指定矢量”选择“Z 轴”，最后单击“确定”按钮完成刀轴设置，回到“可变轮廓铣”对话框，如图 5. 2. 69 ~5. 2. 71 所示。

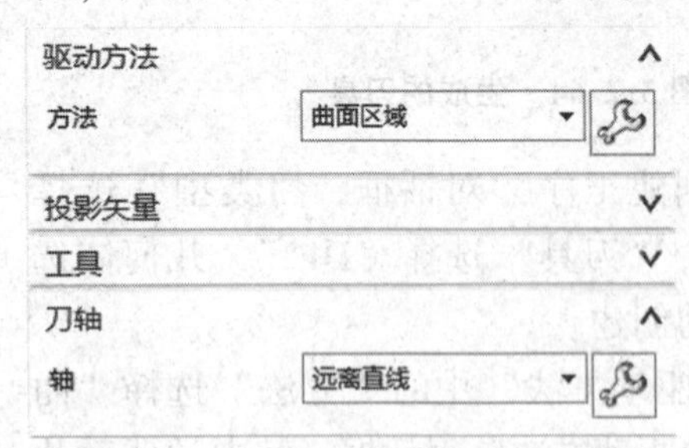

图 5. 2. 69　设置“刀轴”一栏

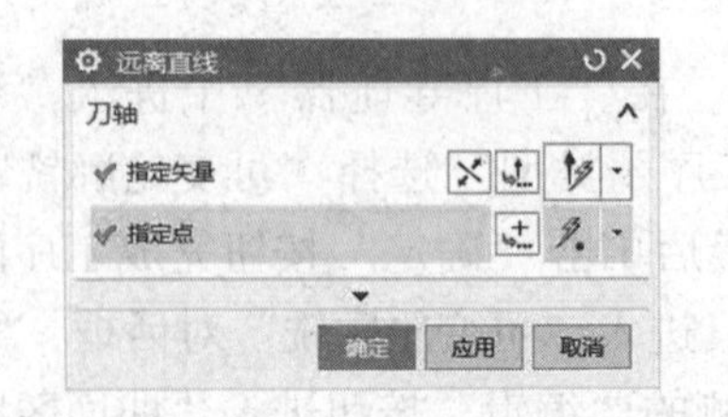

图 5. 2. 70　设置“远离直线”对话框

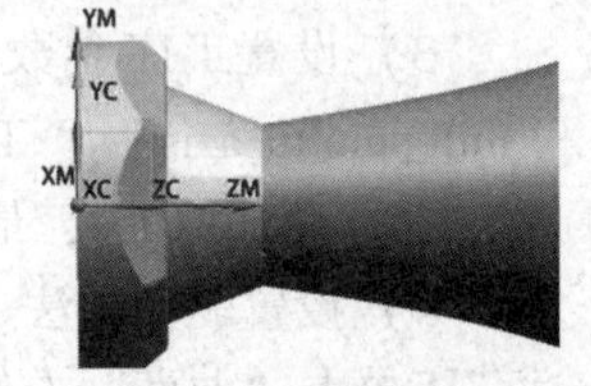

图 5. 2. 71　完成刀轴设置

6）设置非切削移动。在“可变轮廓铣”对话框里，单击“非切削移动”右侧的按钮进入“非切削移动”对话框，“进刀”选项卡中的“进刀类型”选择“圆弧-平行于刀轴”，“半径”键入“30”，如图 5.2.72 所示；“转移/快速”选项卡中的“安全设置选项”选择“圆柱”，并定义点与矢量如图 5.2.73 所示，“半径”键入“80”，单击“确定”按钮完成非切削移动设置，回到“可变轮廓铣”对话框，如图 5.2.74 所示。

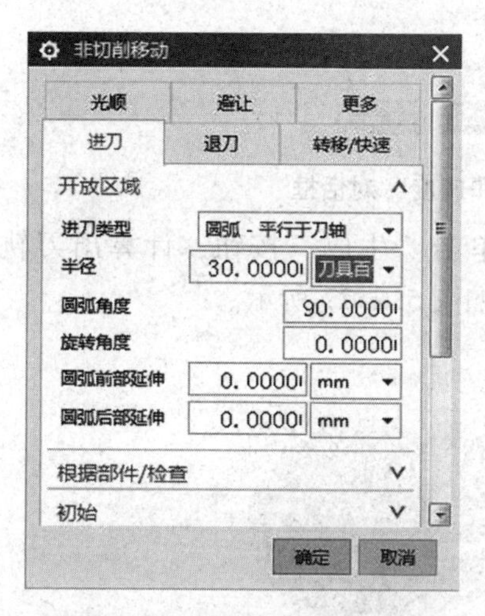

图 5.2.72　设置“非切削移动”对话框的“进刀”选项卡

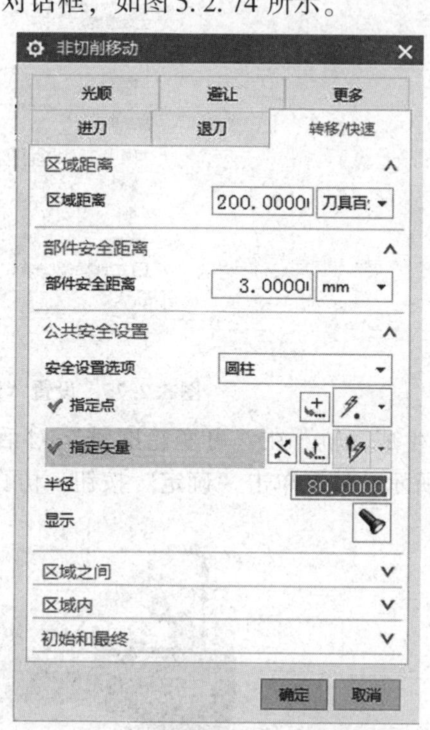

图 5.2.73　设置“非切削移动”对话框的“转移/快速”选项卡

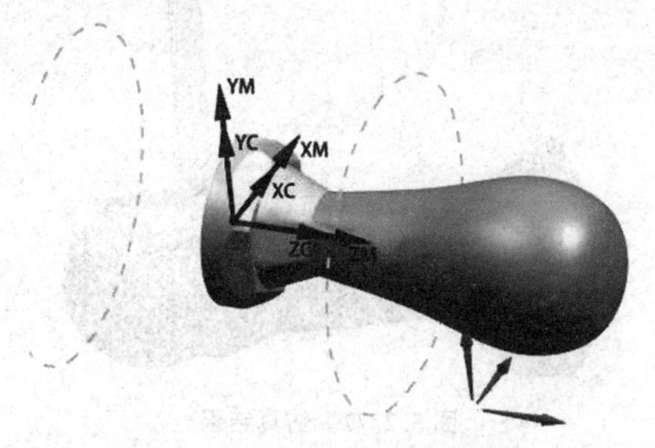

图 5.2.74　完成非切削移动设置

7）设置进给率和转速参数。在“可变轮廓铣”对话框里单击“进给率和速度”按钮进入“进给率和速度”对话框，“主轴速度（rpm）”键入“3500”，“进给率”一栏的“切削”键入“2500”，单击“计算”按钮后单击“确定”按钮回到“可变轮廓铣”对话框，如图 5.2.75 所示。

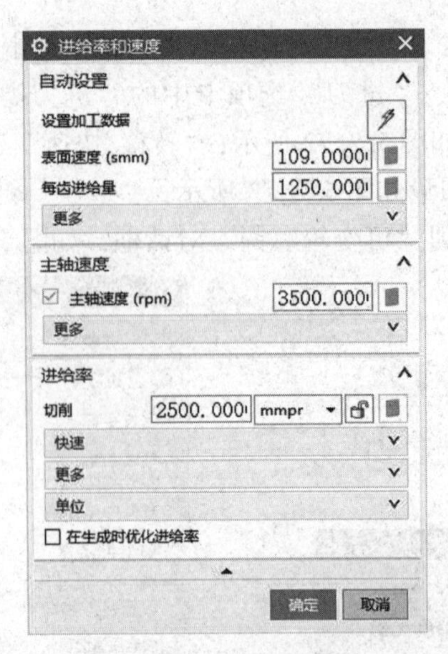

图 5.2.75　设置“进给率和速度”对话框

8）生成刀轨。在“可变轮廓铣”对话框里单击“生成”按钮，计算出刀轨，如图 5.2.76 所示，最后单击“确定”按钮，仿真结果如图 5.2.77 所示。

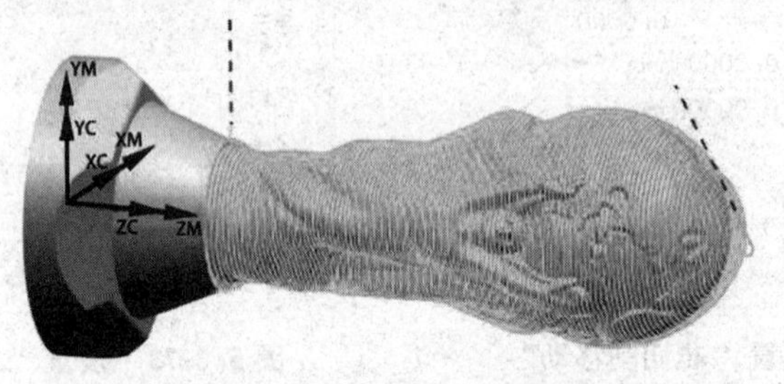

图 5.2.76　生成的刀轨

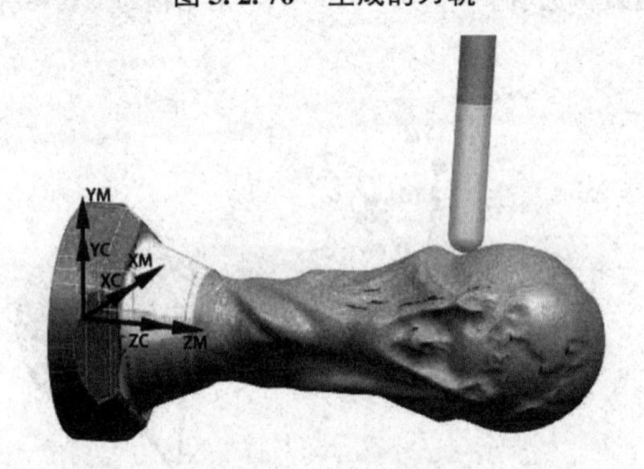

图 5.2.77　仿真结果

8. 创建杯体精加工刀轨

1）创建刀具。进入“创建刀具”对话框，“类型”选择“mill_multi-axis”，“刀具子类型”选择“MILL”，“名称”键入“B4”，并单击“确定”按钮。

2）设置刀具参数。进入“铣刀-球头铣”对话框，“尺寸”中的参数按照图 5.2.78 进行设置，最后单击“确定”按钮完成刀具设置，生成的刀具如图 5.2.79 所示。

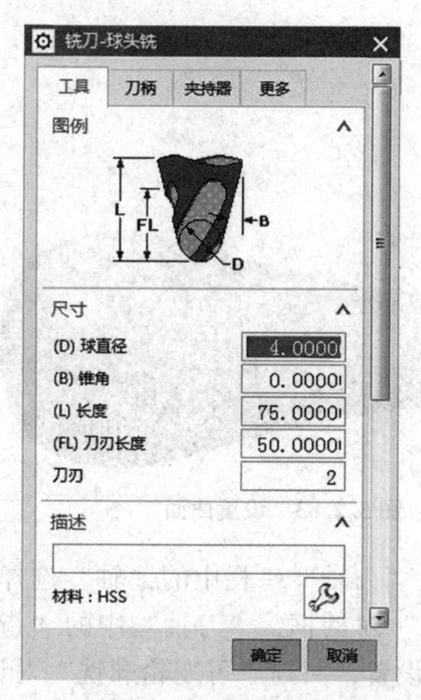

图 5.2.78 设置“铣刀-球头铣”对话框

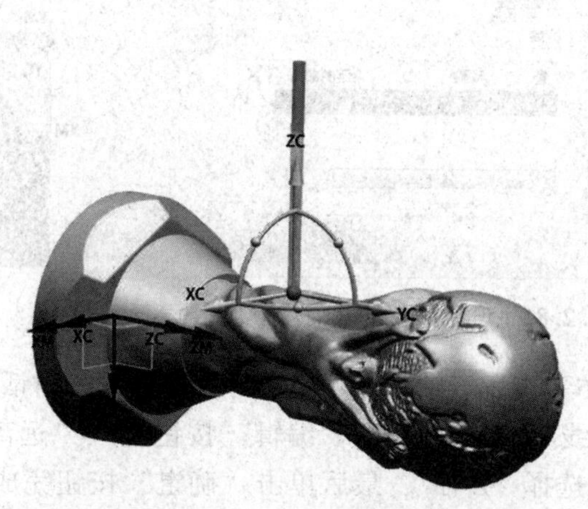

图 5.2.79 生成的刀具

3）设置工序参数。在“工序导航器”中进入“创建工序”对话框，“类型”选择“mill_multi-axis”，“工序子类型”选择“可变轮廓铣”，“刀具”选择“B4”，“几何体”选择“WORKPIECE”，最后单击“确定”按钮完成工序的创建。

4）设置驱动方法。进入“可变轮廓铣”对话框，“驱动方法”中的“方法”选择“曲面”，单击“曲面”右侧的“编辑”按钮进入“曲面区域驱动方法”对话框，“指定驱动几何体”选择用于驱动的曲面，“刀具位置”选择“对中”，“驱动设置”一栏中的“切削模式”选择“螺旋”，“步距”选择“数量”，“步距数”键入“200”，最后单击“确定”按钮回到“可变轮廓铣”对话框，如图 5.2.80 ~ 5.2.83 所示。

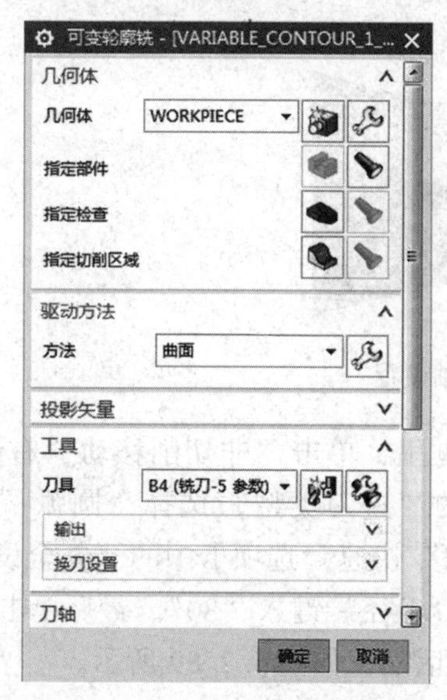

图 5.2.80 设置“可变轮廓铣”对话框

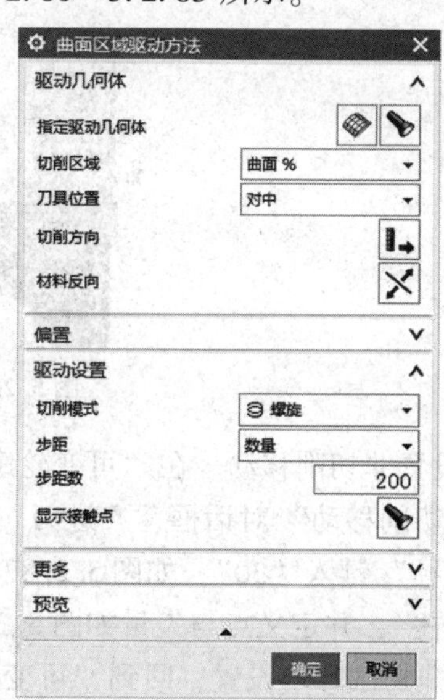

图 5.2.81 设置“曲面区域驱动方法”对话框

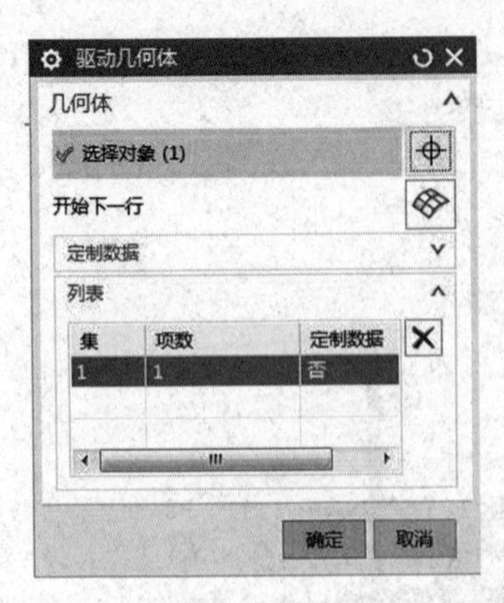

图 5.2.82　设置“驱动几何体”对话框

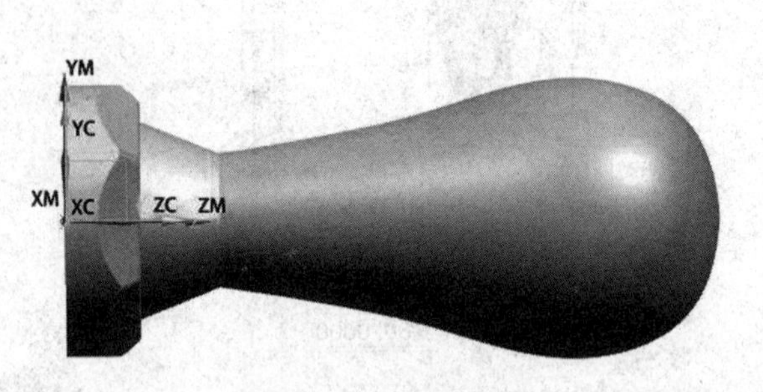

图 5.2.83　设置曲面

5）设置刀轴参数。在“可变轮廓铣”对话框里，“刀轴”一栏中的“轴”选择“远离直线”，单击右侧的“编辑”按钮进入“远离直线”对话框，“刀轴”中的“指定矢量”选择“Z 轴”，最后单击“确定”按钮完成刀轴设置，回到“可变轮廓铣”对话框，如图 5.2.84 ~5.2.86 所示。

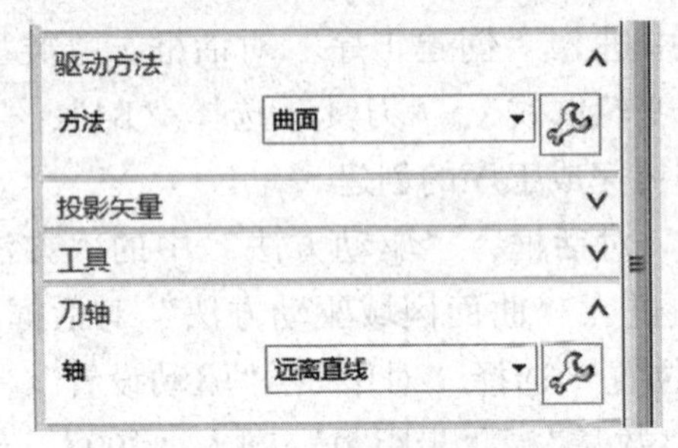

图 5.2.84　设置“刀轴”

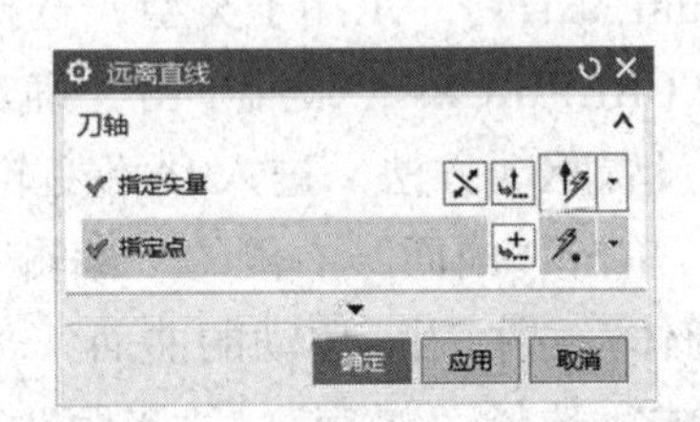

图 5.2.85　设置“远离直线”对话框

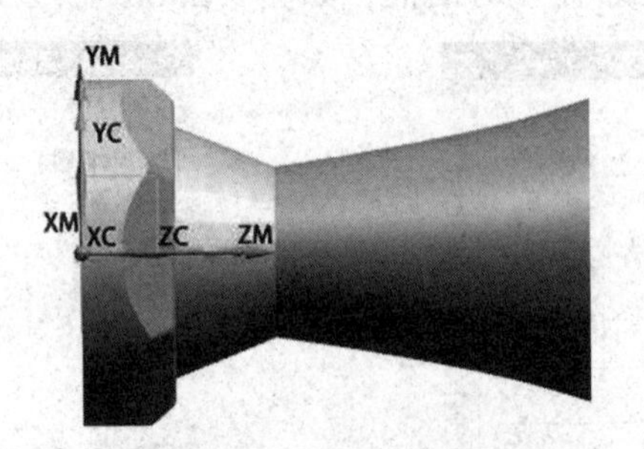

图 5.2.86　完成刀轴设置

6）设置非切削移动。在“可变轮廓铣”对话框里，单击“非切削移动”右侧的按钮进入“非切削移动”对话框，“进刀”选项卡中的“进刀类型”选择“圆弧-平行于刀轴”，“半径”键入“30”，如图 5.2.87 所示；“转移/快速”选项卡中的“安全设置选项”选择“圆柱”，并定义点与矢量如图 5.2.88 所示，“半径”键入“80”，最后单击“确定”按钮完成非切削移动设置，回到“可变轮廓铣”对话框，如图 5.2.89 所示。

图 5.2.87　设置“非切削移动”对话框的“进刀”选项卡

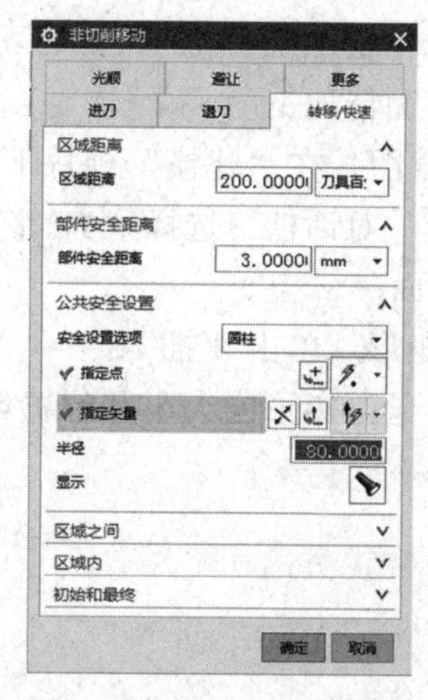

图 5.2.88　设置“非切削移动”对话框的“转移/快速”选项卡

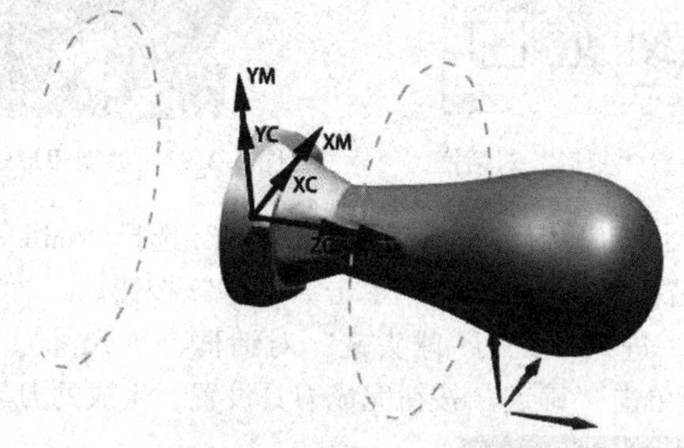

图 5.2.89　完成非切削移动设置

7）设置进给率和转速参数。在“可变轮廓铣”对话框里单击“进给率和速度”按钮进入“进给率和速度”对话框，“主轴速度（rpm）”键入“3500”，“进给率”一栏的“切削”键入“2500”，单击“计算”按钮后单击“确定”按钮，回到“可变轮廓铣”对话框。

8）生成刀轨。在“可变轮廓铣”对话框里单击“生成”按钮，计算出刀轨，如图 5.2.90 所示，最后单击“确定”按钮，仿真结果如图 5.2.91 所示。

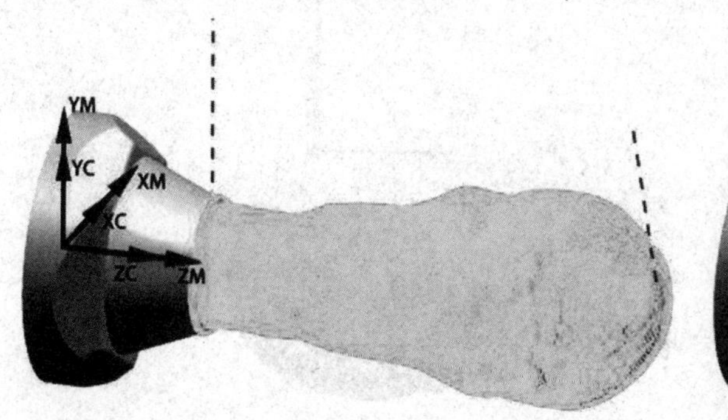

图 5.2.90　生成的刀轨

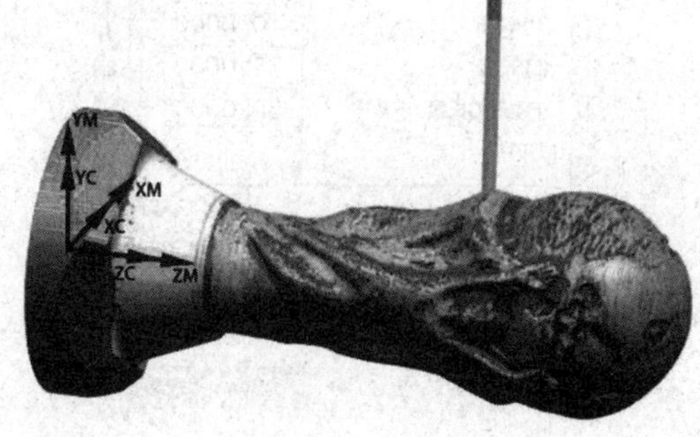

图 5.2.91　仿真结果

9. 创建球体精加工刀轨

(1) 第一面精加工

1) 创建草图。在“建模”模块下，单击“插入”→“在任务环境中绘制草图”，进入“创建草图”对话框，选择“YZ 平面”作为草图绘制平面，单击“确定”按钮即可进入草图绘制界面。

2) 绘制矩形。单击“插入”→“曲线”→“矩形”，进入“矩形”对话框，如图 5.2.92 所示。绘制矩形的大小和位置如图 5.2.93 所示。绘制完成后，退出草图模式，切换到加工模块。

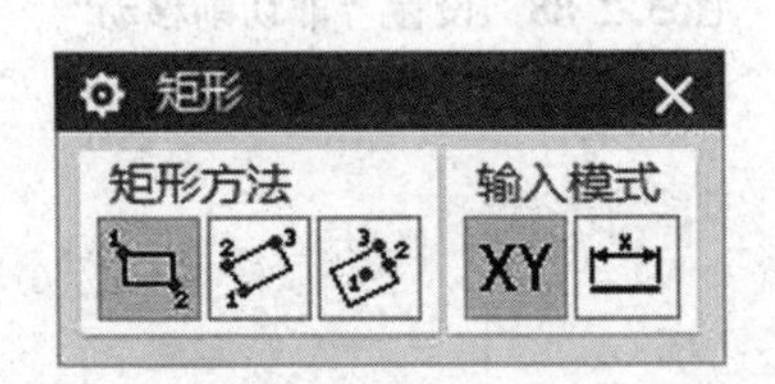

图 5.2.92　设置“矩形”对话框

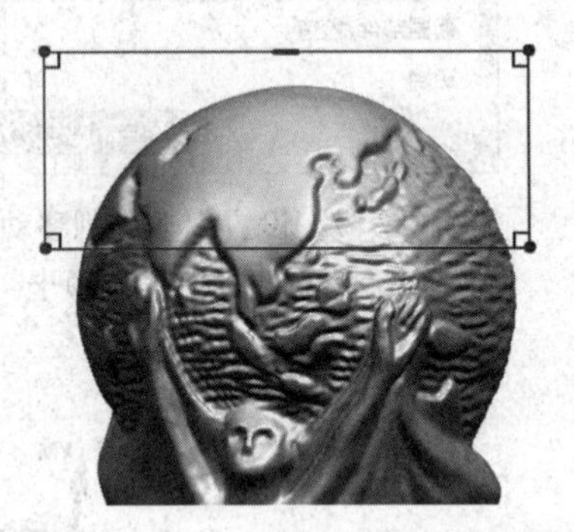

图 5.2.93　绘制矩形的大小和位置

3) 创建刀具。进入“创建刀具”对话框，“类型”选择“mill_contour”，“刀具子类型”选择“MILL”，“名称”键入“B4”，单击“确定”按钮。

4) 设置刀具参数。进入“铣刀-球头铣”对话框，“尺寸”一栏中的参数按照图 5.2.94 进行设置，最后单击“确定”按钮完成刀具设置，生成的刀具如图 5.2.95 所示。

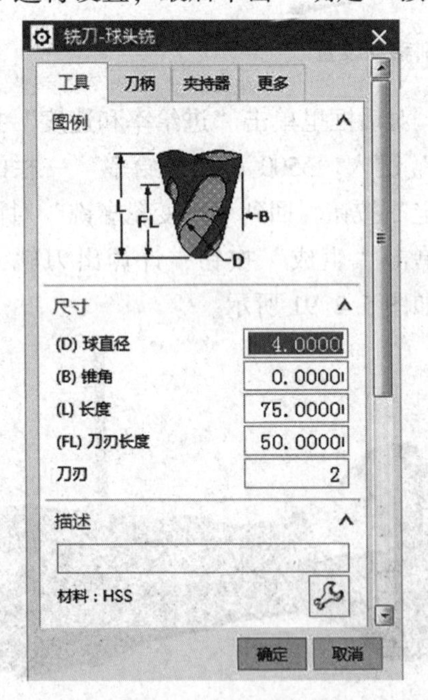

图 5.2.94　设置“铣刀-球头铣”对话框

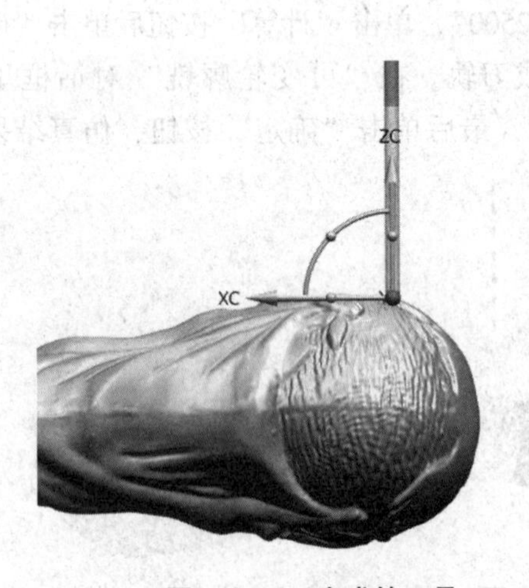

图 5.2.95　生成的刀具

5）设置工序参数。在“工序导航器”中进入“创建工序”对话框，“类型”选择“mill_contour”，“工序子类型”选择“深度轮廓加工”，“刀具”选择“B4”，“几何体”选择“WORKPIECE”，单击“确定”按钮完成工序的创建。

6）创建修剪边界。在“深度轮廓加工”对话框里，单击“几何体”中“指定修剪边界”右侧的按钮进入“修剪边界”对话框，其中“边界”一栏选择之前绘制的矩形作为边界，“修剪侧”选择“外部”，最后单击“确定”按钮完成修剪边界创建，回到“深度轮廓加工”对话框，如图5.2.96~5.2.98所示。

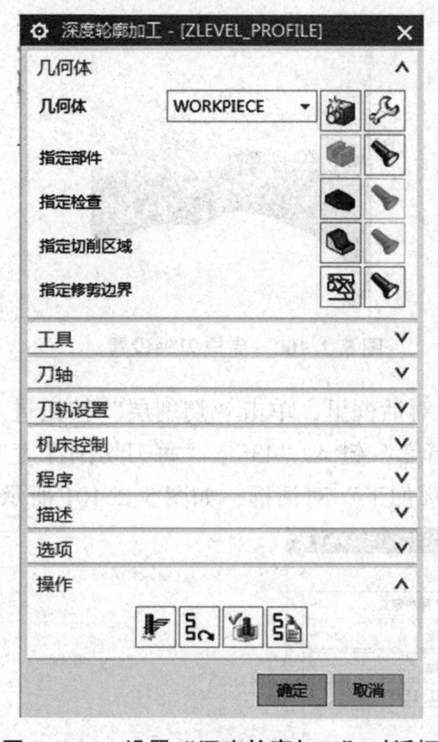

图5.2.96　设置“深度轮廓加工”对话框

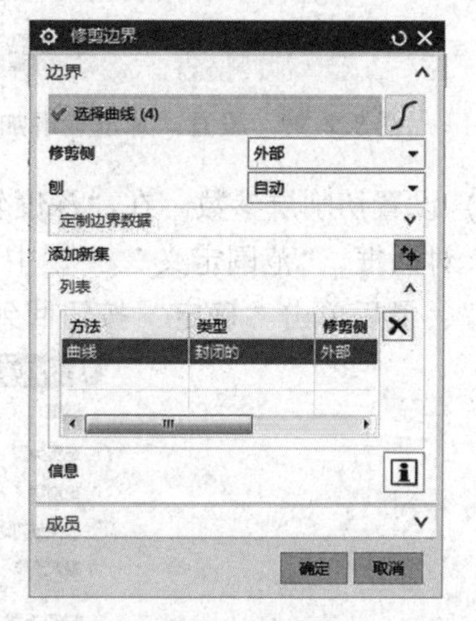

图5.2.97　设置“修剪边界”对话框

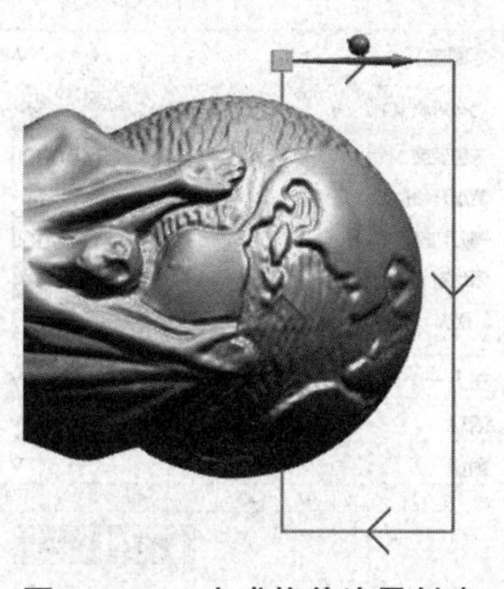

图5.2.98　完成修剪边界创建

7）设置刀轴。在“深度轮廓加工”对话框里，“刀轴”一栏中的“轴”选择“指定矢量”，并选择“XM轴”作为矢量，单击“确定”按钮完成刀轴设置，回到“深度轮廓加工”对话框如图 5. 2. 99 和图 5. 2. 100 所示。

图 5. 2. 99　设置“深度轮廓加工”对话框

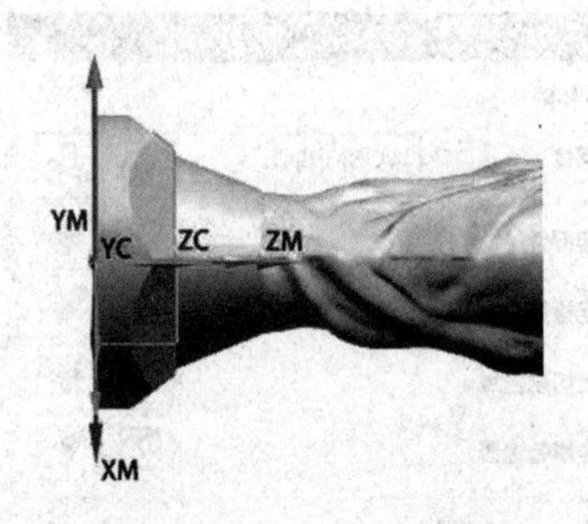

图 5. 2. 100　完成刀轴设置

8）设置切削层参数。在“深度轮廓加工”对话框里，单击“切削层”按钮进入“切削层”对话框，“范围定义”一栏中的“范围高度”键入“43”，“每刀切削深度”键入“0. 15”，最后单击“确定”按钮回到“深度轮廓加工”对话框，如图 5. 2. 101 所示。

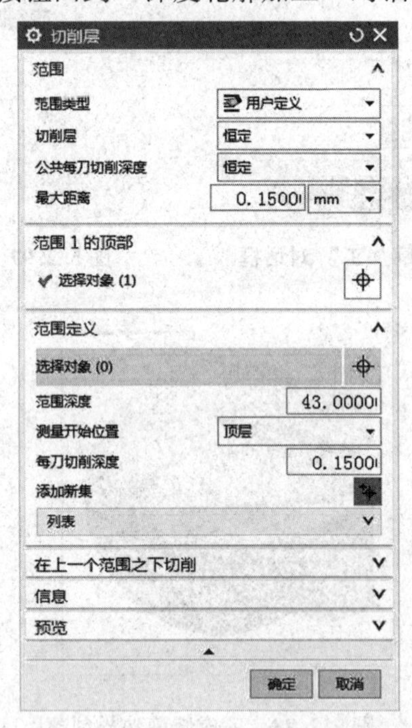

图 5. 2. 101　设置“切削层”对话框

9）设置切削参数。在“深度轮廓加工”对话框里，单击“切削参数”按钮进入“切削参数”对话框，“策略”选项卡中的“延伸路径”一栏勾选“在延展毛坯下切削”，最后单击“确定”按钮回到“深度轮廓加工”对话框，如图5.2.102所示。

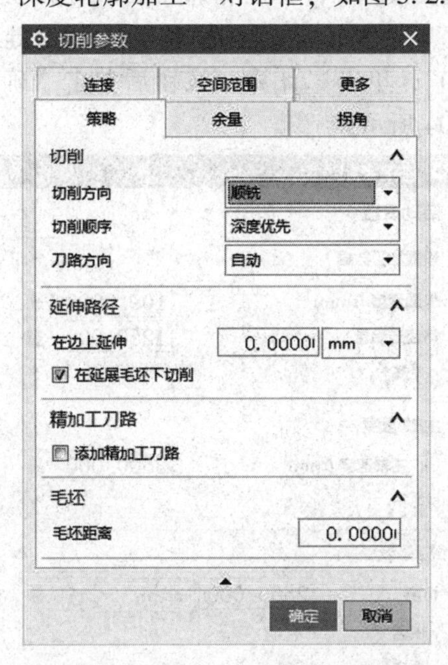

图5.2.102　设置“切削参数”对话框

10）设置非切削移动。在“深度轮廓加工”对话框里，单击“非切削移动”按钮进入“非切削移动”对话框，“进刀”中的“进刀类型”选择“螺旋”，“直径”键入“90”，“高度起点”选择“当前层”；在“转移/快速”选项卡中“半径”键入“80”，最后单击“确定”按钮回到“深度轮廓加工”对话框，如图5.2.103所示。

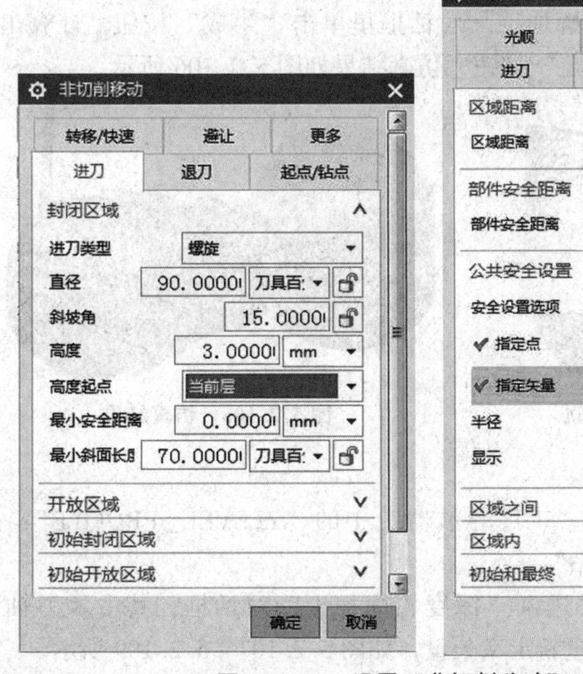

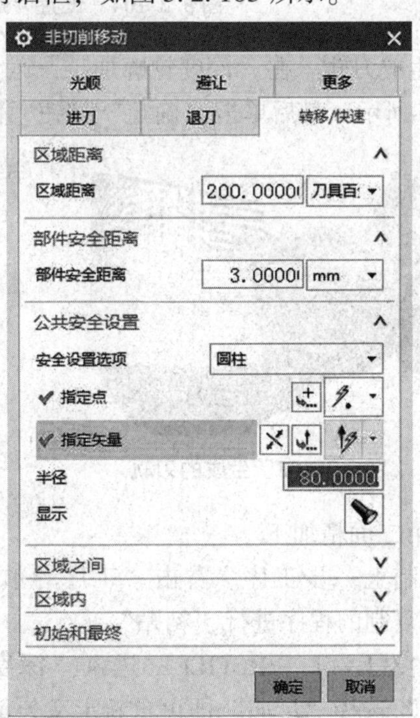

图5.2.103　设置“非切削移动”对话框

11）设置进给率和转速参数。在“深度轮廓加工”对话框里，单击“进给率和速度”按钮，进入“进给率和速度”对话框，“主轴速度（rpm）”键入“3500”，“进给率”一栏中的“切削”键入“2500”，单击“计算”按钮后单击“确定”按钮回到“深度轮廓加工”对话框，如图5.2.104所示。

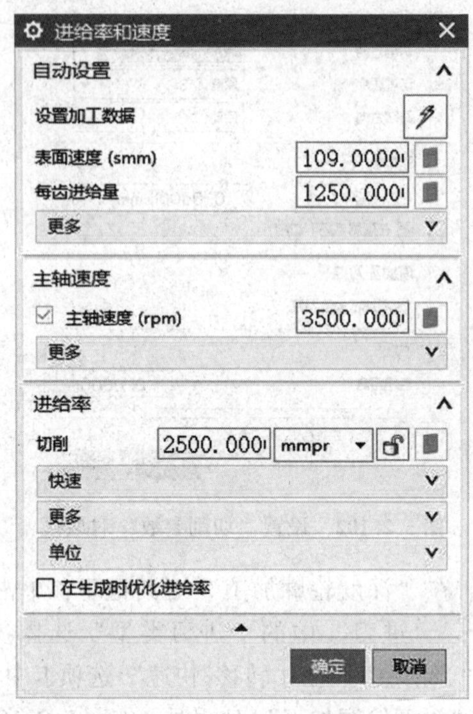

图5.2.104　设置“进给率和速度”对话框

12）生成刀轨。在“深度轮廓加工”对话框里单击“生成”按钮，计算出刀轨，如图5.2.105所示，最后单击“确定”按钮，仿真结果如图5.2.106所示。

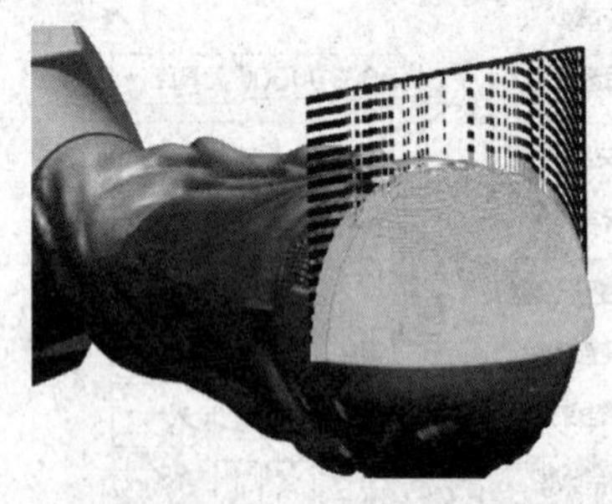

图5.2.105　生成的刀轨

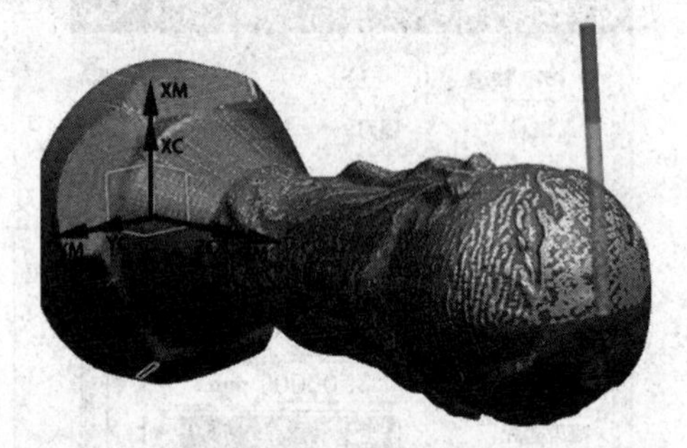

图5.2.106　仿真结果

（2）第二面精加工

1）复制上一步工序。右击“工序导航器”中的“ZLEVEL_PROFILE”，选择“复制”，并将复制的程序进行“粘贴”。

双击“ZLEVEL_PROFILE”进入“深度轮廓加工”对话框，其中“刀轴”一栏的“指定矢量”选择“反向”即可重新定义矢量，如图5.2.107～5.2.109所示。

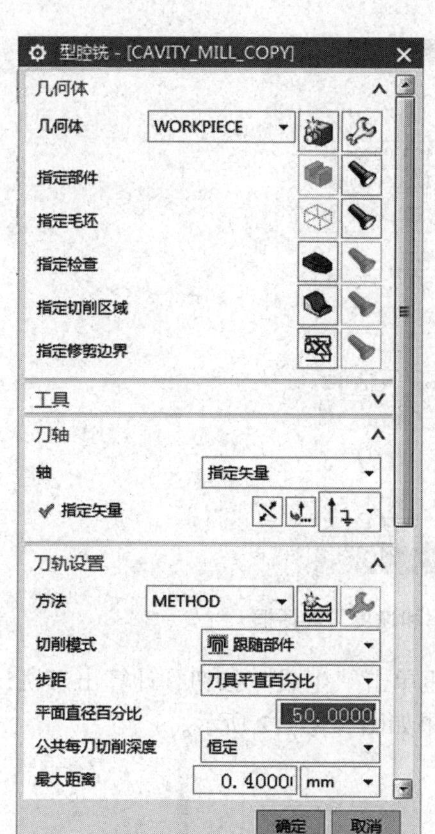

图 5.2.107　设置“型腔铣”对话框

图 5.2.108　设置“刀轴”一栏

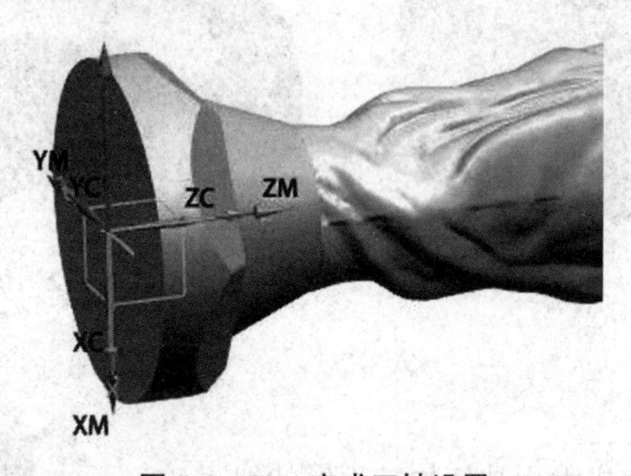

图 5.2.109　完成刀轴设置

2）设置切削层参数。在“深度轮廓加工”对话框里，单击“切削层”按钮进入“切削层”对话框，其中“范围定义”一栏的“范围高度”键入“43”，最后单击“确定”按钮回到“深度轮廓加工”对话框。

3）设置进给率和转速参数。在“深度轮廓加工”对话框里，单击“进给率和速度”按钮进入“进给率和速度”对话框，“主轴速度（rpm）”键入“3500”，“进给率”中的“切削”键入“2500”，单击“计算”按钮后单击“确定”按钮，回到“深度轮廓加工”对话框，如图 5.2.110 所示。

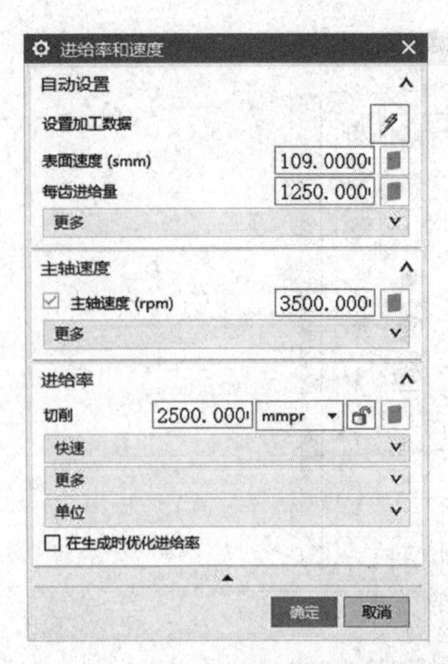

图 5.2.110　设置“进给率和速度”对话框

4）生成刀轨。在“深度轮廓加工”对话框里单击“生成”按钮，计算出刀轨，如图 5.2.111 所示，最后单击“确定”按钮，仿真结果如图 5.2.112 所示。

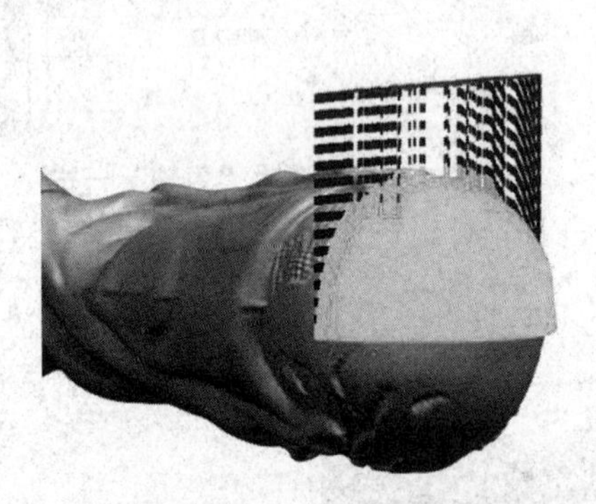

图 5.2.111　生成的刀轨

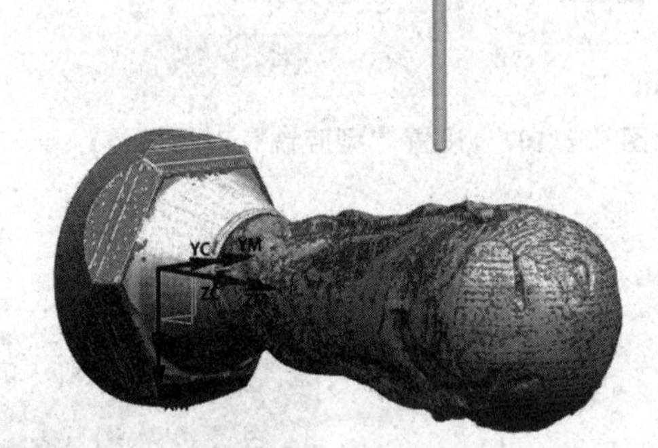

图 5.2.112　仿真结果

任务实施

根据课程内容独立完成大力神杯加工程序的编写。

知识拓展

利用本任务所学知识编写图 5.2.113 镂空件的加工程序。

图 5.2.113　镂空件

项目三

大力神杯多轴编程与数控加工项目总结

项目目标

回顾大力神杯的加工工艺及 UG 多轴编程加工；

了解五轴等高加工应用范围及特点。

任务列表

学习任务	知识点	能力要求
任务　大力神杯加工总结	大力神杯的加工工艺	了解大力神杯的五轴加工工艺
	五轴等高加工的应用范围及特点	掌握五轴等高加工

任务　大力神杯加工总结

任务导入

大力神杯在 UG 多轴编程以及在加工过程中使用到五轴等高加工。

知识链接

大力神杯加工工艺的回顾：

用直径为 20 mm 的刀具对大力神杯毛坯进行粗加工，加工方法可以使用“mill_ contour”，“刀具子类型”选择“MILL”，使用型腔铣；用直径为 12 mm 的刀具对大力神杯整体进行半精加工，加工方法还可以用“mill_ contour”，“刀具子类型”选择“MILL”；用直径为 6 mm 的球刀对大力神杯的底座以及锥面进行精加工，加工方法可以使用“mill_ multi-axis”，“刀具子类型”选择“MILL”，使用可变轮廓铣；用直径为 4 mm 的球刀对大力神杯主体进行半精加工，加工方法可以使用“mill_multi-axis”，“刀具子类型”选择“MILL”，使用可变轮廓铣。用直径为 4 mm 的球刀对大力神杯球体进行精加工，加工方法可以使用“mill_contour”，“刀具子类型”选择“MILL”，使用深度轮廓加工；用直径为 12 mm 的球刀对大力神杯主体进行半精加工，即可完成大力神杯的加工。

1. 大力神杯的编程过程

(1) 大力神杯的形状及装夹方法

根据大力神杯的3D模型，可以将其归类为轴类零件。此类零件一般选用常规夹具，此次我们选用自定心卡盘。

(2) 选材

大力神杯是较为典型的多轴数控加工零件。其毛坯一般都选用回转体棒料，根据需求选用不同的加工材料，在加工过后还可以对成型的大力神杯进行涂覆防腐蚀或者进行电镀增加其美观性。零件材料采用6063 铝合金实心圆棒料，其硬度较低，具有切削性较好、切削容易断屑、断屑易排出等特点，因此在粗、半精加工阶段，刀具材料可选用普通高速钢刀具。在精加工阶段，可选用硬度（HRC）大于 55 的硬质合金铣刀和专用精雕加工刀具。

(3) 铣削装夹前对毛坯材料的处理

为了减少铣削加工量及在铣削时便于装夹，我们可以对毛坯材料进行一定的车削加工，形成回转体基本形状。

注意：在用车床把棒料车削成毛坯时，一定要保证毛坯中一些部位的尺寸和位置精度，以便于后续在加工中心上装夹、找正。

(4) 大力神杯的加工难点及对应的加工方案

1) 因整体式钻头为复杂的曲面零件，普通数控机床难以对其进行加工，所以最好选用五轴机床（简单对称的钻头也可以使用四轴机床加工）。加工时采用五轴联动加工，而非 3+2 定轴加工。

2) 通常大力神杯主体毛坯形状复杂且较难加工，所以要选用硬度、精度、材料合适的刀具。粗加工时尽可能选用大直径的铣刀，这样加工效率比较高，精加工时选用带锥度（一般 3°～5°）的球头铣刀以增加刀具的刚性，避免刀具因刚性问题而折断，同时也应合理选择切削用量。

3) 由于采用对称粗加工以及对称精加工，顶部位置会留有多余材料所以要对顶部进行一次精加工来将其清除。

2. 大力神杯的加工过程

型腔铣是我们平时常用的粗加工方法（尤其在三轴中最常用），我们可以在一粗时先用大刀去除工件大部分的余量（加工效率非常高），再用小刀对工件进行二粗，去除大刀切削残留的余量。

(1) 大力神杯毛坯粗加工

第一面粗加工时，首先定义毛坯（经车削后的毛坯）和部件几何体（大力神杯），“几何体”选择“WORKPIECE”，创建 MCS（机床坐标系），从刀库调刀，创建工序（型腔铣）。

“刀轴”一栏中的“轴”选用“+XM 轴”，“刀轨设置”一栏的“切削模式”选择“跟随周边”，“步距”选择“刀具平直百分比”，“平直直径百分比”键入“50”，“公共每刀切削深度”选择“恒定”，“最大距离”键入“0.4”，重要的是进行“切削层”的设置，单击“切削层”右侧图标进入“切削层”对话框，“范围类型”选择“用户定义”，“切削层”及“公共每刀切削深度”都选择“恒定”，“最大距离”键入“0.4”，“范围深度”键入“42”，这个深度多少波动一些也是可以的，“测量开始位置”选择“顶层”，单击“确定”按钮。返回“型腔铣”对话框生成刀轨并确认刀轨，用同样的方法对另一面进行加工。

(2) 大力神杯杯体半精加工

我们可以利用较小直径的刀具对切削刃之间的残留余量进行粗加工，采用可变轮廓铣，“类型”选择“mill_multi-axis”，“几何体”选择“WORKPIECE”，进入“可变轮廓铣”对话框，“指定部件”选择整个体，“驱动方法”中的“方法”选择“曲面”，并单击右侧的按钮进入“曲面区域驱动方法”对话框，首先选择用于驱动的曲面，“刀具位置”选择“对中”。在“驱动设置”一栏里，“切削模式”选择“螺旋”，“步距”选择“数量”，“步距数”键入“150”，单击“确定”按钮后返回“可变轮廓铣”对话框，将“刀轴”一栏的“轴”选为“远离直线”，随后单击右侧的“编辑”按钮进入“远离直线”对话框，其中“刀轴”选择“Z 轴”，最后返回“可变轮廓铣”对话框，生成刀轨并确认。

(3) 大力神杯的底座精加工

使用区域轮廓铣，并设置驱动方法，“驱动设置”中的“最大距离”键入“0.2”。单击“驱动方法”中“区域铣削”，并单击右侧按钮进入“区域铣削驱动方法”对话框，其中“切削角”选择“指定”，“与 XC 夹角”键入“0”。然后返回“区域轮廓铣”对话框，将“刀轴”一栏的“轴”选择“指定矢量”，并指定为“+ZM 轴”，最后返回“区域轮廓铣”对话框，生成刀轨并确认。

(4) 大力神杯的锥面精加工

大力神杯的锥面精加工采用可变轮廓铣，“类型”选择“mill_multi-axis”，“几何体”选择“WORKPIECE”，进入“可变轮廓铣”对话框，其中“指定部件”选择整个体，“驱动方法”中的“方法”选择“曲面”；并单击右侧的按钮进入“曲面区域驱动方法”对话框，其中“指定驱动几何体”选择用于驱动的曲面，“刀具位置”选择“对中”；“驱动设置”中的“切削模式”选择“螺旋”，“步距”选择“数量”，“步距数”键入“50”。随后返回“可变轮廓铣”对话框，将“刀轴”一栏的“轴”选择“4 轴，垂直于部件”，并单击右侧的“编辑”按钮，在弹出的对话框中将“刀轴”的“指定矢量”选择“Z 轴”，最后返回“可变轮廓铣”对话框，生成刀轨并确认。

(5) 大力神杯杯体精加工

大力神杯杯体精加工可采用可变轮廓铣，进入“创建工序”对话框，“类型”选择“mill_multi-axis”，“工序子类型”选择“可变轮廓铣”，“几何体”选择“WORKPIECE”。然后进入“可变轮廓铣”对话框，“驱动方法”中的“方法”选择“曲面”，并在打开的“曲面区域驱动方法”对话框中“指定驱动几何体”选择用于驱动的曲面，“刀具位置”选择“对中”。“驱动设置”中的“切削模式”选择“螺旋”，“步距”选择“数量”，“步距数”键入“250”。然后，返回“可变轮廓铣”对话框，“刀轴”一栏的“轴”选择“远离直线”，并单击右侧的“编辑”按钮，将“刀轴”选为“Z 轴”，最后返回“可变轮廓铣”对话框，生成刀轨并确认。

（6）大力神杯球体精加工

大力神杯球体的精加工可采用深度轮廓加工，首先进入“创建工序”对话框，“类型”选择“mill_contour”，“工序子类型”选择“深度轮廓加工”，“几何体”选择“WORKPIECE”。然后设置切削层参数，在“深度轮廓加工”对话框里，单击“切削层”右侧的按钮进入“切削层”对话框，“范围定义”一栏的“范围高度”键入“43”，“每刀切削深度”键入“0.15”。接着返回“深度轮廓加工”对话框，“刀轴”一栏的“轴”选择“指定矢量”，并选择“XM 轴”作为矢量，最后返回“可变轮廓铣”对话框，生成刀轨并确认。

3. 深度加工 5 轴铣的加工特点及应用范围

深度加工 5 轴铣的加工特点：可通过设置刀具侧倾角对较深的工件进行加工，但不能加工倒扣的腔体。深度加工 5 轴铣的应用范围：可用于多轴数控加工程序刀轴中刀轴侧倾方向有多种设置，可以满足多轴数控加工需要，用于半精加工和精加工轮廓铣的形状。

任务实施

根据课时内容编写大力神杯的加工程序。

知识拓展

利用本任务所学知识编写图 5.2.113 的镂空件加工程序。

模块六

涡轮式叶轮的多轴编程与数控加工

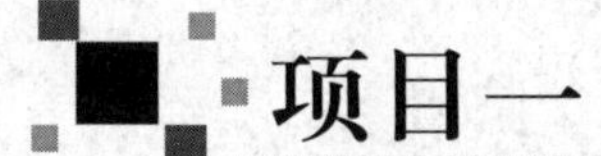

项目一 叶轮模块认知

项目目标

了解多叶片粗铣；
了解叶轮精加工；
了解叶片精铣；
了解圆角精铣。

任务列表

学习任务		知识点	能力要求
任务	叶轮粗精加工各模块的认知	叶轮粗精加工模块	了解 UG 叶轮粗精加工模块
		叶轮粗精加工驱动方法	了解各模块的驱动方法

任务　叶轮粗精加工各模块的认知

任务导入

涡轮式叶轮也称为整体式叶轮，它是指高压气体沿着轴向流动的一种叶轮，是发动机的重要零件，一般情况下，其轮毂和叶片是在整体锻压的钛合金毛坯材料上进行加工的。涡轮式叶轮各个结构部位如图 6.1.1 所示。本模块通过 UG 软件本身自带的样例来讲解叶轮加工模块。

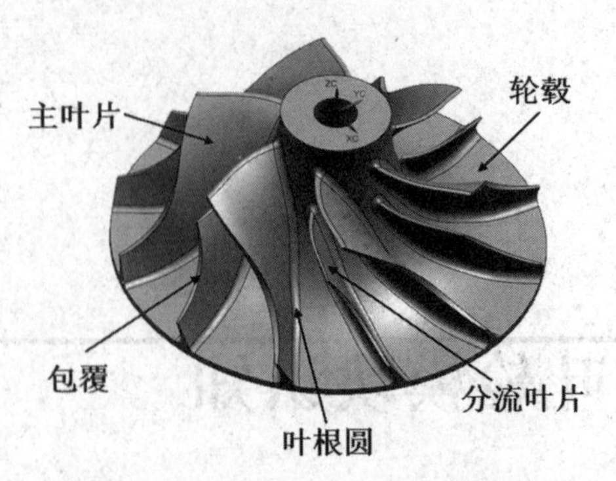

图 6.1.1　涡轮式叶轮各结构部位

知识链接

1. 叶轮模块的认知

叶轮类零件是一类具有代表性且造型比较规范、典型的通道类复杂零件，它在能源动力、航空航天、石油化工、冶金等行业中均有广泛应用，如航空发动机上的整体叶轮、坦克发动机增压器叶轮、水泵，及压缩机叶轮等。这类零件的设计涉及空气动力学、流体力学等多个学科，曲面加工手段、加工精度和加工表面质量对其性能参数都有很大影响。传统的叶轮生产一般采用两种方法：一是铸造成型后修光；二是叶片与轮毂采用不同的毛坯，分别加工成形后将叶片焊接在轮毂上。这两种方法不仅费时费力而且叶轮的各种性能难以保证。

如今根据工艺原则的要求，将叶轮的加工划分为三个阶段：粗加工、半精加工、精加工。粗加工的目的是快速切除叶轮各个表面大量的多余材料，分为顶部区域粗加工、轮毂开槽加工、叶片粗加工、根部圆角粗加工，加工出叶轮基本形状；半精加工主要是为了平滑粗加工留下的粗糙表面，去除拐角处多余的材料，生成加工余量比较均匀的表面，为精加工做好准备，主要有叶片半精加工、轮毂半精加工；精加工阶段包括叶片、轮毂、根部圆角的精加工，它主要保证叶轮尺寸精度、形状精度、位置精度和表面粗糙度，是决定叶轮加工质量的关键阶段。

基于 UG 软件的叶轮五轴数控编程可以通过可变轮廓铣模块和专用的叶轮模块进行。

2. 叶轮模块分类

叶轮模块分类如表 6.1.1 所示。

表 6.1.1　叶轮模块分类

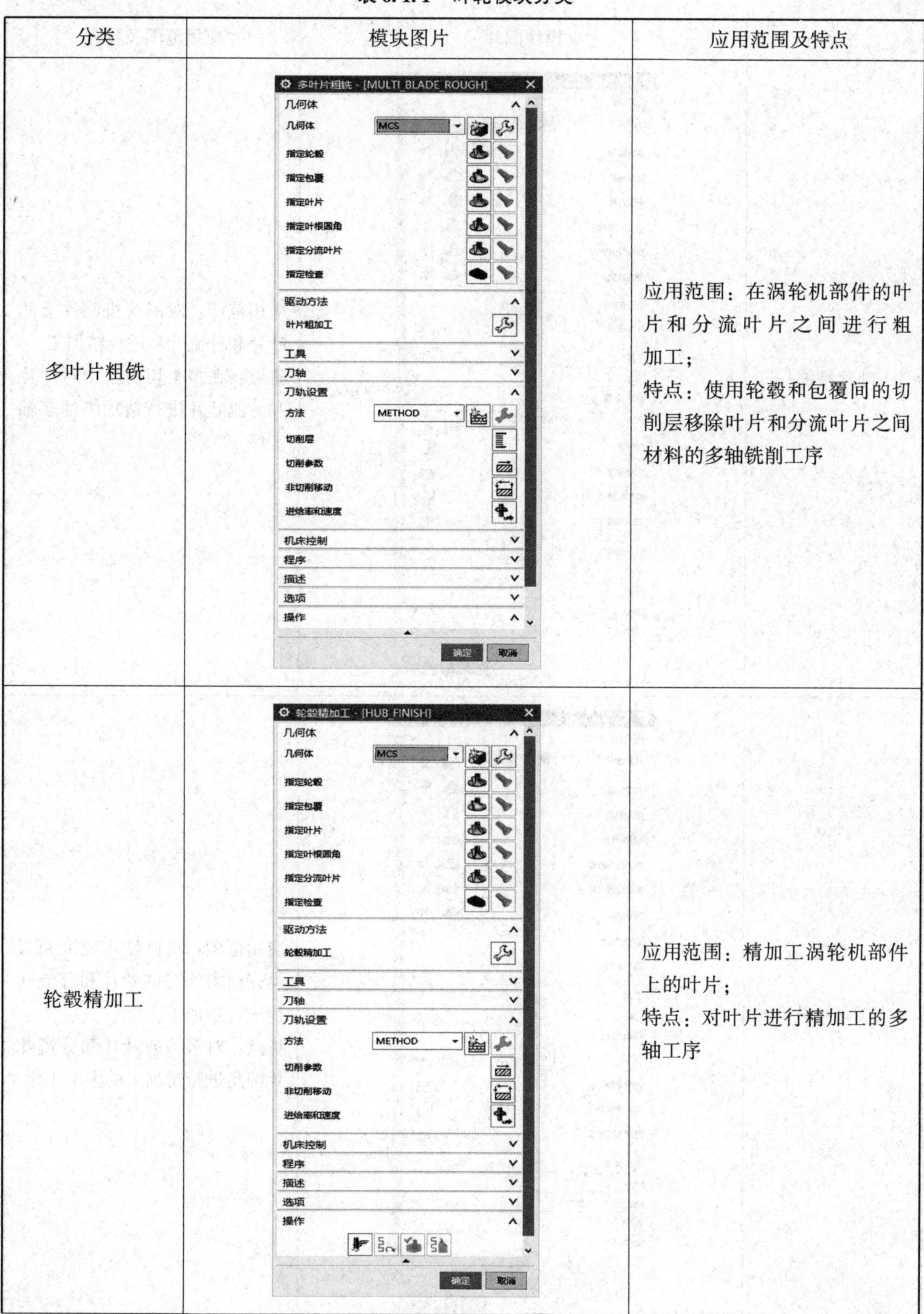

分类	模块图片	应用范围及特点
多叶片粗铣		应用范围：在涡轮机部件的叶片和分流叶片之间进行粗加工； 特点：使用轮毂和包覆间的切削层移除叶片和分流叶片之间材料的多轴铣削工序
轮毂精加工		应用范围：精加工涡轮机部件上的叶片； 特点：对叶片进行精加工的多轴工序

续表

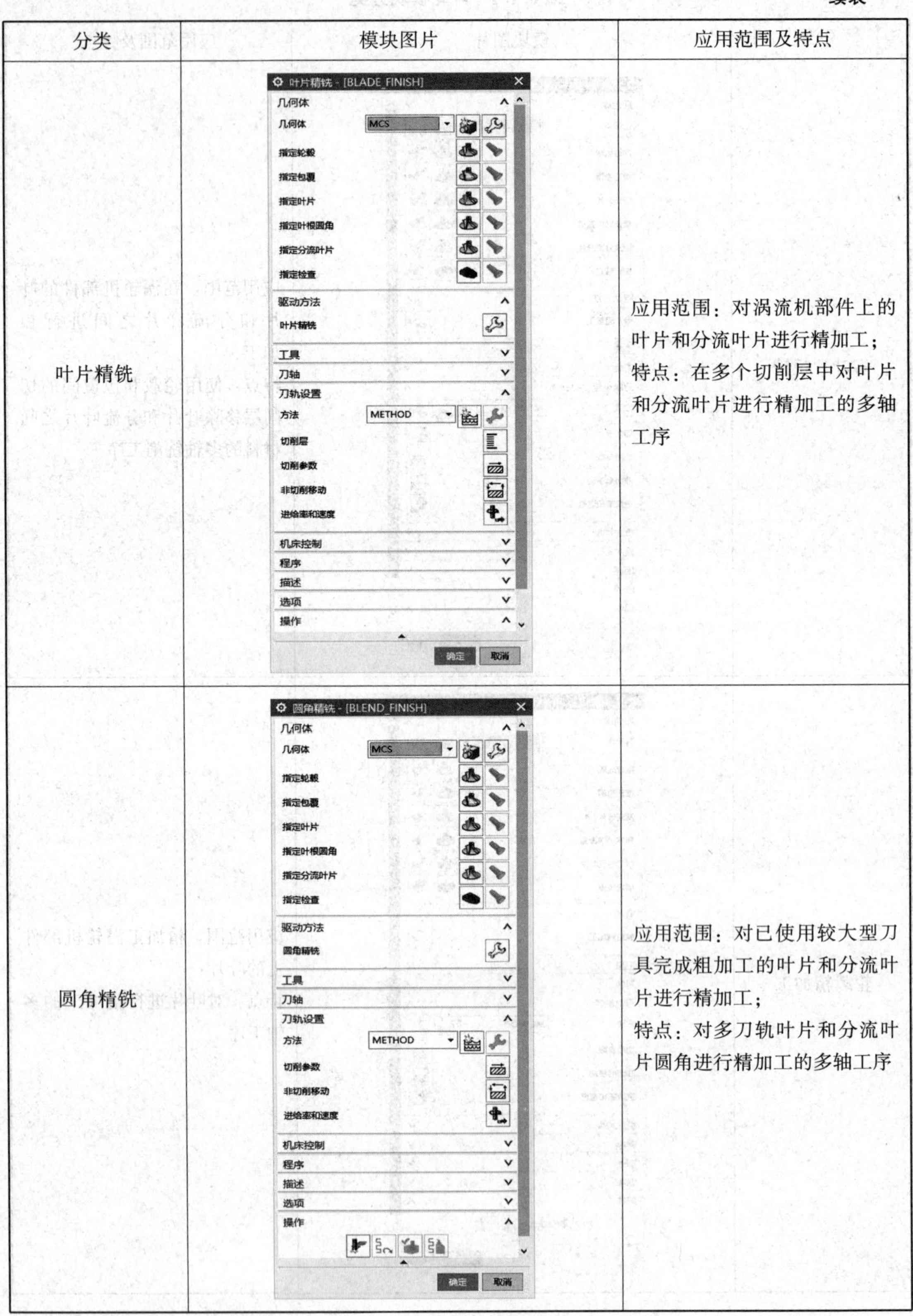

分类	模块图片	应用范围及特点
叶片精铣		应用范围：对涡流机部件上的叶片和分流叶片进行精加工； 特点：在多个切削层中对叶片和分流叶片进行精加工的多轴工序
圆角精铣		应用范围：对已使用较大型刀具完成粗加工的叶片和分流叶片进行精加工； 特点：对多刀轨叶片和分流叶片圆角进行精加工的多轴工序

3. 各模块的驱动方法

各模块的驱动方法如表 6. 1. 2 所示。

表 6. 1. 2　各模块的驱动方法

驱动方法	驱动图例	具体类型
叶片粗加工驱动方法	叶片粗加工驱动方法 前缘 叶片边　无卷曲 延伸　0. 0000　% 刀具 后缘 起始位置与方向 指定起始位置 驱动设置 切削模式　往复上升 切削方向　顺铣 步距　恒定 最大距离　40. 0000　% 刀具 ☑ 最小化与下一个嵌入式刀路的连接 预览 显示 确定　取消	叶片边分为：无卷曲、沿叶片方向、沿部件轴； 延伸（任选其一）分为：切向延伸、径向延伸
轮毂精加工驱动方法	轮毂精加工驱动方法 前缘 叶片边　沿叶片方向 切向延伸　0. 0000　% 刀具 径向延伸　0. 0000　% 刀具 后缘 起始位置与方向 指定起始位置 驱动设置 切削模式　单向 切削方向　顺铣 步距　恒定 最大距离　20. 0000　% 刀具 预览 显示 确定　取消	叶片边分为：无卷曲、沿叶片方向、沿部件轴； 延伸分为：切向延伸、径向延伸
叶片精加工驱动方法	叶片精加工驱动方法 切削周边 要精加工的几何体　叶片 要切削的面　左面、右面、前缘 后缘 驱动设置 切削模式　单向 切削方向　顺铣 起点　后缘 预览 显示 确定　取消	要切削的面分为：所有面，左侧，右侧，左和右面，对立面，左面、右面、前缘

续表

驱动方法	驱动图例	具体类型
圆角精加工驱动方法	圆角精加工驱动方法 切削周边 要精加工的几何体 叶根圆角 要切削的面 左面、右面、前缘 后缘 驱动设置 驱动模式 较低的圆角边 切削带 步进 刀毂编号 3 叶片编号 3 步距 恒定 最大距离 20.0000 % 刀具 切削模式 单向 顺序 先陡 切削方向 顺铣 起点 后缘 预览 显示 确定 取消	要切削的面分为：所有面，左侧，右侧，左和右面，对立面，左面、右面、前缘； 后缘分为无卷曲、沿叶片方向、沿部件轴

4. 其他设置

UG 12.0 对于叶轮的加工推出了一个专用模块，下面介绍一下相关的应用方法。

(1) 几何体设置

首先要注意这个加工模块要建立一个叶轮的部件几何体，并继承在原有的 WORKPIECE 和 MCS 下，选择相应的几何特征，如图 6.1.2 所示。

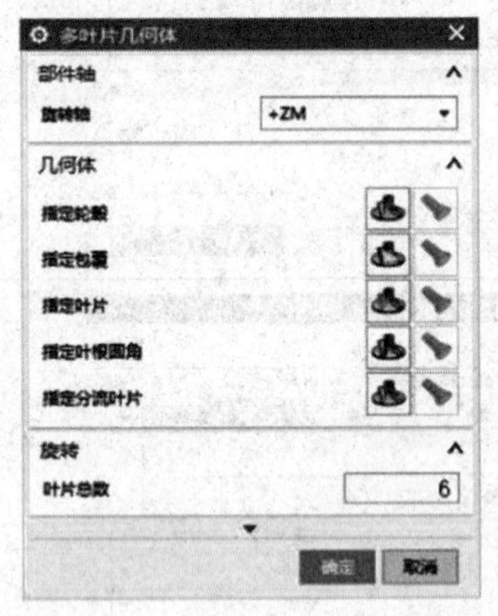

图 6.1.2 "多叶片几何体"对话框

(2) 创建工序

1) 根据要加工的部分创建工序。这里提供了叶片加工、圆角加工等，如图 6.1.3

所示。

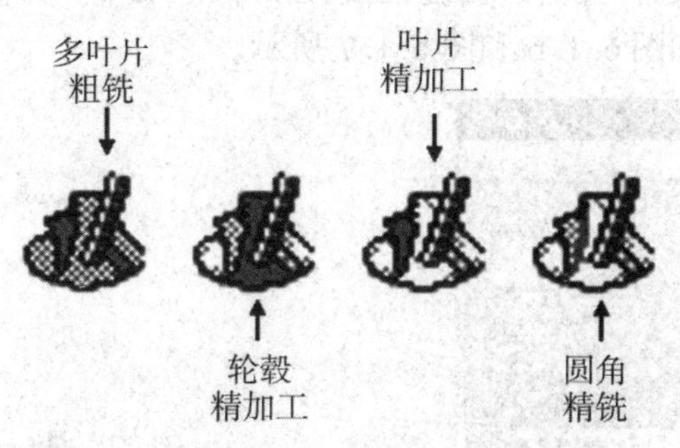

图 6.1.3　叶轮加工

2）驱动方法。驱动方法中一定要了解什么是前缘和后缘，这样方便理解其他参数。前缘和后缘如图 6.1.4 所示。分析工序步骤如图 6.1.5 所示。

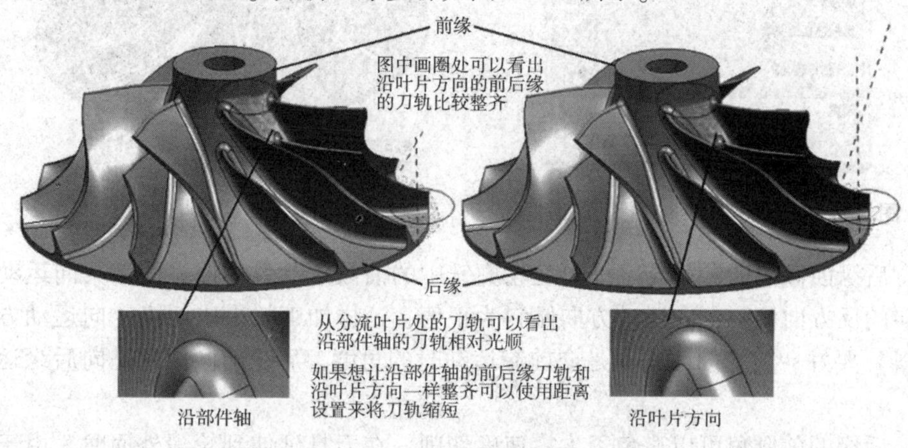

图 6.1.4　前缘和后缘的认识

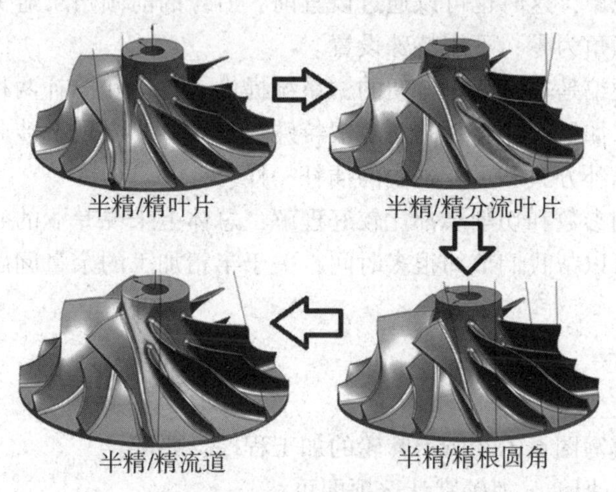

图 6.1.5　分析工序步骤

（3）刀轴设置

刀轴加工方式分为自动和插补方式。自动方式就是系统根据部件自动地安排刀轴方向的变化，而当叶轮比较复杂、扭曲较大时可能无法自动生成可靠的刀轴，即使生成了看似安全合理的刀轴，但是很有可能刀具摆角已经超出机床现场。对于无法自动生成和超程现象可以使用插补方式，如图 6. 1. 6 和图 6. 1. 7 所示。

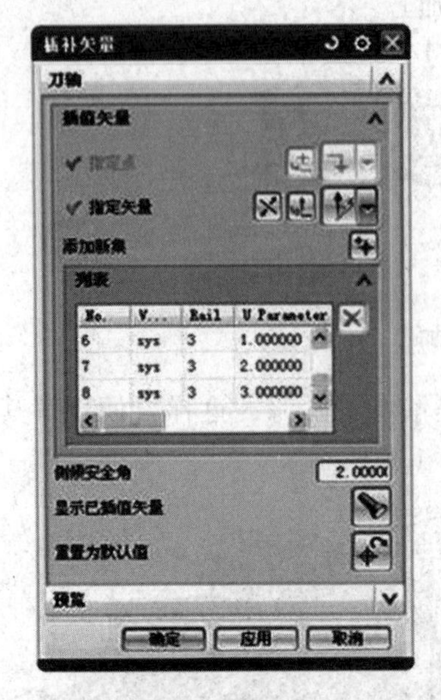

图 6. 1. 6　设置“插补矢量”对话框

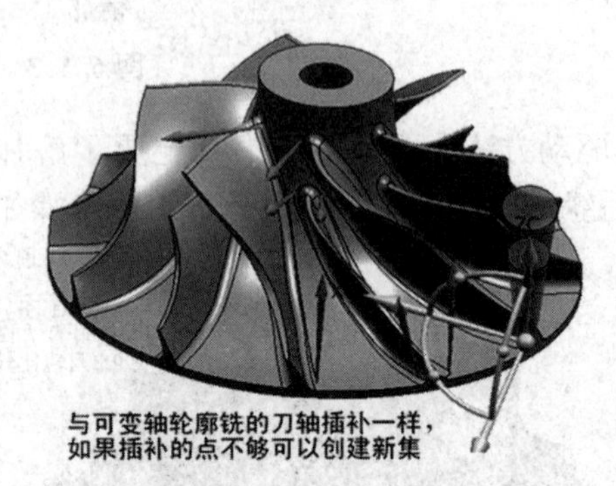

图 6. 1. 7　选点位置

前、后缘前倾角的参数与之前可变轮廓铣中的前倾角参数类似，使刀具向运动方向或运动方向的反方向倾斜，向运动方向倾斜为正值，这样加工效果比负值（向运动方向的反方向倾斜）要好。前缘前倾角就是向前缘运动时的角度，后缘前倾角就是向后缘运动时的角度。

前、后缘的前倾角可以避免刀尖零速度切削。在刀具延伸到轮毂外面时，由于投影的关系会出现无力的现象，这时也可以通过设置前、后缘的前倾角来避免扎刀现象。一般情况下前、后缘的前倾角为零，不用特殊设置。

刀轴相对手工硬编是非常简单方便的，系统提供了自动和插补两种加工方式，一般用自动方式就可以了；如果叶轮叶片的角度很特殊、自动方式出现干涉此时就用比较万能的插补方式，刀轴的插补方式和可变轴中的插补一样。

其他的一些切削参数和切削层都比较好理解，总体上来说专业的叶轮模块在辅助面的建立和刀轴设置上可以帮我们节约很多时间，关于半精加工的余量问题，可以自己做辅助来解决。

任务实施

根据课程内容编写图 6. 1. 8 所示叶轮的加工程序，要求：

1）使用 R3 球刀加工，刀轴默认选项即可；

2）编写轮毂精加工和叶片精加工程序。

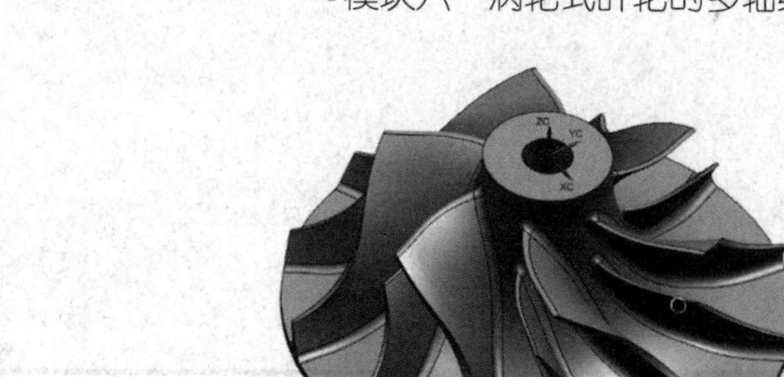

图 6.1.8　叶轮

知识拓展

叶轮加工模块的切削参数具体设置方法。

项目二 涡轮式叶轮的多轴数控加工工艺分析与编程

项目目标

了解涡轮式叶轮加工机床的选择；
了解涡轮式叶轮加工刀具的选择；
了解涡轮式叶轮加工夹具的选择；
了解涡轮式叶轮加工模块的应用。

任务列表

学习任务	知识点	能力要求
任务一 涡轮式叶轮的多轴数控加工工艺	机床的选择	了解多轴数控机床的选择
	刀具的选择	了解刀具的选择应用
任务二 涡轮式叶轮的 UG 多轴编程与加工	工件坐标系的设定	掌握叶轮加工的坐标系设定
	叶轮加工模块的应用	熟练使用叶轮加工模块

任务一 涡轮式叶轮的多轴数控加工工艺

任务导入

根据涡轮式叶轮的3D模型分析其加工工艺，并根据加工工艺选择合理的数控机床、加工刀具、夹具等。

知识链接

涡轮式叶轮（以下简称叶轮）是发动机的关键部件。气体经进气管进入叶轮，在叶轮中因受到叶片的作用力而压力升高，速度增加。因此，对叶轮的要求有以下两点：气体流过叶轮的损失要小，即气体流经叶轮的效率要高；叶轮形式能使整机性能曲线的稳定工况区、高效区范围增大。

涡轮式叶轮加工是提高发动机性能的一个关键环节，但由于涡轮式叶轮结构具有的复杂性，其数控加工技术一直是制造行业的难点。所以，复杂曲面的五轴加工技术一直是数控加工领域研究的热点。

任务实施

1. 工艺方案分析

涡轮式叶轮作为机械行业的关键零件，经常应用于高速旋转的场合，对制造的技术要求非常高，而制造质量对叶轮的性能也有着重要影响。为了获得理想的动力学特性，叶轮叶片大都采用大扭角、根部圆角等结构，铣削加工起来非常困难。

（1）零件图纸及结构分析

零件的毛坯材料为铝合金 6061，是经热处理、预拉伸工艺生产的高品质铝合金，其强度虽不能与 2××× 系或 7××× 系相比，但其镁、硅合金特性多，具有易焊接、易电镀、抗腐蚀性好、韧性高、加工后不变形、材料致密无缺陷、易于抛光等优点。由于需要加工的数量一般比较少，而且零件的尺寸不大，因此选用锻压铝料，经普通数控车床加工成叶轮回转体的基本形状。零件需要加工的部位是涡轮式叶轮的叶片，其曲面加工质量要求较高，主要定位基准面为底部；所以，可以根据其底部特征设计装夹方式。涡轮式叶轮主要由叶片与轮毂两部分组成，叶片与轮毂交界处称为叶根，由于叶轮气动性能的需要，常将此处加工为变圆角过渡。

（2）叶轮加工难点分析

涡轮式叶轮加工槽道变窄，而叶片相对较长，刚性相对较低，属典型的薄壁类零件，加工过程中易发生变形；叶片间距小，特别是最小处深度较大，此时，使用小刀加工的刚性差，易折断；叶轮曲面为自由曲面，轮毂窄，叶片扭曲严重，加工时极易发生干涉；叶片厚度较小，最小厚度为 1 mm，在加工过程中容易引起振动，影响表面加工质量。

（3）叶轮加工技术要求

涡轮式叶轮的技术要求内容与常规零件相同，包括形状、尺寸、位置、表面粗糙度等。为了获得良好的气动性能，叶轮叶片表面必须具有良好的光顺性，精度要求集中于叶片、轮毂的表面与叶根处，表面粗糙度要求小于 Ra 0.8 μm。

（4）工艺制定及工序安排

1）叶轮粗加工。快速去除零件大部分多余材料，在保证涡轮式叶轮制造质量的前提下，效率是非常重要的指标。

2）叶片半精加工。实际加工测量表明，叶轮在粗加工后，往往由于粗加工过程中材料内部应力释放，造成应力变形，影响叶轮的外形尺寸，因此，为了严格保证叶轮尺寸精度及预留均匀的精加工余量，必须在粗、精加工之间安排半精加工。

3）轮毂面粗加工。轮毂面粗加工与叶片半精加工相同，都是为了严格保证叶轮尺寸精度及预留均匀的精加工余量，特别是叶片底部圆角部分的余量。

4）轮毂面精加工。轮毂面精加工采用往复切削的方式，使加工沿叶轮轮毂方向为双向往复加工，在切削过程中顺铣、逆铣交叉进行，加工效率较高。

5）叶片精加工。由于精铣加工存在不稳定切削状态，应在某些工序合理选择切削参数，选择合适的精加工刀具，特别当小批量生产时，要求加工的刀具切削性能稳定。

2. 叶轮加工夹具设计

（1）设计步骤

夹具设计紧紧围绕叶轮下部的 M10 螺纹以及直径为 133. 56 mm 的外圆进行。零件图纸中有一个厚度尺寸为（30±0. 02）mm，基准是直径为 133. 56 mm 的端面；所以夹具设计使用直径为 133. 56 mm 的端面做定位，同时，限制 *Z* 轴方向上的自由度。为了提高叶轮的定位精度，保证（3±0. 02）mm 的厚度尺寸，设计的夹具中避开了大面定位，采用 3 块小面定位。为了保证参与定位的 3 个基准面与工作台的平行度，这 3 个基准面需要在机床上加工。叶轮的夹紧主要依靠两个部分，即叶轮下面的 M10 螺纹、直径为 133. 56 mm 的外圆。上述 3 个基准面解决了叶轮 *Z* 轴方向上的定位和限位。为了使叶轮能够稳定加工，还要限制叶轮在 *X* 轴和 *Y* 轴上的移动自由度。在夹具上设计了一个直径为 133. 58 mm 的圆形沉头，深度为 2 mm，因为 M10 的螺纹只在 *Z* 轴方向上有锁紧功能，没有定位功能，更不能提供 *X* 轴和 *Y* 轴方向上的夹紧，所以在夹具设计时设计了夹紧机构，通过这个简单的机构可以实现直径为 133. 56 mm 外圆的夹紧。

（2）夹具加工及安装

根据上述夹具设计内容、尺寸要求，先在数控车床上完成夹具的车削加工，再到五轴加工中心进行铣部分的加工。

任务实施

通过书籍、网络等形式选择与加工涡轮式叶轮的数控机床相类似的机床。

知识拓展

请根据所学知识查找类似零件进行工艺分析。

任务二　涡轮式叶轮的 UG 多轴编程与加工

任务导入

根据所学的叶轮模块功能，能够独立完成涡轮式叶轮的 UG 多轴数控加工编程，建立叶轮的工件坐标系，根据模型定义加工所使用的刀具，根据不同位置选择不同的刀具类型。

知识链接

1. 定义毛坯几何体

进入“工件”对话框，“指定部件”选择叶轮原始实体图，单击“指定毛坯”右侧的按钮进入“毛坯几何体”对话框，“类型”选择“包容圆柱体”，单击“确定”按钮，如图 6.2.1 ~6.2.3 所示。

图 6.2.1　设置“工件”对话框

图 6.2.2　设置“毛坯几何体”对话框

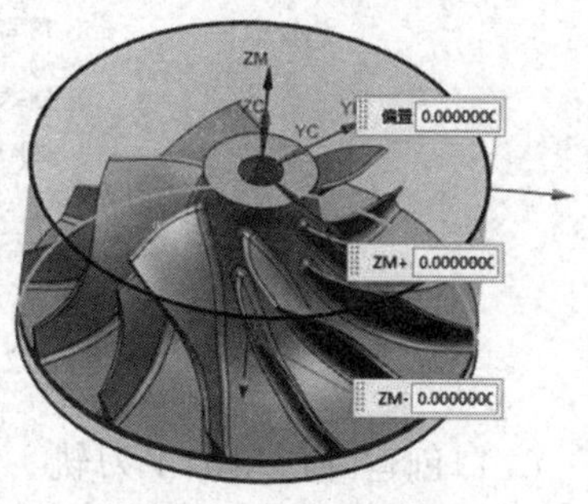

图 6.2.3　指定圆柱体

2. 定义叶轮几何体

右击“WORKPIECE”→“刀片”→“几何体”，进入“创建几何体”对话框，“类型”选择“mill_multi_blade”，“几何体子类型”选择“MULTI_BLADE_GEOM”，单击“确定”按钮进入“多叶片几何体”对话框。

1）定义轮毂面。在“多叶片几何体”对话框里单击“指定轮毂”右侧的按钮进入“Hub 几何体”对话框，然后在图片上选择轮毂曲面，最后单击“确定”按钮，回到“多叶片几何体”对话框。

2）定义包裹曲面。在“多叶片几何体”对话框里，单击“指定包裹”右侧的按钮，进入“Shroud 几何体”对话框，然后在图形上选取曲面作为包裹面，最后单击“确定”按钮，回到“多叶片几何体”对话框。

3）定义叶片曲面。在“多叶片几何体”对话框里，单击“指定叶片”右侧的按钮，进入“Blade 几何体”对话框，然后在图形上选取叶片曲面（注意不要选取叶尖曲面），最后单击“确定”按钮，回到“多叶片几何体”对话框。

4）定义叶根圆角曲面。在“多叶片几何体”对话框里，单击“指定叶根圆角”右侧的按钮，进入“Blade Blend 几何体”对话框，然后在图形上选取曲面作为叶根圆角面，最后单击“确定”按钮，回到“多叶片几何体”对话框。

5）定义分流叶片曲面。在“多叶片几何体”对话框里，单击“指定分流叶片”右侧的按钮，进入“分流叶片几何体”对话框，然后在图形上选取分流叶片曲面，最后单击“确定”按钮，回到“多叶片几何体”对话框。

6）定义叶片数。在“多叶片几何体”对话框里，“旋转”中的“叶片总数”键入“6”，最后单击“确定”按钮完成对叶轮几何体的定义，如图 6. 2. 4 所示。

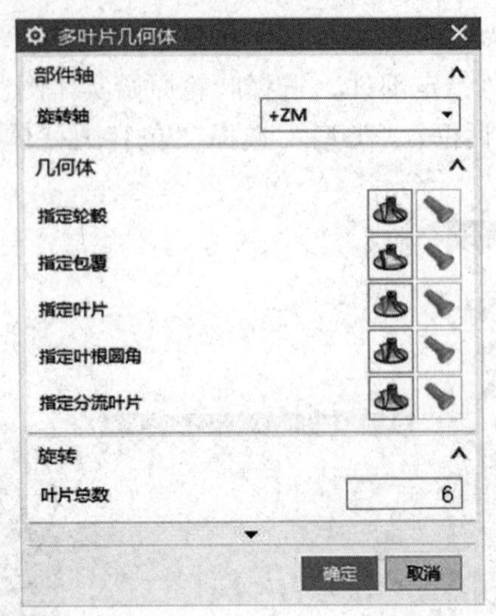

图 6. 2. 4　设置“多叶片几何体”对话框

（1）创建叶形粗加工刀轨

1）设置工序参数。在“工序导航器”中进入“创建工序”对话框，“类型”选择“mill_multi_blade”，“工序子类型”选择“MULTI_BLADE_ROUGH（多叶片粗加工）”，其中“位置”一栏的参数按图 6. 2. 5 进行设置。

图 6. 2. 5　设置“创建工序”对话框

2）设置驱动方法。进入“多叶片粗加工”对话框，单击“驱动方法”中“叶片精加工”右侧的按钮进入“叶片精加工驱动方法”对话框，设置“径向延伸”为刀具直径的50%。“驱动设置”中的“最大距离”键入“1”，最后单击“确定”按钮，回到“多叶片粗加工”对话框。

3）设置刀轴参数。在“多叶片粗加工”对话框里，“刀轴”中的“轴”选择“自动”，然后单击右侧的“编辑”按钮进入“自动”对话框，其中“旋转所绕对象”选择“叶片”，最后单击“确定”按钮，回到“多叶片粗加工”对话框。

（2）设置切削层参数

1）创建切削层。在“多叶片粗加工”对话框里，单击“切削层”右侧的按钮进入“切削层”对话框，“层深”键入“1.8”，最后单击“确定”按钮，回到“多叶片粗加工”对话框。

2）设置切削参数。在“多叶片粗加工”对话框里，单击“切削参数”右侧的按钮进入“切削参数”对话框，“余量”选项卡中“叶片余量”键入“1.0”，“轮毂余量”键入“1.0”，“内公差”和“外公差”键入“0.08”，最后单击“确定”按钮，回到“多叶片粗加工”对话框。

3）设置切削参数、移动参数。在“多叶片粗加工”对话框里，单击“非切削移动”右侧的按钮进入“非切削移动”对话框，对“进刀”选项卡中的参数进行设置，最后单击“确定”按钮，回到“多叶片粗加工”对话框。

4）设置进给率和转速参数。在“多叶片粗加工”对话框里，单击“进给率和速度”右侧的按钮进入“进给率和速度”对话框，其中“主轴速度（rpm）”键入“3500”，“进给率”一栏中的“切削”键入“2500”，单击“计算”按钮后单击“确定”按钮，回到“多叶片粗加工”对话框。

5）生成刀轨。在“多叶片粗加工”对话框里，单击“生成”按钮，计算出刀轨，如图6.2.6所示，最后单击“确定”按钮。

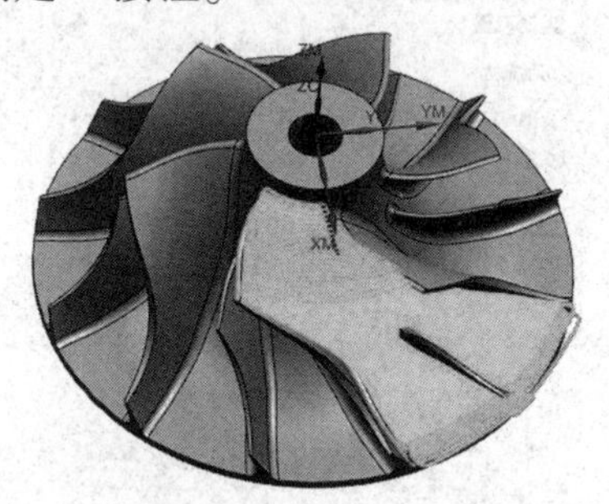

图6.2.6　生成的刀轨

（3）创建轮毂精加工刀轨

1）设置工序参数。单击“工序导航器”中的“刀片”→“工序”进入“创建工序”对话框，“类型”选“mill_multi_blade”，“工序子类型”选择“HUB_FINISH（轮毂精加工）”其中“位置”一栏的参数按图6.2.7进行设置，最后单击“确定”按钮。

图 6.2.7　设置“创建工序”对话框

2）设置驱动方法。在“轮毂精加工”对话框里，单击“驱动方法”中“叶片精加工”右侧的按钮进入“轮毂精加工驱动方法”对话框，设置“切向延伸”为刀具直径的 50%，“径向延伸”为刀具直径的 50%，“切削模式”选择“往复上升”，“切削方向”选择“混合”，“步距”选择“残余高度”，“最大残余高度”键入“0.01”，如图 6.2.8 所示。最后单击“确定”按钮，回到“轮毂精加工”对话框。

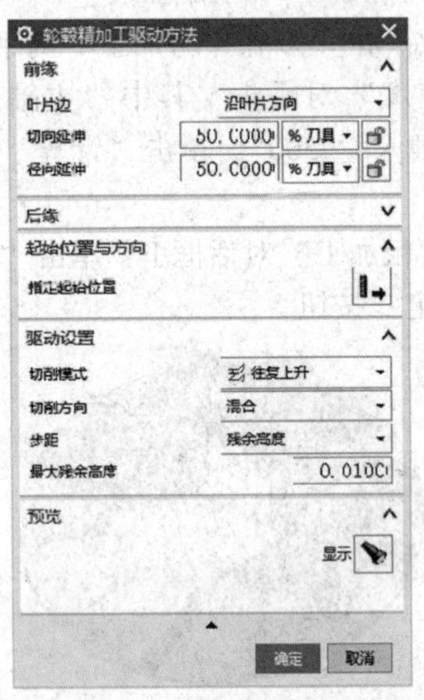

图 6.2.8　设置“轮毂精加工驱动方法”对话框

3）检查刀轴参数。在“轮毂精加工”对话框里，“刀轴”中的“轴”选择“插补矢量”，然后单击右侧的“编辑”按钮进入“插补矢量”对话框，按图 6.2.9 所示修改第 3 和第 4 个矢量的数值，“侧倾安全角”键入“2”，最后单击“确定”按钮回到“轮毂精加工”对话框。

除了上述矢量修改方法以外，还可以直接在图形上选取矢量箭头的旋转控制点，旋转刀具方向箭头，使刀轴不要碰伤叶片，这个方法比较直观，如图 6.2.10 所示。

修改矢量的方法是：在“插补矢量”对话框里选取第 3 个矢量，再单击上方的按钮，进入“矢量”对话框，在“按系数”一栏下将 IJK 数值改为（0.919，-0.352，0.178），同理将第 4 个矢量的数值改为（0.64，-0.327，0.695）。

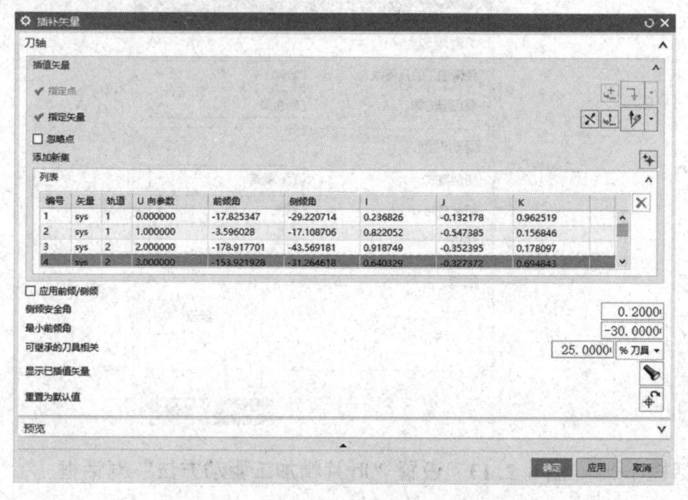

图 6.2.9　设置“插补矢量”对话框

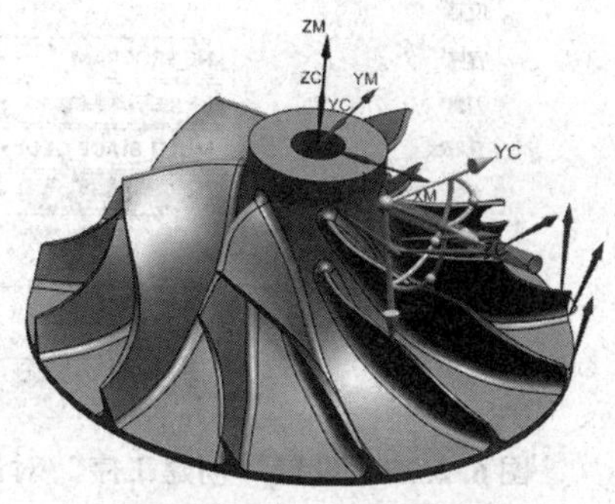

图 6.2.10　指定矢量

4）设置切削层参数。在“轮毂精加工”对话框里，单击“切削参数”右侧的按钮进入“切削参数”对话框，“余量”选项卡中的“叶片余量”键入“0”，“轮毂余量”键入“0”，“内公差”和“外公差”键入“0.01”，最后单击“确定”按钮回到“轮毂精加工”对话框。

5）设置非切削移动参数。在“轮毂精加工”对话框里，单击“非切削移动”右侧的按钮进入“非切削移动”对话框，选取“进刀”选项卡设置参数，最后单击“确定”按钮回到“轮毂精加工”对话框。

6）设置进给率和转速参数。在“轮毂精加工”对话框里，单击“进给率和速度”右侧的按钮进入“进给率和速度”对话框，“主轴速度（rpm）”键入“3500”，“进给率”中的“切削”键入“2500”，单击“计算”按钮后单击“确定”按钮，回到“轮毂精加工”对话框。

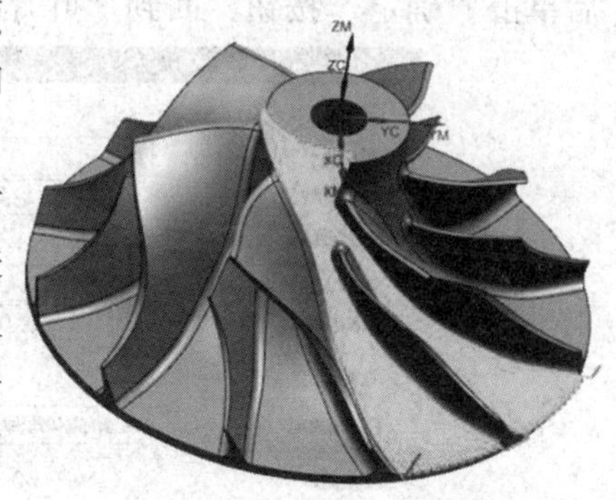

图 6.2.11　生成的刀轨

7）生成刀轨。在“轮毂精加工”对话框里单击“生成”按钮，系统计算出刀轨，如图 6.2.11 所示。最后单击“确定”按钮生成刀轨。

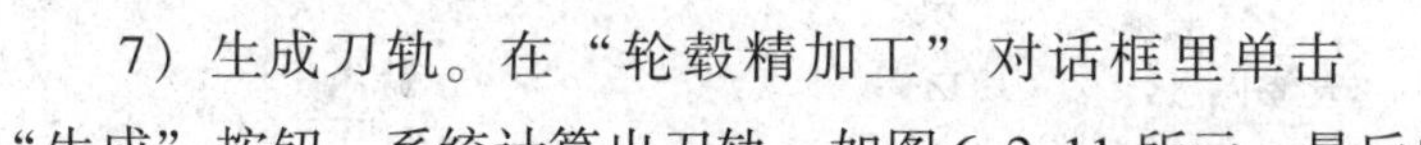

（4）创建叶片精加工刀轨

1）设置工序参数。单击“工序导航器”中的“程序组”→“刀片”→“工序”，进入“创建工序”对话框，“类型”选择“mill_multi_blade”，“工序子类型”选择“BLADE_FINISH（叶片精加工）”，最后单击“确定”按钮，如图 6.2.12 所示。

2）设置驱动方法。进入“叶片精加工”对话框，单击“驱动方法”中“叶片精加工”右侧的按钮进入“叶片精加工驱动方法”对话框，“要切削的面”选择“所有面”，“驱动设置”中的“切削模式”选择“旋转”，“切削方向”选择“顺铣”，最后单击“确定”按钮，回到“叶片精加工”对话框，如图 6. 2. 13 所示。

图 6. 2. 12　设置“创建工序”对话框

图 6. 2. 13　设置“叶片精加工驱动方法”对话框

3）检查刀轴参数。在“叶片精加工”对话框里，“刀轴”中的“轴”选择“自动”，单击右侧的“编辑”按钮进入“自动”对话框，参数按图 6. 2. 14 进行设置，最后单击“确定”按钮，回到“叶片精加工”对话框。

4）设置切削层参数。在“叶片精加工”对话框里，单击“切削层”右侧的按钮进入“切削层”对话框，“每刀切削深度”选择“残余高度”，“残余高度”键入“0. 01”，最后单击“确定”按钮，回到“叶片精加工”对话框，如图 6. 2. 15 所示。

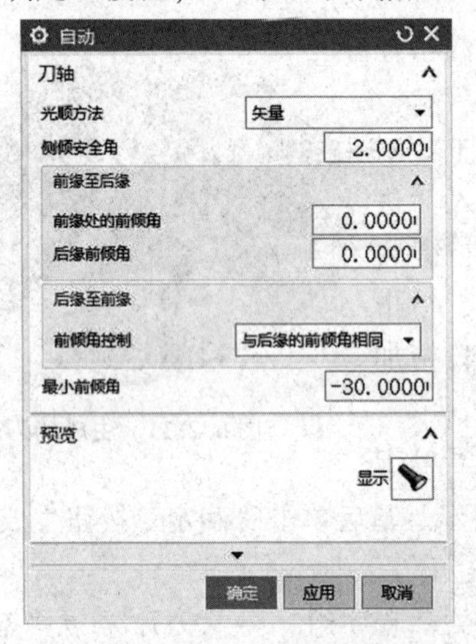

图 6. 2. 14　设置“自动”对话框

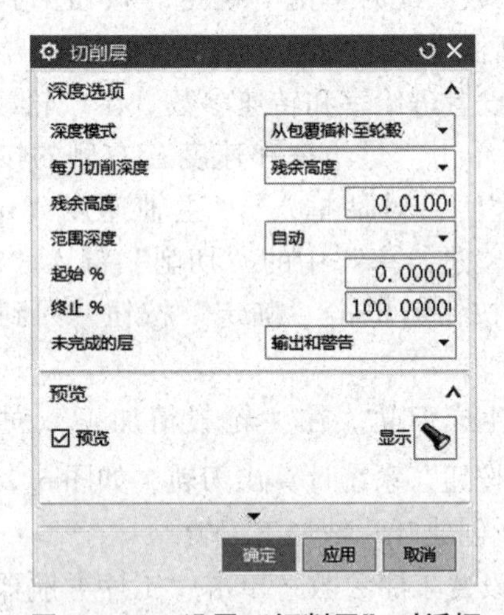

图 6. 2. 15　设置“切削层”对话框

5）设置切削参数。在“叶片精加工”对话框里，单击“切削参数”右侧的按钮进入“切削参数”对话框，“余量”选项卡中的“叶片余量”键入“0”，“轮毂余量”键入“0”，“内公差”和“外公差”键入“0. 01”，最后单击“确定”按钮回到“叶片精加工”对话框，如图 6. 2. 16 所示。

6）设置非切削移动参数。在“叶片精加工”对话框里单击“非切削移动”右侧的按钮进入“非切削移动”对话框，“进刀”选项卡中的参数按图 6.2.17 进行设置，最后单击“确定”按钮回到“叶片精加工”对话框。

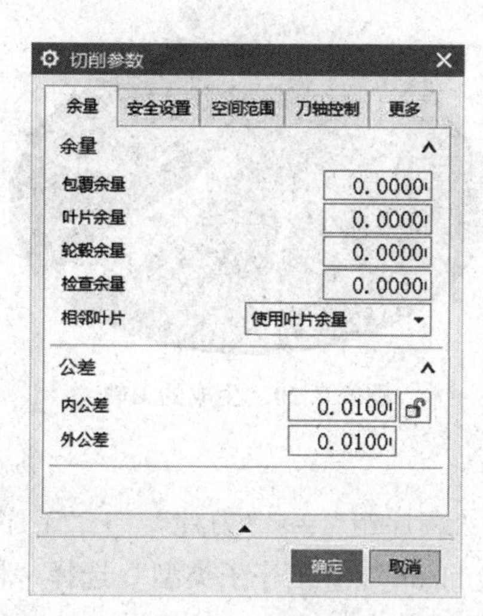

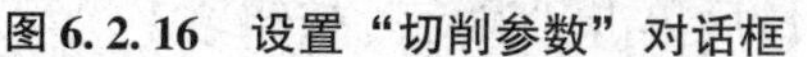

图 6.2.16　设置“切削参数”对话框

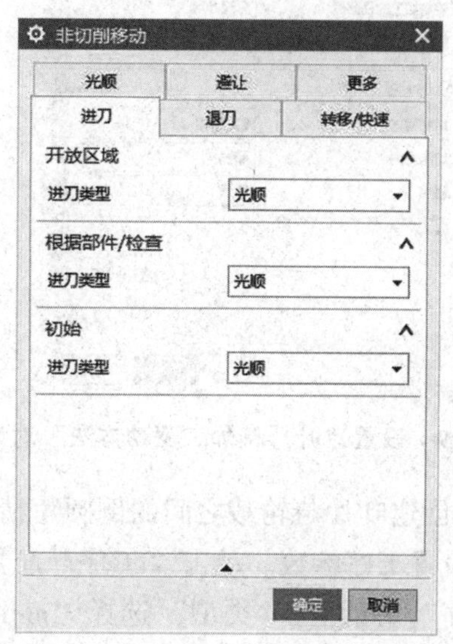

图 6.2.17　设置“非切削移动”对话框

7）设置进给率和转速参数。在“叶片精加工”对话框里，单击“进给率和速度”右侧的按钮进入“进给率和速度”对话框，“主轴速度（rpm）”键入“3500”，“进给率”中的“切削”键入“2500”，单击“计算”按钮后单击“确定”按钮，回到“叶片精加工”对话框。

8）生成刀轨。在“叶片精加工”对话框里，单击“生成”按钮，系统计算出刀轨，最后单击“确定”按钮生成刀轨，如图 6.2.18 所示。

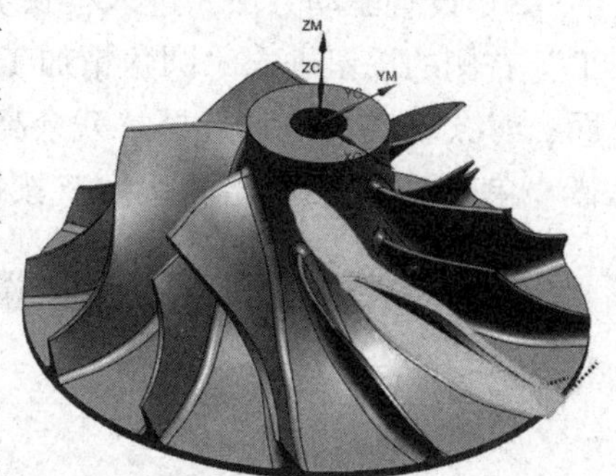

图 6.2.18　生成的刀轨

（5）创建分流叶片精加工刀轨

创建分流叶片精加工刀轨的方法：复制叶片精加工刀轨，修改参数。

1）复制刀轨。右击“工序导航器”中刚刚生成的刀轨，在弹出的快捷菜单里选择“复制”，再次右击“程序组”，在弹出的快捷菜单里选择“内部粘贴”命令，生成新刀轨。

2）修改几何体。双击刚复制出来的刀轨进入“叶片精加工”对话框，其中“几何体”选择“MULTI_BLADE_GEOM_COPY”，在这个几何体里包裹面是紧贴着分流叶片来创建的。

3）修改驱动方法。在“叶片精加工”对话框里，单击“驱动方法”中“叶片精加工”右侧的按钮进入“叶片精加工驱动方法”对话框，“要精加工的几何体”选择“分流叶片”，最后单击“确定”按钮回到“叶片精加工”对话框，如图 6.2.19 所示。

4）生成刀轨。在“叶片精加工”对话框里，单击“生成”按钮，系统计算出刀轨，最后单击“确定”按钮生成刀轨，如图 6. 2. 20 所示。

图 6. 2. 19　设置“叶片精加工驱动方法”对话框

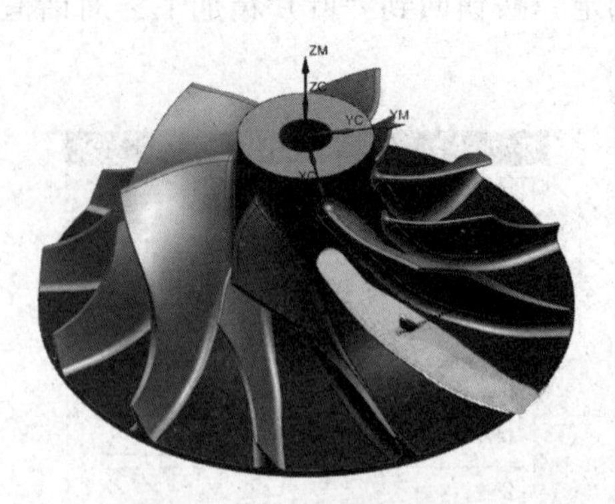

图 6. 2. 20　生成的刀轨

(6) 创建叶片与轮毂之间的倒圆角精加工刀轨

1) 设置工序参数。单击“工序导航器”→“程序组”→“刀片”→“工序”，进入“创建工序”对话框，“类型”选择“mill_ multi_ blade”，“工序子类型”选择“圆角精加工”，“位置”中的参数按图 6. 2. 21 进行设置，最后单击“确定”按钮。

2) 设置驱动方法。进入“圆角精加工”对话框，单击“驱动方法”中“圆角精加工”右侧的按钮进入“圆角精加工驱动方法”对话框，“要切削的面”选择“左面、右面、前缘”，“步距”选择“残余高度”，“最大残余高度”键入“0. 01”，“切削模式”选择“单向”，最后单击“确定”按钮，回到“圆角精加工”对话框，如图 6. 2. 22 所示。

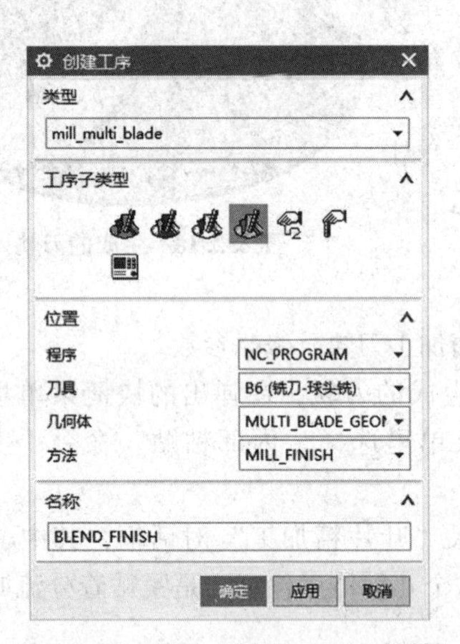

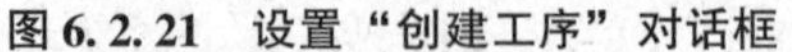

图 6. 2. 21　设置“创建工序”对话框

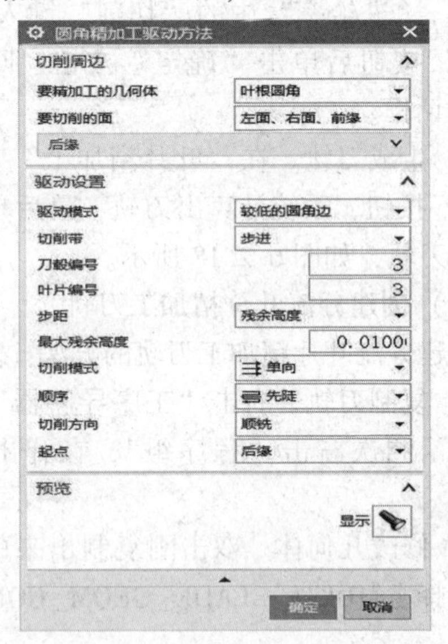

图 6. 2. 22　设置“圆角精加工驱动方法”对话框

3) 检查刀轴参数。在“圆角精加工”对话框里，“刀轴”中的“轴”选择“自动”，单击右侧的“编辑”按钮进入“自动”对话框，最后单击“确定”按钮，回到“圆角精加工”对话框。

4）设置切削参数。在“圆角精加工”对话框里，单击“切削参数”右侧的按钮进入“切削参数”对话框，“余量”中的“叶片余量”键入“0”，“轮毂余量”键入“0”，“内公差”和“外公差”键入“0.01”，最后单击“确定”按钮回到“圆角精加工”对话框，如图6.2.23所示。

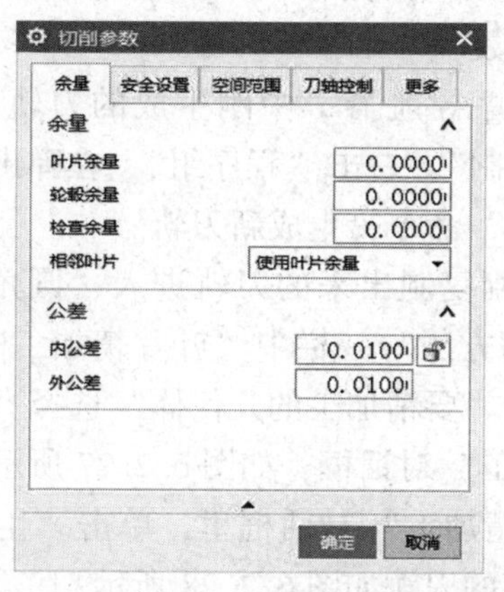

图6.2.23　设置“切削参数”对话框

5）设置非切削移动参数。在“圆角精加工”对话框里，单击“非切削移动”右侧的按钮进入“非切削移动”对话框，“进刀”选项卡中的“进刀类型”选择“光顺”，“转移/快速”选项卡中“区域内”的“逼近方法”“离开方法”，以及“移刀类型”均选择“与区域之间相同”，“区域之间”的“移刀方法”选择“安全距离-最短距离”，“安全设置选项”选择“使用继承的”，也就是球形，最后单击“确定”按钮回到“圆角精加工”对话框，如图6.2.24和图6.2.25所示。这样设置的目的是确保移刀时不对叶片产生过切。

6）设置进给率和转速参数。在“圆角精加工”对话框里，单击“进给率和速度”右侧的按钮进入“进给率和速度”对话框，“主轴速度”键入“3500”，“进给率”中的“切削”键入“2500”，单击“计算”按钮后单击“确定”按钮，回到“圆角精加工”对话框。

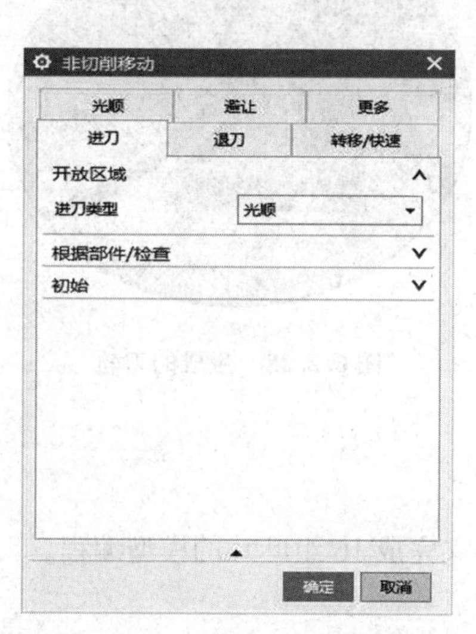

图6.2.24　设置“非切削移动”对话框的“进刀”选项卡

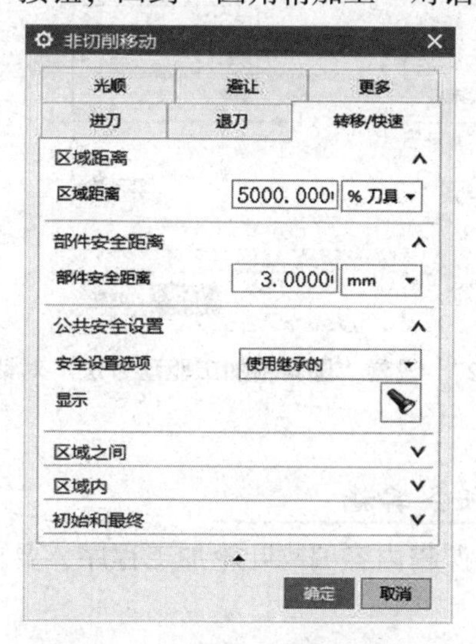

图6.2.25　设置“非切削移动”对话框的“转移/快速”选项卡

7）生成刀轨。在“圆角精加工”对话框里，单击“生成”按钮，系统计算出刀轨，并生成刀轨，如图 6. 2. 26 所示。

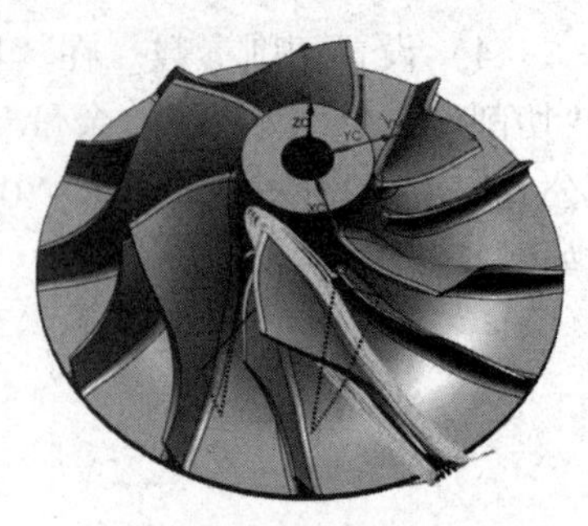

图 6. 2. 26　生成刀轨

（7）创建分流叶片与轮毂之间的倒圆角精加工刀轨

创建分流叶片与轮毂之间的倒圆角精加工刀轨的方法：复制叶片精加工刀轨，修改参数。

1）复制刀轨。右击“工序导航器”中刚生成的刀轨，在弹出的快捷菜单里选择“复制”，右击“程序组”，在弹出的快捷菜单里选择“内部粘贴”命令，生成新刀轨。

2）修改驱动方法。双击刚复制出来的刀轨进入“圆角精加工”对话框，单击“驱动方法”一栏中“叶片精加工”右侧的按钮，进入“圆角精加工驱动方法”对话框，其中“要精加工的几何体”选择“分流叶片 1 倒圆”，最后单击“确定”按钮回到“圆角精加工”对话框，如图 6. 2. 27 所示。

3）生成刀轨。在“圆角精加工”对话框里，单击“生成”按钮，系统计算出刀轨，最后单击“确定”按钮，生成的刀轨如图 6. 2. 28 所示。

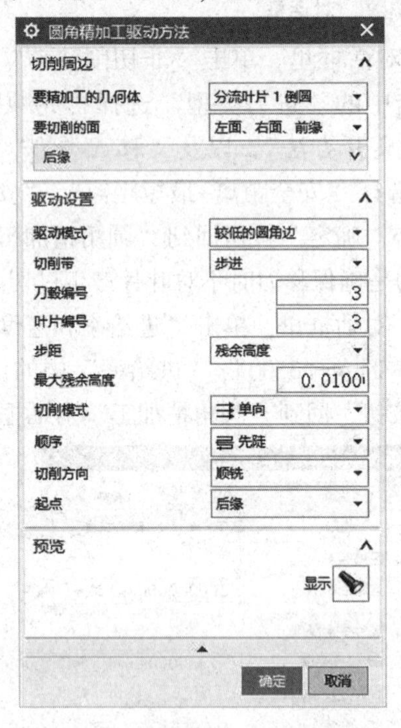

图 6. 2. 27　设置“圆角精加工驱动方法”对话框

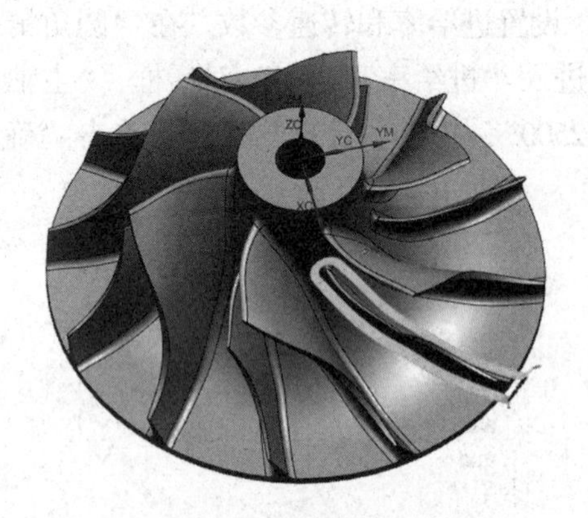

图 6. 2. 28　生成的刀轨

任务实施

根据课程内容编写叶轮加工程序，要求：独立完成 16 组叶片的模型编程。

知识拓展

叶轮粗加工是怎么设定的？

项目三

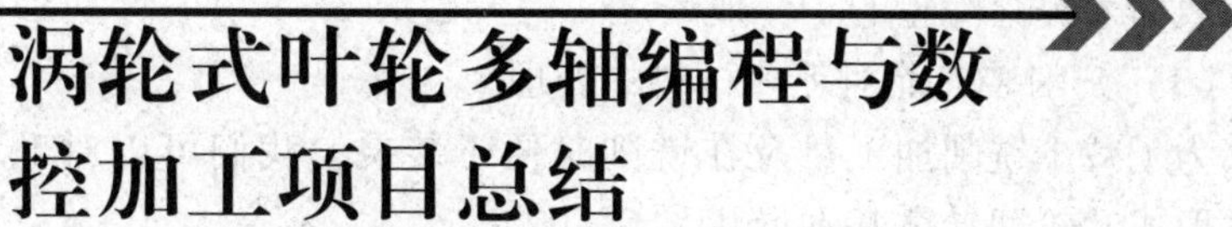

涡轮式叶轮多轴编程与数控加工项目总结

项目目标

了解叶轮加工模块；

了解叶轮加工工艺。

任务列表

学习任务	知识点	能力要求
任务　叶轮加工总结	叶轮加工模块	了解 UG 叶轮加工模块
	叶轮加工工艺	了解各叶轮加工工艺

任务　叶轮加工总结

任务导入

叶轮加工模块可以根据图标顺序更改相应参数来完成编程。

知识链接

1. 叶轮的编程过程

(1) 叶轮结构形状及装夹方法

根据叶轮的 3D 模型，可以将其归类为盘类零件。此类零件一般适用常规夹具。此次我们选用自定心卡盘。

(2) 选材

由于叶轮一般在一些重要的场合发挥着重要的作用，所以对其刚性、硬度、抗疲劳强度（有些场合也要考虑其在高温下的工作性能）有着较高的要求。叶轮的毛坯一般都选用精锻件，并根据用途的不同选用不同的合金材料，在加工过后还可以对成型的叶轮进行涂覆防磨涂料或表面喷焊来增加其耐磨性，对其喷涂耐腐层来增加耐腐蚀性。在根据叶轮的应用场合来选定毛坯材料的同时也要考虑其的可切削性，切削性好的材料可以减少编程和加工时的困难，使编程的发挥空间变大，从而编出更好更合理的刀轨，同时也构成质量良好的表面来提高叶轮的工作效率。

(3) 铣削装夹前对毛坯材料的处理

为了减少铣削加工量及在铣削时便于装夹，我们可以对毛坯材料进行一定的车削加工，形成叶轮回转体基本形状。

注意：在用车床把棒料车削成叶轮毛坯时，一定要保证好叶轮毛坯的一些部位的尺寸精度及位置精度，以便于后续在加工中心上装夹、找正。

(4) 叶轮加工难点及对应的加工方案

1) 因叶轮为复杂的曲面零件，普通数控机床难以实现其加工需求，所以最好选用五轴机床（有些叶轮也可以四轴机床加工）。加工时采用五轴联动加工，而非 3+2 定轴加工。

2) 一般叶轮毛坯多为精锻件，切削非常困难，所以要选用合适材料的刀具。在叶轮粗加工时尽可能选用大直径的铣刀，这样效率比较高，叶轮精加工时选用带锥度（一般为 3°~5°）的球头铣刀以增加刀具的刚性，避免刀具因刚性问题而折断，同时也应合理选择切削用量。

3) 由于叶轮属薄壁零件，易变形，所以要选择好刀具的类型和切削方法，同时也要考虑好夹紧方式。

4) 叶轮叶片扭曲较大，相邻叶片间的空间较小，因此在加工叶片曲面时刀具不仅易与被加工的曲面发生干涉，同时也易与相邻叶片发生干涉，所以在创建操作时要定义好检查几何体，正确安排刀具轨迹。

5) 由于叶轮是高传动效率构件，其表面粗糙度要求及尺寸精度要求非常高，所以在创建操作时要合理地选择驱动方式、投影矢量，及刀轴类型，特别是在铣轮毂时，刀轴加工方式最好选用插补方式，以控制好刀轴接触点和刀轴矢量方向。

2. 叶轮加工编程

(1) 叶轮粗加工

粗加工我们首先考虑的是去除大部分的余量，对于叶轮来说，我们可以选用 VARIABLE_CONTOUR（可变轴轮廓铣）的操作方法来对轮毂进行粗加工或利用 CAVITY_MILL（型腔铣）的操作方法对叶轮整体进行粗加工。

利用可变轴轮廓铣粗加工，其部件几何体、检查体、驱动方法、投影矢量、刀轴选择等操作与轮毂精加工的设置基本相同（具体设置可参考轮毂精加工的设置），但是轮毂粗加工须分层加工，而且叶轮叶片是扭曲的，所以每一层所需要切削的位置不同，这就需要对每一层进行设置（不仅麻烦，技术要求也比较高）。当然也有简单的方法，我们可以在可变轴轮廓铣的切削参数设定选项中给定一个部件余量偏置值，采用多重深度切削的方法来实现工件的分层切削，不过使用这种方法前首先要在可变轴轮廓铣的刀轴选项下插补方式中，定义好轮毂与叶片交线的刀轴矢量（定义方法与轮毂精加工相同），定义时在刀具不碰到叶片的前提下尽量使刀轴贴近叶片，这样可以减少粗加工后工件的余量。

型腔铣是我们平时常用的粗加工方法（尤其在三轴中最常用），我们可以在一粗时先用大刀去除工件大部分的余量，再用小刀对工件进行二粗，去除大刀切削不了的地方。不过相比 Cimatron、PowerMill 等编程软件，UG 在对工件进行粗加工特别是在二粗时抬刀会比较多，不过我们可以通过添加干涉面和合理设置工件区域之间和区域内的传递类型（有些工件形状或结构比较复杂，局部形状、尺寸突变较大，设置时须谨慎，以免因设置不恰当而导致加工时刀具碰撞工件）来相应减少一些抬刀。

叶轮的叶片是扭曲的，粗加工时使用型腔铣。采用普通的三轴加工只能去除毛坯水平面（切削层）上叶片沿竖直方向投影不到的地方，无法去除叶片压力面一侧下方的余量。不过我们加工叶轮时采用的是五轴机床，所以可以利用五轴机床两个旋转轴可定位的这一特点结合型腔铣（设置时指定好刀轴矢量）来对叶片压力面一侧的余量进行 3+2 定轴加工。所以，三轴加工用来对叶轮进行第一次粗加工，3+2 定轴加工用来对叶轮进行第二次粗加工。

1）第一次粗加工。首先定义毛坯（经车削后的毛坯）和部件几何体（叶轮），创建 MCS（机床坐标系），从刀库调刀，创建“操作”，选择型腔铣。刀轴选择“+ZM 轴”，“切削模式”选择“跟随周边”，“步距”“全局每刀深度”“进给”和“速度”根据刀具类型和工件材料来定，“切削参数”和“非切削移动参数”只需一般设置（注意设置叶轮轮毂面与叶片面上留余量），生成刀轨并确认。

2）第二次粗加工。新建毛坯、部件几何体（具体毛坯、部件的形状自定，只要能把叶片压力面下的余量去除就行，同时也要保证加工时间尽量少），刀库调刀。创建型腔铣操作方法，指定毛坯（新建的毛坯）、部件（新建的部件）、干涉面（轮毂面、叶片面和轮毂面与叶片间的圆弧角）、切削区域、刀轴。在型腔铣中刀轴选定方式有两种：一种是“+MC 轴”，一种是“指定矢量”。“+MC 轴”是指刀轴沿 MCS 的+Z 轴，也就相当于三轴机床的 *Z* 轴（三轴机床中也只能选择该轴）；“指定矢量”是指指定一个自己想要的矢量为刀轴，可以是空间中任意一矢量，但在定义时一定要注意好矢量的方向。“切削模式”选择“跟随周边”，切削时“下刀方式”选择“螺旋下刀”，侧壁留余量，其他普通参数再进行设置（注意：在设置时一定要指定安全几何体），生成刀轨并确认。

一粗中的一系列参数设置是比较简便的，而二粗用 3+2 定轴加工的方法来进行加工，要使用到机床的两个旋转轴，也就是要根据型腔铣中的刀轴矢量来定义。矢量的构建不是很难，但要构建好却不是那么容易，首先要考虑到构建的刀轴矢量能否去除所有要去除的材料，同时在去除过程中会不会与叶片过切或会不会切到相邻的叶片，刀柄会不会与工件碰撞，其次还应结合机床考虑到机床主轴或工作台的摆角范围，使刀轴的倾角在这范围之内。

叶轮粗加工后，叶轮的轮毂和叶片之间还留有一定的余量，且轮毂面和叶片面上的各个局部区域的余量都不相同，如果直接对叶片和轮毂进行精加工，会导致刀具的折断或工件的变形，所以在轮毂和叶片精加工前一定要安排半精加工。

（2）叶片半精加工

在叶轮粗加工之后，叶片和轮毂上都留有一定的余量，还需要进一步去除，下面我们对叶片进行半精加工。

操作方法选择“VARIABLE_CONTOUR（可变轴轮廓铣）”，“几何体”选择“MCS”，叶轮的轮毂面选择干涉面；“驱动方法”选择“曲面”（驱动几何体选叶片上的面；切削区域选择“曲面%”以保证切削后不留余量和生成流畅的刀轨；定义好切削方向和材料方向；设置曲面偏置，因为是半精加工所以要设定一定的偏置量，若叶片上余量较多可设置多次，进行多次半精加工，也相当于分层加工；“切削模式”选择“单向”或“往复”；“步距”“切削步长”视情况而定），“投影矢量”选择“刀轴”，“刀轴”的“轴”方式选择“侧刃驱动体”（要设置一定的侧倾角度数），“切削参数”“非切削移动参数”“速度”和“进给”一般设置即可。

利用可变轴轮廓铣加工叶片时要选择一定的干涉面，避免刀具过切。“驱动方法”选择“曲面”（叶片精加工时也可选择“流线”）；“曲面驱动方法”中要定义好“曲面%”，使叶片得到充分切削；合理选择“切削模式”“步距”，及“切削步长”。“投影矢量”选择时要考虑驱动面、叶片面和刀具形状，为生成准确的刀轨需要选择适合的投影矢量（相比“垂直于驱动体”和“朝向驱动体”，选择“刀轴”作为投影矢量更好）；对于叶轮上叶片的加工，刀具相对于切削区域的最好位置关系就是刀具的轴线与“叶片曲面”的 Swarf 划线平行或成一角度，利用刀具的侧刃去切削工件，这样不仅切削流畅，而且最小化了刀具与其余叶片的接触，所以刀轴定义为“侧刃与驱动体（Swarf 驱动）”是最佳的方法。

（3）轮毂半精加工

因在叶轮粗加工时我们采用了两种不同矢量的刀轴对叶轮进行粗加工，轮毂面上各个区域残留的余量不稳定，所以要对轮毂进行半精加工。

创建“操作”选用可变轴轮廓铣，“几何体”选择“MCS”，设置干涉面（干涉面为轮毂两侧的叶片面和叶片与轮毂之间的圆角面）；“驱动方法”选择“曲面”，指定轮毂面经过拉长后的面为驱动几何体，“切削区域”选择“曲面%”（使加工到位），“刀具位置”选择“开”，随后定义切削方向、材料方向，曲面偏置（0.5），切削模式、步距自定；“投影矢量”选择“刀轴”；“刀轴”的“轴”方式选择“插补”（可在该模块下自行添加、移除和编辑刀轴）；“切削参数”“非切削移动参数”“进给”和“速度”一般设置即可，最后生成刀轨。

轮毂加工在整个叶轮加工过程中是最容易发生过切的，所以设置合理的刀轨非常重要，在保证轮毂上余量切除的同时也要避免刀具、刀柄与叶轮其他部位的接触。

为防止过切、碰撞，设置干涉面是必须的，但要生成一个漂亮的刀轨需要选用和指定好驱动方法、投影矢量和刀轴。“驱动方法”选择“曲面”，驱动几何体为轮毂面，这样驱动面上的驱动点就相当于直接生成在轮毂面上，使用这种驱动方法可使轮毂面上的刀点均匀统一、有规律地分布在轮毂面上，而且该操作方便简单（对于轮毂的加工有些类型的叶轮也可选择“流线”为驱动方法），在曲面驱动方法的设置选项中要留意一下“材料反向”，避免下一步设置刀轴时影响其矢量；“投影矢量”选择“刀轴”；“刀轴”的“轴”方式选择“插补”，这一刀轴加工方式对于叶轮轮毂的加工是非常有用的，它可以自动在叶片和轮毂的交线上生成一系列控制刀轴的矢量，轮毂面上的其他刀具位置点的刀轴矢量

由 U、V 双向线性插补值或样条插补值获得。

（4）叶片精加工

精加工叶片选用可变轴轮廓铣，操作设置方法与叶片半精加工设置基本相同，主要把“驱动方法”里的“曲面偏置”设为“0”，“切削步距”改小点，“切削步长”选择“公差”，且值设小点，最后生成刀轨（叶片的精加工驱动方法也可以选择“轮毂”，用该方法生成的驱动点位置也很不错，可以生成很好的刀轨）。

（5）轮毂精加工

轮毂精加工选用可变轴轮廓铣，操作设置方法与轮毂半精加工设置基本相同，主要把“驱动方法”里的“曲面偏置”设为“0”，并把刀轨设置得密些，最后生成刀轨。

（6）叶片与轮毂之间圆角区域的加工

圆角区域的加工是为了去除在加工叶片和轮毂时所残余的一小部分材料（相当于清根），加工量不大。该加工可以增加叶片与轮毂的“连结性”。

任务实施

根据课程内容写出轮毂加工主要内容。

知识拓展

怎么在 VERICUT 中模拟加工涡轮式叶轮？

模块七

叶轮多轴编程与加工中插补矢量的应用

项目一

插补矢量认知

项目目标

了解插补矢量命令；

了解插补矢量相关参数设置；

了解插补矢量应用实例。

任务列表

学习任务	知识点	能力要求
任务　插补矢量的认知	插补矢量的含义	掌握插补矢量的相关设置
	插补矢量的实例操作	掌握插补矢量的应用场合

任务　插补矢量的认知

任务导入

插补矢量是指通过在指定点定义矢量来控制刀轴矢量。它可用来调整刀轴，避免刀具悬空和碰撞障碍物。

根据创建光顺刀轴运动的需要，可以从驱动曲面上的指定位置处定义出任意数量的矢量，然后将按定义的矢量，在驱动几何上的任意点处插补刀轴。指定的矢量越多，对刀轴的控制越多，如图 7.1.1 所示。

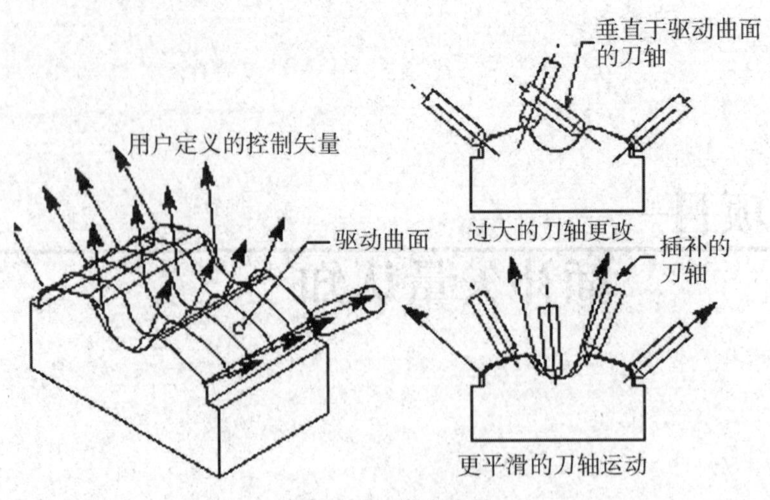

图 7.1.1　插补矢量

知识链接

使用插补矢量进行刀轴控制，并对图 7.1.2 所示工件的顶面进行精加工。

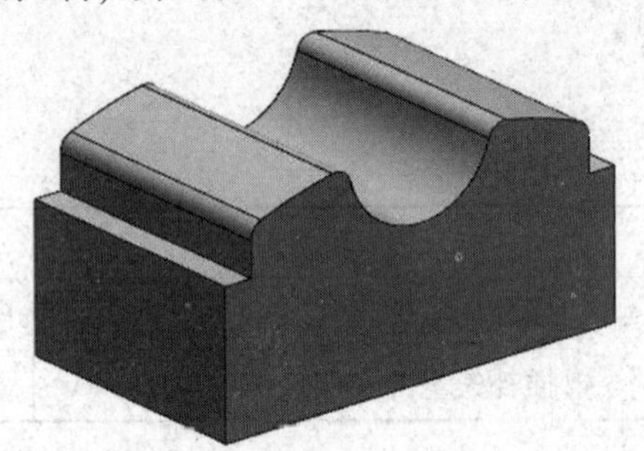

图 7.1.2　待精加工顶面的工件

首先我们创建刀具，“类型”选择“mill_multi-axis”，“刀具子类型”选择直径为 6 mm 的球刀，如图 7.1.3 和图 7.1.4 所示。

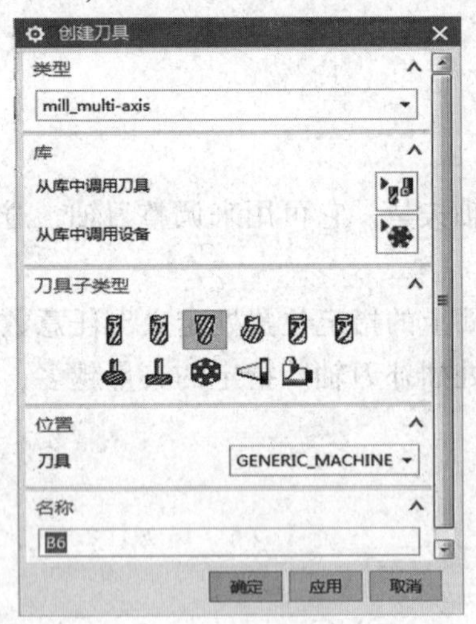

图 7.1.3　设置“创建刀具”对话框

图 7.1.4　刀具示意图

接着创建工序，进入“创建工序”对话框，其中类型选择“mill_multi-axis”，位置一栏的参数按图 7.1.5 进行设置，并单击“确定”按钮退出对话框。

进入“可变轮廓铣”对话框，首先将“几何体”定义为“WORKPIECE”。将加工的面作为部件，单击“指定部件”右侧的按钮进入“部件几何体”对话框，将工件需要被加工的曲面依次进行选择作为“部几何体”，共选择 7 个面，如图 7.1.6 和图 7.1.7 所示。

图 7.1.5 设置“创建工序”对话框

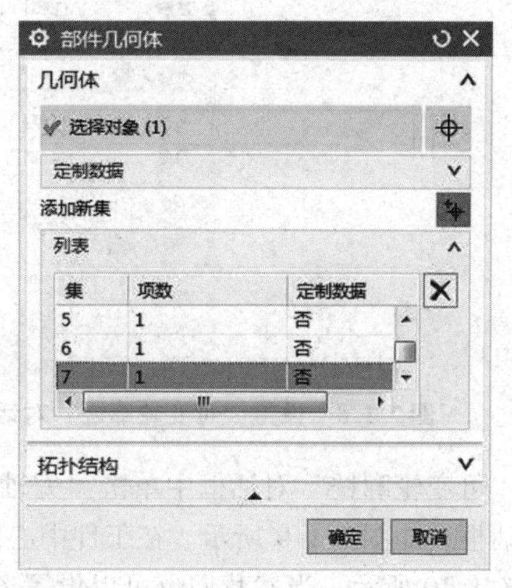

图 7.1.6 设置“部件几何体”对话框

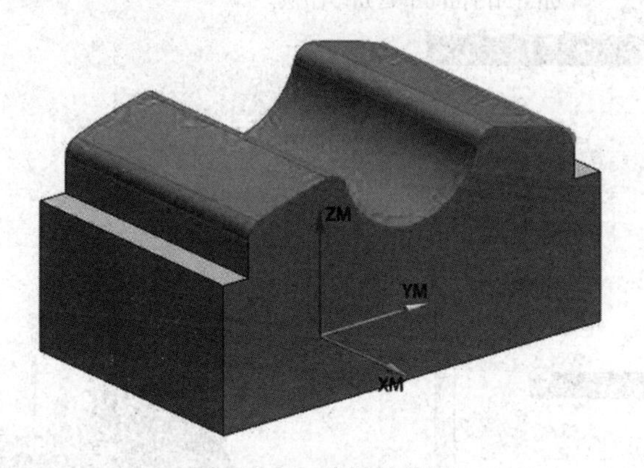

图 7.1.7 选择的曲面

接着，回到“可变轮廓铣”对话框，将“驱动方法”一栏下的“方法”选为“曲面区域”，并单击右侧的按钮进入“曲面区域驱动方法”对话框，其中“切削区域”选择“曲面%”，“刀具位置”选择“对中”，“切削模式”选择“往复”，“步距数”键入“70”，这样整个“曲面区域驱动方法”对话框便设置完毕，最后单击“确定”按钮，回到“可变轮廓铣”对话框。

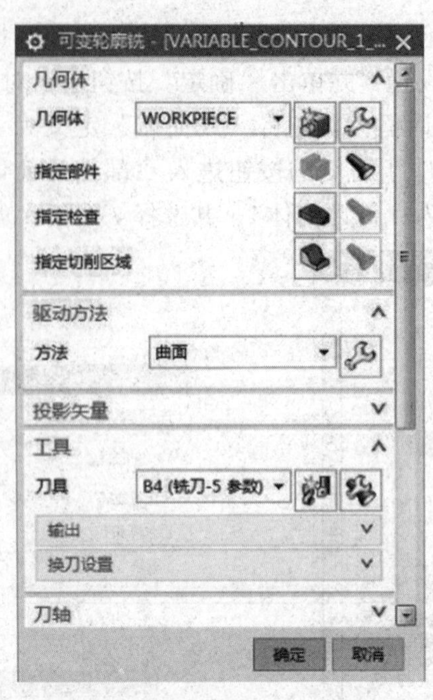

图 7.1.8　设置“可变轮廓铣”对话框的“几何体”和“驱动方法”一栏

在“可变轮廓铣”对话框中单击“刀轴”中“插补矢量”右侧的按钮进入“插补矢量”对话框，如图 7.1.9 所示。在工件中心凹陷处的外轮廓线上设置一个刀轴点，插补矢量如图 7.1.10 所示，当然我们也可以设置若干个插补矢量，这样可以避免碰刀，还可以使生成的刀轨更加美观，所加工的曲面更加光顺。

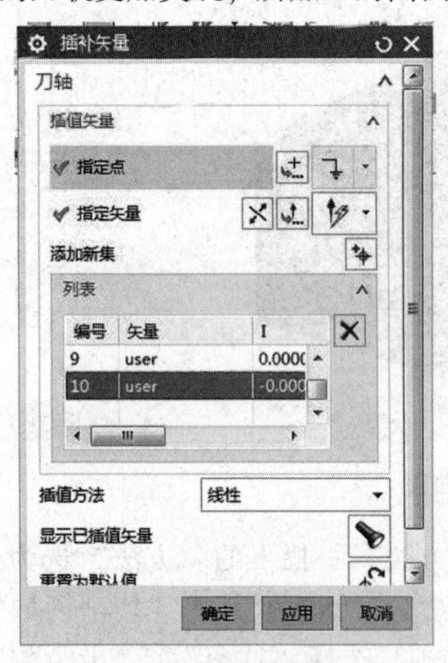

图 7.1.9　设置“插补矢量”对话框

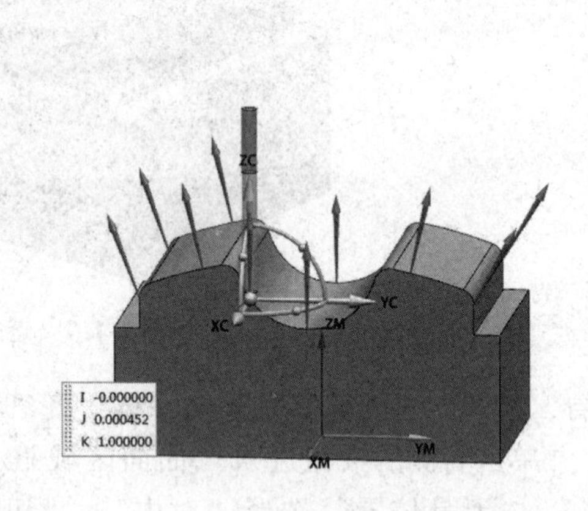

图 7.1.10　插补矢量

最后在“可变轮廓铣”对话框中单击“操作”下的“生成”按钮，生成并确认刀轨，播放动画，如图 7.1.11 和图 7.1.12 所示。

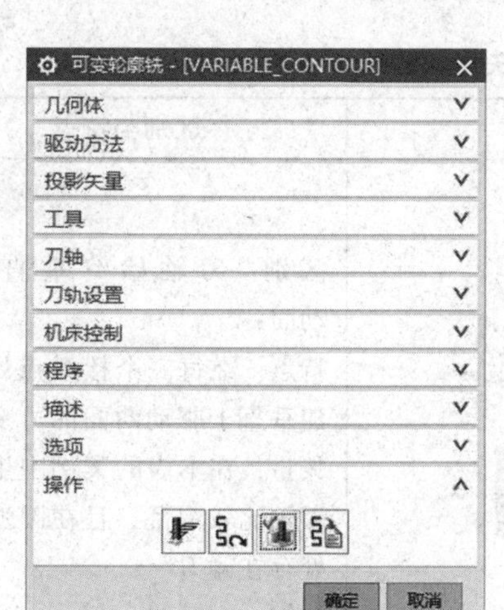

图 7.1.11　设置“可变轮廓铣”对话框的“操作”一栏

图 7.1.12　生成的刀轨

还可以在“可变轮廓铣”对话框中单击“选项”下“编辑显示”右侧的按钮，来显示所有刀轴的位置。在弹出的“显示选项”对话框中“刀具显示”切换为“轴”，“频率”键入“40”即可，频率过大则显示的刀轴会过于密集，下面的“模式”选择“无”，“速度”可以调速到“10”，否则生成刀轨的时间比较长。

然后重新生成刀轨，图 7.1.13 显示的便是加工过程中所有刀轴的位置情况，图中上方密集的直线便是刀柄朝向，此时刀轴在凹陷处的方向与之前设置的插补矢量方向一致，此时刀轴清晰明了。

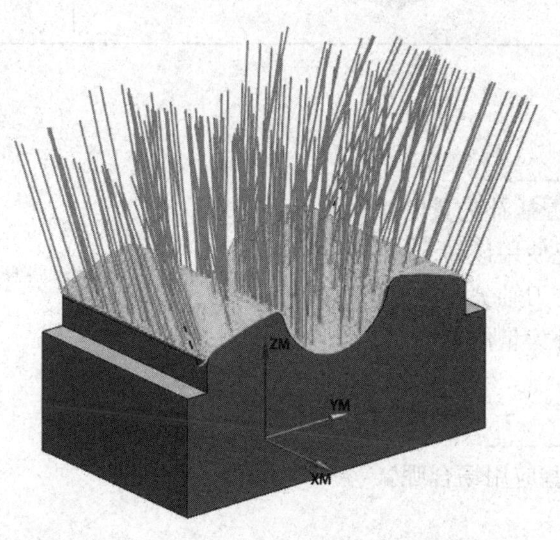

图 7.1.13　所有刀轴的位置情况（插补矢量）

垂直于驱动体与插补矢量的区别与特点如表 7.1.1 所示。

表 7.1.1　垂直于驱动体与插补矢量的区别与特点

驱动方法	驱动图例	区别与特点
垂直于驱动体	ZM XM	区别：刀轴始终垂直于驱动面； 特点：在每一个接触点处，创建垂直于驱动曲面的可变刀轴矢量，在本表的案例中生成的刀轴比较混乱，且在圆弧凹陷处存在碰刀
插补矢量	ZM YM XM	区别：刀轴的方向可以通过插补矢量自由控制； 特点：通过在指定点定义矢量来控制刀轴矢量，通过调整刀轴来避免刀具悬空和碰刀

任务实施

结合上述案例掌握插补矢量的操作流程，要求：

1）结合实际情况使用该命令；

2）结合工件设置刀轴矢量；

3）合理设置插补矢量位置。

知识拓展

插补矢量还有哪些应用场合呢？

项目二 叶轮多轴编程模块中插补矢量的应用

项目目标

了解叶轮加工设备的选择；
了解叶轮加工刀具的选择；
了解叶轮工夹具的选择；
了解插补矢量在叶轮加工中的应用。

任务列表

学习任务	知识点	能力要求
任务一　UG 多轴数控加工中坐标系的建立	加工坐标系的建立	根据加工需要能够独自建立加工坐标系
任务二　UG 多轴数控加工中的刀轴控制	多轴数控加工模块刀轴控制的种类	根据工件情况能够合理选择刀轴控制
任务三　叶轮的 UG 多轴编程与插补矢量应用操作	插补矢量的建立方法，以及具体的参数设置	结合工件的外形以及加工工艺能够设置合适的插补矢量

任务一　UG 多轴数控加工中坐标系的建立

任务导入

根据叶轮的 3D 模型分析其加工工艺，并根据工艺构建合理的加工坐标系，选择相应的数控机床、加工刀具、夹具等。

知识链接

定义“ MCS MILI”坐标系是 UG CAM 设置中最重要的环节之一，编程人员在定义“MCS MILL”坐标系时，应尽量考虑工件找正的可能性、加工过程中测量的方便性，避免因定位而引起尺寸偏差与测量误差。

本书定义的加工坐标系是以叶轮顶面作为 X 轴与 Y 轴平面，Z 轴为叶轮轮毂中心轴线，这样便保证了测量基准、设计基准、加工基准的统一。在定义叶轮几何体中要求指定出叶轮的部件几何体、毛坯几何体和检查几何体。分别编辑“指定部件”“指定毛坯”和“指定检查”，完成部件几何体相关设置，如图 7.2.1 和图 7.2.2 所示。

图 7.2.1　设置“工件”对话框

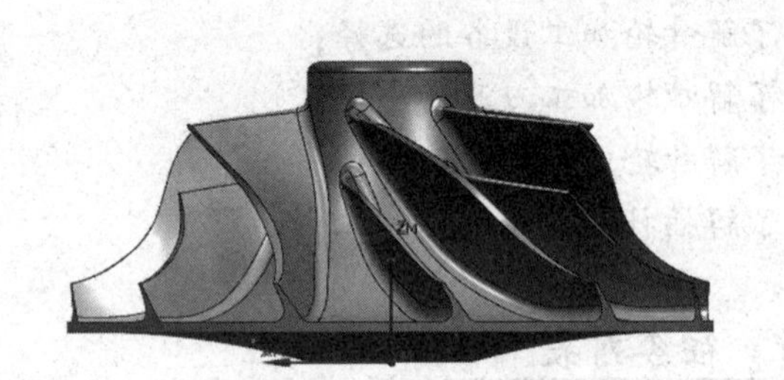

图 7.2.2　工件模型

任务实施

根据以上内容结合实际加工情况，对叶轮的加工坐标系进行定义。

知识拓展

加工坐标系的定义还有哪些注意事项。

任务二　UG 多轴数控加工中的刀轴控制

任务导入

根据叶轮的 3D 模型分析其叶片、分流叶片、轮毂等在加工过程中需要定义的刀轴控制。

知识链接

刀具用于定义固定和可变刀轴方位。固定刀轴将保持与指定矢量平行，而可变刀轴在沿刀轨运动时将不断改变方向。如果将操作类型指定为固定轮廓铣，则只有固定刀轴选项可以使用。如果将操作类型指定为可变轮廓铣，则全部刀轴选项均可使用，通常刀轴定义为从刀尖方向指向刀具夹持器方向的矢量。可变轮廓铣提供了大量的刀轴矢量选项，可在“可变轮廓铣”对话框中的“刀轴”一栏中进行选择。

本实例加工叶轮过程中使用“插补矢量”进行刀轴控制，如图 7.2.3 和图 7.2.4 所示。

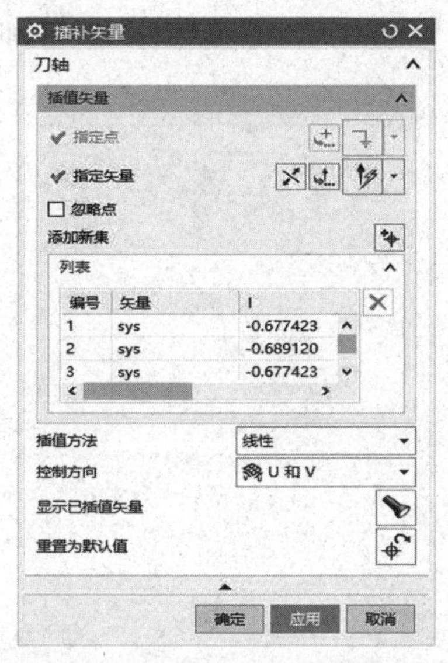

图 7.2.3　设置“插补矢量”对话框

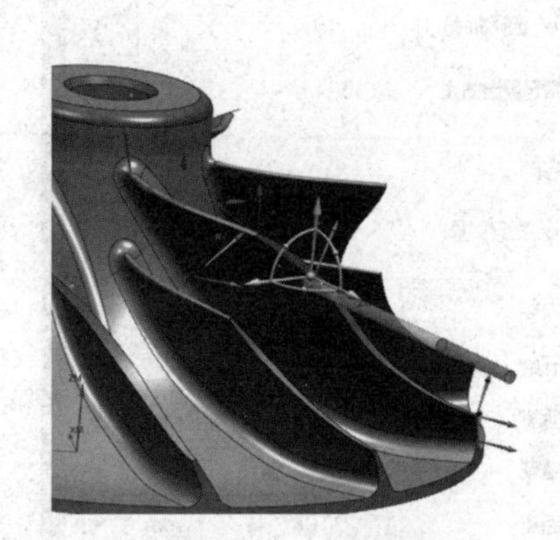

图 7.2.4　插补矢量

任务实施

根据以上内容结合实际加工情况，对叶轮的加工刀轴进行定义。

知识拓展

作为刀轴控制的常见方法插补矢量有哪些优点？

任务三　叶轮的 UG 多轴编程与插补矢量应用操作

任务导入

根据所学的叶轮模块功能，能够独自完成涡轮式叶轮的 UG 多轴编程，建立叶轮的加工坐标系，根据模型定义加工所使用的刀具，根据不同位置选择不同的刀具类型。

知识链接

1. 创建毛坯

1）创建旋转特征。打开文件，单击左上方启动进入“建模”模块，单击“插入”→“设计特征”→“旋转”进入“旋转”对话框，“旋转曲线”选择“叶轮边缘”，“轴”选择“Z 轴”，“体类型”选择“实体”，单击“确定”按钮，完成旋转特征创建。

2）创建拉伸特征。单击“插入”→“设计特征”→“拉伸”，进入“拉伸”对话框，选择上一步的“相交曲线”作为“截面”，单击“指定矢量”选择“Z 轴”作为旋转轴，“距离”键入“22”，“布尔”选择“合并”，单击“确定”按钮完成叶轮加工毛坯的创建，如图 7. 2. 5 和图 7. 2. 6 所示。

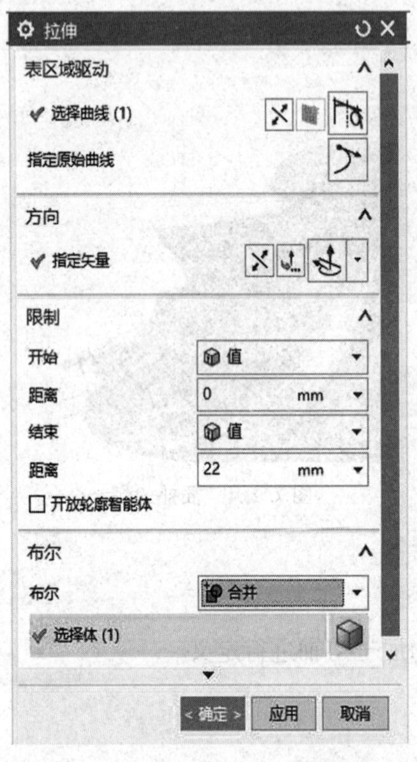

图 7. 2. 5　设置“拉伸”对话框

图 7. 2. 6　完成加工毛坯的创建

2. 创建叶轮粗加工程序

(1) 定义毛坯几何体

进入“工件”对话框，“几何体”中的“指定部件”选择原始实体图，单击“指定毛坯”右侧的按钮进入“毛坯几何体”对话框选择“几何体”，最后单击“确定”按钮，如图 7. 2. 7 和图 7. 2. 8 所示。

图 7.2.7 设置“工件”对话框

图 7.2.8 生成的毛坯

（2）创建粗加工刀轨

1）创建刀具。进入“创建刀具”对话框，“类型”选择“mill_contour”，“刀具子类型”选择“MILL”，“名称”键入“D16 R0.8”，单击“确定”按钮。

2）设置刀具参数。进入“铣刀-5 参数”对话框，“尺寸”中的“直径”键入“16”，“下半径”键入“0.8”，余下参数按照图 7.2.9 设置，最后单击“确定”按钮完成刀具设置，生成的刀具如图 7.2.10 所示。

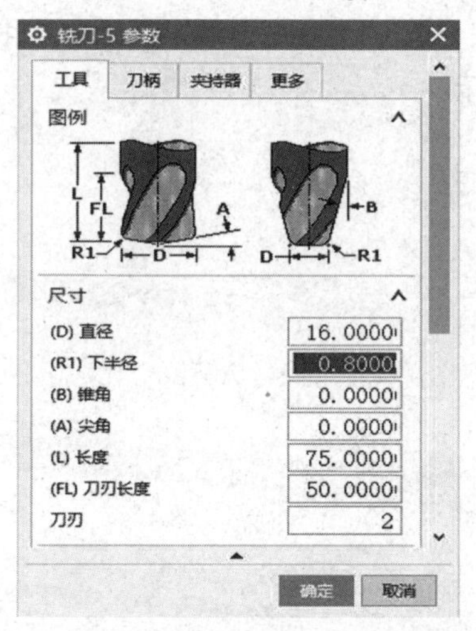

图 7.2.9 设置“铣刀-5 参数”对话框

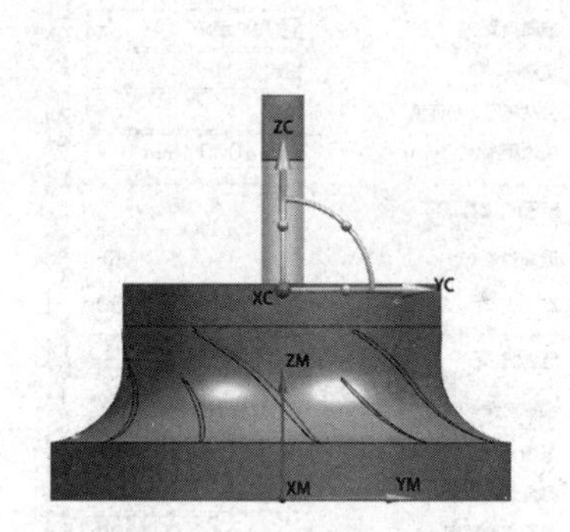

图 7.2.10 生成的刀具

3）设置工序参数。在“工序导航器”中进入“创建工序”对话框，“类型”选择“mill_contour”，“工序子类型”选择“型腔铣”，“刀具”选择“D16 R0.8”，“几何体”选择“WORKPIECE”，单击“确定”按钮完成工序的创建。

4）设置型腔铣参数。进入“型腔铣”对话框，“几何体”选择“WORKPIECE”，“刀轨设置”中的“切削模式”选择“跟随周边”，“最大距离”键入“0.4”，如图 7.2.11 所示。

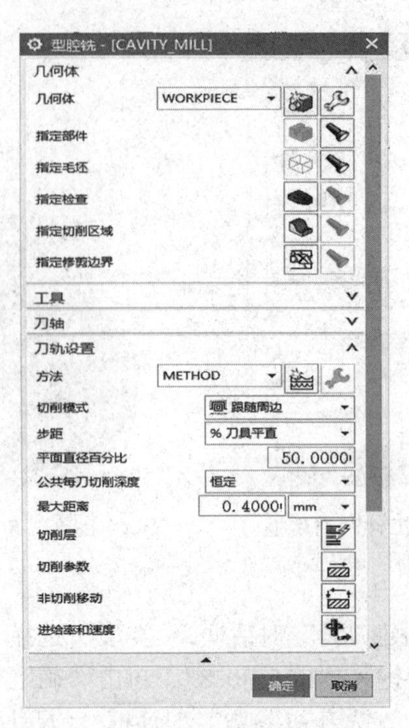

图 7.2.11　设置“型腔铣”对话框

5）设置切削层参数。在“型腔铣”对话框里，单击“切削层”右侧的按钮进入“切削层”对话框，“范围定义”中的“范围高度”键入“30”，单击“确定”按钮，回到“型腔铣”对话框，如图 7.2.12 和图 7.2.13 所示。

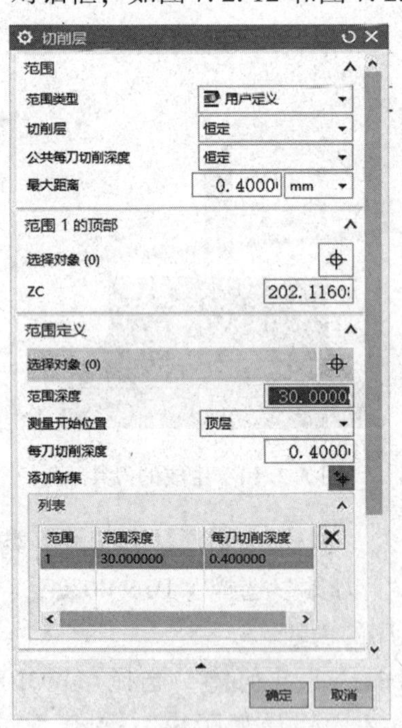

图 7.2.12　设置“切削层”对话框

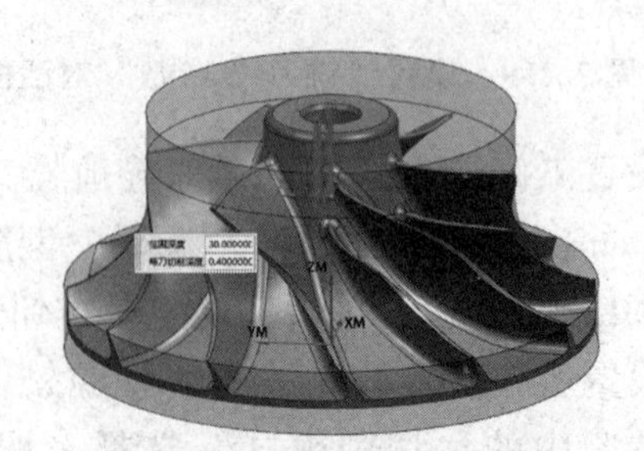

图 7.2.13　完成切削层创建

6）设置切削参数。在“型腔铣”对话框里，单击“切削参数”右侧的按钮进入“切削参数”对话框，“余量”选项卡中的“部件侧面余量”键入“0.2”，“部件底面余量”键入“0.15”，“策略”选项卡中的“刀轨方向”选择“向内”，“壁清理”选择“自动”，最后单击“确定”按钮，回到“型腔铣”对话框。

7）设置进给率和速度参数。在“型腔铣”对话框里，单击“进给率和速度”右侧的按钮进入“进给率和速度”对话框，“主轴速度（rpm）”键入“3500”，“进给率”中的“切削”键入“2500”，单击“计算”按钮后单击“确定”按钮，回到“型腔铣”对话框，如图7.2.14所示。

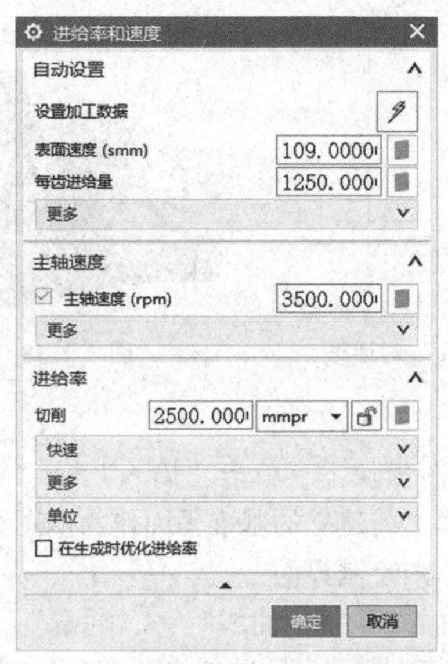

图7.2.14 设置“进给率和速度”对话框

8）生成刀轨。在“型腔铣”对话框里，单击“生成”按钮，计算出刀轨，如图7.2.15所示，最后单击“确定”按钮，仿真结果如图7.2.16所示。

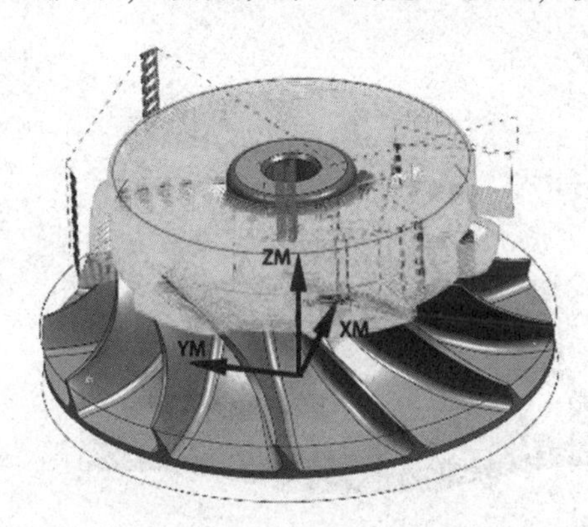

图7.2.15 生成的刀轨

图7.2.16 仿真结果

3. 创建叶片定轴粗加工

(1) 创建基准平面

单击左上方启动进入“建模”模块，单击“插入”→“基准”→“基准平面”，进入

“基准平面”对话框，“类型”选择“视图平面”，单击“确定”按钮完成基准平面的创建。

（2）重置工件坐标系（WCS）

在菜单栏单击“格式”→“WCS”→“定向”，进入“坐标系”对话框，“类型”选择“当前视图坐标系”，单击“确定”按钮完成 WCS 的重置，如图 7. 2. 17 和图 7. 2. 18 所示。

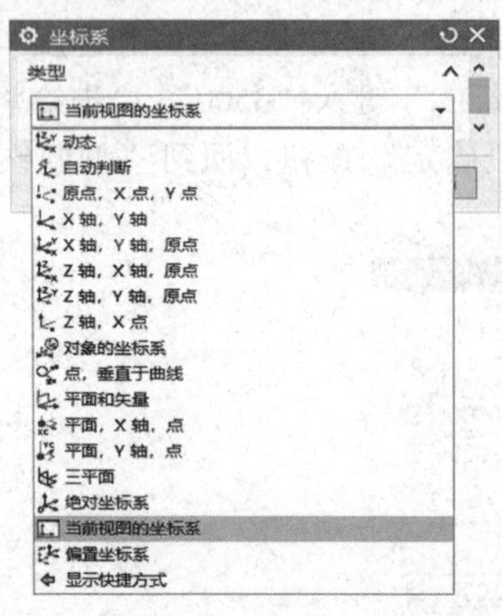

图 7. 2. 17　设置“坐标系”对话框

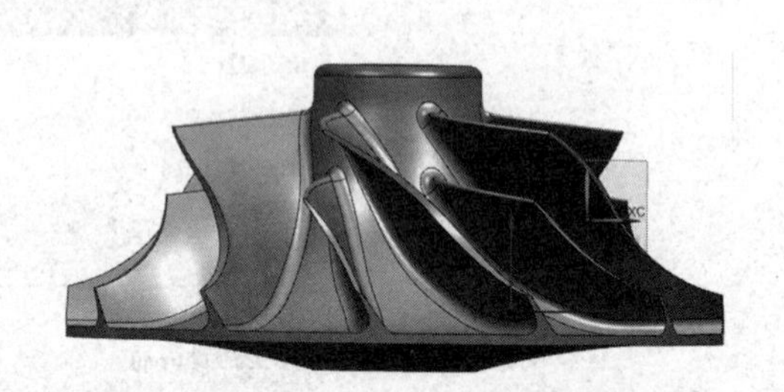

图 7. 2. 18　创建工件坐标系

（3）绘制刀轨修剪边界

1）创建草图。在“建模”模块下，单击“插入”→“在任务环境中绘制草图”，进入“创建草图”对话框，选择之前建立的基准平面作为草图绘制平面，如图 7. 2. 19 所示。单击“确定”按钮即可进入草图绘制界面。

2）绘制轮廓线。单击“插入”→“曲线”→“轮廓”，进入“轮廓”对话框，绘制轮廓线的形状和位置如图 7. 2. 20 所示，最后单击“确定”按钮即可完成刀轨修剪边界的绘制。绘制完成后，退出草图模式，切换到加工模块。

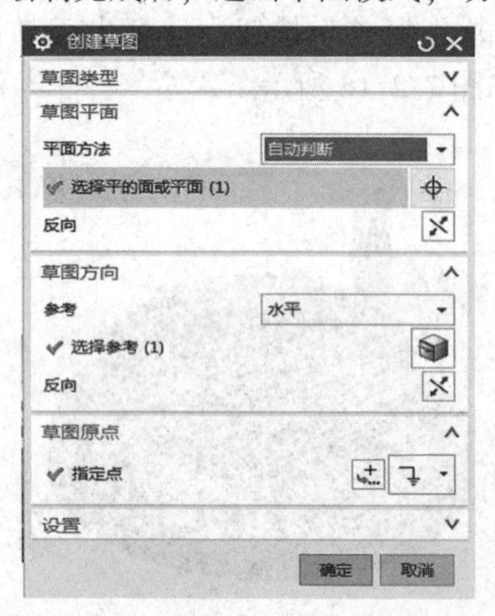

图 7. 2. 19　设置“创建草图”对话框

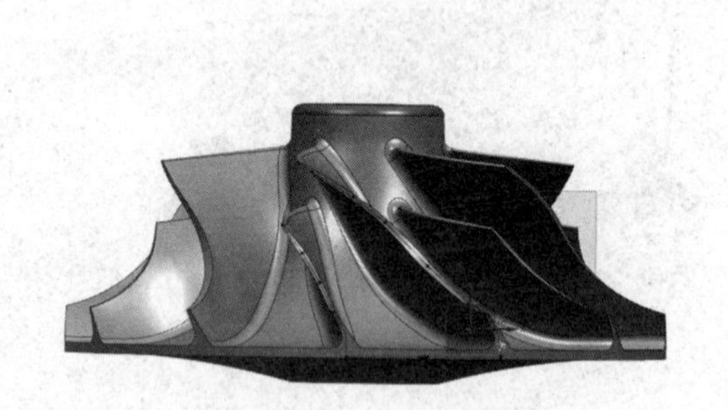

图 7. 2. 20　绘制轮廓线

（4）设置加工模块

1）复制上一步工序。打开“工序导航器”，右击“CAVITY_MILL”选择“复制”，并将复制的程序进行“粘贴”。

2）创建刀具。进入“创建刀具”对话框，“类型”选择“mill_contour”，“刀具子类型”选择“MILL”，“名称”键入“D6”，最后单击“确定”按钮。

3）设置刀具参数。进入“铣刀-5参数”对话框，“尺寸”中的“直径”键入“6”，“下半径”键入“0.8”，余下参数按照图7.2.21进行设置，单击“确定”按钮完成刀具设置，生成的刀具如图7.2.22所示。

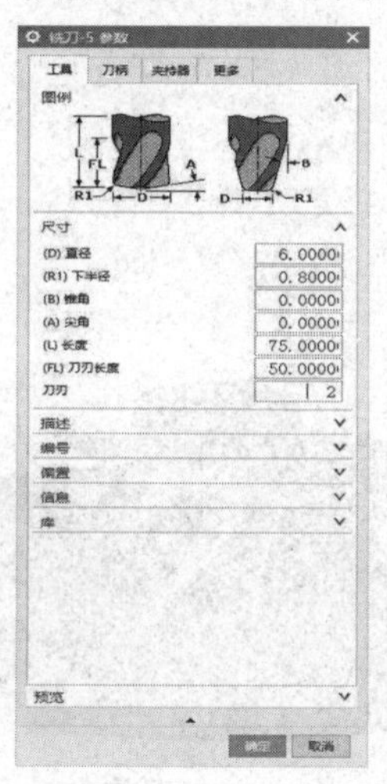

图7.2.21　设置“铣刀-5参数”对话框

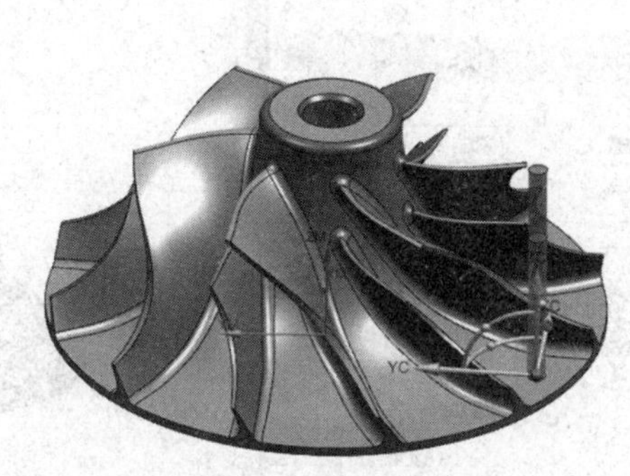

图7.2.22　生成的刀具

在“工序导航器”中双击“CAVITY_MILL”进入“型腔铣”对话框，“刀轴”中的“指定矢量”选择之前建立的基准平面系统，可自动选取基准平面的法向作为刀轴的矢量，如图7.2.23所示。

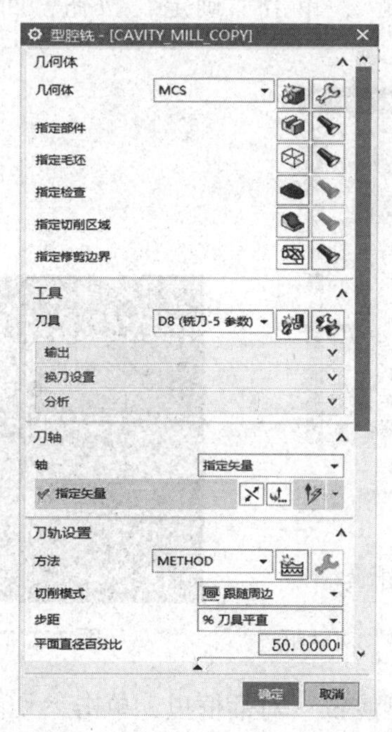

图7.2.23　设置“型腔铣”对话框

4）设置切削层参数。在“型腔铣”对话框里，单击“切削层”右侧的按钮进入“切削层”对话框，“范围定义”中的“范围高度”键入“80”，最后单击“确定”按钮，回到“型腔铣”对话框，如图 7.2.24 和图 7.2.25 所示。

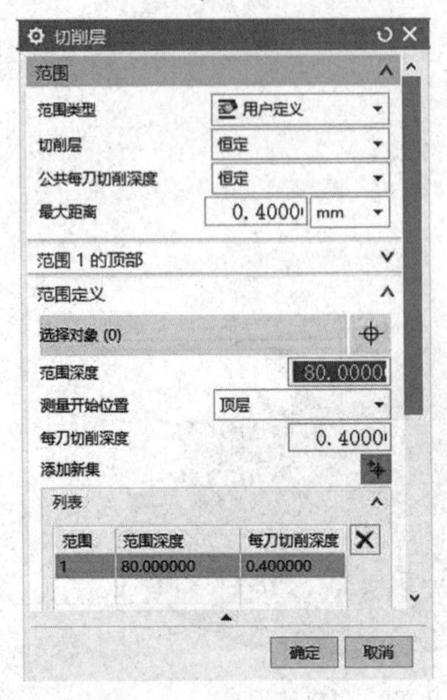

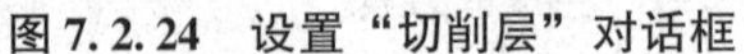

图 7.2.24　设置“切削层”对话框

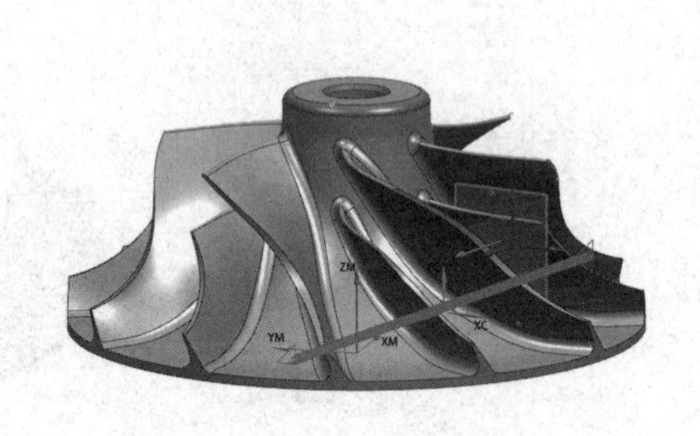

图 7.2.25　创建切削层

5）创建修剪边界。在“型腔铣”对话框里，单击“几何体”中“指定修剪边界”右侧的按钮进入“修剪边界”对话框，“边界”中的“选择曲线”选择之前绘制的轮廓作为边界，“修剪侧”选择“外侧”，单击“确定”按钮，回到“型腔铣”对话框，如图 7.2.26 和图 7.2.27 所示。

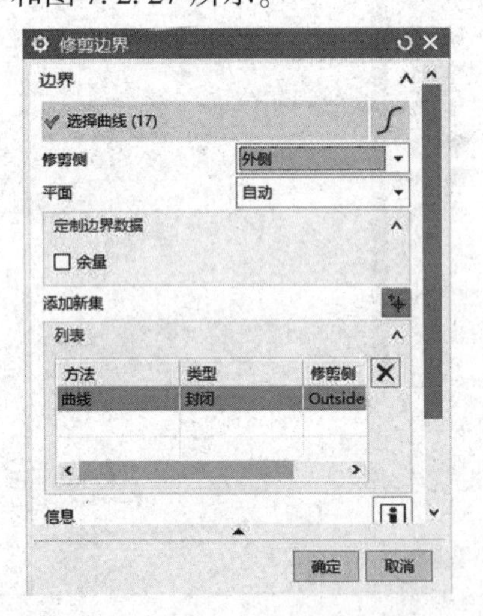

图 7.2.26　设置“修剪边界”对话框

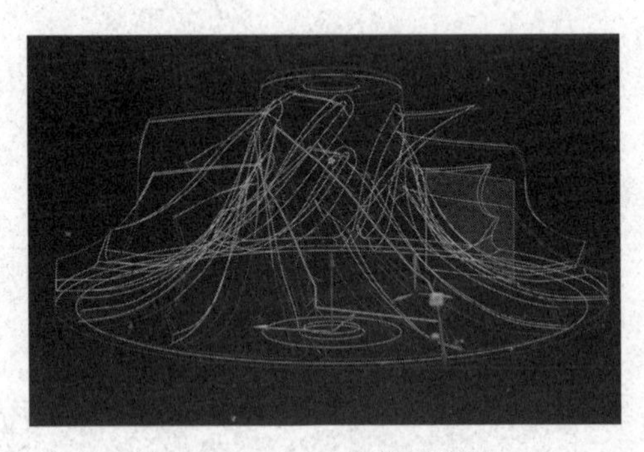

图 7.2.27　创建修剪边界

6）设置切削参数。在“型腔铣”对话框里，单击“切削参数”右侧的按钮进入“切削参数”对话框，“余量”选项卡中的“部件侧面余量”键入“0.3”，“部件底面余量”键入“0.1”，最后单击“确定”按钮回到“型腔铣”对话框。

7）设置进给率和转速参数。在“型腔铣”对话框里，单击“进给率和速度”右侧的按钮进入“进给率和速度”对话框，“主轴速度（rpm）”键入“3500”，“进给率”中的“切削”键入“2500”，单击“计算”按钮后单击“确定”按钮，回到“型腔铣”对话框。

8）生成刀轨。在“型腔铣”对话框里，单击“生成”按钮，计算出刀轨，如图7.2.28所示，最后单击“确定”按钮，仿真结果如图7.2.29所示。

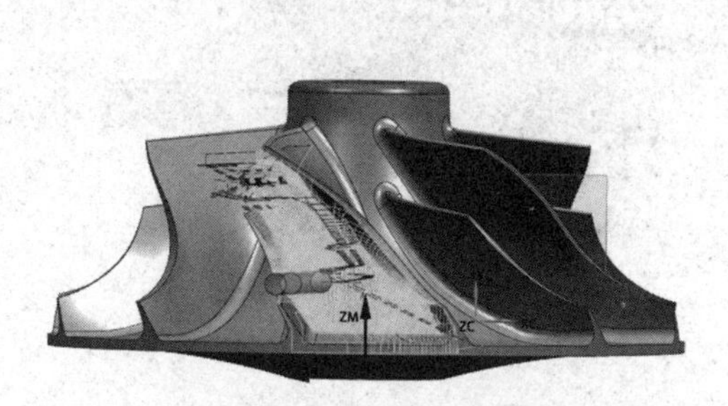

图7.2.28 生成刀轨

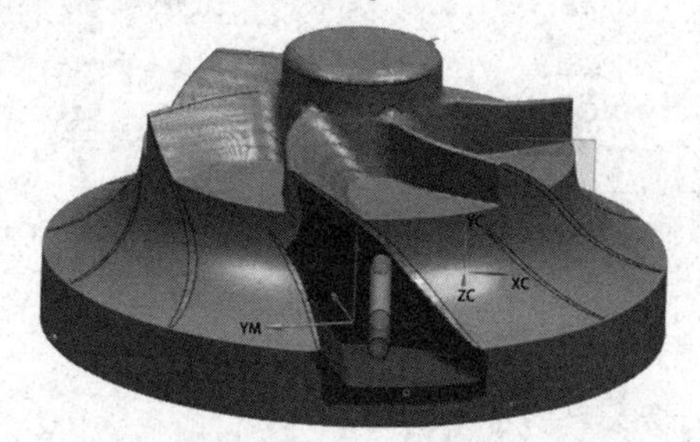

图7.2.29 仿真结果

9）阵列刀轨。打开“工序导航器”，右击“CONTOUR-AREA”→“对象”→“变换”，如图7.2.30所示。

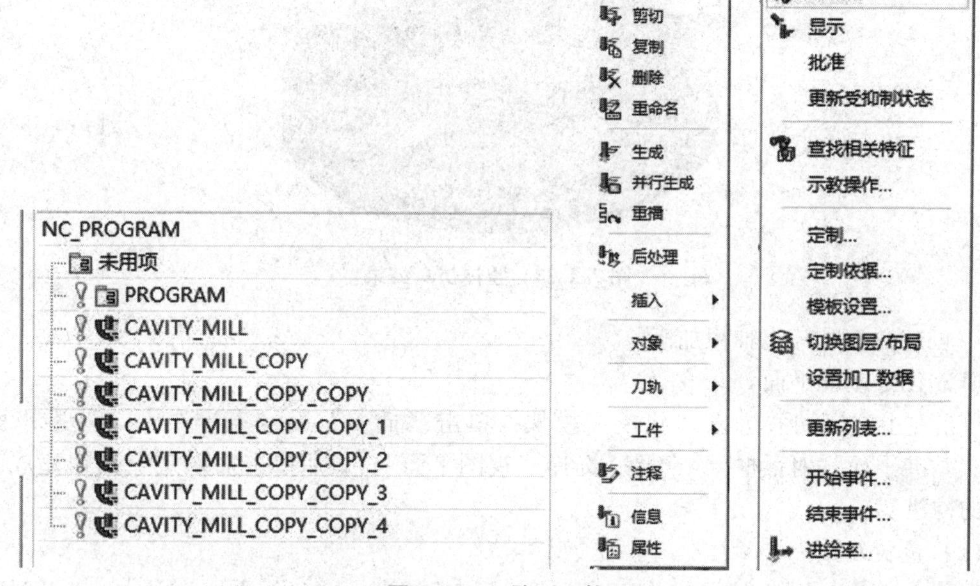

图7.2.30 阵列刀轨

10）设置阵列参数。进入“变换”对话框，“类型”选择“绕点旋转”，“指定轴点”选择“圆心”，“角度”键入“60”，“结果”选择“复制”，“非关联副本数”键入“5”，单击“确定”按钮，如图7.2.31和图7.2.32所示。

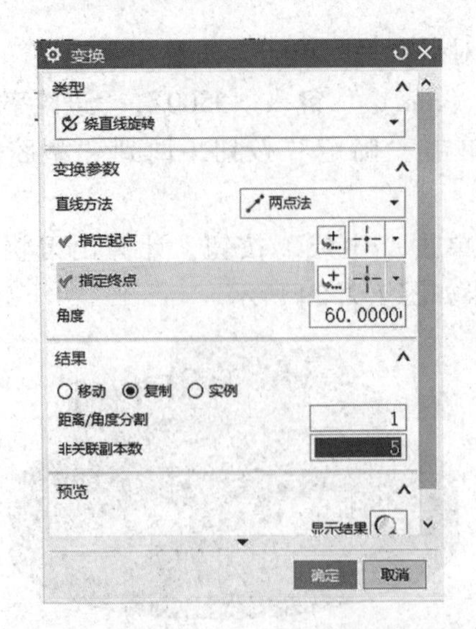

图 7.2.31　“变换”对话框

图 7.2.32　阵列完成

整体仿真结果如图 7.2.33 所示。

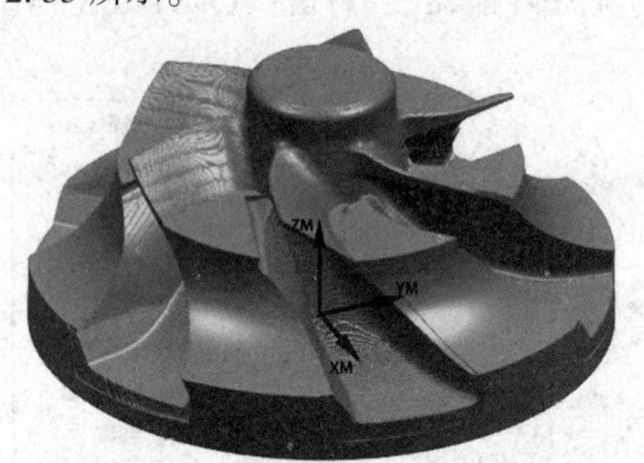

图 7.2.33　整体仿真结果

4. 创建分流叶片定轴粗加工

(1) 创建基准平面

单击左上方启动并进入“建模”模块，单击“插入”→“基准”→“基准平面”，进入“基准平面”对话框，“类型”选择“视图平面”，最后单击“确定”按钮完成基准平面的构建。

(2) 重置 WCS

在菜单栏单击“格式”→“WCS”→“定向”，进入“坐标系”对话框，“类型”选择“当前视图坐标系”，最后单击“确定”按钮完成 WCS 坐标系的重置。

(3) 绘制刀轨修剪边界

1) 创建草图。在“建模”模块下，单击“插入”→“在任务环境中绘制草图”，进入“创建草图”对话框，选择之前建立的基准平面作为草图绘制平面，单击“确定”按钮即可进入草图绘制界面。

2) 绘制轮廓线。单击“插入”→“曲线”→“轮廓”，进入“轮廓”对话框，绘制轮廓线的形状和位置，最后单击“确定”按钮即可完成刀轨修剪边界的绘制。绘制完成后，退出草图模式，切换到加工模块。

(4) 设置加工模块

1) 复制上一步工序。打开“工序导航器”，右击“CAVITY_MILL”选择“复制”，并将复制的程序进行“粘贴”，如图 7.2.34 所示。

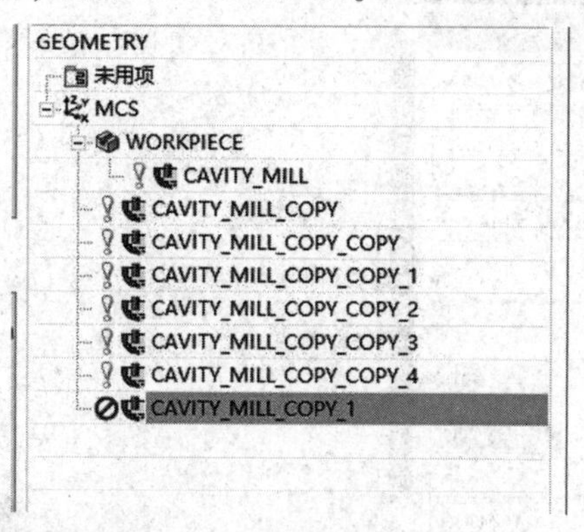

图 7.2.34　复制并粘贴程序

双击“CAVITY_MILL”进入“型腔铣”对话框，“刀轴”中的“指定矢量”选择之前建立的基准平面系统，可自动选取基准平面的法向作为刀轴的矢量，如图 7.2.35 和图 7.2.36 所示。

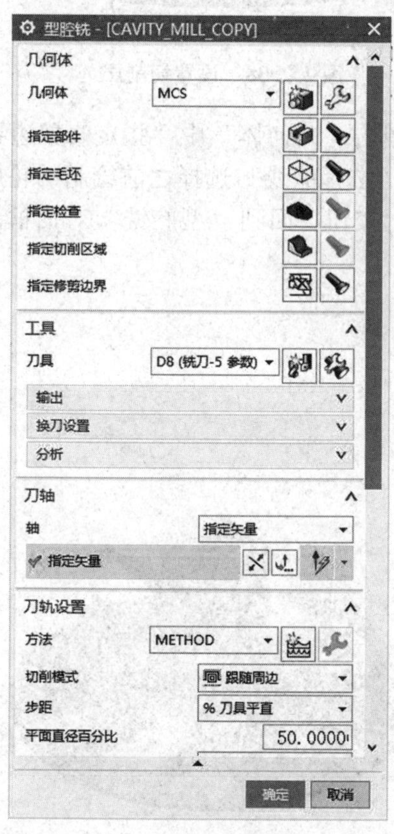

图 7.2.35　设置“型腔铣”对话框

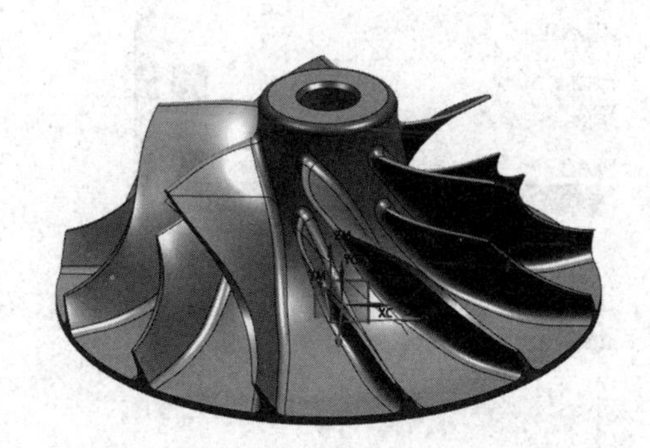

图 7.2.36　指定矢量

2）设置切削层参数。在“型腔铣”对话框里，单击“切削层”右侧的按钮进入“切削层”对话框，“范围定义”中的“范围高度”键入“80”，最后单击“确定”按钮，回到“切削层”对话框，如图 7. 2. 37 和图 7. 2. 38 所示。

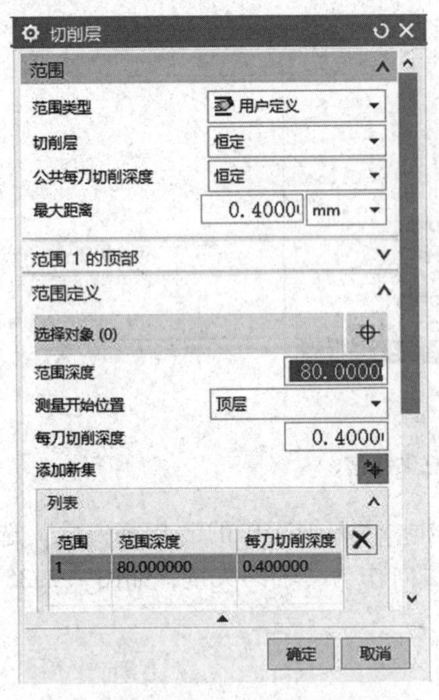

图 7. 2. 37　设置“切削层”对话框

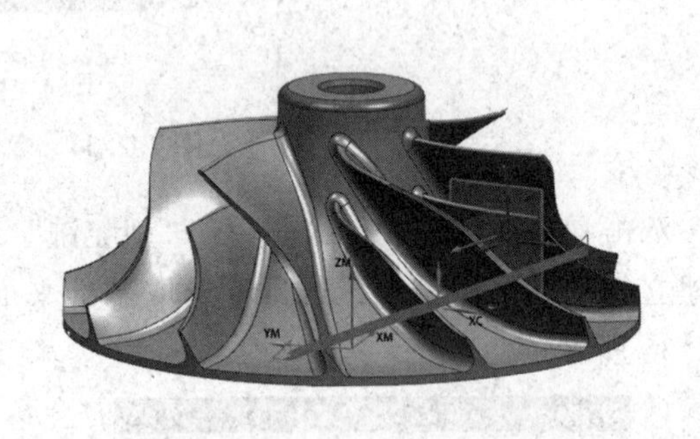

图 7. 2. 38　设置切削层

3）创建修剪边界。在“型腔铣”对话框里，单击“几何体”中“指定修剪边界”右侧的按钮进入“修剪边界”对话框，“边界”中的“选择曲线”选择之前绘制的轮廓作为边界，“修剪侧”选择“外部”，最后单击“确定”按钮，回到“型腔铣”对话框，如图 7. 2. 39 和图 7. 2. 40 所示。

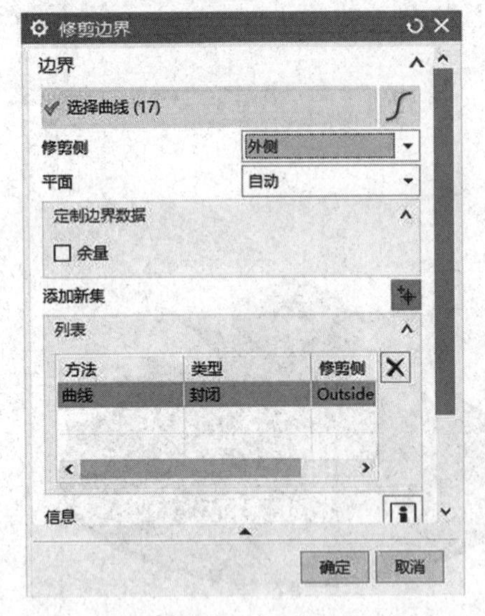

图 7. 2. 39　设置“修剪边界”对话框

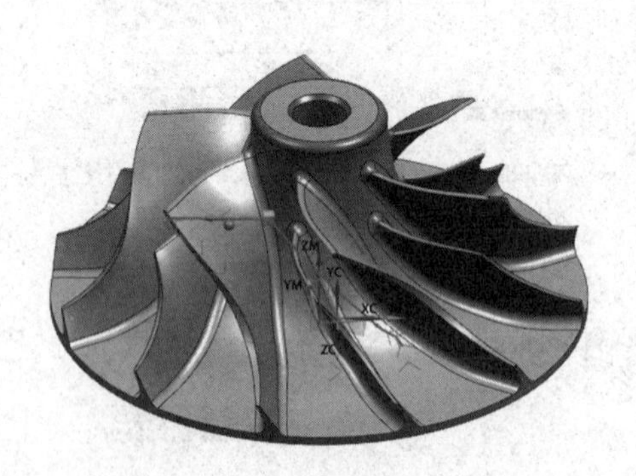

图 7. 2. 40　创建修剪边界

4）设置切削参数。在“型腔铣”对话框里，单击“切削参数”右侧的按钮进入“切削参数”对话框，“余量”选项卡中的“部件侧面余量”键入“0.3”，“部件底面余量”键入“0.1”，最后单击“确定”按钮，回到“型腔铣”对话框。

5）设置进给率和转速参数。在“型腔铣”对话框里，单击“进给率和速度”右侧的按钮进入“进给率和速度”对话框，其中“主轴速度（rpm）”键入“3500”，“进给率”中的“切削”键入“2500”，单击“计算”按钮后单击“确定”按钮，回到“型腔铣”对话框。

6）生成刀轨。在“型腔铣”对话框里，单击“生成”按钮，计算出刀轨，如图7.2.41所示，最后单击“确定”按钮。仿真结果如图7.2.42所示。

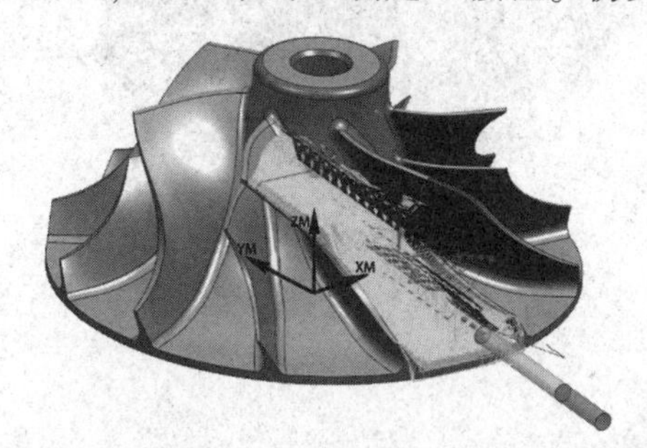

图7.2.41　生成的刀轨

图7.2.42　仿真结果

7）阵列刀轨。打开“工序导航器”，右击“CONTOUR-AREA”→“对象”→“变换”，如图7.2.43所示。

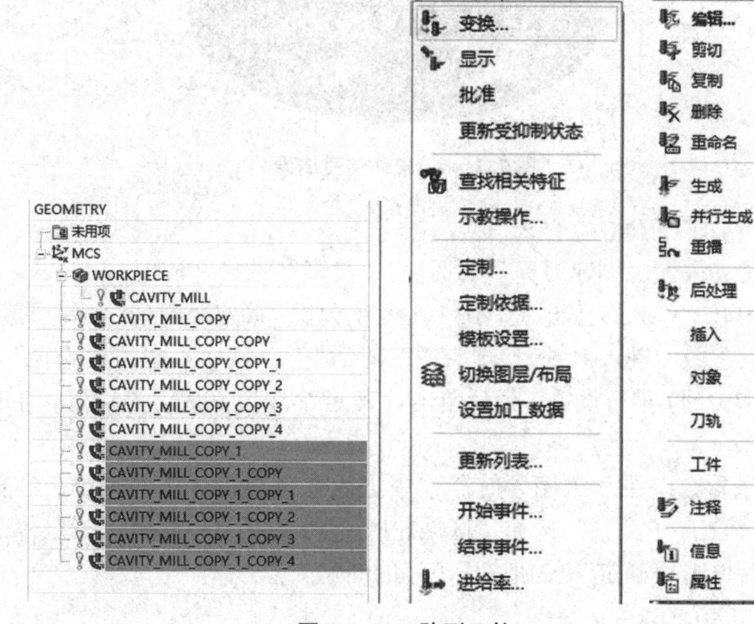

图7.2.43　阵列刀轨

8）设置阵列参数。进入“变换”对话框，“类型”选择“绕点旋转”，“指定轴点”选择“圆心”，“角度”键入“60”，“结果”选择“复制”，“非关联副本数”键入“5”，最后单击“确定”按钮，如图7.2.44和图7.2.45所示。

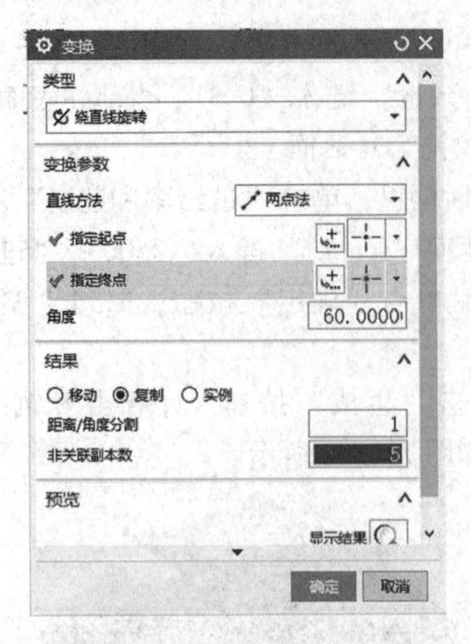

图 7.2.44　设置“变换”对话框

图 7.2.45　阵列完成

整体仿真结果如图 7.2.46 所示。

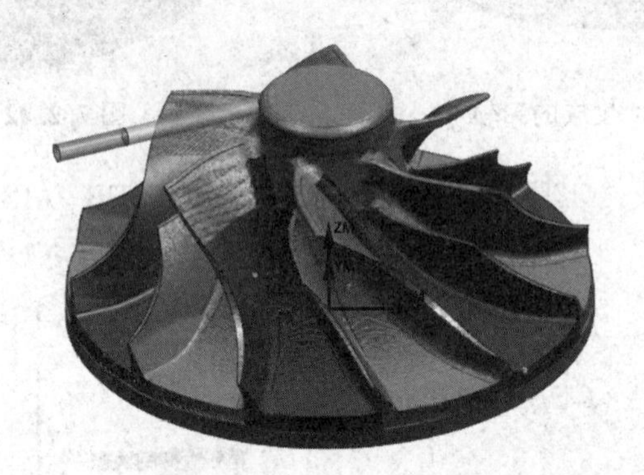

图 7.2.46　整体仿真结果

5. 创建叶片精加工刀轨

1）创建刀具。进入“创建刀具”对话框，“类型”选择“mill_multi-axis”，“刀具子类型”选择“MILL”，“名称”键入“D3”，然后单击“确定”按钮。

2）设置刀具参数。进入“铣刀-球头铣”对话框，“尺寸”中的“直径”键入“8”，余下参数按照图 7.2.47 进行设置，最后单击“确定”按钮完成刀具设置，生成的刀具如图 7.2.48 所示。

3）设置工序参数。在“工序导航器”中进入“创建工序”对话框，“类型”选择“mill_contour”，“工序子类型”选择“区域轮廓铣”，“刀具”选择“D8”，“几何体”选择“MCS”，最后单击“确定”按钮完成工序的创建。

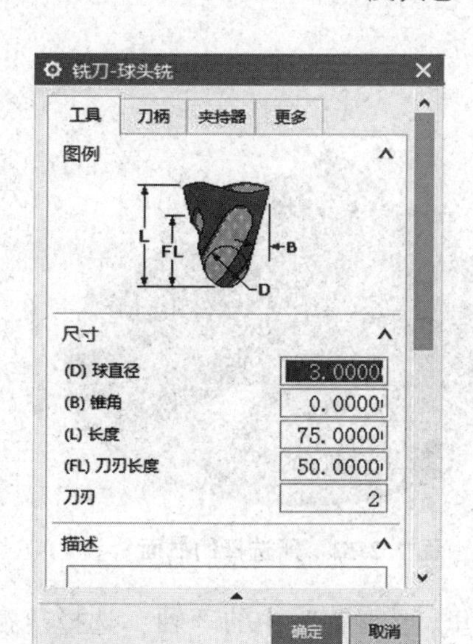

图 7.2.47　设置“铣刀-球头铣”对话框

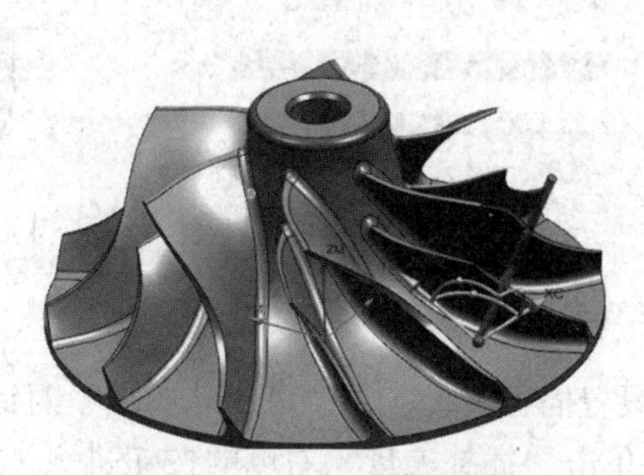

图 7.2.48　生成的刀具

4）设置驱动方法。进入“可变轮廓铣”对话框，“驱动方法”中的“方法”选择“曲面区域”，并单击“曲面区域”右侧的按钮进入“曲面区域驱动方法”对话框，“指定驱动几何体”选择用于驱动的曲面，“刀具位置”选择“相切”，“驱动设置”中的“切削模式”选择“往复”，“步距”选择“数量”，“步距数”键入“70”，最后单击“确定”按钮，回到“可变轮廓铣”对话框，如图 7.2.49～7.2.52 所示。

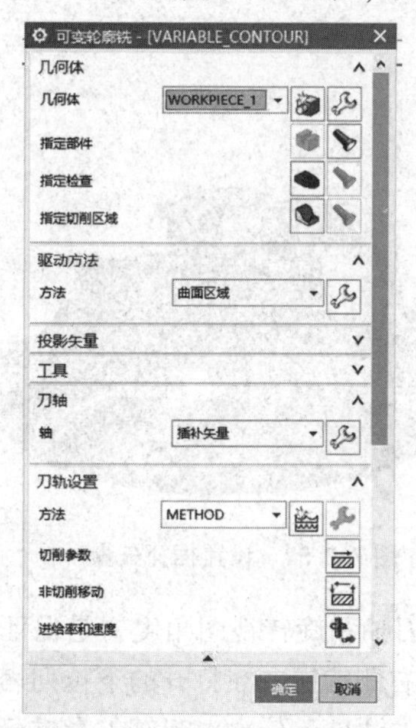

图 7.2.49　设置“可变轮廓铣”对话框

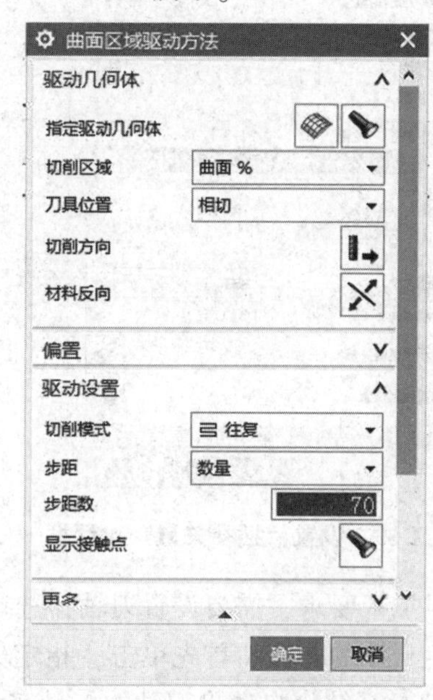

图 7.2.50　设置“曲面区域驱动方法”对话框

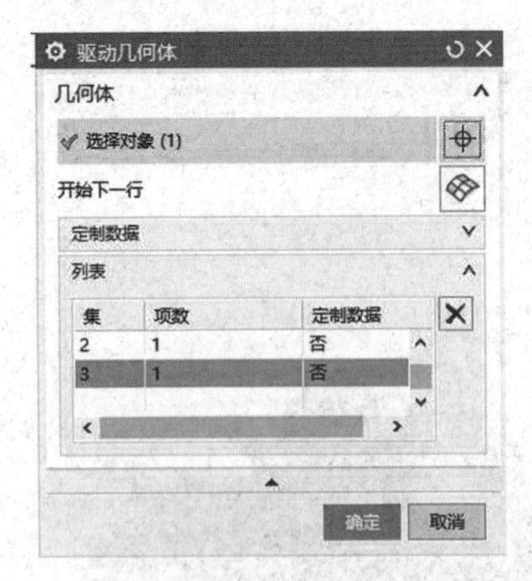

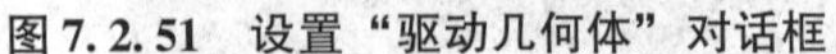

图 7.2.51　设置“驱动几何体”对话框

图 7.2.52　所选择的曲面

5）设置插补矢量。在“可变轮廓铣”对话框里，“刀轴”中的“轴”选择“插补矢量”，并单击“插补矢量”右侧的按钮进入“插补矢量”对话框，可以看到系统自动判断出一些刀轴矢量，但是这些矢量并不理想，在加工过程中会碰刀，如图 7.2.53 和图 7.2.54 所示。

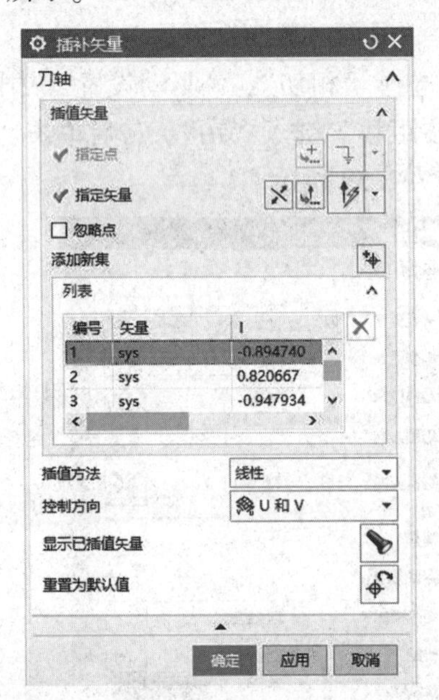

图 7.2.53　设置“插补矢量”对话框

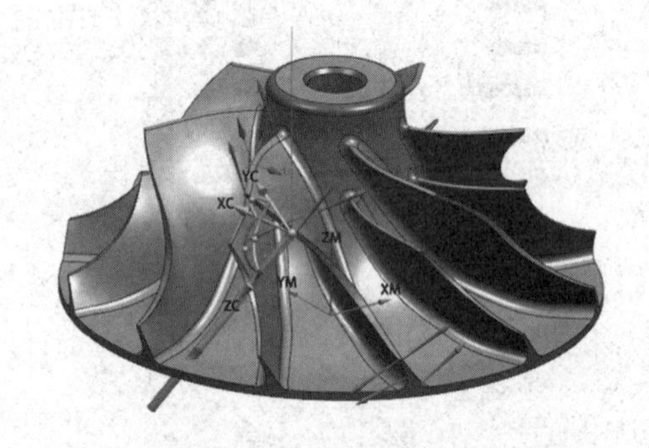

图 7.2.54　设置插补矢量

为满足加工要求，需要设置刀轴；选择对应的刀轴和旋转视图角度，是保证刀具与工件不会发生干涉的前提。首先单击“指定矢量”的右侧按钮，在打开的下拉列表框中选择“视图方向”，系统会自动将刀轴的矢量定义为视图的法向，依次对刀轴矢量进行调整，也可在“添加新集”一栏添加矢量直到满足加工要求，最后单击“确定”按钮，回到“可变轮廓铣”对话框，如图 7.2.55 和图 7.2.56 所示。

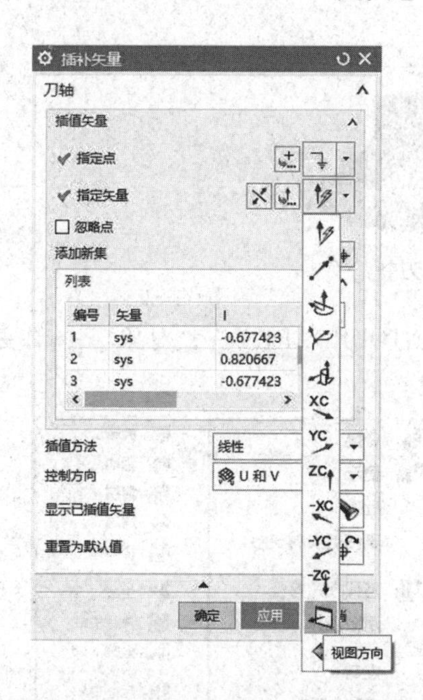

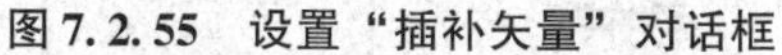

图 7.2.55　设置“插补矢量”对话框

图 7.2.56　调整刀轴插补矢量

6）验证刀轴。在“可变轮廓铣”对话框里，单击“选项”中“编辑显示”右侧的按钮进入“显示选项”对话框，“频率”的“指定矢量”“40”，“速度”选择“10”。

然后重新生成刀轨，图 7.2.57 为加工过程中所有刀轴的位置情况，图中密集的直线便是刀柄朝向，正如前面我们所设置的插补矢量，此时可以更直观地看出刀具与工件是否干涉。

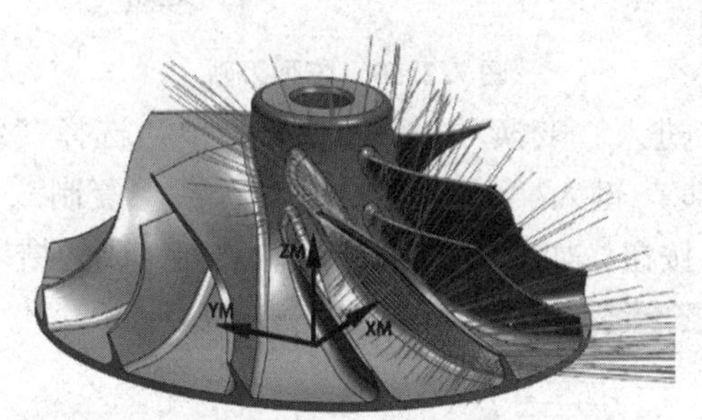

图 7.2.57　所有刀轴的位置情况（插补矢量）

7）设置切削参数。在“可变轮廓铣”对话框里，单击“切削参数”右侧的按钮进入“切削参数”对话框，“余量”选项卡中“余量”键入“0.02”，“内公差”和“外公差”键入“0.08”，最后单击“确定”按钮，回到“可变轮廓铣”对话框。

8）设置进给率和转速参数。在“可变轮廓铣”对话框里，单击“进给率和速度”右侧的按钮进入“进给率和速度”对话框，“主轴速度（rpm）”键入“3500”，“进给率”中的“切削”键入“2500”，单击“计算”按钮后单击“确定”按钮，回到“可变轮廓铣”对话框。

9）生成刀轨。在“可变轮廓铣”对话框里，单击“生成”按钮，计算出刀轨，最后单击“确定”按钮，生成的刀轨如图 7.2.58 所示。

图 7.2.58　生成的刀轨

10）阵列刀轨。打开“工序导航器”，右击 CONTOUR-AREA→“对象”→“变换”，如图 7.2.59 所示。

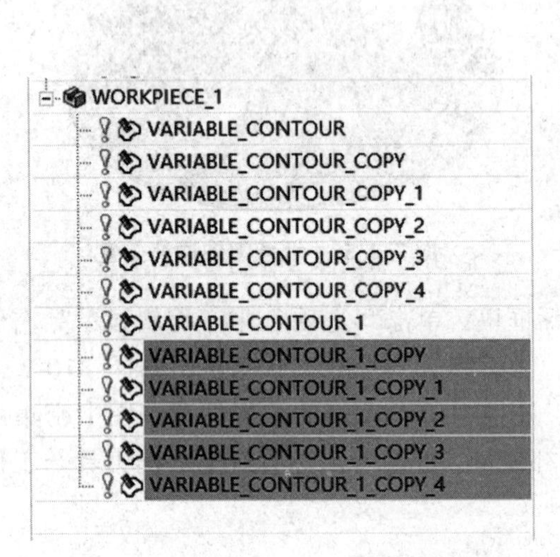

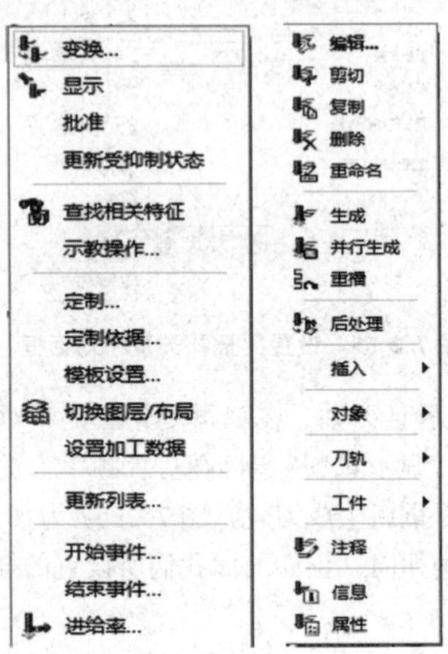

图 7.2.59　阵列刀轨

11）设置阵列参数。进入“变换”对话框，“类型”选择“绕直线旋转”，“指定终点”选择“圆心”，“角度”键入“60”，“结果”选择“复制”，“非关联副本数”键入“5”，最后单击“确定”按钮，如图 7.2.60 所示。阵列完成的结果如图 7.2.61 所示。

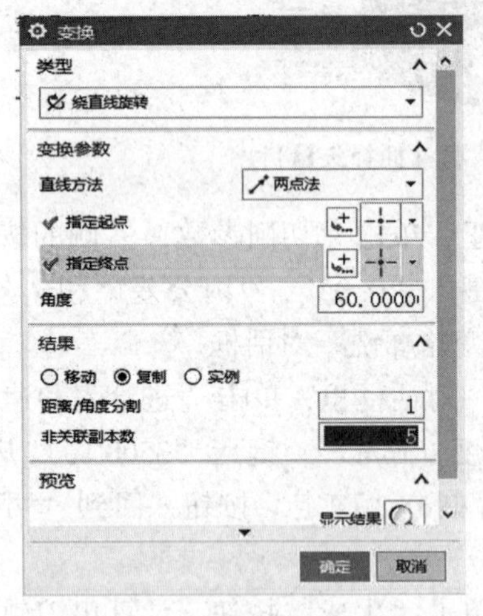

图 7.2.60　设置“变换”对话框

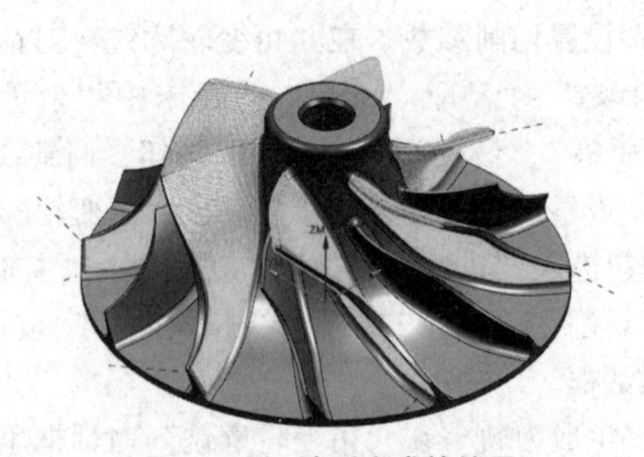

图 7.2.61　阵列完成的结果

仿真完成的结果如图 7. 2. 62 所示。

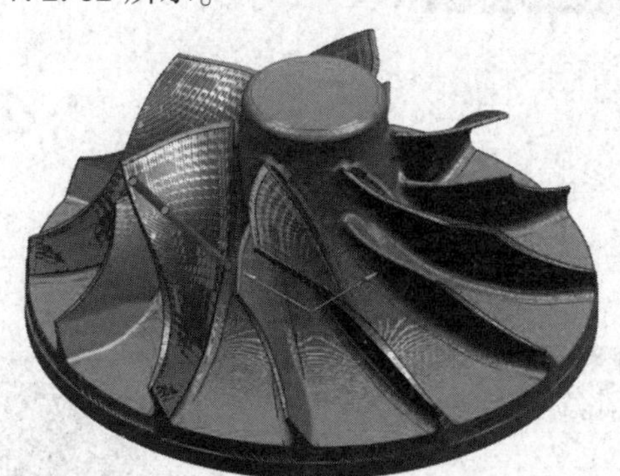

图 7. 2. 62　仿真完成的结果

6. 创建分流叶片精加工刀轨

1）复制上一步工序。打开“工序导航器”，右击“VARIABLE_ CONTOUR”选择“复制”，并将复制的程序进行“粘贴”。

2）设置驱动方法。双击“VARIABLE_ CONTOUR”进入“可变轮廓铣”对话框，“驱动方法”中的“方法”选择“曲面区域”，并单击“曲面区域”右侧的按钮进入“曲面区域驱动方法”对话框，其中“指定驱动几何体”选择用于驱动的曲面，如图 7. 2. 63 和图 7. 2. 64 所示。“刀具位置”选择“相切”，“驱动设置”中的“切削模式”选择“往复”，“步距”选择“数量”，“步距数”键入“70”，最后单击“确定”按钮，回到“可变轮廓铣”对话框。

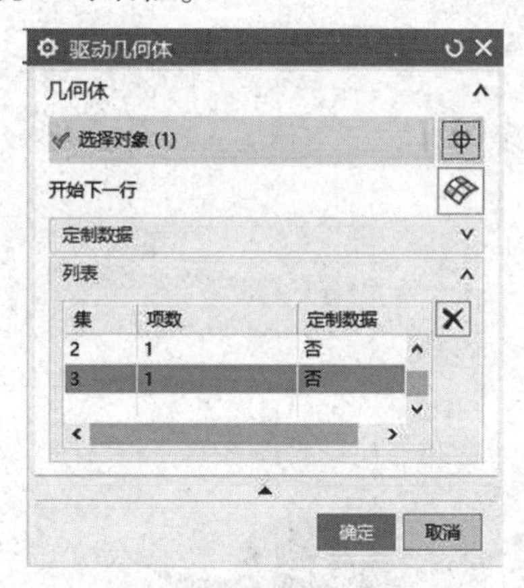

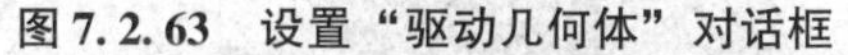

图 7. 2. 63　设置“驱动几何体”对话框

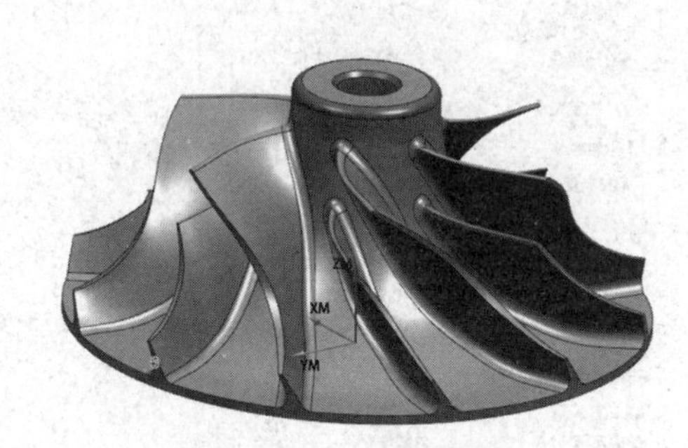

图 7. 2. 64　所选择的曲面

3）设置插补矢量。在“可变轮廓铣”对话框中“刀轴”中的“轴”选择“插补矢量”，并单击“插补矢量”右侧的按钮进入“插补矢量”对话框，如图 7. 2. 65 所示。可以看到系统自动判断出一些刀轴矢量，但是这些矢量并不理想，在加工过程中会碰刀，如图 7. 2. 66 所示。

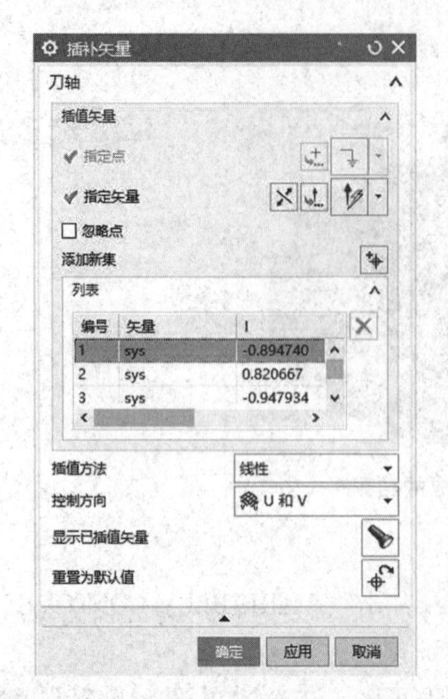

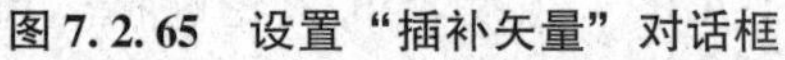

图 7.2.65 设置“插补矢量”对话框　　图 7.2.66 设置插补矢量

为满足加工要求，需要设置刀轴。选择对应的刀轴和旋转视图角度是保证刀具与工件不会发生干涉的前提。首先单击“指定矢量”右侧的按钮，在弹出的下拉列表框中选择“视图方向”，系统会自动将刀轴的矢量定义为视图的法向（见图 7.2.67），依次对刀轴矢量进行调整（见图 7.2.68），也可在“添加新集”一栏添加矢量直到满足加工要求，最后单击“确定”按钮，退出“插补矢量”对话框。

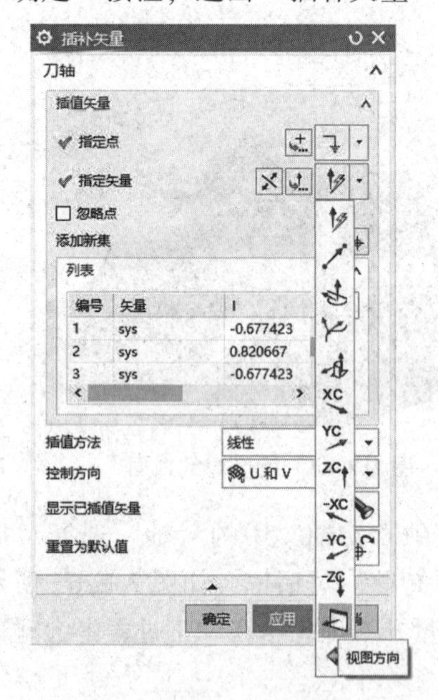

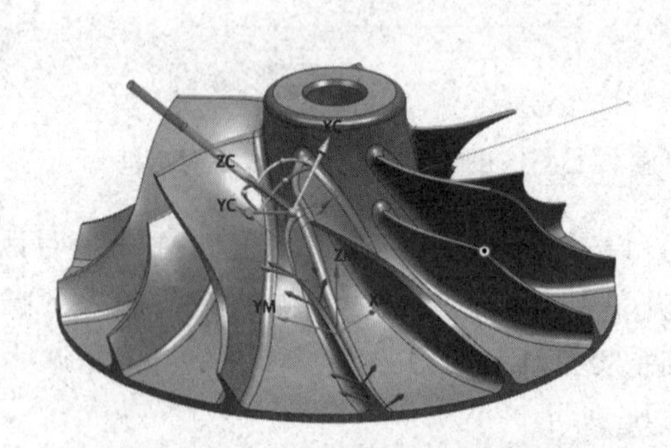

图 7.2.67 设置“插补矢量”对话框　　图 7.2.68 调整刀轴“插补矢量”

4）验证刀轴。在“可变轮廓铣”对话框里，单击“选项”中“编辑显示”右侧的按钮进入“显示选项”对话框，“频率”键入“40”，“速度”选择“10”，单击“确定”按钮回到“可变轮廓铣”对话框。

然后重新生成刀轨，图 7. 2. 69 所示的便是加工过程中所有刀轴的位置情况，图中密集的直线便是刀柄朝向，正如前面我们所设置的插补矢量，可以更直观看出刀具与工件是否干涉。

图 7. 2. 69　刀轴的位置情况（插补矢量）

5）设置切削参数。在“可变轮廓铣”对话框里，单击“切削参数”右侧的按钮进入“切削参数”对话框，“余量”选项卡中“余量”键入“0. 02”，“内公差”和“外公差”键入“0. 08”，最后单击“确定”按钮，回到“可变轮廓铣”对话框。

6）设置进给率和转速参数。在“可变轮廓铣”对话框里，单击“进给率和速度”右侧的按钮进入“进给率和速度”对话框，“主轴速度（rpm）”键入“3500”，“进给率”中的“切削”键入“2500”，单击“计算”按钮后单击“确定”按钮，回到“可变轮廓铣”对话框。

7）生成刀轨。在“可变轮廓铣”对话框里，单击“生成”按钮，计算出刀轨，最后单击“确定”按钮，生成的刀轨如图 7. 2. 70 所示。

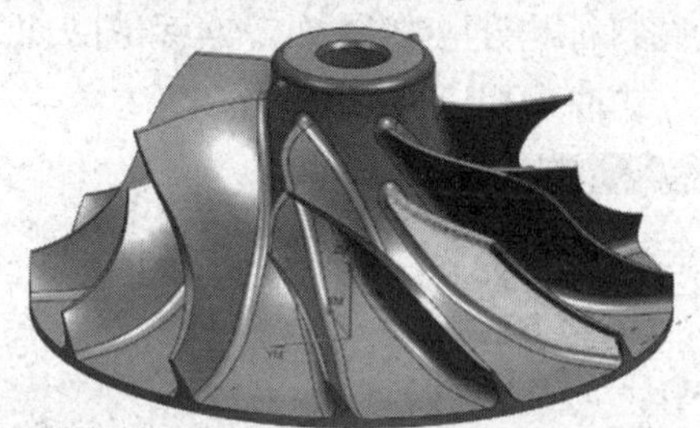

图 7. 2. 70　生成的刀轨

8）阵列刀轨。打开“工序导航器”，右击 CONTOUR-AREA→“对象”→“变换”。

9）设置阵列参数。进入“变换”对话框，“类型”选择“绕直线旋转”，“指定终点”选择“圆心”，“角度”键入“60”，“结果”选择“复制”，“非关联副本数”键入“5”，最后单击“确定”按钮，如图 7. 2. 71 所示。阵列完成的结果如图 7. 2. 72 所示。

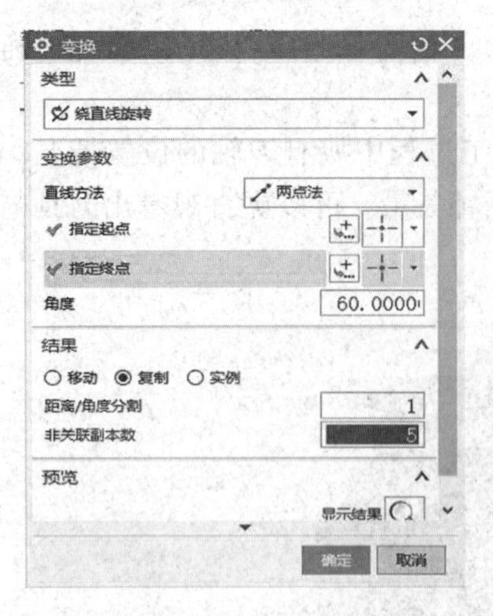

图 7.2.71　设置“变换”对话框

图 7.2.72　阵列完成的结果

仿真完成的结果如图 7.2.73 所示。

图 7.2.73　仿真完成的结果

7. 创建轮毂精加工

1）设置曲线长度。单击左上方启动并进入“建模”模块，单击“编辑”→“曲线”→“长度”，进入“长度”对话框，选择叶轮的圆角轮廓线即可修改抽出的曲线长度，最后单击“确定”按钮完成曲线长度特征构建，如图 7.2.74 和图 7.2.75 所示。按照同样的方法选择分流叶片的圆角轮廓线，并抽出相应曲线。

图 7.2.74　设置“曲线长度”对话框

图 7.2.75　选择的曲线

2）设置曲面上的曲线。单击“插入”→“曲线”→“曲面上的曲线”，进入“曲面上的曲线”对话框，构造的曲线，如图 7. 2. 76 和图 7. 2. 77 所示。

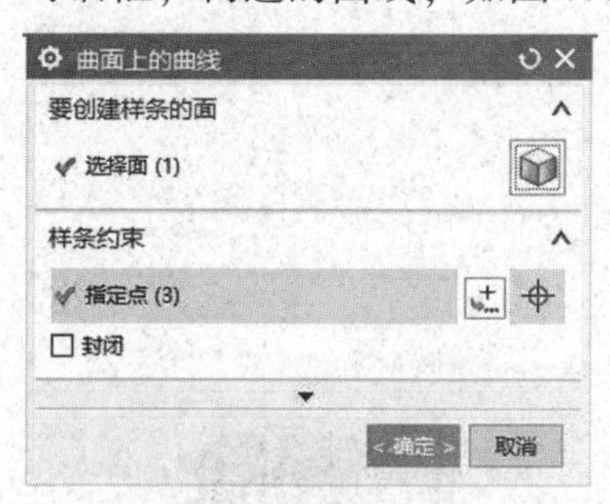

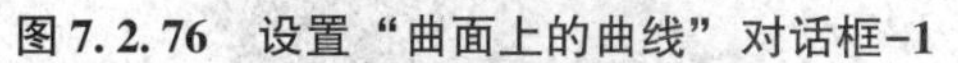

图 7. 2. 76　设置“曲面上的曲线”对话框-1　　**图 7. 2. 77　构造的曲线-1**

按照相同方法设置分流叶片，如图 7. 2. 78 和图 7. 2. 79 所示。

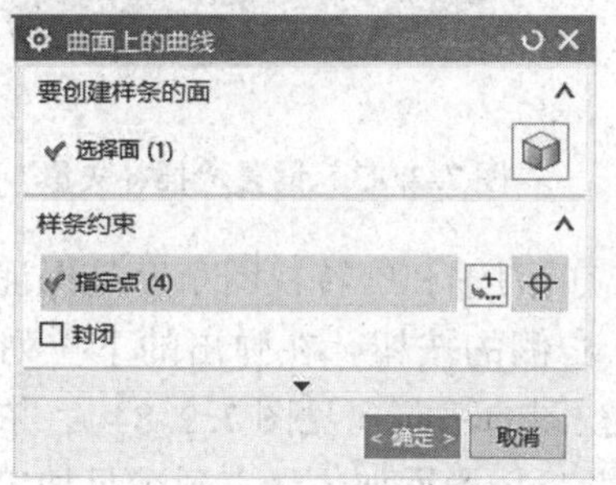

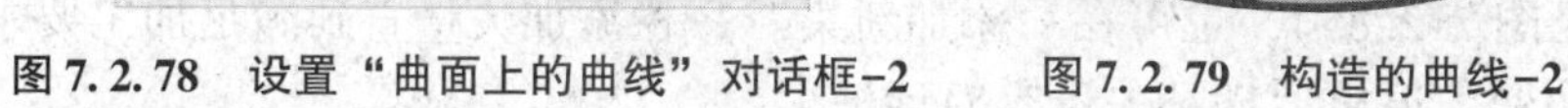

图 7. 2. 78　设置“曲面上的曲线”对话框-2　　**图 7. 2. 79　构造的曲线-2**

3）设置驱动方法。复制上一步程序，进入“可变轮廓铣”对话框，“驱动方法”中的“方法”选择“流线”，单击“流线”右侧的按钮进入“流线”对话框，选择用于驱动的曲线，“切削模式”选择“往复”，“步距数”键入“30”，然后单击“确定”按钮。曲线预览和步距数如图 7. 2. 80 和图 7. 2. 81 所示。

图 7. 2. 80　曲线预览

图 7. 2. 81　步距数

4）设置插补矢量。“刀轴”中的“轴”选择“插补矢量”，并单击“插补矢量”右侧的按钮进入“插补矢量”对话框，如图 7. 2. 82 所示。单击“确定”按钮，可以看到系统自动判断出一些刀轴矢量，但是这些矢量并不理想，在加工过程中会碰刀，如图 7. 2. 83 所示。

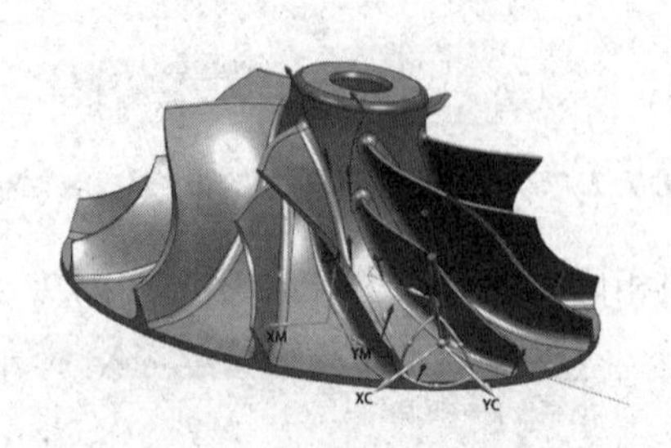

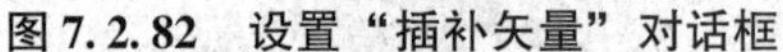

图 7.2.82 设置“插补矢量”对话框　　图 7.2.83 设置“插补矢量”

为满足加工要求，需要设置刀轴。选择对应的刀轴和旋转视图角度是保证刀具与工件不会发生干涉的前提。首先单击“指定矢量”右侧的按钮，在弹出的下拉列表框中选择“视图方向”，系统会自动将刀轴的矢量定义为视图的法向（见图 7.2.84），依次对刀轴矢量进行调整（见图 7.2.85），也可在“添加新集”一栏添加矢量直到满足加工要求，最后单击“确定”按钮，退出“插补矢量”对话框。

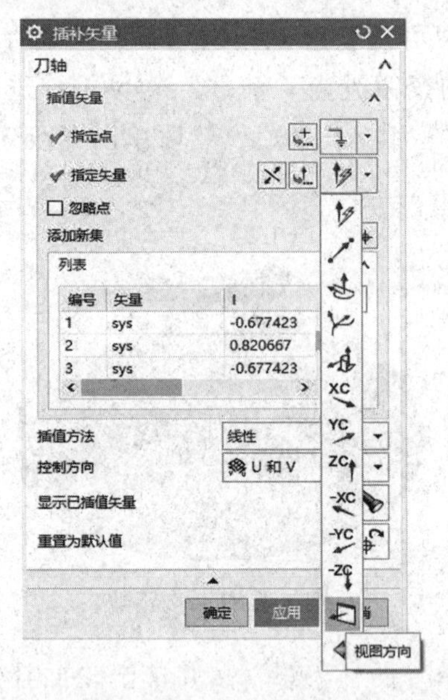

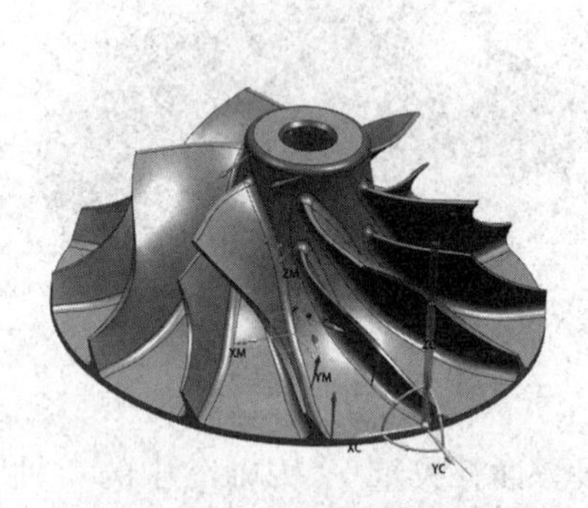

图 7.2.84 设置“插补矢量”对话框　　图 7.2.85 调整刀轴插补矢量

5）验证刀轴。在“可变轮廓铣”对话框里，单击“选项”中“编辑显示”右侧的按钮进入“显示选项”对话框，“频率”键入“40”，“速度”选择“10”，最后单击“确定”按钮，回到“可变轮廓铣”对话框。

然后重新生成刀轨，图 7. 2. 86 所示的便是加工过程中所有刀轴的位置情况，图中密集的直线便是刀柄朝向，正如前面我们所设置的插补矢量，此时可以更直观地看出刀具与工件是否干涉。

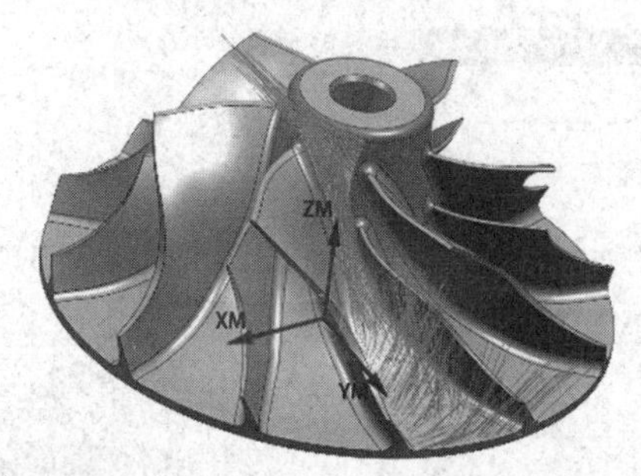

图 7. 2. 86　所有刀轴的位置情况（插补矢量）

6）设置切削参数。在“可变轮廓铣”对话框里，单击“切削参数”右侧的按钮进入“切削参数”对话框，“余量”选项卡中“余量”键入“0. 02”，“内公差”和“外公差”键入“0. 08”，最后单击“确定”按钮，回到“可变轮廓铣”对话框。

7）设置进给率和转速参数。在“可变轮廓铣”对话框里，单击“进给率和速度”右侧的按钮进入“进给率和速度”对话框，“主轴速度（rpm）”键入“3500”，“进给率”中的“切削”键入“2500”，单击“计算”按钮后单击“确定”按钮，回到“可变轮廓铣”对话框。

图 7. 2. 87　生成的刀轨

8）生成刀轨。在“可变轮廓铣”对话框里，单击“生成”按钮，计算出刀轨，最后单击“确定”按钮，生成的刀轨如图 7. 2. 87 所示。

9）阵列刀轨。打开“工序导航器”，右击 CONTOUR-AREA→“对象”→“变换”，如图 7. 2. 88 所示。

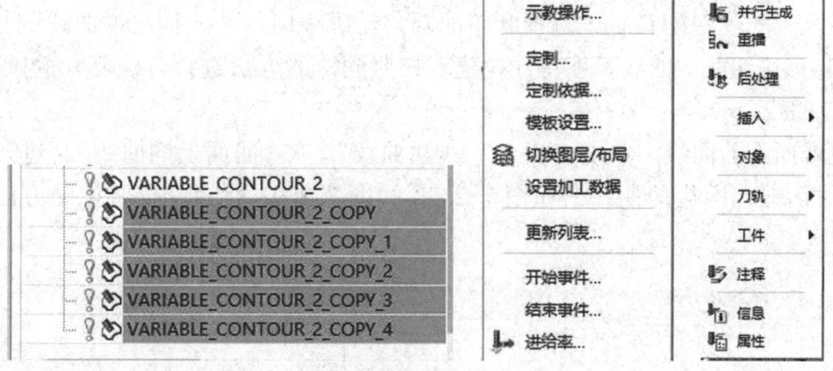

图 7. 2. 88　阵列刀轨

10）设置阵列参数。进入“变换”对话框，“类型”选择“绕直线旋转”，“指定终点”选择“圆心”，“角度”键入“60”，“结果”选择“复制”，“非关联副本数”键入“5”，最后单击“确定”按钮，如图 7. 2. 89 所示。阵列完成的结果如图 7. 2. 90 所示。

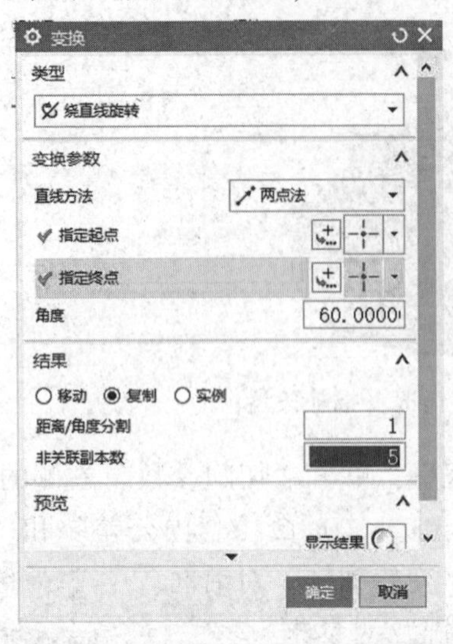

图 7. 2. 89　设置“变换”对话框

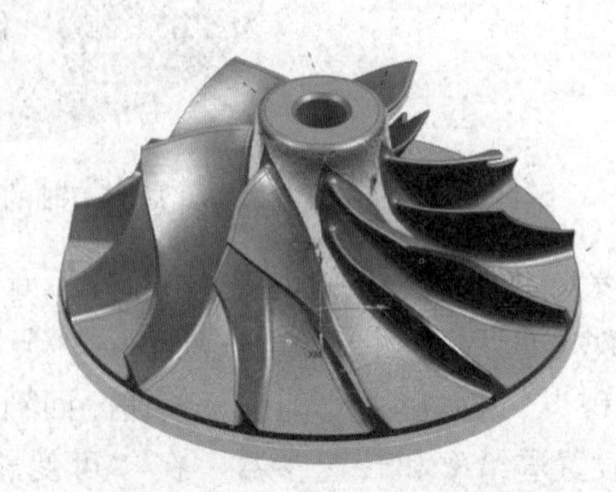

图 7. 2. 90　阵列完成的结果

仿真完成的结果如图 7. 2. 91 所示。

图 7. 2. 91　仿真完成的结果

8. 创建分流叶片轮毂精加工

1）设置曲线长度。单击左上方启动并进入“建模”模块，单击“编辑”→“曲线”→“长度”进入“长度”对话框，选择叶轮的圆角轮廓线即可修改抽出的曲线的长度，最后单击“确定”按钮完成曲线长度特征构建。按照同样的方法选择分流叶片的圆角轮廓线，并抽出相应曲线。

2）设置面上的曲线。单击“插入”→“曲线”→“曲面上的曲线”，进入“曲面上的曲线”对话框，构造的曲线，如图 7. 2. 92 和图 7. 2. 93 所示。按照相同方法设置分流叶片。

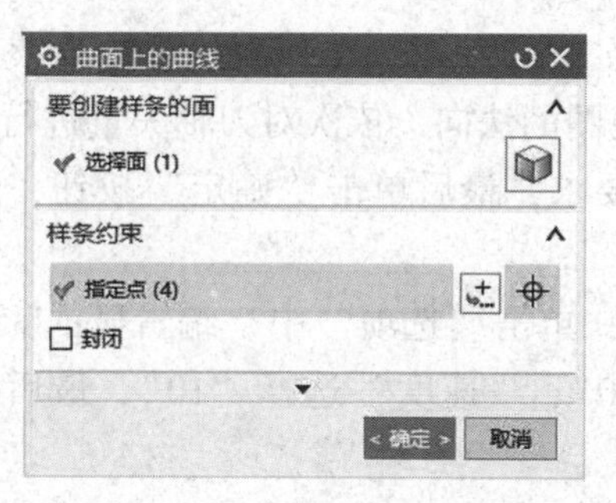

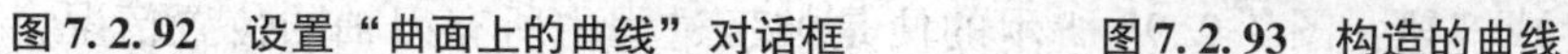

图 7.2.92　设置“曲面上的曲线”对话框　　　图 7.2.93　构造的曲线

3）设置驱动方法。复制上一步程序，进入“可变轮廓铣”对话框，“驱动方法”中的“方法”选择“流线”，单击“流线”右侧的按钮进入“流线”对话框，选择用于驱动的曲线，“切削模式”选择“往复”，“步距数”键入“30”，单击“确定”按钮。曲线预览和步距数如图 7.2.94 和图 7.2.95 所示。

图 7.2.94　曲线预览　　　图 7.2.95　步距数

4）设置插补矢量。“刀轴”中的“轴”选择“插补矢量”，并单击“插补矢量”右侧的按钮进入“插补矢量”对话框，如图 7.2.96 所示。单击“确定”按钮，可以看到系统自动判断出一些刀轴矢量，但是这些矢量并不理想，在加工过程中会碰刀，如图 7.2.97 所示。

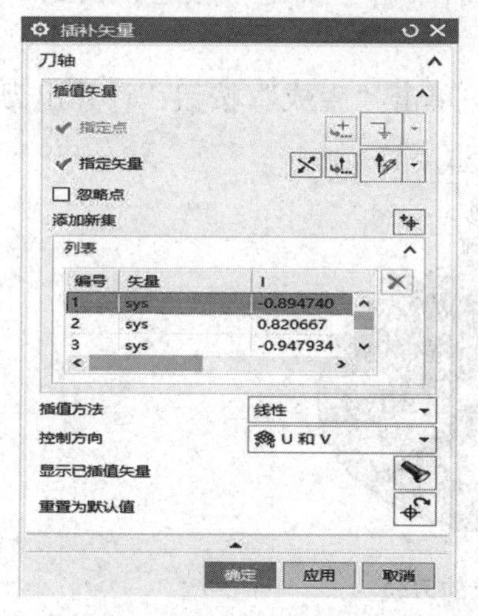

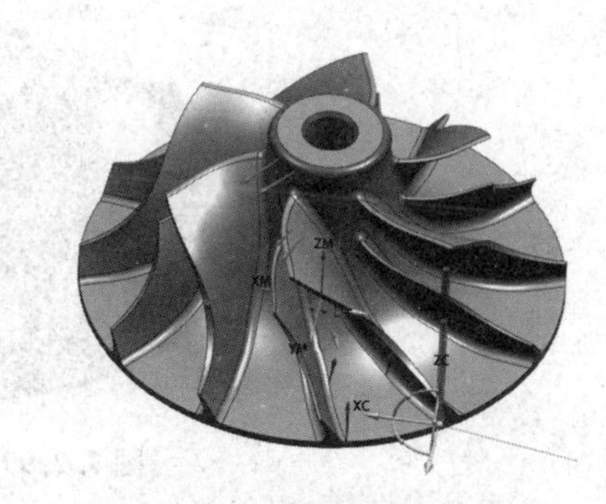

图 7.2.96　设置“插补矢量”对话框　　　图 7.2.97　设置“插补矢量”

为满足加工要求，需要设置刀轴。选择对应的刀轴和旋转视图角度是保证刀具与工件不会发生干涉的前提。首先单击“指定矢量”右侧的按钮，在弹出的下拉列表框中选择“视图方向”，系统会自动将刀轴的矢量定义为视图的法向，依次对刀轴矢量进行调整，也可在“添加新集”一栏添加矢量直到满足加工要求，最后单击“确定”按钮，退出“插补矢量”对话框。

5）验证刀轴。在“可变轮廓铣”对话框里，单击“选项”中“编辑显示”右侧的按钮进入“显示选项”对话框，“频率”键入“40”，“速度”选择“10”，最后单击“确定”按钮，回到“可变轮廓铣”对话框。

然后重新生成刀轨，图 7.2.98 所示的便是加工过程中所有刀轴的位置情况，图中密集的直线便是刀柄朝向的直线，正如前面我们所设置的插补矢量，此时可以更直观地看出刀具与工件是否干涉。

图 7.2.98　所有刀轴的位置情况（插补矢量）

6）设置切削参数。在“可变轮廓铣”对话框里，单击“切削参数”右侧的按钮进入“切削参数”对话框，“余量”选项卡中“余量”键入“0.02”，“内公差”和“外公差”键入“0.08”，最后单击“确定”按钮，回到“可变轮廓铣”对话框。

7）设置进给率和转速参数。在“可变轮廓铣”对话框里，单击“进给率和速度”右侧的按钮进入“进给率和速度”对话框，“主轴速度（rpm）”键入“3500”，“进给率”中的“切削”键入“2500”，单击“计算”按钮后单击“确定”按钮，回到“可变轮廓铣”对话框。

8）生成刀轨。在“可变轮廓铣”对话框里，单击“生成”按钮，计算出刀轨，最后单击“确定”按钮，生成的刀轨如图 7.2.99 所示。

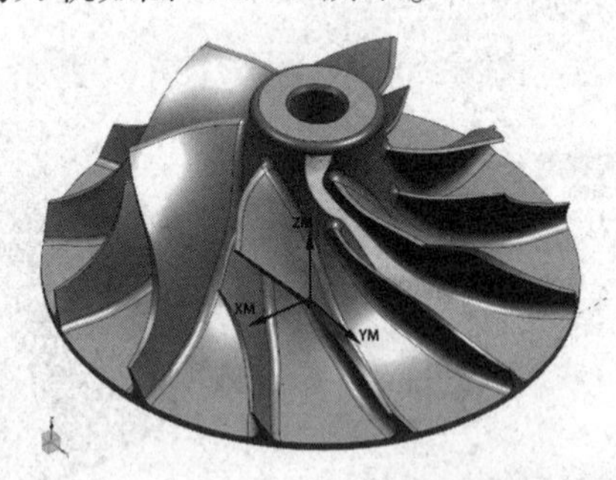

图 7.2.99　生成的刀轨

9）阵列刀轨。打开“工序导航器”，右击 CONTOUR-AREA→“对象”→“变换”，如图 7.2.100 所示。

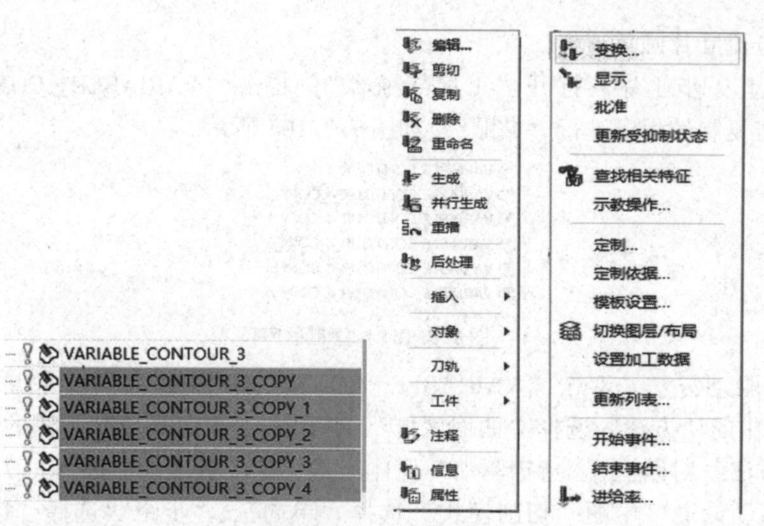

图 7.2.100　阵列刀轨

10）设置阵列参数。进入“变换”对话框，“类型”选择“绕直线旋转”，“指定终点”选择“圆心”，“角度”键入“60”，“结果”选择“复制”，“非关联副本数”键入“5”，最后单击“确定”按钮，如图 7.2.101 所示。阵列完成的结果如图 7.2.102 所示。

图 7.2.101　设置“变换”对话框

图 7.2.102　阵列完成的结果

仿真完成的结果如图 7.2.103 所示。

图 7.2.103　仿真完成的结果

9. 创建分流叶片圆角清根

1）复制上一步工序。打开“工序导航器”，右击“VARIABLE_ CONTOUR”选择“复制”，并将复制的程序进行“粘贴”，如图 7. 2. 104 所示。

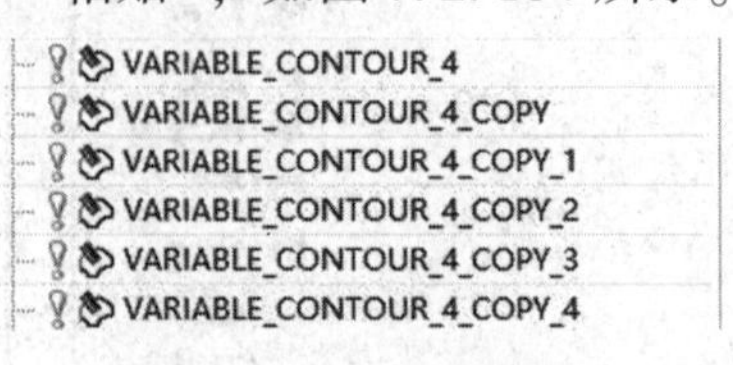

图 7. 2. 104　复制程序

2）设置驱动方法。双击“VARIABLE_ CONTOUR”进入“可变轮廓铣”对话框，“驱动方法”中的“方法”选择“曲面区域”，并单击“曲面区域”右侧的按钮进入“曲面区域驱动方法”对话框，“指定驱动几何体”选择用于驱动的曲面。“刀具位置”键入“相切”，“驱动设置”中的“切削模式”选择“单向”，“步距”选择“数量”，“步距数”键入“10”，最后单击“确定”按钮，回到“可变轮廓铣”对话框。

3）设置插补矢量。在“可变轮廓铣”对话框中，“刀轴”中的“轴”选择“插补矢量”，并单击“插补矢量”右侧的按钮进入“插补矢量”对话框。可以看到系统自动判断出一些刀轴矢量，但是这些矢量并不理想，在加工过程中会碰刀，为满足加工要求，需要设置刀轴。选择对应的刀轴和旋转视图角度是保证刀具与工件不会发生干涉的前提。首先单击“指定矢量”右侧的按钮，在弹出的下拉列表框中选择“视图方向”，系统会自动将刀轴的矢量定义为视图的法向（见图 7. 2. 105），依次对刀轴矢量进行调整（见图 7. 2. 106），也可在“添加新集”一栏添加矢量直到满足加工要求，最后单击“确定”按钮，退出“插补矢量”对话框。

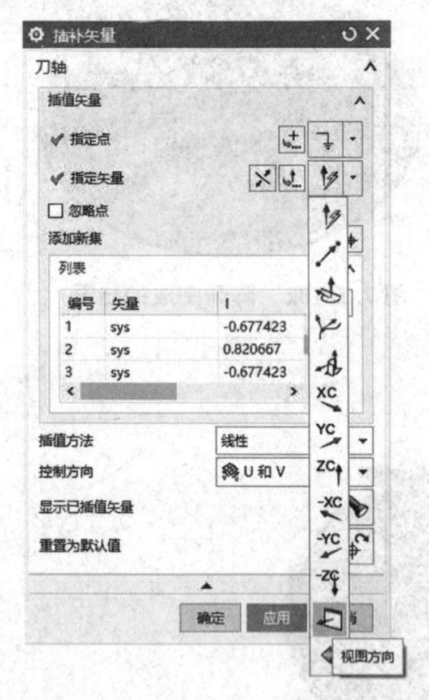

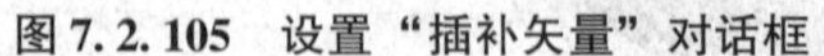

图 7. 2. 105　设置“插补矢量”对话框　　**图 7. 2. 106　调整刀轴插补矢量**

4）验证刀轴。在“可变轮廓铣”对话框里，单击“选项”中“编辑显示”右侧的按钮进入“显示选项”对话框，“频率”键入“40”，“速度”选择“10”，最后单击“确定”按钮，回到“可变轮廓铣”对话框。

然后重新生成刀轨，图 7.2.107 所示的便是加工过程中所有刀轴的位置情况，图中密集的直线便是刀柄朝向，正如前面我们所设置的插补矢量，此时可以更直观地看出刀具与工件是否干涉。

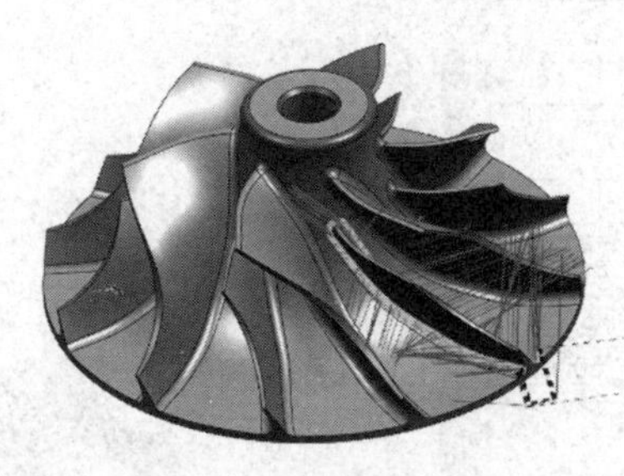

图 7.2.107　所有刀轴的位置情况（插补矢量）

5）设置切削参数。在“可变轮廓铣”对话框里，单击“切削参数”右侧的按钮进入“切削参数”对话框，“余量”选项卡中“余量”键入“0.02”，“内公差”和“外公差”键入“0.08”，最后单击“确定”按钮，回到“可变轮廓铣”对话框。

6）设置进给率和转速参数。在“可变轮廓铣”对话框里，单击“进给率和速度”右侧的按钮进入“进给率和速度”对话框，“主轴速度（rpm）”键入“3500”，“进给率”中的“切削”键入“2500”，单击“计算”按钮后单击“确定”按钮，回到“可变轮廓铣”对话框。

图 7.2.108　生成的刀轨

7）生成刀轨。在右侧的“可变轮廓铣”对话框里，单击“生成”按钮，计算出刀轨，最后单击“确定”按钮，生成的刀轨如图 7.2.108 所示。

8）阵列刀轨。打开“工序导航器”，右击“CONTOUR-AREA”→“对象”→“变换”，如图 7.2.109 所示。

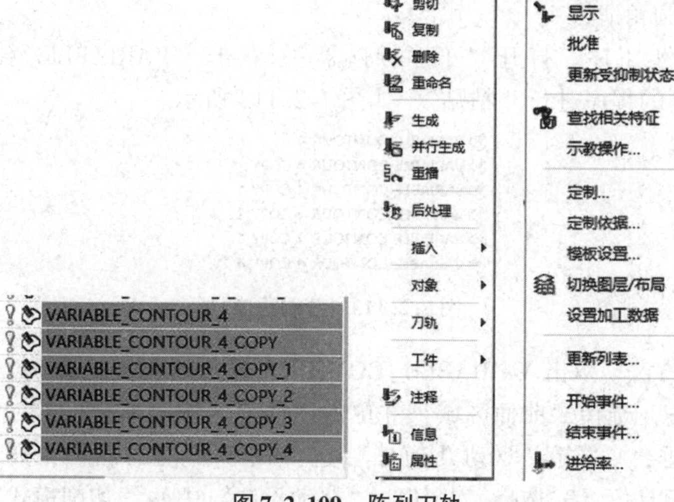

图 7.2.109　阵列刀轨

9）设置阵列参数。进入“变换”对话框，“类型”选择“绕直线旋转”，“指定终点”选择“圆心”，“角度”键入“60”，“结果”选择“复制”，“非关联副本数”键入“5”，最后单击“确定”按钮，如图 7.2.110 所示。阵列完成的结果如图 7.2.111 所示。

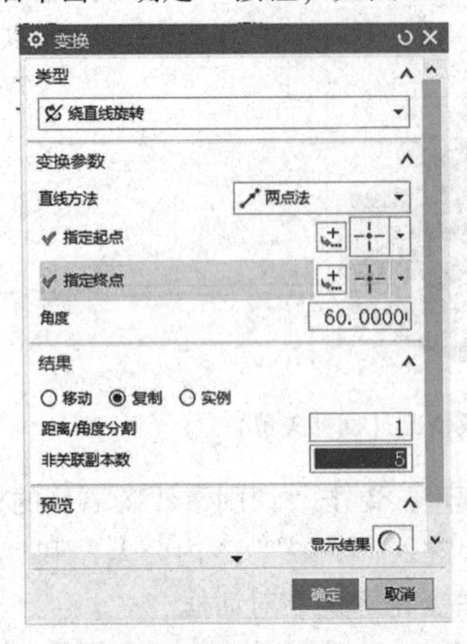

图 7.2.110　设置“变换”对话框

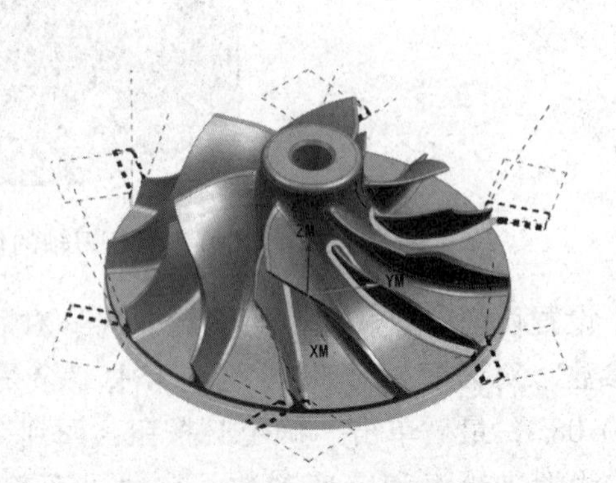

图 7.2.111　阵列完成的结果

仿真完成的结果如图 7.2.112 所示。

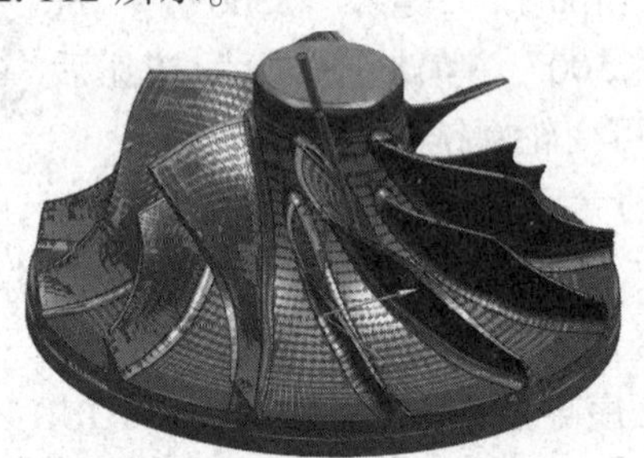

图 7.2.112　仿真的结果

10. 创建叶片圆角清根

1）复制上一步工序。打开“工序导航器”，右击“VARIABLE_ CONTOUR”选择“复制”，并将复制的程序进行“粘贴”，如图 7.2.113 所示。

图 7.2.113　复制程序

2）设置驱动方法。双击 VARIABLE_ CONTOUR 进入“可变轮廓铣”对话框，“驱动方法”中的“方法”选择“曲面区域”并单击“曲面区域”右侧的按钮进入“曲面区域驱动方法”对话框，“指定驱动几何体”选择用于驱动的曲面，如图 7.2.114 和图 7.2.115 所示。“刀具位置”选择“相切”，“驱动设置”中的“切削模式”选择“单向”，

“步距”选择“数量”，“步距数”键入“10”，最后单击“确定”按钮回到“可变轮廓铣”对话框。

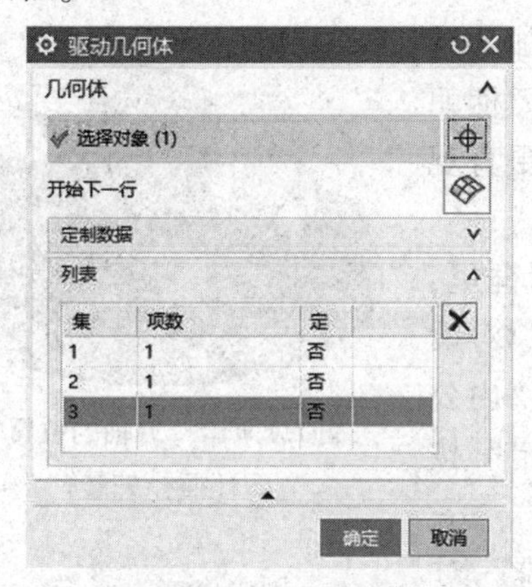

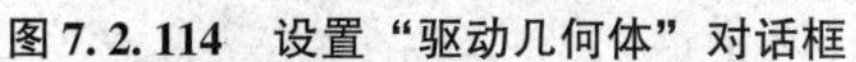
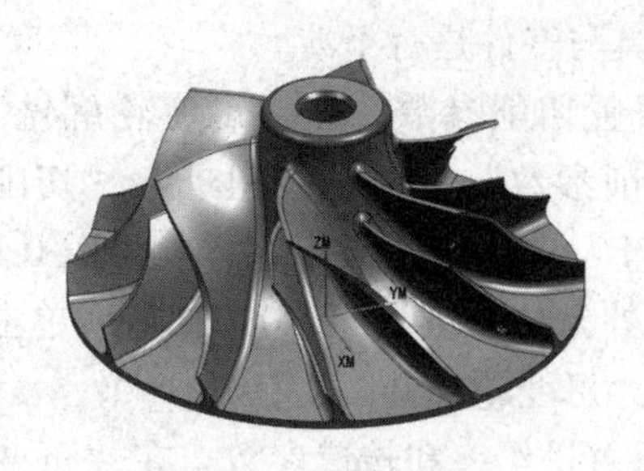

图 7.2.114　设置“驱动几何体”对话框　　　　图 7.2.115　选择曲面

3）设置插补矢量。在“可变轮廓铣”对话框中，“刀轴”中的“轴”选择“插补矢量”，并单击“插补矢量”右侧的按钮进入“插补矢量”对话框。可以看到系统自动判断出一些刀轴矢量，但是这些矢量并不理想，在加工过程中会碰刀，为满足加工要求，需要设置刀轴。选择对应的刀轴和旋转视图角度是保证刀具与工件不会发生干涉的前提。首先单击“指定矢量”右侧的按钮，在弹出的下拉列表框中选择“视图方向”，系统会自动将刀轴的矢量定义为视图的法向（见图 7.2.116），依次对刀轴矢量进行调整（见图 7.2.117），也可在“添加新集”一栏添加矢量直到满足加工要求，最后单击“确定”按钮，退出“插补矢量”对话框。

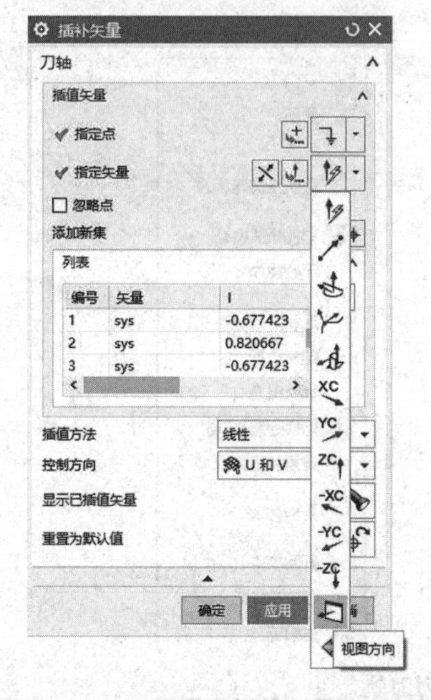

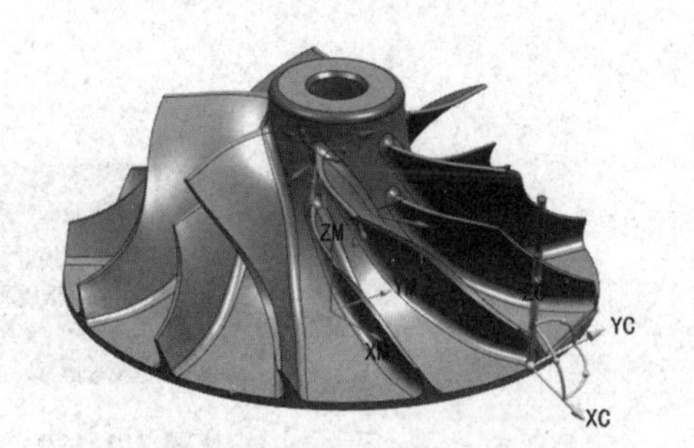

图 7.2.116　设置“插补矢量”对话框　　　　图 7.2.117　调整刀轴插补矢量

4）验证刀轴。在“可变轮廓铣”对话框，单击“选项”中“编辑显示”右侧的按钮进入“显示选项”对话框，“频率”键入“40”，“速度”选择“10”，单击“确定”按钮，回到“可变轮廓铣”对话框。

然后重新生成刀轨，图 7.2.118 所示的便是加工过程中所有刀轴的位置情况，图中密集的直线便是刀柄朝向，正如前面我们所设置的插补矢量，此时可以更直观地看出刀具与工件是否干涉。

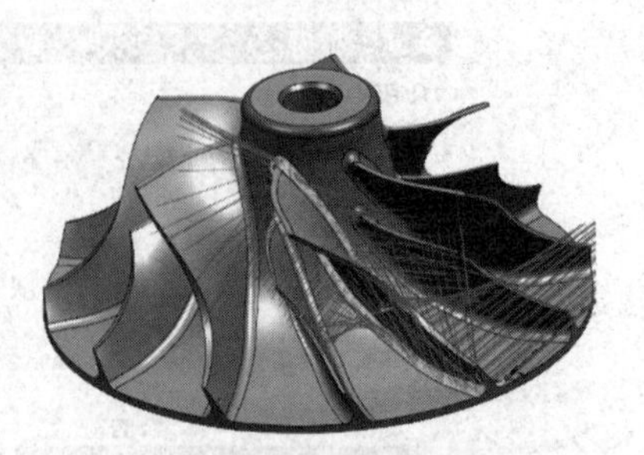

图 7.2.118　刀轴的位置情况（插补矢量）

5）设置切削参数。在“可变轮廓铣”对话框里，单击“切削参数”右侧的按钮进入“切削参数”对话框，“余量”选项卡中“余量”键入“0.02”，“内公差”和“外公差”键入“0.08”，最后单击“确定”按钮，回到“可变轮廓铣”对话框。

6）设置进给率和转速参数。在“可变轮廓铣”对话框里，单击“进给率和速度”右侧的按钮进入“进给率和速度”对话框，“主轴速度（rpm）”键入“3500”，“进给率”中的“切削”键入“2500”，单击“计算”按钮后单击“确定”按钮，回到“可变轮廓铣”对话框。

图 7.2.119　生成的刀轨

7）生成刀轨。在“可变轮廓铣”对话框里，单击“生成”按钮，计算出刀轨，最后单击“确定”按钮，生成的刀轨如图 7.2.119 所示。

8）阵列刀轨。打开“工序导航器”，右击“CONTOUR-AREA”→“对象”→“变换”，如图 7.2.120 所示。

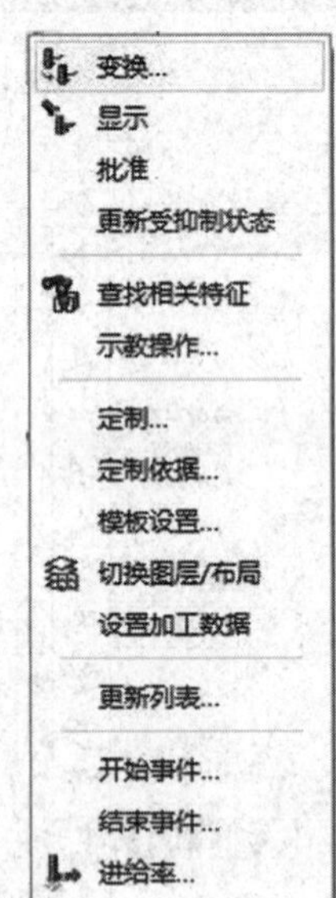

图 7.2.120　阵列刀轨

9）设置阵列参数。进入“变换”对话框，“类型”选择“绕直线旋转”，“指定终点”选择“圆心”，“角度”键入“60”，“结果”选择“复制”，“非关联副本数”键入

“5”，最后单击“确定”按钮，如图 7. 2. 121 所示。阵列完成的结果如图 7. 2. 122 所示。

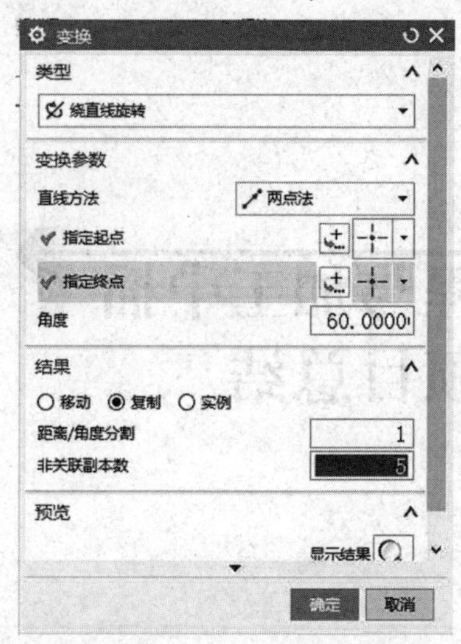

图 7. 2. 121　设置“变换”对话框

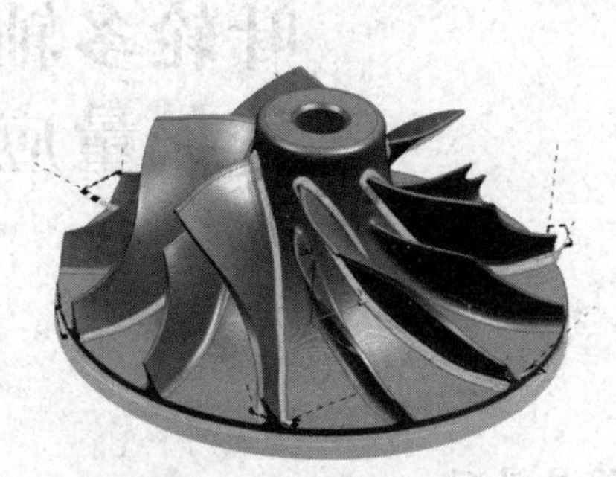

图 7. 2. 122　阵列完成的结果

仿真完成的结果如图 7. 2. 123 所示。

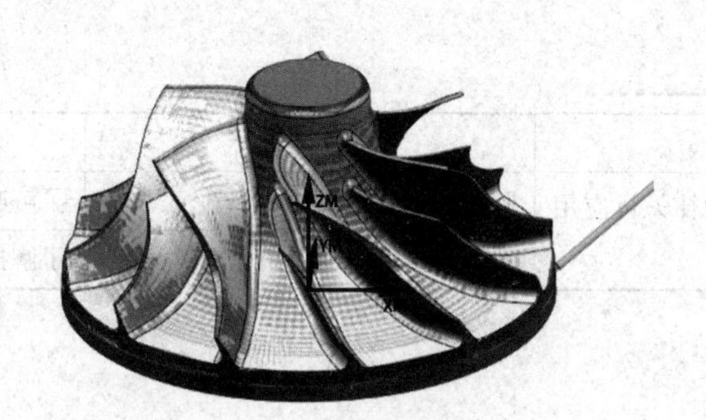

图 7. 2. 123　仿真完成的结果

任务实施

通过书籍、网络等形式选择与所加工的涡轮式叶轮数控机床相类似的机床。

知识拓展

请根据所学知识查找类似零件进行工艺分析。

项目三 叶轮多轴编程与加工中插补矢量应用项目总结

项目目标

回顾叶轮的加工工艺及 UG 多轴编程；

叶轮多轴编程与加工中插补矢量应用。

任务列表

学习任务	知识点	能力要求
任务　叶轮加工中插补矢量应用总结	叶轮加工工艺	了解叶轮加工工艺
	插补矢量特点及应用范围	了解插补矢量特点及应用范围

任务　叶轮加工中插补矢量应用总结

任务导入

涡轮式叶轮采用插补矢量进行刀轴控制进而完成多轴编程。

知识链接

叶轮加工工艺的简单回顾：

首先使用 d20r0.8 刀具对叶轮毛坯进行粗加工，加工方法可以使用“mill_ contour”，“刀具子类型”选择“MILL”，使用型腔铣；用 d20r0.8 的刀具对叶片进行 3+2 定轴粗加工，加工方法还可以用“mill_ contour”，“刀具子类型”选择“MILL”；用直径为 3 mm 的球刀对叶轮的叶片进行精加工，加工方法可以使用“mill_ multi-axis”，“刀具子类型”选择“MILL”；使用可变轮廓铣；用直径为 3 mm 的球刀对轮毂进行精加工，加工方法可以使用“mill_ multi-axis”，“刀具子类型”选择“MILL”，使用可变轮廓铣；用直径为 3 mm 的球刀对叶轮的圆角进行精加工，加工方法可以使用“mill_ multi-axis”，“刀具子类型”选择 MILL，使用可变轮廓铣，叶轮整体的加工就完成了。

1. 叶轮的编程过程

叶轮的编程过程见模块六项目三的内容。

2. 叶轮的加工过程

粗加工我们首先考虑的是去除大部分的余量，采用 3+2 定轴粗加工，利用 CAVITY_MILL（型腔铣）的操作方法来对叶轮整体进行粗加工。然后使用可变轮廓铣对叶片、轮毂、圆角进行精加工。

（1）叶轮顶部粗加工

首先定义毛坯（经车削后的毛坯）和部件几何体（叶轮），“几何体”选择“WORKPIECE”，创建 MCS（机床坐标系），从刀库调刀，创建“操作”，选择型腔铣。“刀轴”选择“+ZM 轴”，设置选项的“切削模式”选择“跟随周边”，“步距”选择“刀具平直百分比”，“平直直径百分比”键入“50”，“公共每刀切削深度”选择“恒定”，“最大距离”键入“0.4”。单击“切削层”右侧按钮进入“切削层”对话框，“范围类型”选择“用户定义”，“切削层”及“公共每刀切削深度”都选择“恒定”，“最大距离”键入“0.4”，“范围深度”键入“30”，这个深度多少波动一些也是可以的，“测量开始位置”选择“顶层”，单击“确定”按钮。返回“型腔铣”对话框，生成刀轨并确认刀轨。

（2）叶片粗加工

叶片的粗加工采用 3+2 定轴粗加工，首先定义毛坯，接着定义部件几何体（叶轮），“几何体”选择“WORKPIECE”，创建 MCS（机床坐标系），从刀库调刀，创建“操作”，选择型腔铣。“刀轴”选择“指定矢量”，“设置”一栏的“切削模式”选择“跟随周边”，“步距”选择“刀具平直百分比”，“平直直径百分比”键入“50”，“公共每刀切削深度”选择“恒定”，“最大距离”键入“0.4”。单击“切削层”右侧按钮进入切削层对话框，“范围类型”选择“用户定义”，“切削层”及“公共每刀切削深度”都选择“恒定”，“最大距离”键入“0.4”，“范围深度”键入“80”，这个深度多少波动一些也是可以的，“测量开始位置”选择“顶层”，最后单击“确定”按钮，回到“型腔铣”对话框，生成刀轨并确认刀轨。

（3）叶片精加工

叶片精加工采用可变轮廓铣。首先，在“可变轮廓铣”对话框中“类型”选择“mill_multi-axis”，“几何体”选择“WORKPIECE”，然后进入“区域轮廓铣”对话框，“指定部件”选择整个体，“驱动方法”中的“方法”选择“曲面”，“指定驱动几何体”选择用于驱动的曲面，“刀具位置”选择“相切”，“驱动设置”中的“切削模式”选择“往复”，“步距”选择“数量”，“步距数”键入“70”。返回“可变轮廓铣”对话框设置插补矢量，“刀轴”一栏的“轴”选择“插补矢量”。为满足加工要求，需要设置刀轴。选择对应的刀轴和旋转视图角度是保证刀具与工件不会发生干涉的前提。首先单击“指定矢量”右侧的按钮，在弹出的下拉列表框中选择“视图方向”，系统会自动将刀轴的矢量定义为视图的法向，依次对刀轴矢量进行调整，也可在“添加新集”一栏添加矢量直到满足加工要求，最后单击“确定”按钮，退出“插补矢量”对话框。回到“可变轮廓铣”对话框中，生成并确认刀轨。

（4）轮毂精加工

轮毂精加工与叶片精加工原理相似，采用可变轮廓铣。首先，在“可变轮廓铣”对话框中“类型”选择“mill_multi-axis”，“几何体”选择“WORKPIECE-1”，然后进入“区域轮廓铣”对话框，“指定部件”选择整个体，“驱动方法”中的“方法”选择“流线”单击“流线”右侧的按钮进入“流线”对话框选择用于驱动的曲线，“切削模式”选择“往复”，“步距数”键入“30”，最后单击“确定”按钮的设置插补矢量，其中“刀轴”一栏的“轴”选择“插补矢量”，并单击“插补矢量”右侧的按钮进入“插补矢量”对话框。系统自动判断出一些刀轴矢量，但是这些矢量并不理想，在加工过程中会碰刀，为满足加工要求，需要设置刀轴。选择对应的刀轴和旋转视图角度是保证刀具与工件不会发生干涉的前提。首先单击“指定矢量”右侧的按钮，在弹出的下拉列表框中选择“视图方向”，系统会自动将刀轴的矢量定义为视图的法向，依次对刀轴矢量进行调整，也可在“添加新集”一栏添加矢量直到满足加工要求，最后单击“确定”按钮，退出“插补矢量”对话框。回到“可变轮廓铣”对话框中，生成并确认刀轨。

（5）圆角精加工

圆角采用可变轮廓铣。首先，在“可变轮廓铣”对话框中“类型”选择“mill_multi-axis”，“几何体”选择“WORKPIECE-1”，然后进入“区域轮廓铣”对话框，“指定部件”选择整个体，“驱动方法”中的“方法”选择“曲面”，“指定驱动几何体”选择用于驱动的曲面，“刀具位置”选择“相切”，“驱动设置”中的“切削模式”选择“单向”，“步距”选择“数量”，“步距数”键入“10”，最后返回“可变轮廓铣”对话框，其中“刀轴”一栏的“轴”选择“插补矢量”根据实际情况调整插补矢量，设置完成后生成刀轨并确认刀轨。

3. 插补矢量

插补矢量通过在指定点定义矢量来控制刀轴矢量，其也可用来调整刀轴，避免刀具悬空或避让障碍物。根据创建光顺刀轴运动的需要，可以从驱动曲面上的指定位置处，定义出任意数量的矢量，然后将按定义的矢量，在驱动几何上的任意点处插补刀轴。指定的矢量越多，对刀轴就有越多的控制，如图 7. 3. 1 所示。

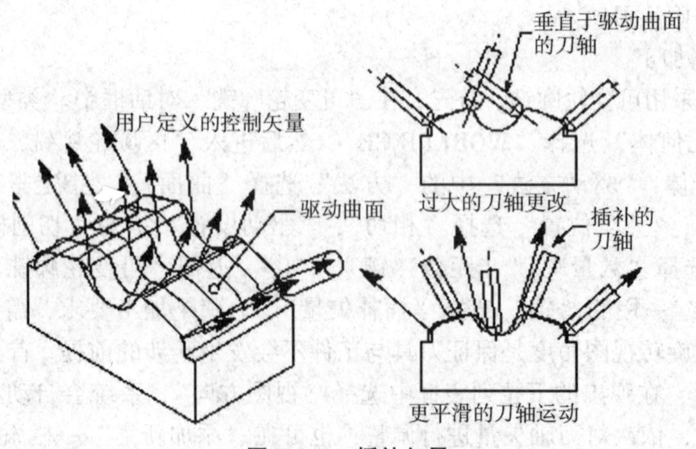

图 7. 3. 1　插补矢量

插补矢量的特点：刀轴的方向可以通过插补矢量自由控制，通过在指定点定义矢量来控制刀轴矢量从而调整刀轴，避免了刀具悬空和碰刀，如图 7.3.2 所示。

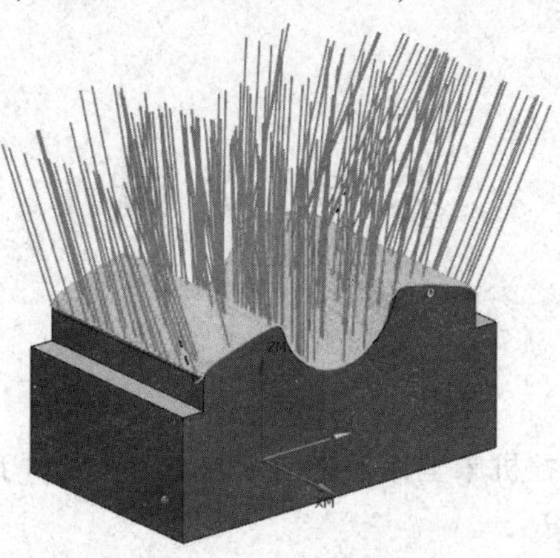

图 7.3.2 显示刀轴

任务实施

根据课时内容用插补矢量编写叶轮加工程序。

知识拓展

插补矢量的应用范围还有哪些?

参考文献

[1] 鞠加彬，戚克强．数控机床坐标系统指令与对刀方法［J］．林业机械与木工设备，2004，32（5）：28-29．

[2] 周立波，李厚佳，沈永红，等．基于 UG 的数控机床加工仿真与编程系统的研究［J］．机床与液压，2009，37（6）：209-211．

[3] 傅飞，包笑燕．基于 UG 五轴叶轮模块数控加工与仿真［J］．机械管理开发，2018，33（10）：17-18．

[4] 林福训．空间曲面多轴加工刀轴矢量控制策略及仿真验证［D］．天津：天津大学，2014．

[5] 刘勇，赖啸，郭晟．NX 技术在叶轮 5 轴编程与机床仿真加工中的应用［J］．模具制造，2017，17（10）：86-89．